全国职业院校“十三五”土建类专业系列规划教材

建筑力学

主　编　任　玥
副主编　陈　莉　伍文文
参　编　宋娅芬

合肥工業大學出版社

图书在版编目(CIP)数据

建筑力学/任玥主编．—合肥:合肥工业大学出版社,2018.1
ISBN 978-7-5650-3624-8

Ⅰ.①建… Ⅱ.①任… Ⅲ.①建筑科学—力学—高等职业教育—教材 Ⅳ.①TU311

中国版本图书馆 CIP 数据核字(2017)第 279890 号

建筑力学

任　玥　主编　　　　责任编辑　马成勋

出　版	合肥工业大学出版社	**版　次**	2018 年 1 月第 1 版
地　址	合肥市屯溪路 193 号	**印　次**	2018 年 1 月第 1 次印刷
邮　编	230009	**开　本**	787 毫米×1092 毫米　1/16
电　话	理工编辑部:0551-62903200	**印　张**	16.5
	市场营销部:0551-62903198	**字　数**	427 千字
网　址	www.hfutpress.com.cn	**印　刷**	合肥现代印务有限公司
E-mail	hfutpress@163.com	**发　行**	全国新华书店

ISBN 978-7-5650-3624-8　　　　定价:36.00 元

前　言

建筑力学是土建类及相关专业的专业基础课程，是现代建筑工程技术的重要基础。本书是根据高职高专人才培养目标的要求，结合多年教学实践经验和教学研究项目成果，按照规划教材的标准进行编写的建筑力学教材，主要有以下几方面特点：

(1)本书的编写遵循“应用为主，必需够用”的原则。在编写内容上完全符合土建类各专业建筑力学课程学习的基本要求，并突出实际应用，公式推导从简，内容深入浅出，但又原理清晰。

(2)在知识结构上有所创新。本书打破了建筑力学由理论力学、材料力学和结构力学简单叠加的封闭知识框架，编写更注重宏观逻辑性和连贯性，章节体系符合事物认知规律，避免教学内容的断层。

(3)本书文字精简，通俗易懂，配合丰富的图形和实例，避免教学内容的抽象和空洞，有利于课堂教学和学生自学；思考题和习题丰富，难度由浅入深，可以帮助学生巩固课堂知识，并拔高练习。

(4)参考土建领域的经典力学教材以及最新版规范进行编写。例如附录型钢表，根据2009年实施的2008新版热轧型钢规范编写，而非多数教材采用的1988旧版规范。

讲授本书必学和选学的全部内容，大约需要80学时，可作高等专科学校和高等职业院校的土木工程、工程管理和工程造价等专业的教材和教辅用书。使用教材的教师可以根据培养目标、教学计划和专业课程需求等因素，酌情调整教学内容，符合实际需要。

本书由湖北商贸学院建筑经济与工程管理学院的力学课程教学团队负责编写。由湖北商贸学院的任玥任第一主编，陈莉和伍文文任副主编，宋娅芬任参编。具体分工为：任玥负责编写第1～5章、第6章部分内容、第7章、第9章以及附录部分；陈莉负责编写第6章；伍文文负责编写第8章；宋娅芬参与编写第9章部分内容。全书由任玥负责统稿和定稿。

在本书编写过程中，得到了湖北商贸学院建筑经济与工程管理学院各位领导的悉心关怀和教研室各位老师的帮助，特此致谢。

本书编写人员长期承担土建类相关本专科专业的建筑力学、工程力学、理论力学和结构力学等课程的教学工作，融入许多教学经验和教学研究成果，是笔者教学心血的结晶。但由于编者水平有限，错误和疏漏在所难免，敬请各位读者提出宝贵的意见和建议，欢迎广大读者批评指正。

编　者

2018年1月

目　　录

第1章　绪　论

【章节介绍】

建筑力学是建筑工程及工程管理、工程造价和建筑工程技术等相关专业的专业基础必修课，在整个专业的课程学习过程中起着承上启下的作用。每一名从业人员都应学习建筑力学，特别是从事建筑结构设计和施工造价的工程技术人员，学好建筑力学，有助于对建筑结构整体的定性认识，对受力情况的理解。绪论中将介绍建筑结构学习过程中必备的基本概念，例如结构和构件，并解读建筑力学课程的学习目标与学习方法。绪论是后续章节学习的提纲和基础，应认真对待。

【理解】

建筑力学主要的内容和任务。

【掌握】

荷载、结构和构件的定义。

1.1　建筑力学的研究对象

一、荷载

1. 荷载的定义

建筑物在建造和使用过程中始终受到各种不同的力的作用，例如地基的支持力，施工机具的重力，各部件的重力和风的作用力，等等。但是作用力并不等于是荷载。广义的荷载包括作用力和温度、支座位移等的间接作用。

建筑物承担的作用力的特点不同，有些力是主动施加在建筑上的，其大小和方向等性质，不会因为其他作用力的改变而发生变化，例如建筑结构的自重和承担的水平风力等，这类的力称为**主动力**。另一些力是被动施加在建筑上的，因为其他力的作用而产生，其大小和方向等性质，会因为其他作用力的改变而发生变化，例如地基提供给建筑物的支持力，会因建筑结构内设备使用人员多少而不同，会因屋面承担的积雪压力变化而变化，这类作用力称为**被动力**。

我们将主动力称为**荷载**，例如风荷载、雪荷载、重力荷载等；而被动力通常称为**反力**，如地基反力，支座反力等。在建筑力学的研究中，荷载往往是已知或可通过自身性质计算的，而反力往往是未知的，需要通过荷载的作用情况才能计算，即由已知荷载计算未知反力。

2. 荷载的分类

为了便于分析与说明，在建筑结构中我们常常将荷载按照不同的方式进行分类。

(1) 按荷载作用的时间长短，可分为恒荷载和活荷载。长期作用在结构上，大小、方向和作用位置不发生改变，或者很长时间不发生改变的荷载称为**恒荷载**，又称为**永久荷载**，简称**恒载**，例如结构自重，固定设备的自重等。短时间作用在结构上，或其大小、方向和作用位置等经常发生变化的荷载，称为**活荷载**，又称**可变荷载**，例如风荷载、雪荷载和人群荷载等。

(2) 按荷载的作用位置变化，可分为固定荷载和移动荷载。作用位置不发生变化的荷载称为**固定荷载**，例如固定设备的荷载。作用位置不断发生变化的荷载称为**移动荷载**，例如人群荷载。

(3) 按荷载的作用性质，可分为静力荷载和动力荷载。不能使结构产生明显加速度反应的荷载，称为**静力荷载**，缓慢增加或缓慢减小的荷载都可以看作是静力荷载。能够使结构产生明显加速度的荷载，称为**动力荷载**，最典型的动力荷载为地震荷载，但通常称为地震作用。

二、结构和构件

1. 结构和构件的定义

在工程中，承担和传递荷载的建筑骨架称为**结构**。组成结构的每一个部件都称为结构的**构件**。

如图 1-1 所示单层工业厂房，竖向荷载的传递路径为：施加在屋面板上的荷载，向下传递给支撑屋面板的屋架；吊车的荷载由吊车梁承担；屋架和吊车梁再将屋面和吊车的荷载以及自身重量向下传递给框架柱，再经由柱传至柱下基础，最终由地基承担。从屋面板到基础的这一系列承担和传递荷载的承重骨架，称为结构。而组成这一承重结构的屋面板、屋架、梁和柱等，都称为承重构件或结构构件，其他不承担和传递荷载的构件称为非结构构件。

(a) 单层工业厂房内部结构

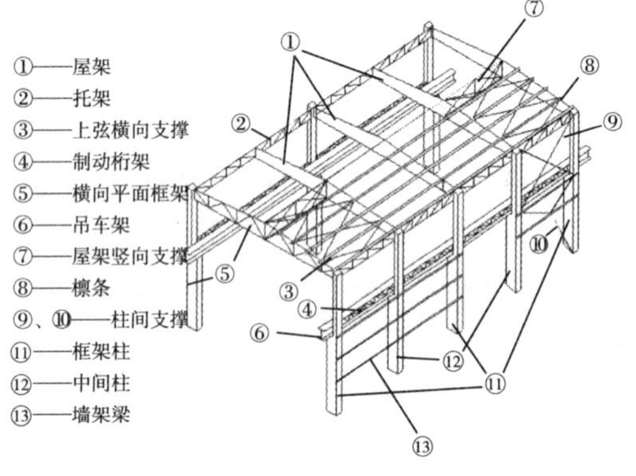

(b) 单层工业厂房结构示意图

图 1-1　单层工业厂房的结构

2. 构件的分类

根据构件不同的几何形状和尺寸，我们将构件进行分类，一般情况下分为杆件、薄壁（壳）构件和实体构件。

(1) 杆件。一个方向的尺寸远大于另外两个方向的尺寸的构件称为杆件，简称杆，即长度尺寸远大于宽和高。图 1-2 为一工字型钢梁，是典型的杆件。建筑结构中承重的梁和柱等，都可视为杆件。由杆件组成的结构体系称为**杆件结构**，或**杆件体系**。

图 1-2　杆件（钢梁）

(2) 薄壁（壳）构件。一个方向上的尺寸远小于另外两个方向尺寸的构件称为薄壁（壳）构件，简称板、壳，即厚度远小于长和宽。一般平面的称为薄壁，曲面的称为薄壳。例如房屋建筑中的楼板、坡屋面（如图 1-3(a) 所示）以及水池的池底和池壁等等，都是薄壁构件；如图 1-3(b) 中所示为悉尼歌剧院曲面屋顶的造型，是典型的薄壳构件。

(a) 坡屋顶（薄壁）　　(b) 悉尼歌剧院（薄壳）

图 1-3　薄壁和薄壳构件

(3) 实体构件。三个方向尺寸相仿的构件称为实体构件，简称块，即长宽高三个方向的尺寸差不多的构件。例如挡土墙、水坝等，如图 1-4(a) 和(b) 所示。

(a) 挡土墙　　(b) 胡佛大坝

图 1-4　实体构件

建筑力学中，主要以杆件和杆件组成的杆系结构为研究对象，讨论其在荷载作用下的内力和变形问题。在工程实际中，很多结构都是由杆件组成的杆系结构，例如框架结构的房屋建筑和桥梁等，如图 1-5 所示。

(a) 框架结构　　(b) 黄石长江大桥

图 1-5　杆件结构

1.2　建筑力学的研究内容及任务

一、建筑力学的主要内容

建筑力学综合了三大力学——理论力学、材料力学和结构力学的基本内容，是三大力学知识的整合。

1. 理论力学

主要为理论力学当中静力学的部分。在静力学中，我们将物体都视为不可变形的刚体，研究其力之间的平衡规律，即通过受力分析、合成与平衡等问题的研究，最终计算力系中未知的反力。

2. 材料力学

将杆件及杆件结构视为变形体，研究其在荷载作用下产生的不同变形形式，计算轴向拉压、扭转、剪切和弯曲时杆件相应的内力、应力及应变，并讨论其是否满足强度条件的要求。另外还研究受压杆件的稳定性问题。

3. 结构力学

分析杆件结构的几何组成，判断其是否是能够保持不变的结构体系；计算静定结构在荷载作用下的内力和变形，并作内力图；用力法、位移法、渐进法等分析超静定结构的内力。

二、建筑力学的主要任务

结构在建筑中起着承担和传递荷载的重要作用。在荷载作用下，结构必须能够正常安全工作，内力及变形都必须在容许的范围之内。

首先，杆件结构必须满足一定的**几何组成**规律，保证在受荷时各杆件不发生相对位移，能够保持自身的几何形状不发生改变，始终处在平衡状态。

其次，结构构件必须有抵抗破坏的能力，保证在受荷时各构件及节点不发生威胁安全的破坏，即具有**强度**。在相同荷载作用下，强度越小的结构就越容易发生破坏，所以应对结构的强度有所要求。足够的强度能够保证结构在荷载作用下的安全不被破坏。

再次，结构构件必须有抵抗变形的能力，保证在受荷时不会产生过大变形而影响使用，即具有**刚度**。在相同荷载作用下，刚度越小的结构变形就会越大，应对结构的变形加以限制。足够的刚度保证结构的变形不超过规范容许的限值，保证结构的正常使用。

最后，受压构件应具有**稳定性**，在荷载作用下不能失稳，即不能发生偏离原始的平衡位置而破坏的现象。构件失稳会产生严重的后果，例如长细柱的失稳容易导致整个建筑结构的倒塌。因此建筑结构必须具有足够的稳定性，保证结构不发生倒塌破坏。

构件的强度、刚度和稳定性，统称为构件的**承载能力**。构件承载能力的强弱，与构件的截面几何形状和尺寸、受荷条件、选用材料的性质、连接构造等众多因素有关。例如，若构件截面尺寸太小，而受荷太大，构件容易因强度不足而产生破坏，也容易因刚度不足发生过大变形而影响正常使用；但杆件截面尺寸太大，又会造成材料的浪费，使杆件可以承担的荷载远远超过实际承担的荷载，这是不符合经济原则的。结构的安全性和经济性是对立统一的，建筑力学的任务，就是着力解决安全性和经济性之间的矛盾，即研究和分析杆件的受力与平衡，杆件的内力、应力及变形，构件的强度条件、刚度条件和稳定条件等。

简而言之，建筑力学就是研究杆件与杆件结构在荷载作用下的强度、刚度和稳定性的问题。一般情况下，研究的基本思路为：① 先明确建筑结构的组成和承担荷载的情况，绘制建筑结构的计算简图并作受力分析图；② 根据受力分析图，通过已知荷载作用计算未知的约束反力和支座反力，以明确杆件和杆系的所有外力作用情况；③ 再根据外力计算的结果，进一步分析杆件的内力和变形；④ 根据强度条件、刚度条件和稳定条件等，判断杆件和杆系结构是否满足强度、刚度和稳定性的工程要求。

1.3 学习目的及方法

一、学习建筑力学的目的及意义

建筑力学是高等职业院校和专科院校建筑工程及工程管理造价等相关专业的专业基础必修课，是建筑结构设计、土力学与地基基础、土木工程施工等相关课程的先修课程。课程理论性强，不论是从事结构设计、建筑施工，还是工程造价等方向的工作，都需要具备一定的力学基础知识，来解决设计和施工现场的相关问题。

根据培养技术人员的目标，学生应树立土木工程专业意识，掌握力学的基础知识，有利于对建筑结构整体的设计进行把控；有利于理解施工图的设计意义，科学地组织施工及保证工程质量；有利于更加经济合理地完成建筑工程任务。

二、建筑力学的学习方法

建筑力学以高等数学为先修课程，并要求具有一定的力学的学习基础，例如物体的受力分析，合力和分力的计算等，也适合文科学生学习。学习建筑力学，必须先了解建筑力学主要的教学内容和安排，即了解课程的教学大纲要求，帮助把握学习重点。

首先，要理解和掌握基本概念，包括定义、公理及推论等；其次，要掌握基本的计算理论和计算方法，例如力系合成与平衡的计算方法，强度验算的理论与方法等；再次，要勤加练习，帮助巩固概念和计算方法，同时训练计算能力。最后，要理论联系实际，能够将实际工程简化为力学的计算模型，发展分析和计算，培养解决实际问题的能力。只有真正掌握力学的原理和计算方法，并将其运用到日常生活和生产实践中去，才能丰富所学知识，发挥建筑力学应有的作用。

思考与习题

1. 请结合荷载的定义思考，在工程建设和投入使用的过程中，还受到哪些荷载作用？产生哪些反力？

2. 在框架结构的房屋建筑中，哪些构件可以简化为杆件？哪些可以简化为薄壁或薄壳构件？哪些是实体构件？

3. 活荷载是否就是移动荷载？

4. 除了地震作用之外，工程实际当中还有哪些荷载是动力荷载？

5. 构件的强度满足要求，其刚度和稳定性是否就一定满足要求？若刚度满足要求，强度和稳定性是否就一定满足要求？

6. 学习建筑力学的目的是什么？你打算怎样学习建筑力学？

第 2 章 静力学基础知识

【章节介绍】

本章所提及静力学的基础知识，主要是研究物体所受外力时所必备的基本原理和计算方法，即理论力学的研究部分。理论力学是将物体看作不会发生形变的刚体，研究其所受外力，运动，功和能等的力学课程。在建筑力学中，只将静力学的部分纳入，主要介绍静力学学习的基本概念和知识，部分内容与中学物理类似，但在高等教育中发展出新的定义和理解。另外一部分内容与建筑工程实际相联系，主要为工程中常用结构和构件以及其力学模型的简化与分析，需要用心学习，力求掌握，能够对常见杆系结构进行受力分析，为第 3 章约束反力和支座反力的计算做好铺垫。

【理解】

力的基本性质，力矩与力偶，常见杆系结构。

【掌握】

静力学公理及推论，常见约束及约束反力，物体系的受力分析及受力图。

2.1 刚体

刚体是指在运动中或受力作用后，形状和大小都不变，而且内部各点之间不发生相对位移的物体，其基本特征是在任何情况下刚体任意两点间的距离始终保持不变。

绝对的刚体在工程实际中是不存在的，只是一种理想的模型，因为任何物体在受力作用后，都或多或少地产生变形。但如果变形的程度相对于物体本身几何尺寸来说极为微小，则在研究物体运动时就可以忽略不计，可以近似地看作刚体，其计算所得的结果在工程上一般已有足够的准确度。但在后续章节中，需要研究杆件的应力和应变，则须考虑变形，将杆件视为**变形体**。

由于建筑工程实际中杆件的变形一般总是微小的，所以可先将物体视为刚体，用理论力学的方法计算其上所有未知的外力，即本书 2 ～ 3 章内容；然后再将其视为变形体，用材料力学和弹性力学等理论和方法进行研究，即本书 4 ～ 9 章内容。

刚体可以是抽象的物体，也可以是具体的物体，可以是单个的工程构件，也可以是工程结构的整体。例如框架结构的房屋建筑，当研究其中一根梁或一根柱在荷载作用下的强度和刚度等问题时，或研究建筑结构整体在风荷载作用下发生的侧移时，必须视研究对象为变形体；而当研究结构整体的倾覆问题时，则可将其视为刚体。

2.2　力及基本性质

一、力的基本概念

1. **力的概念**

简单来说，**力**是物体之间的相互机械作用。力是**矢量**，其作用的效果取决于力的**三要素**——大小、方向和作用点，通常力用带箭头的线段来表示，线段的长度表示力的大小，其与 x 轴的夹角表示力的方向，起点或终点为力的作用点。

力的作用可以改变物体的运动状态，也可以改变物体的形状。例如，受重力荷载的作用，高处的物体会做自由落体运动，属于力的运动效应；橡皮筋在拉力的作用下，会发生明显的伸长，属于力的变形效应。我们将前者称为力的**外效应**，后者称为力的**内效应**。

2. **力的分类表示**

根据力的作用范围，可以将其分为集中力和分布力。当力的作用范围与物体相比很小时，可以将其作用范围看作一个点，称为力的作用点，并称作用于一点的力为**集中力**，用 $\boldsymbol{F}$ 表示，国际制单位为 N，常用单位 kN；当力的作用范围不能看作一个点时，称为**分布力**，大小用集度 $\boldsymbol{q}$ 表示，国际制单位为 N/m，常用单位 kN/m。

在分布力中，作用范围为一条线的分布力称为**线分布力**或**线荷载**，作用范围为一个面的分布力称为**面分布力**或**面荷载**，其表示如图 2-1 所示。

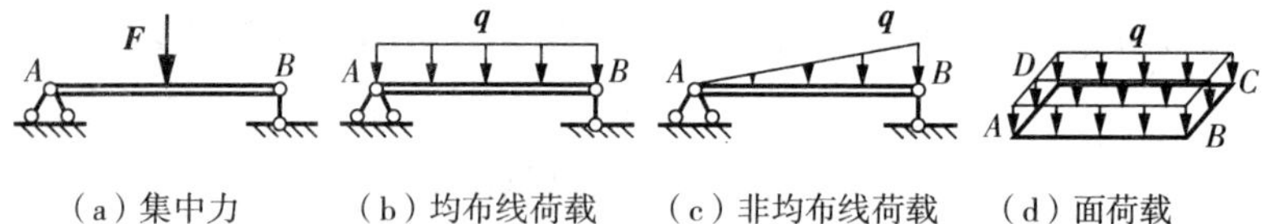

(a) 集中力　(b) 均布线荷载　(c) 非均布线荷载　(d) 面荷载

图 2-1　集中力和分布力的表示

在建筑结构当中，我们会将不同的荷载简化为集中力或分布力。例如，将楼板所承担的荷载简化为均布面荷载；将板传递给梁的荷载简化为作用在梁段上均布线荷载；将柱端承担的，主梁传来的荷载简化为柱的集中力，即轴向压力。

3. **力系**

作用在物体上的一组力称为**力系**。按照各力作用的不同形式可以将力系进行分类。

(1) 按照力的作用平面，可以分成**平面力系**和**空间力系**。力的作用线在同一平面上的力系称为平面力系，不在同一平面上的称为空间力系。本书只讨论平面力系，不讨论空间力系。

(2) 作用于同一物体上的大小相等，方向相反且不共线的一对平行力组成的力系，称为**力偶**。力偶也是矢量，如图 2-2 所示，记为力偶 $\boldsymbol{M}(\boldsymbol{F},\boldsymbol{F}')$。力偶的两力并不平衡，但也不可继续再进一步简化，是一种特殊的力系，其性质和定义将在后续章节中进行介绍。

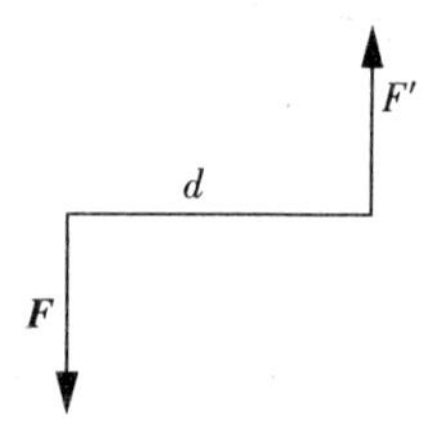

图 2-2　力偶示意图

(3) 平面力系中，若各力的作用线都交于一点，称为**平面汇交力系**；若力的作用线都相互平行，称为**平面平行力系**；若力系中只存在力偶 $\boldsymbol{M}$，不存在单独的力 $\boldsymbol{F}$，则称为**平面力偶系**；若力的作用线既不全交于一点，又不全平行，则此力系称为**平面一般力系**，也称**平面任意力系**。

(4) 按照力系的作用效果，在力系作用下，若物体处于平衡状态，则该力系为**平衡力系**。

(5) 若两个力系的作用效果相同，则这两个力系互为**等效力系**。特别是，若一个力系和一个力等效，则这个力为这个力系的**合力**，力系中各力称为此力的**分力**。

二、静力学公理及推论

根据百科全书定义，静力学公理是静力学中已被实践反复证实，并被认为无须证明的最基本的原理。公理正确地反映了客观规律，并成为演绎推导整个静力学理论的基础。根据静力学的公理，可以比较得出一些推论，进一步帮助分析和计算。

1. 二力平衡公理

作用在同一个刚体上的两个力，其使刚体保持平衡的充分且必要条件是：这两个力的**大小相等**，**方向相反**，且作用在**同一条直线**上。例如，在水平道路上做匀速直线运动的汽车，其水平方向受到向前的牵引力 $\boldsymbol{F}_1$ 和向后的阻力 $\boldsymbol{F}_2$，二力平衡；其竖直方向受到向下的重力 $\boldsymbol{G}$ 和路面对其向上的支持力 $\boldsymbol{N}$，二力平衡，其受力分析如图 2－3 所示。

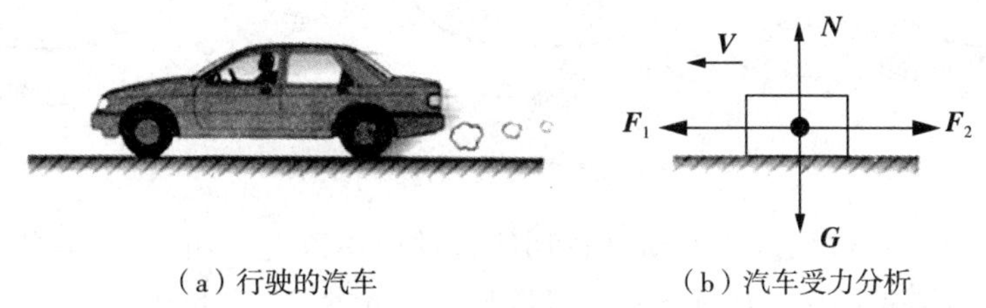

(a) 行驶的汽车　　(b) 汽车受力分析

图 2－3　二力平衡示意图

根据二力平衡公理我们可以得出，若杆件**只在两点受力平衡**，则其两点的受力方向必定沿**两点的连线**方向。工程中将只在两点受力的杆件称为二力杆件，简称**二力杆**。若刚体只在两点受力且平衡，不论各点受到力的数量、大小和方向如何，其两合力必定满足二力平衡的条件，即等值、反向、共线，则力的作用方向必定沿两点连线方向。能够正确判断出二力杆，在对杆件和杆进行受力分析时十分有帮助。

例如图 2－4 中，折杆 AC 只在点 A 和点 C 处受到力的作用。虽然受力大小和方式并不明确，但因其只在两点受力，是典型的二力杆件，可判断出其受力 $\boldsymbol{F}_A$ 和 $\boldsymbol{F}_C$ 作用线必为 AC 连线，且等值反向，其指向可以假定同时向内或同时向外。

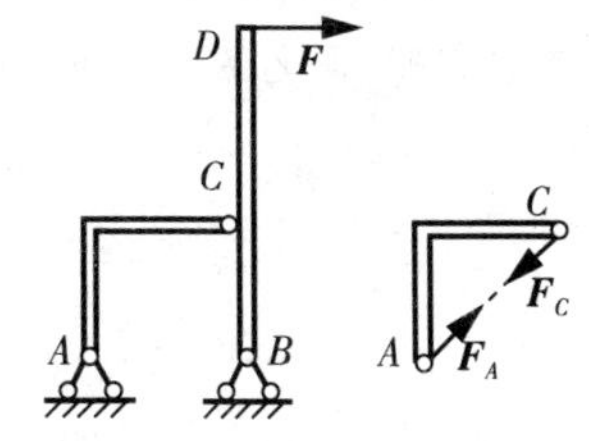

图 2－4　二力杆分析示意图

需要注意的是，二力平衡公理强调对刚体而言是充分且必要条件，而对变形体而言，只是必要条件，即若变形体受二力作用平衡，则此二力必定等值、反向、共线；而若变形体受一对等值、反向、共线的力的作用，不一定会达到平衡。最典型的例子是绳，当其受一对等值、反向、共线的拉力作用时可以平衡，但受一对等值、反向、共线的压力作用时则不能平衡。

2. **加减平衡力系公理**

在**刚体**所受的已知力系上**增加或减去任意平衡力系**，不改变原力系对刚体的作用效果，即原力系的**作用效应不变**。因为平衡力系不会改变物体的运动状态，所以在刚体加上或减去任意的平衡力系，不能改变刚体的运动状态。加减平衡力系公理是力系替换与简化的等效原理，只适用于刚体，不适用于变形体，因为平衡力系也会改变变形体的形状。

推论 1. 力的可传性。作用在刚体上某点的力，可以沿其作用线移动到刚体上的任意一点，而不改变该力对刚体的作用效果。

力的可传性可以较为方便地用加减平衡力系公理来证明，如图 2－5 所示，在图(a) 所示原力系中，刚体在 A 点受集中力 $\boldsymbol{F}$ 作用，作用线为 AB。图(b) 中，在 B 点增加平衡力系 $\boldsymbol{F}_1=\boldsymbol{F}_2=\boldsymbol{F}$，不改变原力系的作用效应，且根据二力平衡公理可将 $\boldsymbol{F}=\boldsymbol{F}_1$ 看作一个平衡力系。图(c) 中减去平衡力系 $\boldsymbol{F}=\boldsymbol{F}_1$，不改变原力系作用效应，且此时刚体只在点 B 受力 $\boldsymbol{F}_2=\boldsymbol{F}$ 的作用。图(a) 与图(c) 力系等效，相当于力 $\boldsymbol{F}$ 沿其作用线移动到 B 点，并未改变该力对刚体的作用效果。

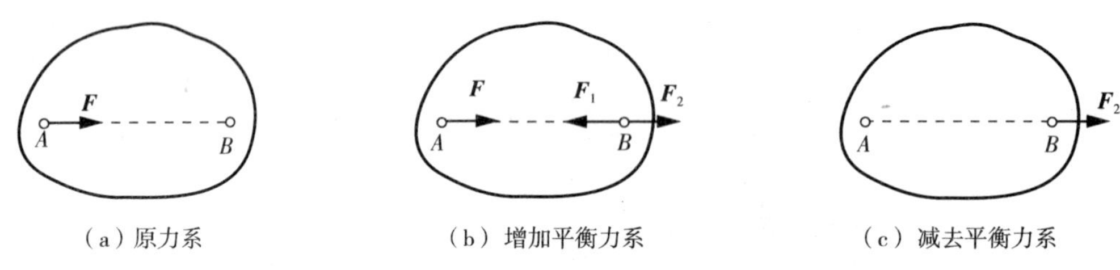

(a) 原力系　　(b) 增加平衡力系　　(c) 减去平衡力系

图 2－5　力的可传性证明示意图

由此可知，对于刚体而言，力可沿其作用线移动而不改变作用效果，力的作用点已经不是决定力的作用效果的要素，力的三要素可以描述为大小、方向和作用线。而对于变形体，力沿其作用线移动时会发生形状的改变，该推论也是不适用的。

3. **作用力与反作用力公理**

当一物体对另一物体有一作用力时，另一物体对此物体必有一反作用力。这两个力必定大小相等，方向相反，且分别作用在这两个物体上。此公理说明物体间的作用总是相互的，力是成对出现的，有作用力就有反作用力，两者总是同时存在，又同时消失。

作用力与反作用力公理适用于刚体和变形体，但要注意不能与二力平衡公理混淆。例如图 2－6 中，折杆 CA 和直杆 BD 在点 C 处所受力对两杆而言为作用力和反作用力。可判断 BD 杆上 C 点受力 $\boldsymbol{F}_C'$ 与 $\boldsymbol{F}_C$ 等值、反向、共线，但作用在杆件 BD 上。

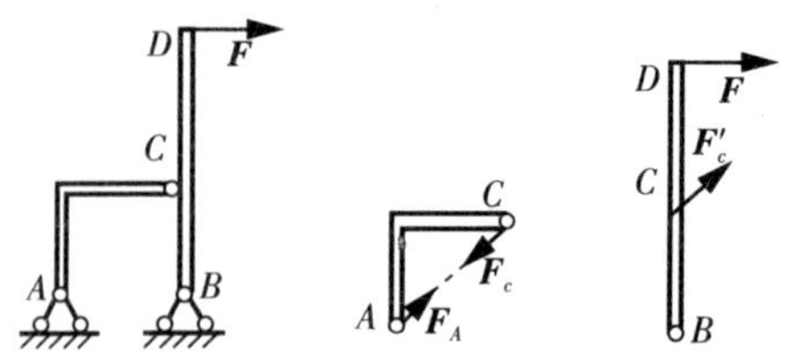

图 2－6　作用力与反作用力分析示意图

将二力平衡和作用力与反作用力的相同与不同点总结于表 2-1。

表 2-1 二力平衡和作用力与反作用力的对比

二力平衡	作用力与反作用力
大小相等,方向相反,作用在同一直线上	大小相等,方向相反,作用在同一直线上
作用在同一物体上	作用在两个不同物体上
两个物体互为施力者,互为受力者	受力物体是一个,施力物体是另一个物体
一个力产生变化时,另一个力不一定产生变化,此时物体失去平衡	同时产生,同时变化,同时消失
物体保持静止或匀速直线运动状态	两力分别产生各自的效果

4. 力的平行四边形法则

作用在同一点的两个力可以合成一个合力。合力的作用点位于该作用点,其大小和方向,用以这两个力为邻边所构成的平行四边形的对角线来表示。

力的平行四边形法则和三角形法则表示的是同样的规律,遵循的是矢量的加法法则,即 $\boldsymbol{F}_R=\boldsymbol{F}_1+\boldsymbol{F}_2$,如图 2-7(a) 和(b) 所示。

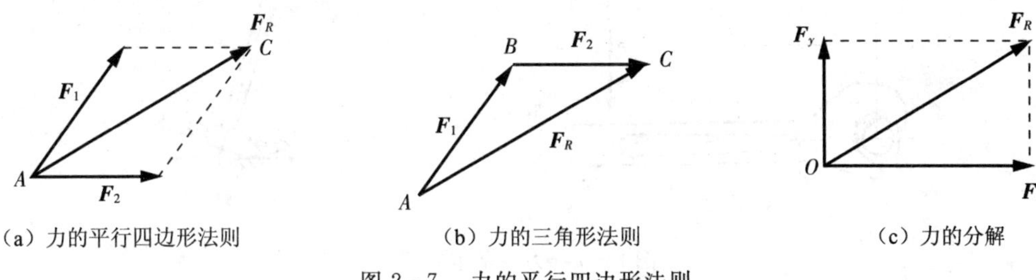

(a) 力的平行四边形法则　　(b) 力的三角形法则　　(c) 力的分解

图 2-7　力的平行四边形法则

运用此公理,可以将两个共点的力合成一个合力,也可以将一个力分解为两个分力。当两个力大小和方向已知时,合力是唯一的;但一个力进行分解时,却有无数种方式,即无数个平行四边形。一般来说,为了计算方便,会将斜向的力分解到直角坐标系的两个垂直的坐标轴方向,如图 2-7(c) 所示。

推论 2. 三力平衡汇交定理。 刚体在三力的作用下达到平衡,则第三个力的作用线,一定通过前两个力作用线的交点,即三力的作用线必汇交于一点。

如图 2-8(a) 所示,刚体在 $\boldsymbol{F}_1$,$\boldsymbol{F}_2$ 和 $\boldsymbol{F}_3$ 作用下达到平衡,$\boldsymbol{F}_1$ 和 $\boldsymbol{F}_2$ 的作用线交于 O 点,根据力的平行四边形法则可以做出 $\boldsymbol{F}_1$ 与 $\boldsymbol{F}_2$ 的合力为 $\boldsymbol{F}_{12}$,则有 $\boldsymbol{F}_{12}$ 与 $\boldsymbol{F}_3$ 使物体平衡。根据二力平衡公理,$\boldsymbol{F}_3$ 必与 $\boldsymbol{F}_{12}$ 等值、反向、共线,即 $\boldsymbol{F}_3$ 的作用线必通过 O 点。

三力平衡汇交定理说明了不平行的三力平衡的必要条件,在物体及物体系受力分析时,灵活运用三力平衡汇交定理,可以方便我们确定某个未知力的作用线方向。

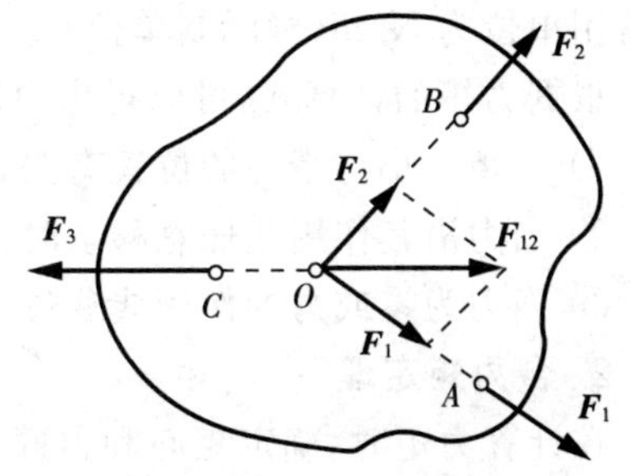

图 2-8　三力平衡汇交定理

2.3 力矩和力偶

平面力系中的刚体，力对其作用效应有**平动**效应和**转动**效应两种。简单来说，力 $\boldsymbol{F}$ 是描述力对刚体的平动效应的物理量，力矩(平面内指力对点之矩)和力偶是描述力对刚体的转动效应的物理量。

一、力矩

力矩的概念起源于阿基米德对杠杆的研究，在物理学里是指作用力使物体绕着转动轴或支点转动的趋势。

1. 力矩的概念及性质

以最常见的扳手和撬棍来举例说明，如图 2-9 所示。在扳手末端施加力 $\boldsymbol{F}$ 来扭动螺栓，扳手绕螺栓中心转动，即扳手在力 $\boldsymbol{F}$ 的作用下绕螺栓中心产生转动的效应，这种效应不仅与力 $\boldsymbol{F}$ 的大小有关，还与力 $\boldsymbol{F}$ 的作用位置和方向有关。

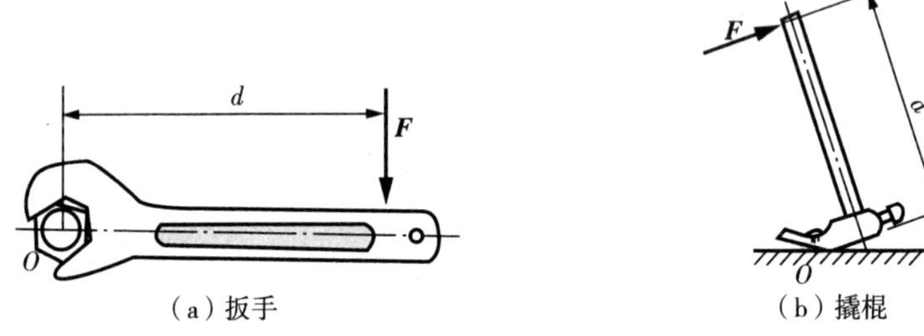

(a) 扳手　　(b) 撬棍

图 2-9　力矩基本原理

通过长期实践证明，扳手扭动螺栓这一实例可以抽象为力学模型。例如在图 2-9(a)中，记螺栓中心为 O 点，称为**矩心**；矩心到力 $\boldsymbol{F}$ 作用线的距离为 d，则称 $\boldsymbol{F}$ 与 d 的乘积为**力矩**，用以度量物体在 $\boldsymbol{F}$ 作用下绕 O 点的转动效应。用公式表示为：

$$M_O(\boldsymbol{F}) = \pm Fd \qquad \text{式(2-1)}$$

式(2-1)是力矩矢量的标量化表示，式中，称 O 点为**矩心**，d 为**力臂**。平面内力矩用正负号来表示方向，使物体产生逆时针方向的转动或转动趋势的力矩记为正，反之记为负。力矩的常用单位为 N/m(国际制单位)或 kN/m。

根据力矩的计算式，可以得出力矩的性质：

① 力矩大小与矩心的位置有关，同一力对不同的矩心产生的力矩不同；

② 当力沿其作用线任意移动时，力矩不变；

③ 当力为零或力的作用线通过矩心时，力矩为零。

2. 合力矩定理

在计算力矩时，确定矩心和力臂长度是十分重要的。有时为了计算的方便，需要将力分解为两个力臂已知或易求的分力，计算分力对矩心的力矩，再合成为合力的力矩。合力的力矩和分力的力矩满足**合力矩定理**，即合力对某点的力矩等于其各分力对此点的力矩之和。即：

$$M_O(\boldsymbol{F}_R)=M_O(\boldsymbol{F}_1)+M_O(\boldsymbol{F}_2)+\cdots+M_O(\boldsymbol{F}_n) \qquad \text{式}(2-2)$$

合力矩定理的证明过程简单，读者可自行完成。该定理反映了合力力矩与分力力矩的等效关系，具有普遍意义，适用于任意两个或两个以上的力，无论是何种力系，只要存在合力，就存在合力矩定理。

例题 2-1　试计算图 2-10 中力 $\boldsymbol{F}$ 对 A 点的力矩。

解：由于力 $\boldsymbol{F}$ 与水平方向成 α 角，过 A 点向 $\boldsymbol{F}$ 作垂线，垂线段 h 即为 $\boldsymbol{F}$ 的对 A 点的力臂。h 长度通过三角函数关系可以求出，但计算复杂，此时可将 $\boldsymbol{F}$ 进行分解，利用合力矩定理，较为简单。

$$M_A(\boldsymbol{F})=M_A(\boldsymbol{F}_x)+M_A(\boldsymbol{F}_y)=F_x\cdot h_x+F_y\cdot h_y$$

$$=F\cos\alpha\cdot b+F\sin\alpha\cdot a=Fb\cos\alpha+Fa\sin\alpha$$

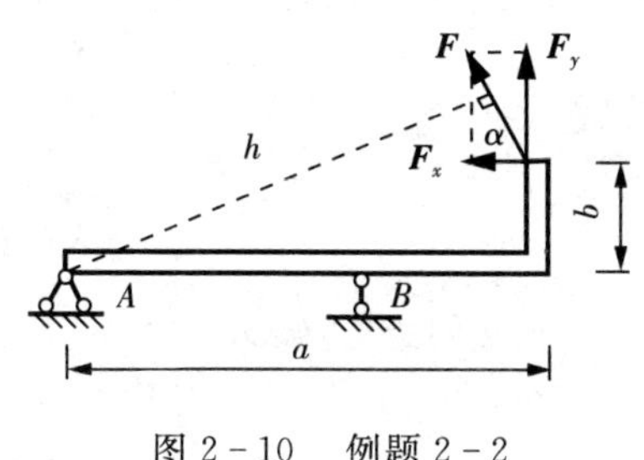

图 2-10　例题 2-2

二、力偶

除力矩之外，力偶也和物体的转动效应相关。在日常的生产生活中，有时会对物体施加力偶的作用，例如拧动螺栓或汽车传动轴等，开车转动方向盘等。如图 2-11 所示，其实是对物体施加了一对大小相等，方向相反，不在同一条直线上的平行力的作用。

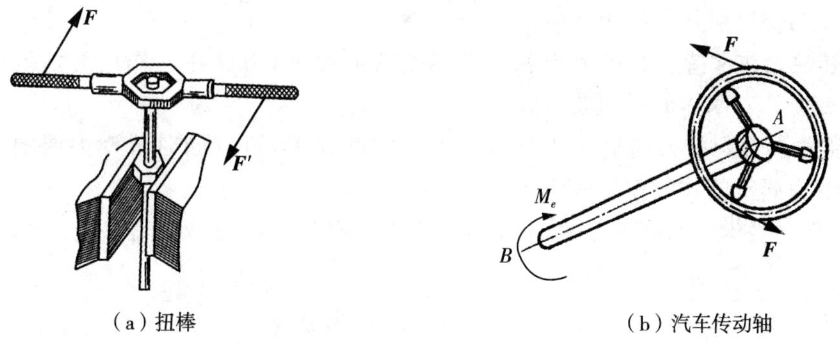

（a）扭棒　　（b）汽车传动轴

图 2-11　力偶实例

1. 力偶的概念

力学中，将这一对大小相等，方向相反的平行力组成的力系定义为一个**力偶**。力偶是一种特殊力系，力系中的两个力不能相互平衡也不能再进行简化。力偶可以引起物体的转动效应。力偶只能和力偶平衡，而不能和一个单独的力平衡。

如图 2－12(a) 所示，力偶可以表示为一对平行力的形式，也可以表示为转动箭头的形式。其中，d 为两平行力之间公垂线段的长度，称为**力偶臂**；箭头表示力偶的转动方向(顺时针或逆时针)，$\boldsymbol{M}$ 表示力偶的大小。

2. **力偶矩**

力偶的大小用**力偶矩**来表示，记作：

$$\boldsymbol{M}(\boldsymbol{F},\boldsymbol{F}')=\pm Fd \qquad \text{式}(2-3)$$

式(2－3) 是力偶矩矢的标量化表示。与力矩相同，平面内力偶矩用正负号来表示方向，使物体产生逆时针方向的转动或转动趋势的力偶矩记为正，反之记为负。力偶矩的常用单位为 N · m(国际制单位) 或 kN · m。

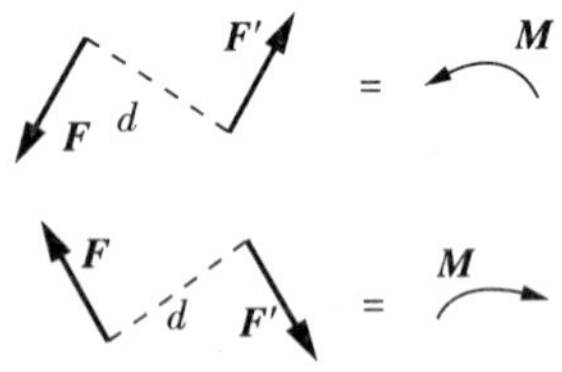

(a) 力偶的表示

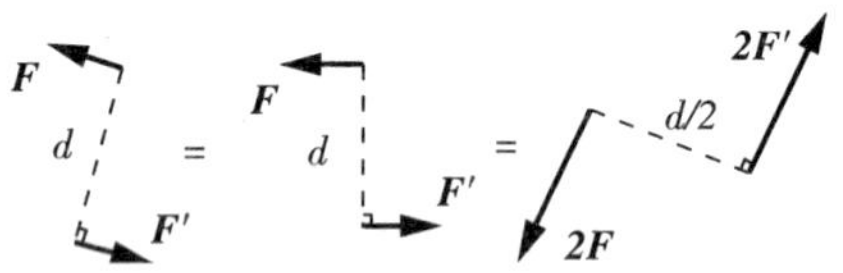

(b) 力偶的性质

图 2－12　力偶及其性质

3. **力偶的性质**

由计算式可以看出，**力偶矩是力偶作用效应的唯一量度**。力偶矩与力矩的不同之处在于力偶并不强调矩心和作用线，只强调作用面。力偶矩的大小与矩心位置无关，**其对作用平面上的任意一点的矩都等于自身力偶矩**。若两个力偶的力偶矩大小和转向都相同，则它们的作用效应也相同，即两力偶**等效**。所以，力偶的**三要素**可以定义为：力偶矩大小、力偶的转向和力偶的作用面。由此可推出力偶的一些特殊性质。如图 2－12(b) 所示。

① **可移性**。在保持力偶矩大小和方向不变的前提下，力偶可以在其作用面内任意移动，而不改变力偶对刚体的作用效应。

② **可转性**。在保持力偶矩大小和方向不变的前提下，力偶在其作用面内可以任意转动，而不改变力偶对刚体的作用效应。

③ **可变性**。在保持力偶矩大小和方向不变的前提下，可以同时改变力偶的力和力偶臂，而不改变力偶对刚体的作用效应。

力和力偶是力学中的两种元素，两者是在性质上有一定区别，列于表 2－2 中，帮助读者区别学习。

表 2－2　力与力偶的主要区别

	力	平面力偶
三要素	大小、方向、作用线	大小、转向、作用面
定量描述	定点(或滑动) 矢量	代数量(力偶矩)

（续表）

	力	平面力偶
等效条件	等值、同向、共线	力偶矩失相同
在轴上投影	根据三角函数计算	恒等于零
对点取矩	与矩心有关	与矩心无关

2.4　工程中常见约束及约束反力

一、约束及约束反力的基本概念

自由体和非自由体。自由体是指只受主动力作用，而且能够在空间沿任何方向完全自由的运动的物体，是不受被动力限制的，例如击出的羽毛球，发射出的炮弹等。非自由体是指某一个或某几个方向的运动被限制的物体，受到了被动力的制约，例如建筑力学中研究的杆件和杆系，都属于**非自由体**。

被约束体和约束。可将非自由体称为被约束体，限制非自由体运动的装置称为约束。约束靠力的作用限制被约束体，此力是被动力，会由于被约束体所受荷载而发生改变，是被动力，称为**约束反力**。

在建筑力学前半部分的研究中，被约束的杆件或杆系会受到一系列已知的外荷载作用，并在约束处引起相应的约束反力。约束反力是未知的，但可以进行受力分析（第 2 章），通过力系合成与平衡的相关方法（第 3 章），列方程求出具体的大小和方向。

二、约束及约束反力

1. 柔体约束

柔性物体形成的约束称为柔体约束，例如绳索和链条等。柔体本身只能承担拉力，不能承担压力，所以施加给物体的约束反力也只能是拉力。同时，柔体只限制物体沿着柔体中心线方向上背离柔体的运动，不限制其他方向运动，因此其约束反力只沿柔体方向。

因此，柔体约束的约束反力，是作用于柔体与物体的**接触点**，沿着**柔体中心线**的方向，背离被约束体的**拉力**。此力常用 $\boldsymbol{F}_T$ 或 $\boldsymbol{T}$ 来表示，如图 2-13 所示。在作这类约束的约束反力时，需注意反力必定沿拉力方向。

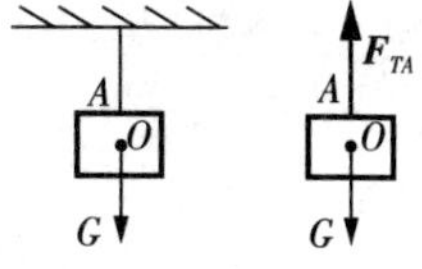

图 2-13　柔体约束

2. 光滑接触面约束

限制物体运动的光滑平面或曲面，都称为光滑接触面，不计摩擦，这类约束只限制物体沿接触面公法线方向的运动，不限制沿切线方向的运动，且施加给物体的约束反力只能是压力，不能有拉力。

因此，光滑接触面约束的约束反力，是作用于**接触点**，沿着**公法线**的方向，指向被约束体的**压力**。此力常用 $\boldsymbol{F}_N$ 或 $\boldsymbol{N}$ 来表示，如图 2－14 所示。在绘制这类约束的约束反力时，需注意确定公法线的方向，一般来说，公法线为平面或曲面切线的垂线方向。

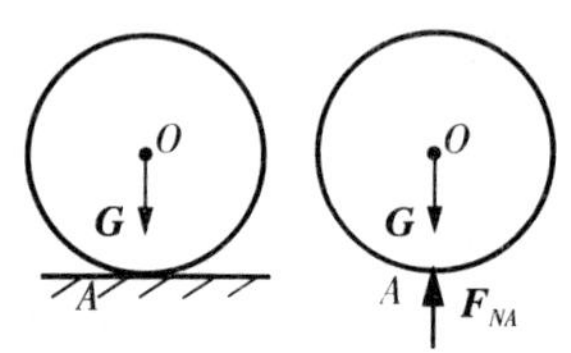

图 2－14　光滑接触面约束

3. 光滑圆柱铰链约束

光滑圆柱铰链是工程上常见的连接方式，在生活中常有应用。如图 2－15 所示，剪刀的中心和挖掘机的转轴等处，都应用了铰约束。

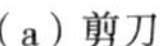

（a）剪刀

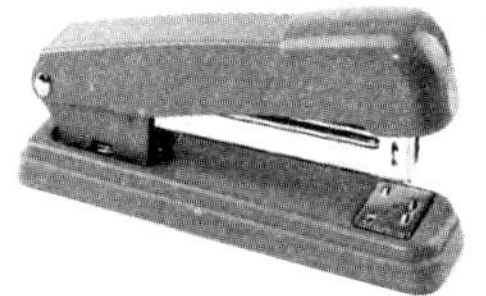

（b）订书机

（c）挖掘机

图 2－15　圆柱铰链约束在生活中的运用

圆柱铰链约束是指由铰链构成的约束，通常的形式是用一个圆柱体（例如销钉等）插入两物体的圆孔中构成的。两物体的圆孔大小相同，且忽略摩擦，称为**光滑圆柱铰链约束**，简称**铰链约束**、**铰约束**或**铰**。

杆件结构中，我们将杆件和杆件相连的地方称为**结点**。当若干根杆件用圆柱铰链约束在一点相连，形成的结点称为**铰结点**。在建筑结构当中，屋架的结点等均可看作铰结点。在力学计算模型中，通常将杆件用轴线表示，铰约束用圆圈表示，例如图 2－16 所示，可描述为杆件 AB，AC 和 AD 在 A 点铰接，或杆件 AB，AC 和 AD 用铰结点 A 相连。

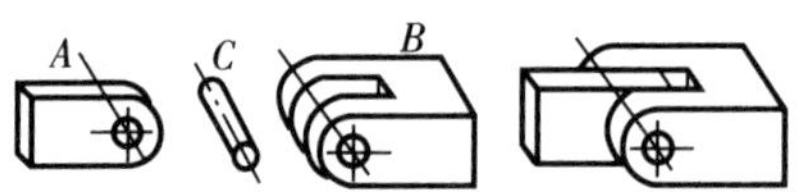

（a）光滑圆柱铰链约束的构成

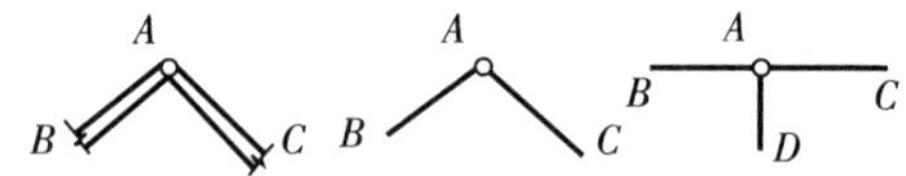

（b）光滑圆柱铰链约束的简化与铰结点的表示

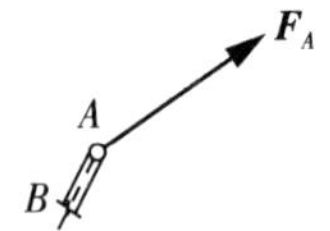

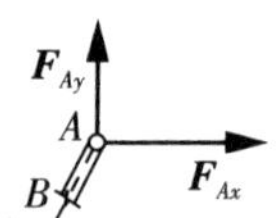

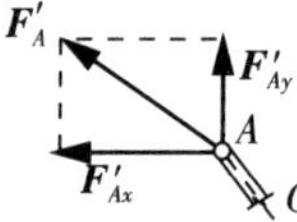

（c）光滑圆柱铰链约束反力的表示

图 2－16　光滑圆柱铰链约束的构成及简化

各杆件用光滑圆柱铰链约束连接后，在平面内可以绕铰结点产生相对的转动，但不能产生相对平动。即光滑圆柱铰链约束只限制物体在该平面内任意方向相对平动，不限制物体绕销钉的相对转动。所以此约束只会产生限制平动的反力 $\boldsymbol{F}$，不会产生限制转动的反力偶 $\boldsymbol{M}$。反力 $\boldsymbol{F}$ 的作用点看作在光滑圆柱铰链的中心，方向可能是万向的。

在受力分析中，需要表示光滑铰链约束的约束反力时，若 $\boldsymbol{F}$ 的方向可以确定，则用一个力表示；若该力的方向暂时确定不了，则可用一对正交的分力 $\boldsymbol{F}_x$ 和 $\boldsymbol{F}_y$ 来表示，如图 2-16(c)

所示。

4. **链杆约束**

两端用铰结点与其他物体相连，杆段上不受任何其他外力作用的杆件，称为链杆，常被用作支撑等拉压杆件。两物体用链杆连接后，沿链杆方向的独立平动被限制，其他方向和转动不受限制。

链杆只在两端的铰约束处受到力的作用，是典型的二力杆件。准确来说，链杆约束提供的约束反力，作用在铰的中心，沿两铰中心连线的方向，并且等值反向。如图 2－17 中杆件 BC 为支撑杆件 AC 的链杆，受力沿 BC 两铰中心的连线方向，且等值反向。

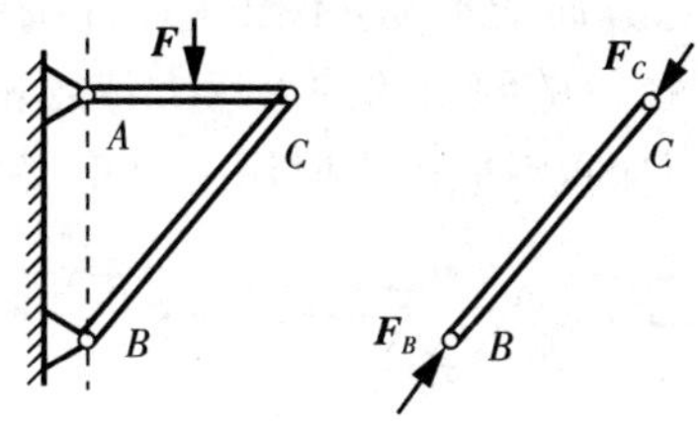

图 2－17　链杆约束及约束反力

5. **固定约束**

固定约束是将两物体完全连接为一个整体的约束，工程中焊接钢板等，通常可看作固定约束，连接的结点称为**刚结点**。例如图 2－18(a)，可称杆件 AB 和杆件 AC 和 AD 在 A 点用固定约束连接，或在 A 点刚结，或用刚结点 A 相连。

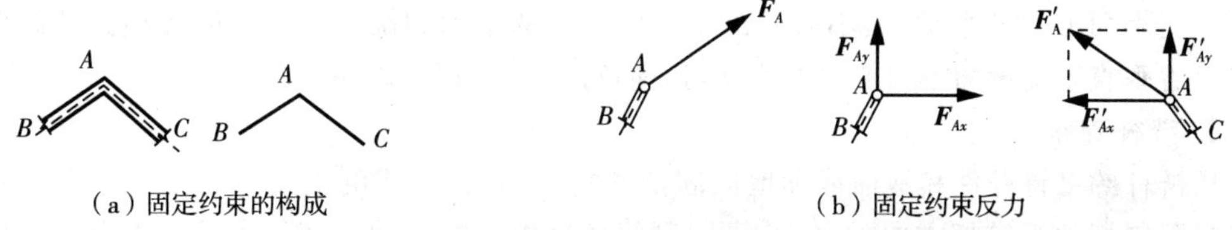

（a）固定约束的构成　　（b）固定约束反力

图 2－18　固定约束及约束反力

有时，几根杆件连接在一起时，部分杆件刚接，再与部分杆件铰接，形成具有刚接和铰接成分的**组合结点**。如图 2－19，AB 杆与 AC 杆在 A 点刚接，再和 AD 在 A 点铰接，形成组合结点 A。此组合结点与图 2－19(a) 中刚结点的性质是不同的。

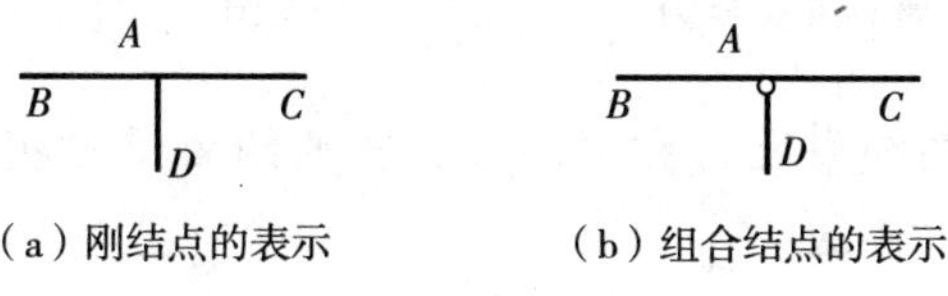

（a）刚结点的表示　　（b）组合结点的表示

图 2－19　刚结点与组合结点

若杆件用固定约束连接，则两杆不能产生相对平动或转动，其约束反力，既有限制平动的反力 $\boldsymbol{F}$，又有限制转动的反力偶 $\boldsymbol{M}$。与固定铰支座类似，固定约束的反力 $\boldsymbol{F}$ 的作用点看作在光滑圆柱铰链的中心，方向可能是万向的，在受力分析时，若 $\boldsymbol{F}$ 的方向可以确定，则用一个力表示；若该力的方向暂时确定不了，则可用一对正交的分力 $\boldsymbol{F}_x$ 和 $\boldsymbol{F}_y$ 来表示，如图 2－18(b)

所示。

三、支座及支座反力

在工程实际当中，某种约束装置是将杆件或杆系与静止不动的地基等连接在一起形成结构，以承担和传递荷载的。力学中将这些约束装置和支承，简化为不同类型的**支座**，其产生的被动的约束反力称为**支座反力**。

1. 固定铰支座

用光滑圆柱铰链约束将杆件和地面或与地面固定的物体相连，形成的支座称为固定铰支座。固定铰支座限制杆件任意方向的平动，不限制杆件绕支座铰中心的转动。固定铰支座的支座反力的特点，和光滑圆柱铰链约束的约束反力特点相同。只存在反力 $\boldsymbol{F}$，没有 $\boldsymbol{M}$。$\boldsymbol{F}$ 通过铰的中心，方向可能是万向的，不能确定时用一对正交分力表示。如图 2－20 所示。

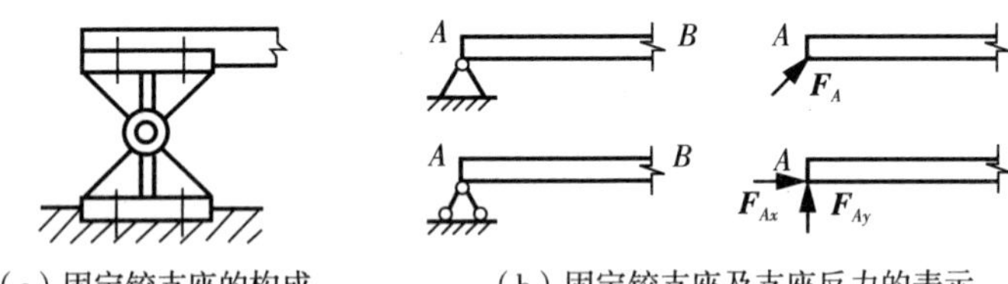

（a）固定铰支座的构成　　（b）固定铰支座及支座反力的表示

图 2－20　固定铰支座及支座反力

2. 可动铰支座

在固定铰支座下增加滚轴，形成的支座称为可动铰支座。可动铰支座只能限制杆件沿垂直于支承面方向的平动，而不限制沿支承面方向的平动和绕铰链中心的转动。其约束反力为沿着垂直于支承面方向的一个力 $\boldsymbol{F}$，指向待定。如图 2－21 所示。

3. 链杆支座

用链杆约束将杆件和地面或和地面固定的物体相连，形成的支座称为链杆支座。链杆支座只限制杆件沿链杆方向的平动，不限制绕铰链中心的转动。其约束反力为沿着链杆两铰中心连线方向的一个力 $\boldsymbol{F}$，指向待定。如图 2－22 所示。

图 2－21　可动铰支座和支座反力　　图 2－22　链杆支座及支座反力

可以看出，链杆支座的约束反力和可动铰支座的约束反力相同，其简化力学模型也相同，但其支座的构成是不一样的。

4. 定向支座

用两根平行的链杆约束将杆件和地面或和地面固定的物体相连，形成的支座称为定向支座。定向支座只限制杆件沿链杆方向的平动和杆件绕支座的转动。其约束反力为沿着链杆方向的一个力 $\boldsymbol{F}$，指向待定，以及限制杆件转动的力偶 M。如图 2－23 所示。

可以看出，链杆支座的约束反力和可动铰支座的约束反力相同，其简化力学模型也相同，但其支座的构成是不一样的。

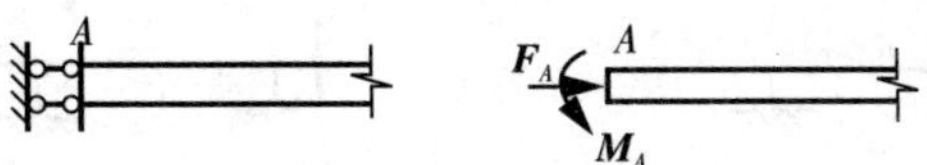

图 2－23　定向支座及支座反力

5. **固定端支座**

将杆件和地面或和地面固定的物体完全连接在一起，形成一个整体，这样的支座称为固定端支座。固定铰支座限制杆件任意方向的平动，也限制杆件转动，其约束反力除了限制转动的力 $\boldsymbol{F}$ 之外，还有限制转动的力偶 $\boldsymbol{M}$。如图 2－24 所示。

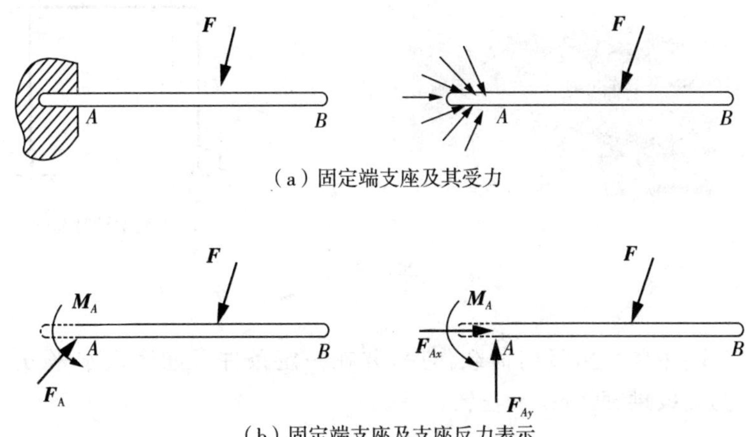

图 2－24　固定端支座及支座反力

与固定约束的约束反力特点类似，反力 $\boldsymbol{F}$ 方向未定，可能是万向的，不能确定时用一对正交分力表示。

2.5　平面杆系的受力分析

为了较为真实地反映结构的受荷情况，一般会将工程实际结构用计算简图表示出来。**计算简图**是指将构件及支撑按结构力学进行简化，用点、线描述构件受力情况和稳定状况的图形。一般来说，将杆件用其轴线表示，将结点和支座用相应最接近实际情况的形式表示，再附加所受荷载情况，即成为简单的计算简图。

一、平面杆件结构的分类

根据计算简图的不同，杆件结构可以进行分类。当组成结构的所有杆件轴线都位于同一平面内，并且荷载也作用于该平面内，这种结构称为平面杆件结构或平面杆系。常见的杆件结构有梁、刚架、桁架、拱和组合结构等。

1. **梁**

梁是最常见的平面杆件结构。梁的轴线一般为直线，主要承担竖向荷载的作用，并只产生竖向反力。梁可以是单跨的，也可以是多跨的(图 2－25)。

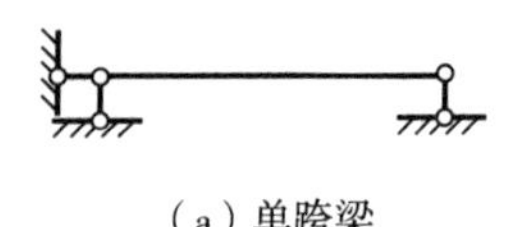

（a）单跨梁

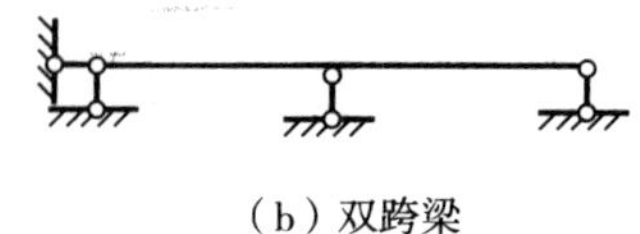

（b）双跨梁

图 2－25　梁结构

2. 刚架

刚架是主要由刚结点和直杆组成的结构，也包含个别铰结点和组合结点（图 2－26）。刚架主要分为悬臂刚架、简支刚架、三铰刚架等。刚架可以是单跨的，也可以是多跨的。

（a）刚架

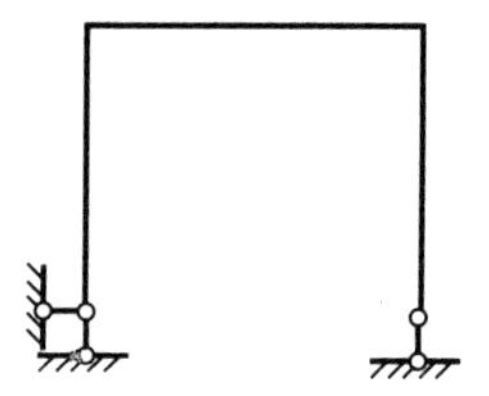

（b）刚架计算简图

图 2－26　刚架结构

3. 拱

拱轴线是曲线，主要承担竖向荷载作用，并在一定条件下能产生水平方向反力（图 2－27）。拱主要分为无铰拱、两铰拱和三铰拱等。

（a）拱桥

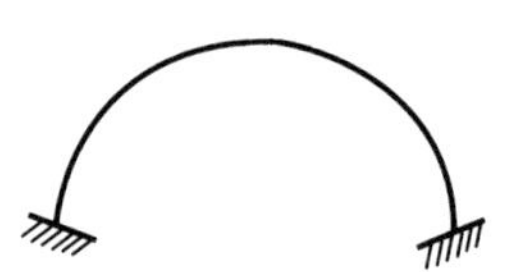

（b）拱计算简图

图 2－27　拱结构

4. 桁架

桁架各杆件都为直杆，连接直杆的结点都为铰结点，且外荷载都作用在铰结点上（图 2－28）。因此，桁架中每根杆件都为二力杆件，只承担沿杆件轴向的力的作用。桁架的形式多样，有三角桁架和平行弦桁架等不同形状。

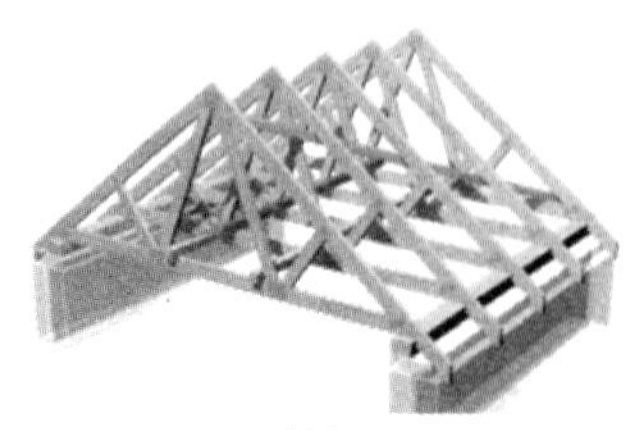

（a）桁架

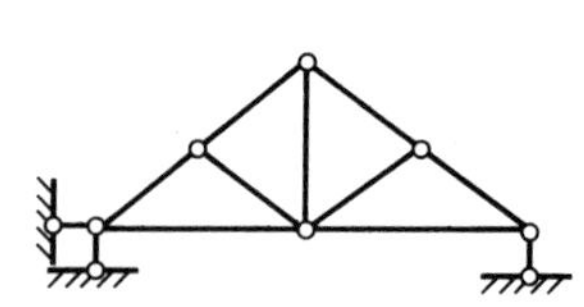

（b）桁架计算简图

图 2－28　桁架结构

5. 组合结构

组合结构是桁架和梁，桁架和刚架或者桁架和拱等组合在一起形成的结构，当中存在组合结点(图 2-29)。

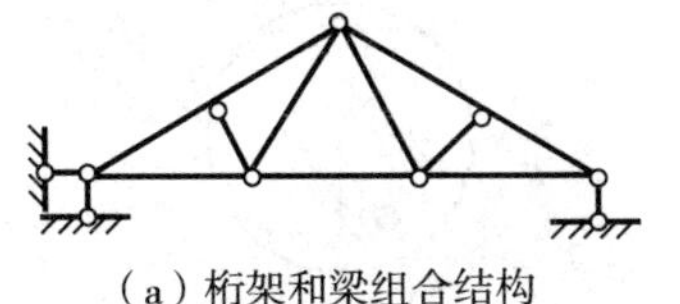

(a) 桁架和梁组合结构

(b) 桁架和拱组合结构

图 2-29　组合结构

建筑力学中我们会分别对几种常见的结构进行内力分析和计算，相关内容将会在第六章中展开。目前需要在不同类型的结构计算简图的基础上，对其进行受力分析，形成杆件的受力分析图，简称**受力图**，来定性了解掌握结构的受力情况，并进行后续的定量计算。

二、受力分析的基本步骤

解决力学问题时，首先要分析结构受了几个力的作用，并明确哪些是已知的主动力，哪些是未知的被动力，然后依次分析每个力的作用点和作用线方向，并在简图中表示出来。正确的受力分析是力学计算的必备的基础能力，需要良好力学思维能力，应该熟练掌握。

对平面杆系做受力分析和画受力图的基本步骤为：

(1) 明确研究对象，取隔离体进行研究，并做初步分析。

(2) 做出隔离体上已知的主动力，即已知的外荷载。

(3) 根据约束及支座反力的特征，做出隔离体上未知的被动力。

在作被动力时，应该遵循以下步骤：① 判断何处有约束(支座)；② 判断该处约束(支座)的类型；③ 根据约束类型在此处作出相应形式的约束反力，不可随意增加，减少或凭主观臆断，不遵循约束反力的性质。

4. 注意：

① 明确研究对象是受力分析的首要任务，研究对象不同，受力图是不同的。

② 在受力分析过程中，可以运用“二力构件(杆件)性质”和“三力平衡汇交定理”等来帮助分析；一般情况下，“二力构件”应优先进行分析。

③ 应正确处理作用力和反作用力的关系，一定等值，反向并共线。对同一物体系而言，整体和局部的受力图应相互协调，不能相互矛盾，此条也可以用来做受力分析的检验和校核。

三、单个物体(单根杆件)的受力分析

单个物体的受力分析较为简单，一般来说，遵循明确研究对象，先做主动力再作被动力的基本步骤即可，但也需注意利用“二力构件(杆件)性质”和“三力平衡汇交定理”等辅助判断。

例题 2-2　含柔体约束，光滑接触面约束的问题

如图2-30所示圆球O，自重为G，用绳AB挂在墙上，与墙接触于C点。墙面光滑忽略摩

擦，试作圆球 O 的受力分析图。

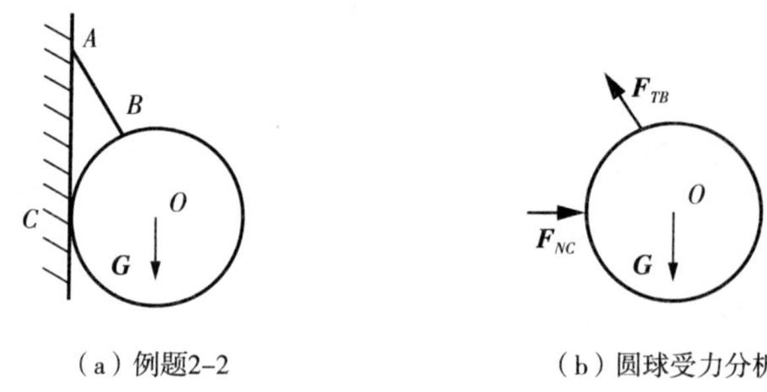

图 2－30　例题 2－2 及解答

解：(1) 如图 2－30 所示，选取圆球 O 为研究对象，取为隔离体；

(2) 先作主动力。本题外荷载只有作用在圆心 O 点的重力 $\boldsymbol{G}$，竖直向下。

(3) 再作被动力。圆球 O 共受到两种约束反力的作用。圆球在 B 点与绳索 AB 接触，受柔体约束的约束反力，作用于 B 点，沿绳 AB 的方向，背离圆球的拉力 $\boldsymbol{F}_{TB}$；在 C 点与光滑墙面接触，受光滑接触面约束的约束反力，作用于 C 点，沿着墙面与圆球 O 接触的公法线的方向，即 CO 的方向，指向圆球的反力 $\boldsymbol{F}_{NC}$。

例题 2－3　含固定铰支座，链杆支座的问题

图 2－31 所示杆件 AB，A 端用固定铰支座与地面相连，B 端用链杆支座与斜面相连。杆段中点 C 受到竖直向下的力 $\boldsymbol{F}$ 作用。试作杆件 AB 的受力分析图。

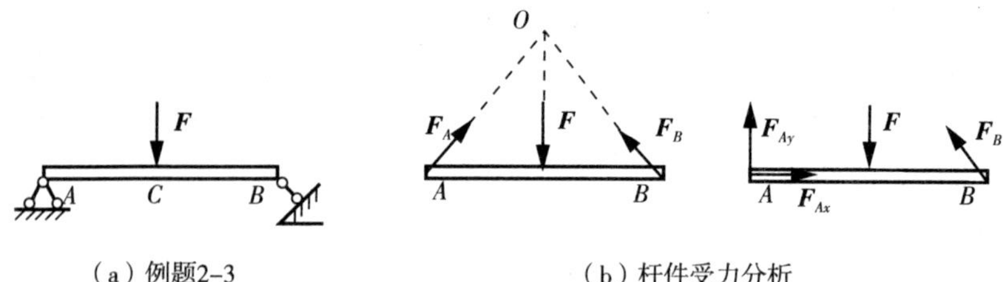

图 2－31　例题 2－3 及解答

解：(1) 如图 2－31 所示，选取杆件 AB 为研究对象，取为隔离体；

(2) 先作主动力。本题已知外荷载只有作用在中点 C 点的集中力 $\boldsymbol{F}$，竖直向下。

(3) 再作被动力。杆件共受到两种约束反力的作用。杆件在 B 点用链杆支座和地面相连，受链杆支座的支座反力，作用于 B 点，沿链杆 B 两铰中心连线的方向，斜向上或者斜向下（指向可以假定），记为 $\boldsymbol{F}_B$；在 A 点用固定铰支座与地面相连，受其约束反力 $\boldsymbol{F}_A$，若不能确定方向，则可用一对正交力 $\boldsymbol{F}_{Ax}$ 和 $\boldsymbol{F}_{Ay}$ 表示，指向可以假定。

(4) 注意，在此题目中，因杆件 AB 在外荷载 $\boldsymbol{F}$，链杆支座的支座反力 $\boldsymbol{F}_B$ 和固定铰支座的支座反力 $\boldsymbol{F}_A$ 共同作用下达到平衡，即在三力作用下达到平衡，是可以利用“三力平衡汇交定理”进行分析的，$\boldsymbol{F}_A$ 的作用线，必过 $\boldsymbol{F}$ 与 $\boldsymbol{F}_B$ 作用线的交点，指向可以假定。如图 2－31(b) 所示。

四、物体系(杆系)的受力分析

物体系的受力分析与单个物体的受力分析过程基本相同，但相对复杂一些，特别需要注意物体之间的作用力和反作用力的关系，不论是以整体为研究对象，还是以部分为研究对象，其结果必须是相互协调的不能产生矛盾。

例题 2-4 含固定铰支座，链杆支座的问题

图 2-32 所示杆件 AB，A 端用固定铰支座与地面相连，B 端用链杆支座与斜面相连。杆段中点 C 受到竖直向下的力 $\boldsymbol{F}$ 作用。试作杆件 AB 的受力分析图。

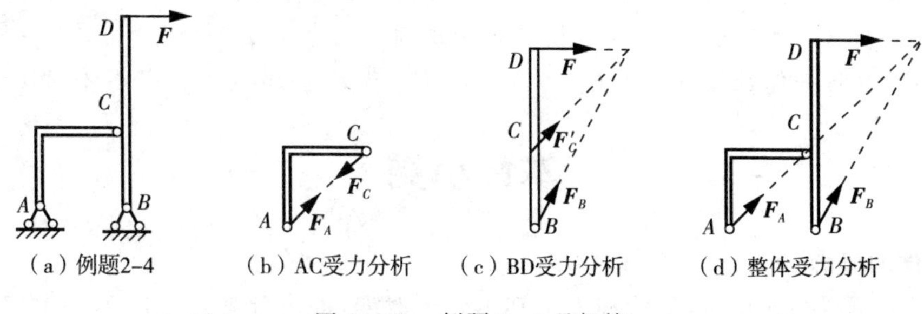

(a) 例题2-4　(b) AC受力分析　(c) BD受力分析　(d) 整体受力分析

图 2-32　例题 2-4 及解答

解:(1) 如图 2-32 所示，分别选取杆件 AC，杆件 BD，以及结构整体为研究对象，分别取为隔离体；

(2) 先分析杆件 AC。在之前章节中分析过，杆件 AC 为二力杆，受力如图 2-32(b) 所示。

(3) 再分析杆件 BD。杆件 BD 上 $\boldsymbol{F}'_C$ 为 AC 杆上 $\boldsymbol{F}_C$ 的反作用力。外荷载作用在 D 点的集中力 $\boldsymbol{F}$，水平向右。另有作用于 B 点的固定铰支座的支座反力；根据三力平衡汇交定理，$\boldsymbol{F}_B$ 必通过 $\boldsymbol{F}$ 与 $\boldsymbol{F}'_C$ 的作用线交点，指向可以假定。如图 2-32(c) 所示。

(4) 最后以整体为研究对象，各力应与单个构件受力分析图中的方向一致。内力不作出。如图 2-32(d) 所示。需注意，结构整体也满足三力平衡汇交定理，$\boldsymbol{F}_A$，$\boldsymbol{F}_B$ 与 $\boldsymbol{F}$ 作用线必交汇于一点。

例题 2-5　综合问题

如图 2-33 所示杆件 AC 与 BC 于 C 点铰接，并用绳 DE 相连。A 端与 B 放置在光滑水平面上。该系统在竖直向下的力 $\boldsymbol{F}$ 作用下达到平衡。

试作杆件 AC，杆件 BC，绳 DE，以及整体的受力分析图。

解:(1) 如图 2-33 所示，分别选取绳 DE，杆件 AC，杆件 BC，以及结构整体为研究对象，分别取为隔离体；

(2) 先以结构整体为研究对象。先作主动力 $\boldsymbol{F}$，再作被动力，A 点与 B 点的光滑接触面约束反力 $\boldsymbol{F}_{NA}$ 与 $\boldsymbol{F}_{NB}$，沿接触面公法线的方向指向被约束的物体，竖直向上。如图 2-33(b) 所示。

(3) 再分析绳 DE。绳属于柔体约束，只可承担沿绳方向的拉力 $\boldsymbol{F}_D$ 与 $\boldsymbol{F}_E$。如图 2-33(c) 所示。

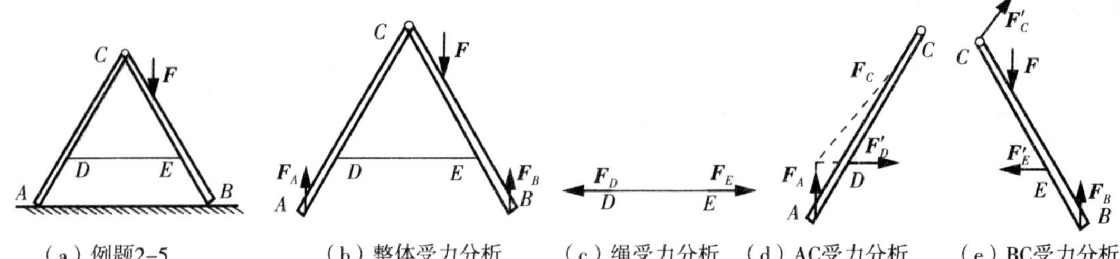

（a）例题2-5　（b）整体受力分析　（c）绳受力分析　（d）AC受力分析　（e）BC受力分析

图 2-33　例题 2-5 及解答

(4) 再分析杆件 AC。$\boldsymbol{F}'_D$ 为 $\boldsymbol{F}_D$ 反作用力；再根据三力平衡汇交定理，$\boldsymbol{F}_C$ 必通过 $\boldsymbol{F}_{NA}$ 与 $\boldsymbol{F}'_D$ 的作用线交点，指向可以假定。如图 2-33(d) 所示。

(5) 最后分析杆件 BC。$\boldsymbol{F}'_C$ 为 $\boldsymbol{F}_C$ 反作用力，$\boldsymbol{F}'_E$ 为 $\boldsymbol{F}_E$ 反作用力。如图 2-33(e) 所示。

本章小结

1. 刚体的概念

在运动中或受力作用后，形状和大小都不发生改变，即内部各点之间不发生相对位移，基本特征为在任何情况下刚体任意两点间的距离保持不变。刚体是一种理想状态的模型，实际工程中可以将变形微小可以忽略的变形体看作刚体。

2. 力和力系

力是物体之间的相互机械作用，可使物体产生运动效应或变形效应，按照作用范围可分为集中力和分布力。

作用在物体上的一组力称为力系。平面的力系将主要分为汇交力系、力偶系、平行力系和一般力系来研究。

3. 力矩和力偶

力矩为力与力臂的乘积，力偶矩为力与力偶臂的乘积，习惯上记逆时针方向的矩为正，顺时针方向的矩为负。力矩和力偶的性质有所不同，最大的区别在于力矩的大小与矩心位置有关，力偶矩的大小与矩心位置无关，只等于力偶本身的大小。

4. 静力学公理和推论

主要有二力平衡公理、加减平衡力系公理、作用力与反作用力公理和平行四边形法则，以及由公理推论得的二力杆的性质和三力平衡汇交原理，可以用于确定力系中未知力的作用线方向。

5. 工程常见的约束与支座

主要有柔体约束、光滑接触面约束、铰约束、链杆约束、固定约束，以及固定铰支座、链杆支座、定向支座和固定端支座等。其约束反力和支座反力各不相同，在受力分析时应注意根据不同约束和支座的特性绘制不同的约束反力和支座反力。

6. 受力分析图

作物体的受力分析图示即为受力分析图，应注意作用力和反作用力公理以及三力平衡汇交定理的应用。其基本步骤为：

① 明确研究对象，取隔离体进行研究，并做初步分析；

② 作出隔离体上已知的主动力，即已知的外荷载；

③ 根据约束及支座反力的特征，作出隔离体上未知的被动力。

思考与习题

1. 同一个人，站立在弹簧床上和躺在弹簧床上时，弹簧在两种情况下的受力和变形是否一样？为什么？

2. 在静力学公理及推论中，哪些只适用于刚体，哪些同样适用于变形体？原因是什么？

3. 两个大小相同的力，对同一物体的作用效果一定相同吗？

4. 什么是二力杆？其受力特点是什么？生活中常见的二力杆件有哪些？

5. 力矩和力偶矩都可以是物体产生转动的效应，它们有哪些联系和区别？

6. 二力平衡公理、作用力与反作用力公理以及力偶中的两个力都是等值反向的，这三者的区别是什么？

7. 请总结工程中常见约束（支座）的特点及约束（支座）反力的特征，什么样的结点可以简化为刚结点，什么样的结点可以简化为铰结点？

8. 凡是两端用链杆支座连接的杆件都是二力杆件吗？

9. 常见的平面杆系结构按照计算简图可以分为哪几类？其特点分别是什么？

10. 什么是受力分析？什么是受力分析图？作受力分析图的基本步骤是什么？有哪些注意事项？

11. 试计算图 2-34 中所示力 $\boldsymbol{F}$ 对 O 点的力矩。

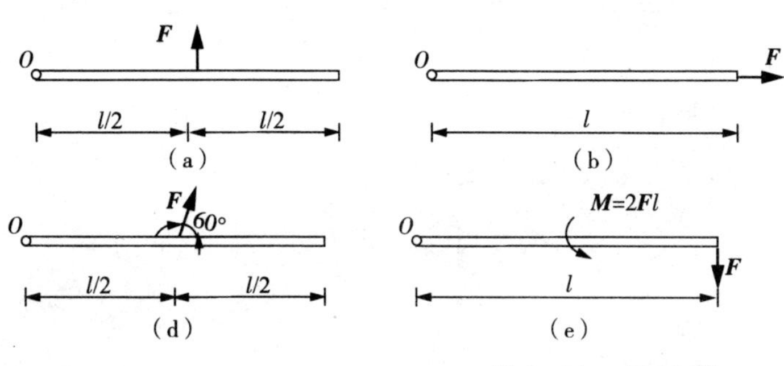

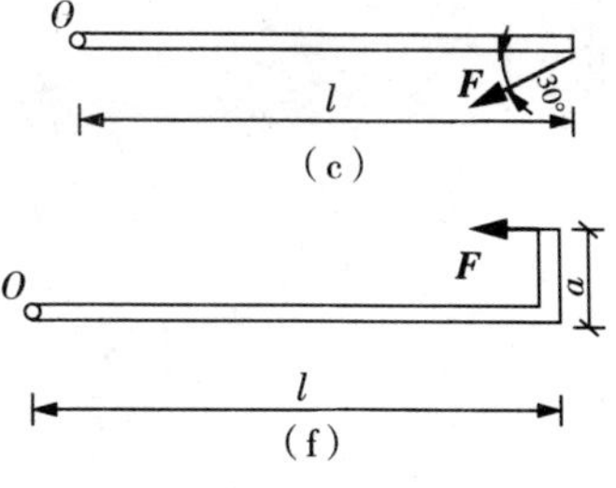

图 2-34 第 11 题

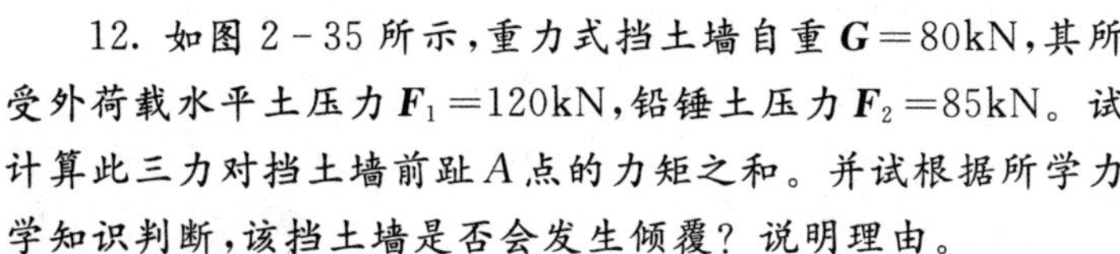

12. 如图 2-35 所示，重力式挡土墙自重 $\boldsymbol{G}=80\text{kN}$，其所受外荷载水平土压力 $\boldsymbol{F}_1=120\text{kN}$，铅锤土压力 $\boldsymbol{F}_2=85\text{kN}$。试计算此三力对挡土墙前趾 A 点的力矩之和。并试根据所学力学知识判断，该挡土墙是否会发生倾覆？说明理由。

13. 试作出图 2-36 中所示结构中杆件的计算简图。

14. 试对图 2-37 中所示结构体系整体及各部件进行受力分析。

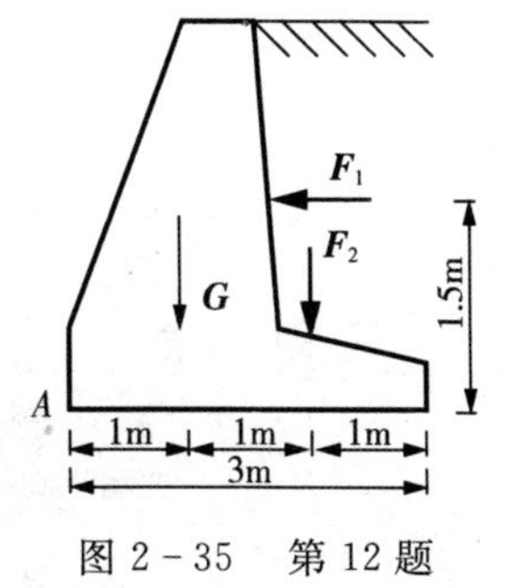

图 2-35 第 12 题

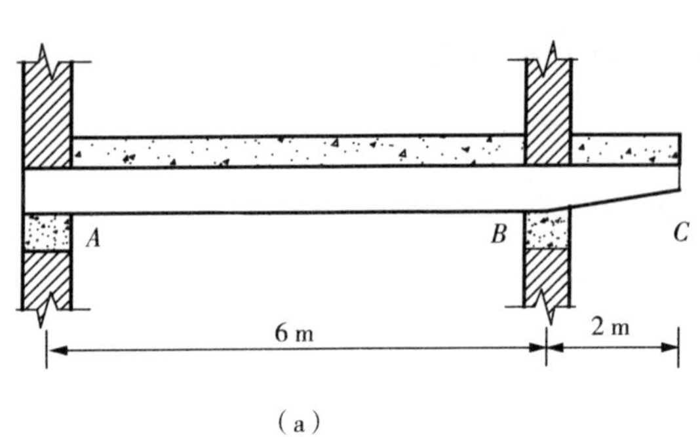

(a)

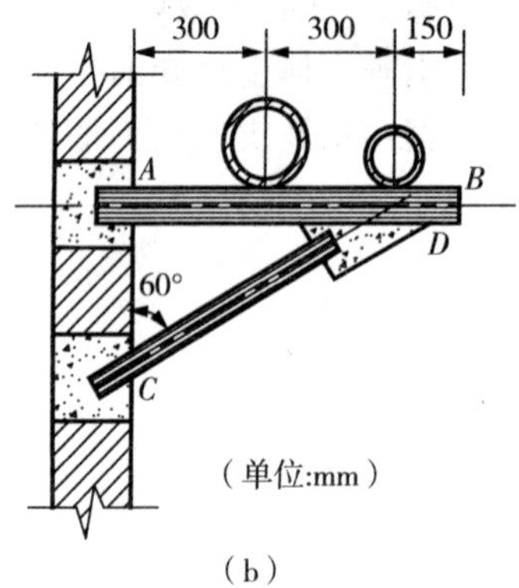

(b)

图 2-36　第 13 题

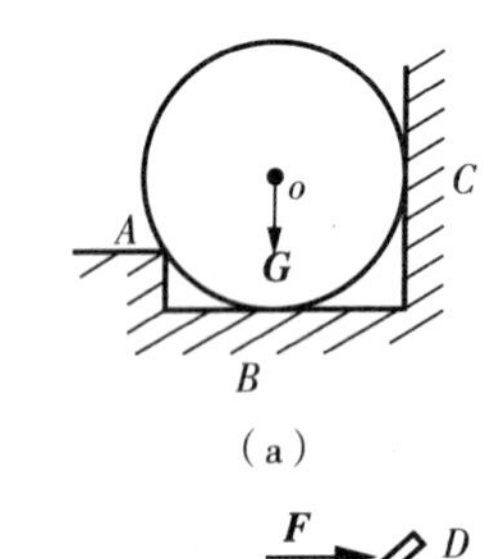

(a)

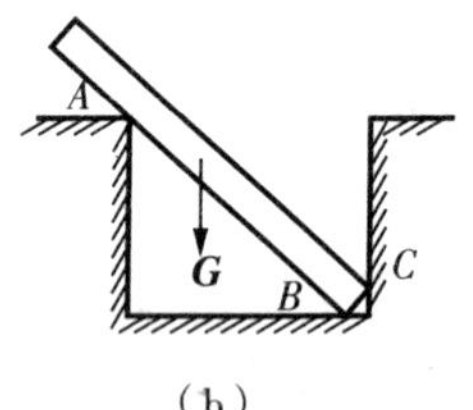

(b)

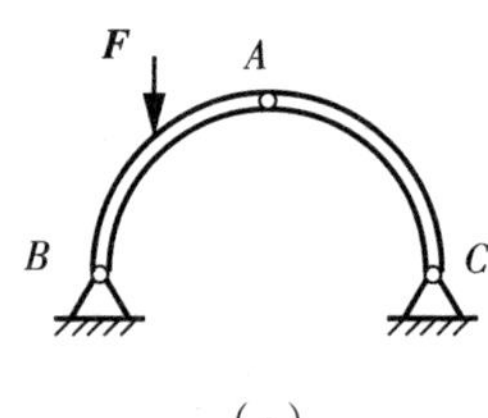

(c)

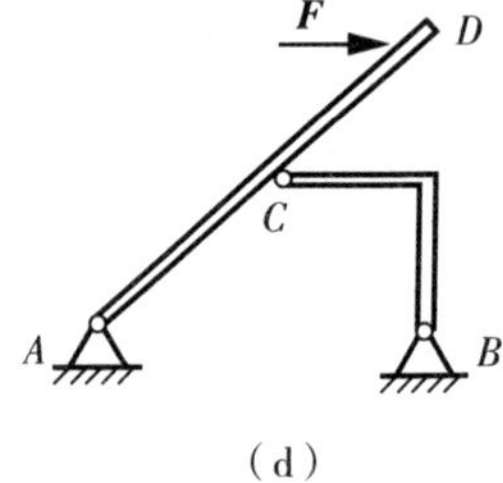

(d)

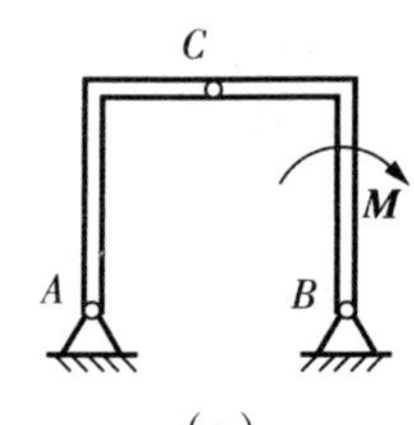

(e)

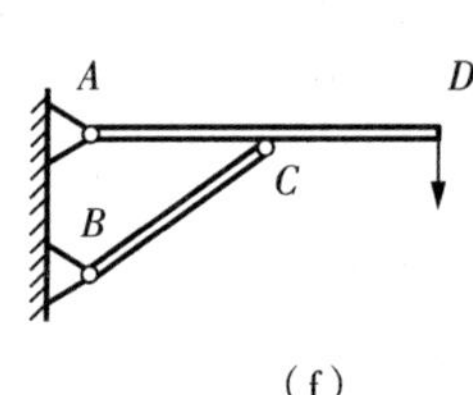

(f)

图 2-37　第 14 题

第3章 平面力系的合成与平衡

【章节介绍】

本章按照平面汇交力系、平面力偶系、平面一般力系和平面平行力系的顺序进行学习。研究的问题主要有两个:一是已知力系中所有分力,计算其合力,即力系合成的问题;二是已知力系合力为零,计算其中未知的分力,即平衡的问题。合成与平衡问题,就是要由作用在杆件或杆系结构上已知的荷载情况求出未知的约束反力和支座反力的问题,从而明确杆件和杆系结构上所有的外力(包括主动力和被动力)。简单来说,就是由已知荷载计算未知反力的问题,并为第4章、第5章和第6章的内力分析和计算提供依据。

【理解】

力系合成的一般方法与合成结果。

【掌握】

力系平衡的平衡条件、平衡方程及计算。

3.1 平面汇交力系的合成与平衡

在前章节中提到,本书只讨论平面力系,不讨论空间力系。在平面上,若只有力 $\boldsymbol{F}$ 的作用无力偶$\boldsymbol{M}$或分布力 q 等的作用,且各力 $\boldsymbol{F}$ 都作用于一点,如图3-1(a)所示,或其作用线都汇交于一点,如图3-1(b)所示,则该力系称为**平面汇交力系**。

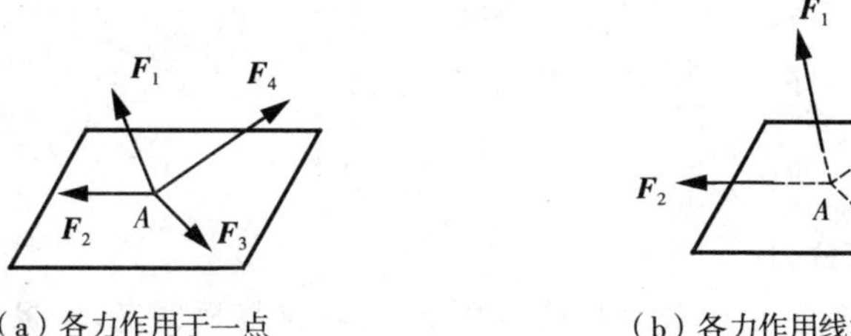

(a)各力作用于一点　　(b)各力作用线汇交于一点

图3-1　平面汇交力系

平面汇交力系是各种特殊力系中较为简单的一种,在中学物理中多有涉及,也是各种力系合成与平衡问题的基础。其基本计算方法有**几何法**和**解析法**两种。几何法是通过做封闭的**力的多边形**来求解平面汇交力系的合成平衡问题的;解析法是通过建立坐标系和**平衡方程**,计算求解的方法。两种方法都可以解决问题,但是各有优缺点。

一、平面汇交力系的合成

1. 平面汇交力系合成的几何法

根据平行四边形法则，作用于同一点的两个力是可以按照四边形或三角形规则进行合成的。同理，多个力作用于一点时，各力可以依次合成，或遵循“**力的多边形法则**”，即将多个力依次首尾相接，其合力必是从第一个力的起点指向最后一个力的终点的矢量。

如图 3-2(a) 所示，A 点的力 $\boldsymbol{F}_1$、$\boldsymbol{F}_2$、$\boldsymbol{F}_3$ 和 $\boldsymbol{F}_4$ 汇交于点 A，形成一个平面汇交力系。若要计算其合力，可依次应用平行四边形法则或三角形法则，如图(b) 所示，先将分力 $\boldsymbol{F}_1$、$\boldsymbol{F}_2$ 合成得 $\boldsymbol{F}_{R1}$，然后将 $\boldsymbol{F}_{R1}$ 与 $\boldsymbol{F}_3$ 合成得 $\boldsymbol{F}_{R2}$，最后将 $\boldsymbol{F}_{R2}$ 与 $\boldsymbol{F}_4$ 合成 $\boldsymbol{F}_R$。图中分力 $\boldsymbol{F}_i$ 依次首尾相接，力 $\boldsymbol{F}_R$ 从 $\boldsymbol{F}_1$ 的起点指向 $\boldsymbol{F}_4$ 的终点，封闭了力的多边形，即为此平面汇交力系的合力，体现了矢量表达式 $\boldsymbol{F}_R=\boldsymbol{F}_1+\boldsymbol{F}_2+\boldsymbol{F}_3+\boldsymbol{F}_4=\sum\boldsymbol{F}_i$。在求合力的过程中，为了方便通常中间过程中的 $\boldsymbol{F}_{R1}$、$\boldsymbol{F}_{R2}$ 不需画出。

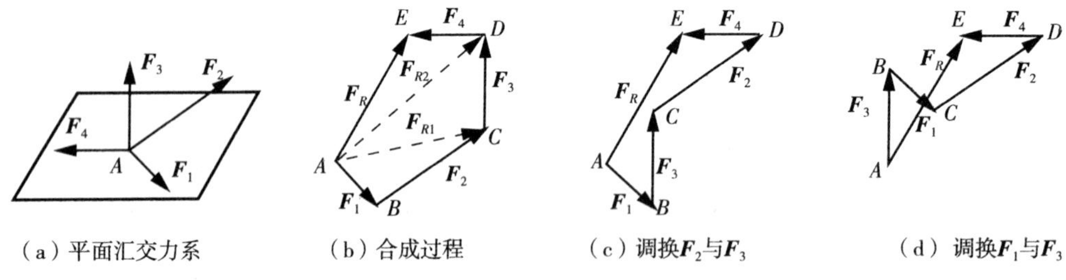

(a) 平面汇交力系 (b) 合成过程 (c) 调换$\boldsymbol{F}_2$与$\boldsymbol{F}_3$ (d) 调换$\boldsymbol{F}_1$与$\boldsymbol{F}_3$

图 3-2 平面汇交力系的合成

可以注意到，在合成过程中，调换分力依次合成的顺序，力的多边形形状会发生变化，如图(b) 与图(c) 中交换了合成 $\boldsymbol{F}_2$ 与 $\boldsymbol{F}_3$ 的顺序，图(c) 与图(d) 中又交换了合成 $\boldsymbol{F}_1$ 与 $\boldsymbol{F}_3$ 的顺序，但对合成结果不产生影响，三种情况合成的 $\boldsymbol{F}_R$ 是相同的。

从上述内容可知，平面汇交力系的合力等于其中各分力的矢量和，且矢量首尾相接的顺序不影响合成的结果。这种利用力的多边形法则求合力的方法称为合成的**几何法**，其表达式为：

$$\boldsymbol{F}_R=\sum_{i=1}^{n}\boldsymbol{F}_i=\boldsymbol{F}_1+\boldsymbol{F}_2+\ldots+\boldsymbol{F}_n \qquad \text{式(3-1)}$$

例题 3-1 几何法求合力

图 3-3(a) 中三根钢索，套在圆心为 O 的吊环上，吊环与墙面固定，承担的拉力方向如图所示，大小为 $\boldsymbol{F}_{T1}=1\text{kN}$，$\boldsymbol{F}_{T2}=2\text{kN}$，$\boldsymbol{F}_{T3}=4\text{kN}$ 且都通过圆心 O 点。比例尺如图所示。

试用几何法计算钢索对圆环的合力。

解：由题意可知 $\boldsymbol{F}_{T1}$、$\boldsymbol{F}_{T2}$ 与 $\boldsymbol{F}_{T3}$ 形成 O 点的汇交力系。根据题目中力的大小、方向角度和比例尺画出力的多边形 $OABC$，如图 3-3(b)，则向量 $\boldsymbol{OA}$ 即为三力合力 $\boldsymbol{F}_R$。

采用量角器，可量得 $\boldsymbol{F}_R$ 与水平方向夹角为 20°，长度 5.6 厘米。根据比例尺可得：

$\boldsymbol{F}_R=5.6\text{kN}$，与水平方向夹角为 20°。

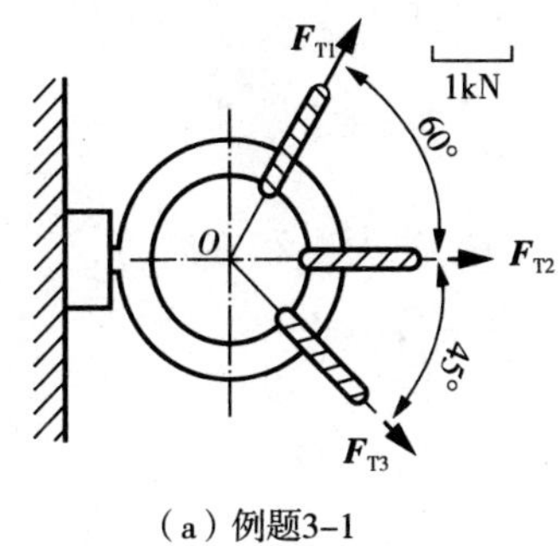

（a）例题3-1

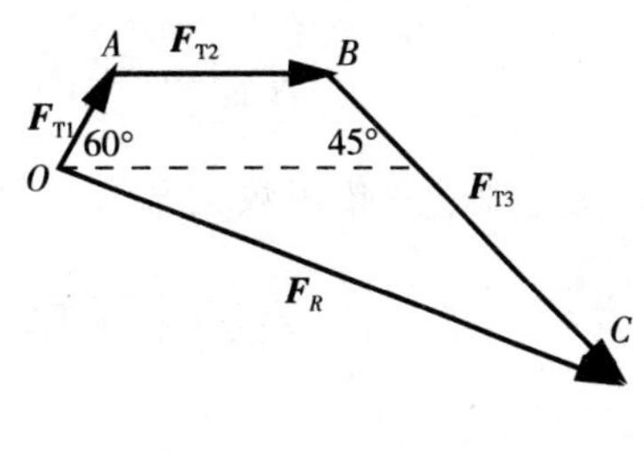

（b）例题3-1解答

图 3-3　例题 3-1 及解答

由此题可看出：① 几何法求合力的关键是按照角度和比例尺长度作图，合力大小和方向不需计算，只需丈量并按照比例求解；② 几何法较为简单，但是精确程度有限，是一种定性的粗略计算方法。

2. **平面汇交力系合成的解析法**

1) 力在坐标轴上的投影。从力的两端向坐标轴作垂线，两个垂足之间所夹线段即为力在此坐标轴上的投影。

如图 3-4(a) 所示，xOy 直角坐标平面内作用有一力 $\boldsymbol{F}$。从力 $\boldsymbol{F}$ 的两端向 x 轴和 y 轴作垂线，分别与两轴交于 a、b 和 a'、b' 点，则线段 ab（正值，与坐标轴同向）和线段 $a'b'$（负值，与坐标轴反向）即为力在 x 轴 y 轴上的投影。可以看出，投影的大小和方向，即为 $\boldsymbol{F}$ 的一对沿着坐标轴方向的正交分力 $\boldsymbol{F}_x$ 和 $\boldsymbol{F}_y$ 的大小和方向。

所以，可推得分力的计算式为：

$$\begin{cases} F_x = \pm F\cos\alpha \\ F_y = \pm F\sin\alpha \end{cases} \qquad 式(3-2)$$

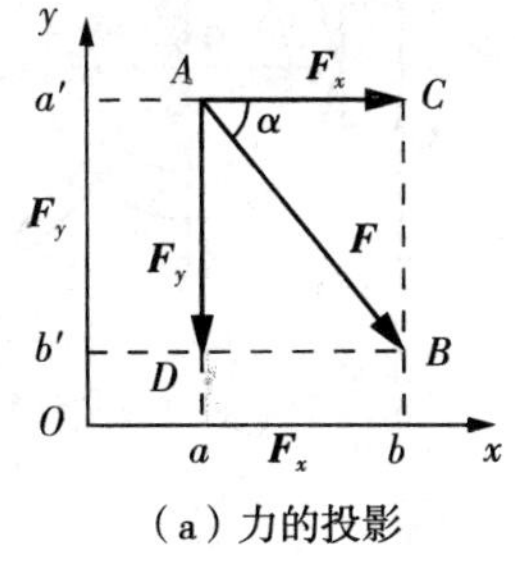

（a）力的投影

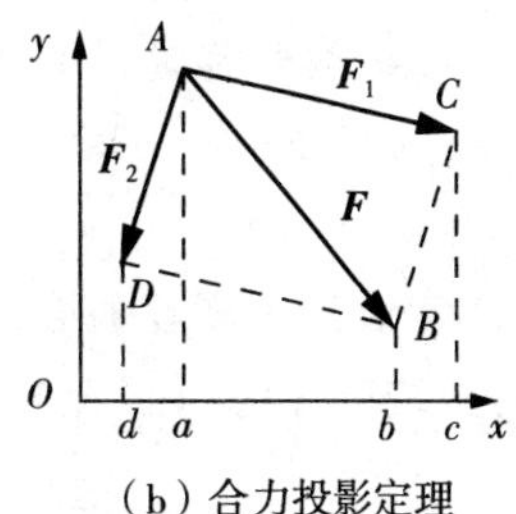

（b）合力投影定理

图 3-4　力的投影及合力投影定理

2) 合力投影定理。合力在坐标轴上的投影，等于其各分力在坐标轴上的投影之和。合力投影定理证明十分简单，在此不再赘述。如图 3-4(b) 所示，$\boldsymbol{F}$ 在 x 轴上投影 ab 等于其分力 $\boldsymbol{F}_1$ 和 $\boldsymbol{F}_2$ 在 x 轴上投影 ac 与 ad 的代数和，即 $ab = ac - ad$。此定理在求解题目过程中可起到一定简化计算的作用，也是用解析法计算平面汇交力系合力的基础知识。

3) 平面汇交力系的合力计算。如图 3-5 所示，根据合力投影定理，在计算平面汇交力系合力时，先求出力系中各力在 x 轴和 y 轴上的投影，得合力 $\boldsymbol{F}_R$ 的投影：

$$\begin{cases} F_{Rx} = \sum Fx = F_{1x} + F_{2x} + \cdots + F_{nx} \\ F_{Ry} = \sum Fx = F_{1y} + F_{2y} + \cdots + F_{ny} \end{cases} \qquad 式(3-3)$$

再由勾股定理或三角函数关系等几何知识可知，合力 $\boldsymbol{F}_R$ 的大小和方向为：

$$\begin{cases} F_R = \sqrt{F_{Rx}^2 + F_{Ry}^2} = \sqrt{(\sum F_x)^2 + (\sum F_y)^2} \\ \tan\alpha = \dfrac{|F_{Ry}|}{|F_{Rx}|} = \dfrac{\left|\sum F_y\right|}{\left|\sum F_x\right|} \end{cases} \qquad 式(3-4)$$

式(3-4)中 α 为合力 $\boldsymbol{F}_R$ 与 x 轴所夹的锐角，合力的作用线通过原力系汇交点，指向可由 $\boldsymbol{F}_{Rx}$ 和 $\boldsymbol{F}_{Ry}$ 的正负号判断，如图 3-6 所示。例如 $\boldsymbol{F}_{Rx}$ 为正，$\boldsymbol{F}_{Ry}$ 为负，则合力指向第四象限方向，即右下方。

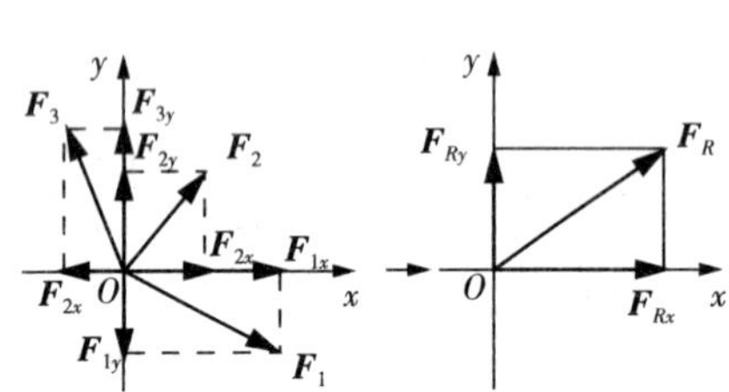

图 3-5　平面汇交力系的合成

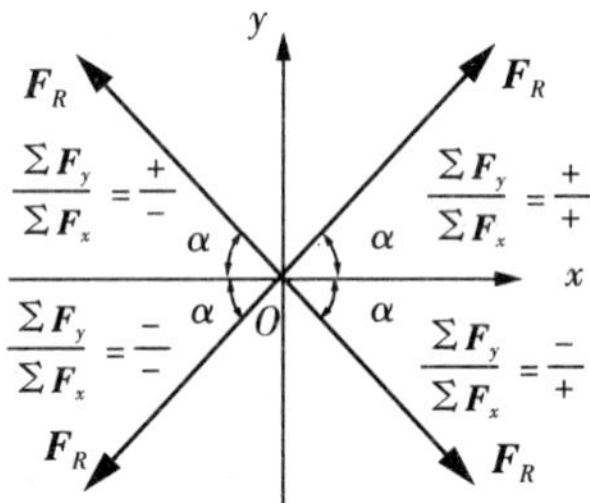

图 3-6　合力正负的确定

例题 3-2　解析法求合力

如图 3-7 所示，条件与例 3-1 相同。

三根钢索，套在圆心为 O 的吊环上，吊环与墙面固定在一起。已知三根钢索都通过 O 点，承担的拉力方向如图所示，大小为 $\boldsymbol{F}_{T1} = 1\text{kN}, \boldsymbol{F}_{T2} = 2\text{kN}, \boldsymbol{F}_{T3} = 4\text{kN}$。

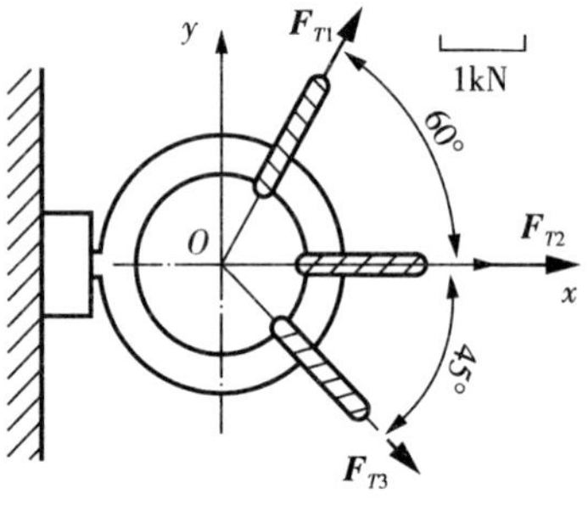

图 3-7　例题 3-2

试用解析法计算钢索对圆环的合力。

解：因力系的汇交于 O 点，因此建立如图所示的直角坐标系 xOy。

计算合力在坐标轴上的投影：

$$F_{Rx} = \sum F_x = F_{T1}\cos 60° + F_{T2} + F_{T3}\cos 45° = 0.5\cos 60° + 1 + 2\cos 45° = 2.66(\text{kN})$$

$$F_{Ry} = \sum F_x = F_{T1}\sin 60° - F_{T3}\sin 45° = 0.5\sin 60° - 2\sin 45° = -0.98(\text{kN})$$

由此求得合力 $\boldsymbol{F}_R$ 的大小为：$F_R = \sqrt{F_{Rx}^2 + F_{Ry}^2} = \sqrt{2.66^2 + (-0.98)^2} = 2.83(\text{kN})$

合力 $\boldsymbol{F}_R$ 与 x 轴间所夹的锐角 α 为：$\tan\alpha = \dfrac{|F_{Ry}|}{|F_{Rx}|} = \dfrac{|-0.98|}{|2.66|} = 0.368$

则 $\alpha=\arctan 0.368=20.2°$，并由 $\boldsymbol{F}_{Rx}$ 和 $\boldsymbol{F}_{Ry}$ 的正负号可判断 $\boldsymbol{F}_R$ 应指向右下方。

由此题可看出：① 解析法求合力的关键是建立直角坐标系，依照合力投影定理依次计算出最终合力；② 与几何法相比，解析法的精确程度较高但步骤复杂一些，但结果是一致的，在解题时可根据需要选择。

二、平面汇交力系的平衡

在第 2 章中提到，力系平衡是指其合力为 0。若平面汇交力系平衡，可以得出其合力 $\boldsymbol{F}_R=0$；同时，若平面汇交力系的 $\boldsymbol{F}_R=0$，则力系平衡。所以，平面汇交力系**平衡的充要条件**是：$\boldsymbol{F}_R=\sum\boldsymbol{F}=0$。

1. 用几何法表示

根据本章公式(3-1)，若平面汇交力系平衡，$\boldsymbol{F}_R=\boldsymbol{F}_1+\boldsymbol{F}_2+\boldsymbol{F}_3\cdots+\boldsymbol{F}_n=0$，即各个分力首尾相接时，$\boldsymbol{F}_n$ 的终点必接触 $\boldsymbol{F}_1$ 起点，不需 $\boldsymbol{F}_R$ 而自行形成封闭的力的多边形，如图 3-8 所示。

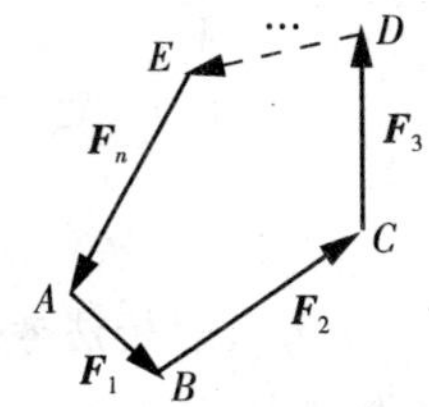

图 3-8　几何法表示

所以，用几何法表示的平面汇交力系平衡的充分且必要条件可描述为：各力形成的**力的多边形自我封闭**。

2. 用解析法表示

根据本章公式(3-4)中的第一式可知：

$$F_R=\sqrt{F_{Rx}^2+F_{Ry}^2}=\sqrt{\left(\sum F_x\right)^2+\left(\sum F_y\right)^2}=0$$

式中，由于 $\left(\sum F_x\right)^2$ 与 $\left(\sum F_y\right)^2$ 恒为非负值，若 $\boldsymbol{F}_R=0$，则 $\boldsymbol{F}_x$ 和 $\boldsymbol{F}_y$ 必须同时为 0，即：

$$\begin{cases}F_{Rx}=\sum_{i=1}^{n}F_{xi}=0\\F_{Ry}=\sum_{i=1}^{n}F_{yi}=0\end{cases}\qquad\text{式(3-5)}$$

式(3-5)为用解析法表示的平面汇交力系平衡的充要条件，称为平面汇交力系的**平衡方程**。它表明平面汇交力系平衡的充要解析条件是力系中所有各力在两个坐标轴上投影的代数和分别为零。等式是在两个正交方向上列出的，所以这是两个独立的方程，可以求解两个未知量。

例 3-3　几何法与解析法计算平衡问题

如图 3-9(a) 所示，三铰架由杆件 AB 与杆件 AC 组成。杆件 AB 与 AC 在 C 点铰接，并用固定铰支座 A 和 B 与墙面连接在一起。A 点悬挂一重物，重量为 $G=20\text{kN}$。

忽略杆件重量，试计算杆 AB 和杆件 AC 的受力大小及方向。

解：(1) 先用**几何法**考虑，则 $\boldsymbol{F}_{AB}$、$\boldsymbol{F}_{AC}$ 和 $\boldsymbol{G}$ 组成的力的多边形自我封闭，如图 3-9(b) 所示，注意各力应首尾相接，方向直接确定不需假设。根据三角函数关系可得：

$$\begin{cases} F_{AB} = G\sin30^\circ = 10\text{kN} \\ F_{AC} = G\cos30^\circ = 17.3\text{kN} \end{cases}$$

即为杆件受力值，方向如图所示。

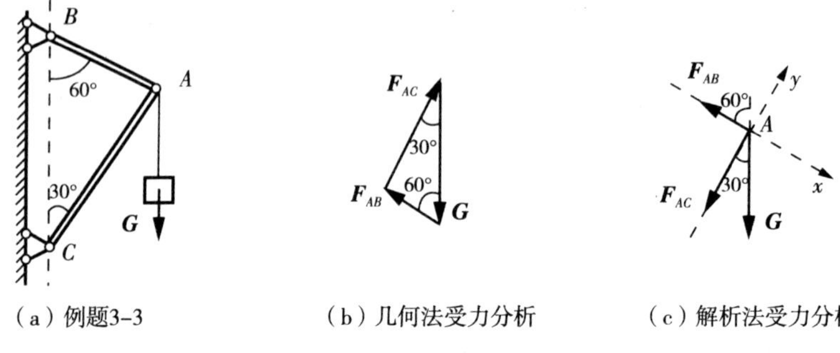

（a）例题3-3　（b）几何法受力分析　（c）解析法受力分析

图 3-9　例题 3-3 及解答

(2) 再用**解析法**考虑，因力系的汇交于 A 点，因此建立如图 3-9(c) 所示的直角坐标系 xAy，假设杆件对 A 点的作用力为拉力，并作其受力分析图。

列出平衡方程：$$\begin{cases} \sum F_x = -F_{AB} + G\sin30^\circ = 0 \\ \sum F_x = -F_{AC} - G\cos30^\circ = 0 \end{cases}$$

解得：$$\begin{cases} F_{AB} = G\sin30^\circ = \dfrac{G}{2} = 10(\text{kN}) \\ F_{AC} = -G\cos30^\circ = \dfrac{-\sqrt{3}G}{2} = -17.3(\text{kN}) \end{cases}$$

在解析法中，力的方向是可以假设的，真正的方向看计算结果的符号。本题计算结果中，$\boldsymbol{F}_{AB}$ 为正值，说明 $\boldsymbol{F}_{AB}$ 的实际方向与假设方向相同；$\boldsymbol{F}_{AC}$ 为负值，说明 $\boldsymbol{F}_{AC}$ 的实际方向与假设方向相反。

在解析法中，当未知力与坐标轴垂直时，未知力不出现在相应的投影方程中；若使两个坐标轴各与一个未知力垂直，每个平衡方程只含一个未知量，可以简化计算过程。所以，建立的坐标系中两轴不一定要在水平和竖直方向上，正交或者斜交均可，但应以化简方程利于解题为原则。

(3) 总结与对比：几何法和解析法所得结果是一致的。可总结解决平面汇交力系平衡问题的主要解题步骤：

① 选择研究对象，取隔离体并作简图。选取的研究对象应当联系已知量和待求量；

② 分析隔离体的受力情况，并作其受力图；

③ 列平衡方程或作力的多边形，并求解未知量。

在平面汇交力系平衡的问题中，几何法和解析法都可以解决，但是各有优缺点。几何法直观、简单、容易掌握，力的多边形中各力关系一目了然，但力多于三个时不易求解，且只要改变一个量，就需重新作图；而解析法适用范围广，任何平面汇交力系的平衡问题都可用两个平衡方程求解，可以建立力、角度和尺寸等量之间的函数关系，简单且容易掌握，但是不如几何法直观。

3.2 平面力偶系的合成与平衡

同时作用在物体上的两个或两个以上的力偶组成的力系，称为力偶系。作用在同一平面内的两个或两个以上的力偶组成的力系，称为**平面力偶系**。如图 3 - 10 所示。

一、平面力偶系的合成

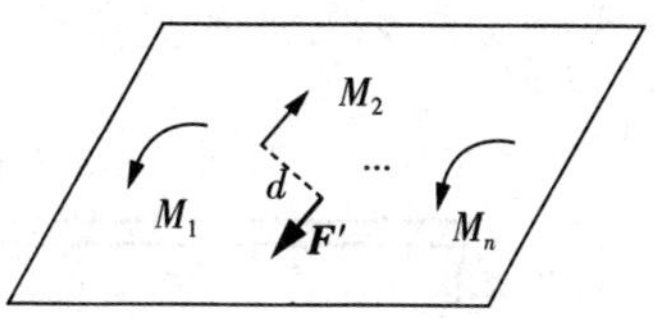

图 3 - 10 平面力偶系

根据力偶的可移性、可转性和可变形等性质，容易证明平面力偶系合成的结果为一个力偶，即与一个力偶等效。将矢量标量化，此合力偶的力偶矩等于力偶系中各力偶矩的代数和。若平面上有 n 个力偶 $\boldsymbol{M}_1$、$\boldsymbol{M}_2$… 和 $\boldsymbol{M}_n$ 作用，则其合力偶的力偶矩为：

$$M_R = \sum_{i=1}^{n} M_i = M_1 + M_2 + \cdots + M_n \qquad \text{式(3 - 6)}$$

例 3 - 4 平面力偶系的合成

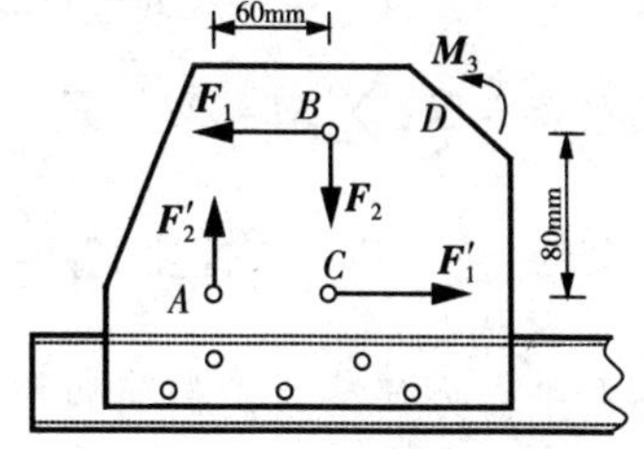

图 3 - 11 例题 3 - 4

如右图 3-11 所示，某铆接钢板在孔 A、B 和 C 处受水平力 $\boldsymbol{F}_1 = \boldsymbol{F}'_1 = 3\times10^3\text{kN}$ 和竖向力 $\boldsymbol{F}_2 = \boldsymbol{F}'_2 = 5\times10^3\text{kN}$ 的作用，D 点作用有力偶 $\boldsymbol{M}_3$，其力偶矩大小为 $M_3 = 215\text{kN}\cdot\text{m}$。

试计算此铆接钢板上所有力和力偶的合成结果。

解：根据图 3-11 可知，$\boldsymbol{F}_1$ 和 $\boldsymbol{F}'_1$ 是一对等值反向的平行力，$d_1 = 80\text{mm}$，形成力偶 $\boldsymbol{M}_1$ 的作用；$\boldsymbol{F}_2$ 和 $\boldsymbol{F}'_2$ 是一对等值反向的平行力，$d_2 = 60\text{mm}$，形成力偶 $\boldsymbol{M}_2$ 的作用。此力系实际为一个平面力偶系，合成结果为合力偶 $\boldsymbol{M}_R$。

$$M_1 = +F_1 d_1 = 3\times10^3\text{kN}\cdot80\text{mm} = 240(\text{kN}\cdot\text{m})$$

$$M_2 = -F_2 d_2 = -5\times10^3\text{kN}\cdot60\text{mm} = -300(\text{kN}\cdot\text{m})$$

$$M_3 = 215\text{kN}\cdot\text{m}$$

$$M_R = \sum_{i=1}^{3} M_i = M_1 + M_2 + M_3 = 240 - 3000 + 215 = 155(\text{kN}\cdot\text{m})$$

即为所有力的合成结果。合力偶矩大小为 155kN・m，逆时针转向，与原力偶系共面。

二、平面力偶系的平衡

平面力偶系的合成结果为合力偶 $\boldsymbol{M}_R$，若力偶系平衡则合力偶为 0。平面力偶系平衡的充要条件为：力偶系中所有力偶的力偶矩的代数和为零。

$$M_R = \sum_{i=1}^{n} M = 0 \qquad \text{式(3-7)}$$

根据此平衡条件，可以列出一个平衡方程，求解一个未知量。对于平面力偶系来说，需注意力偶只能和力偶平衡，不能和一个单独的力平衡。

例 3-5 平面力偶系的平衡

如图 3-12 所示外伸梁，跨度 $5l$，梁上作用有一个力偶 $\boldsymbol{M}$，转向如图所示。试计算固定铰支座 A 和链杆支座 B 的支座反力。

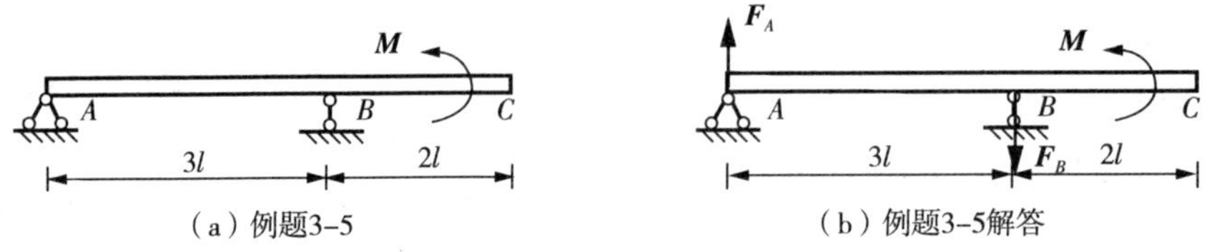

图 3-12 例题 3-5 及解答

解：选梁 AC 为研究对象，此梁所受外荷载，只有一个外力偶的作用。力偶只能和力偶平衡，不和单独的力平衡，因此则两个约束反力 $\boldsymbol{F}_A$ 和 $\boldsymbol{F}_B$ 必构成一个力偶，是一对等值、反向的平行力。如图 3-12(b) 所示，$\boldsymbol{F}_B$ 沿链杆两铰中心连线方向，假设竖直向下。

列出平衡方程：$\sum M = M - F_A \cdot 3l = 0$

解得：　$F_A = \dfrac{M}{3l}$，且 $F_B = F_A = \dfrac{M}{3l}$

在平面力偶系的平衡问题中，刚体只受主动力偶或主动力偶系作用，可根据力偶只能用力偶去平衡的理论，判断约束反力必构成力偶，从而确定约束反力的方向。

3.3 平面一般力系的合成与平衡

倘若各力的作用线都位于同一平面内，且既不全交于一点，也不全平行；或者同一平面内有力和力偶的同时作用，则该力系既不为平面汇交力系，也不为平面力偶系，称为**平面一般力系**，也称**平面任意力系**。平面一般力系是工程中最常见的力系，很多实际问题都可以简化成平面一般力系问题来处理，学习和掌握平面一般力系的求解是十分必要和重要的。

一、平面一般力系的合成

1. 力线平移定理

在第2章中"推论1—— 力的可传性"解释：力可以沿着作用线在刚体上移动而不改变力的作用效果，说明力可以沿作用线移动，但强调不可平移，因为力的作用线平移时力的作用效果会发生改变。如图 3-13(a) 所示，圆轮 O 上边缘 A 点作用有与半径 OA 垂直的集中力 $\boldsymbol{F}$。在此情况下，圆轮 O 会产生顺时针的转动效应，但若将 $\boldsymbol{F}$ 的作用线平行移动到圆心 O 点，

圆轮 O 的转动效应消失，力的作用效果将发生改变。

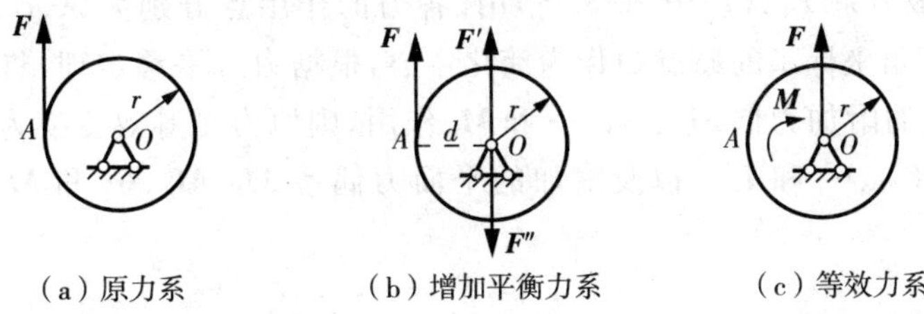

（a）原力系　　（b）增加平衡力系　　（c）等效力系

图 3－13　力线平移定理的证明

若要作用效果不变，可根据定理来证明。在图 3－13(b) 中，根据加减平行力系公理，在 O 点增加一对平衡力 $\boldsymbol{F}'=\boldsymbol{F}''=\boldsymbol{F}$，作用效果不变。此时 $\boldsymbol{F}'$ 和 $\boldsymbol{F}''$ 是一对等值反向的平行力，形成一个力偶 $\boldsymbol{M}(\boldsymbol{F},\boldsymbol{F}')$，力偶臂为 $d=r$，记为 $\boldsymbol{M}$，如图 3－13(c) 所示。对比图 3－13(c) 和图 3－13(a) 可以看出，若将力 $\boldsymbol{F}$ 的作用线从 A 点平行移动到 O 点，相当于在力系中附加了一个力偶 $\boldsymbol{M}=\boldsymbol{F}r$，方向顺时针。

可以证明：作用于刚体上的力，可以将其作用线平行移动到该刚体上的任意一点，但平移后必须增加一个**附加力偶**，该力偶的大小和方向等于原来的力对新作用点力矩的大小和方向。这就是**力线平移定理**，也称力的平移定理。应用力线平移定理时应注意，选择的新作用点不同，附加的力偶会因力偶臂 d 的改变而改变。

力线平移定理是平面一般力系向作用面内任意一点简化的理论基础。该定理说明，一个力可以和作用于另外一点的一个力和一个力偶等效，反过来应用也可将同平面内的一个力 $\boldsymbol{F}$ 和一个力偶 $\boldsymbol{M}$，如图 3－13(c)，通过力线平移的方式化为一个力 $\boldsymbol{F}$，如图 3－13(a)，且平移的距离为 $d=M/F$。

例如在对工业厂房常用的牛腿柱进行分析时，吊车梁的荷载 $\boldsymbol{F}$ 通常不作用在柱的轴线上，所以为了研究方便，经常将吊车梁的荷载 $\boldsymbol{F}$ 平移到柱轴心的位置并附加力偶 $\boldsymbol{M}$，将柱子偏心受压的情况，转化为柱子轴心受压和弯曲的组合问题来进行分析，较为简单（图 3－14）。

力偶 $\boldsymbol{M}$ 使柱子产生弯曲，正是由于此力偶的存在，才使得在压力相等的情况下，偏心受压柱更易发生倾斜或出现裂缝。

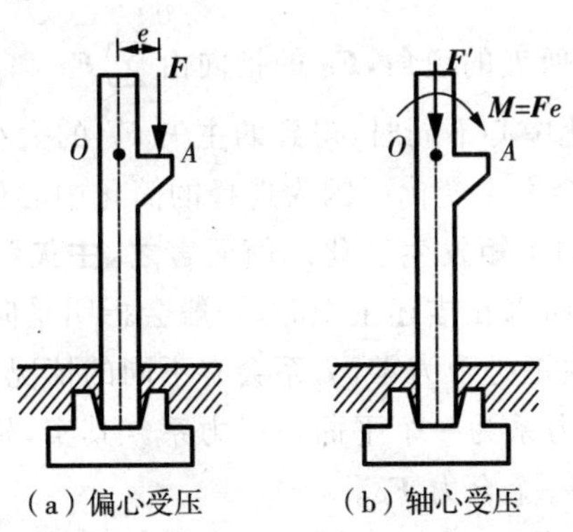

（a）偏心受压　　（b）轴心受压

图 3－14　牛腿柱的受力分析简图

2. 平面一般力系的合成结果

现有平面一般力系 $\boldsymbol{F}_1$、$\boldsymbol{F}_2$、… 和 $\boldsymbol{F}_n$ 作用，各力的作用点分别为 A、B、…、C，如图 3－15(a) 所示。将直角坐标系的原点 O 作为**简化中心**，根据力线平移定理，将所有分力平移到 O 点，并附加相应的附加力偶 $\boldsymbol{M}_1$、$\boldsymbol{M}_2$、… 和 $\boldsymbol{M}_n$ 作用，则原力系等效变换为作用在 O 点的平面汇交力系 $\boldsymbol{F}'_1$、$\boldsymbol{F}'_2$、… 和 $\boldsymbol{F}'_n$，以及附加的平面力偶系 $\boldsymbol{M}_1$、$\boldsymbol{M}_2$、… 和 $\boldsymbol{M}_n$，如图 3－15(b) 所示。

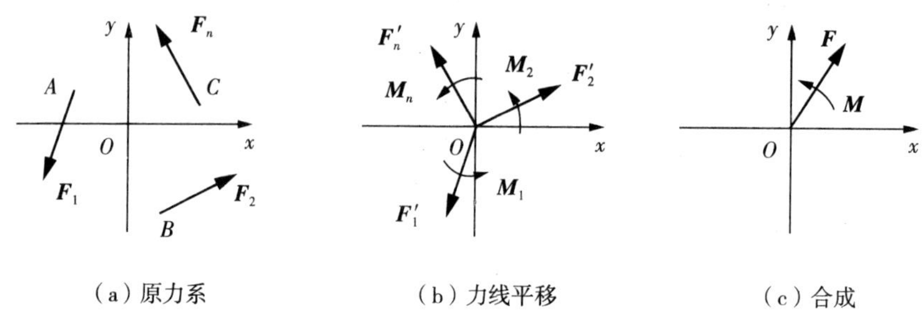

(a) 原力系　　(b) 力线平移　　(c) 合成

图 3－15　平面一般力系的简化

再将汇交于 O 点的平面汇交力系 $\boldsymbol{F}'_1$、$\boldsymbol{F}'_2$、… 和 $\boldsymbol{F}'_n$ 按照汇交力系合成的方法合成合力 $\boldsymbol{F}_R$，将附加的平面力偶系 $\boldsymbol{M}_1$、$\boldsymbol{M}_2$、… 和 $\boldsymbol{M}_n$，按照平面力偶系合成的方法，合成合力偶 $\boldsymbol{M}_R$，如图 3－15(c) 所示。$\boldsymbol{F}_R$ 和 $\boldsymbol{M}_R$ 不能继续合成，它们合在一起才是平面汇交力系的合力，才和原力系等效。

我们称 $\boldsymbol{F}_R$ 为平面一般力系的**主矢**，称 $\boldsymbol{M}_R$ 为平面一般力系的**主矩**。即平面一般力系合成的结果是一个主矢和一个主矩，并易得主矢和主矩的计算式为：

$$\begin{cases} F_R = \sqrt{F_{Rx}^2 + F_{Ry}^2} = \sqrt{(\sum F_x)^2 + (\sum F_y)^2} \\ \tan\alpha = \dfrac{|F_{Ry}|}{|F_{Rx}|} = \dfrac{\left|\sum F_y\right|}{\left|\sum F_x\right|} \end{cases} \quad \text{式(3－8)}$$

$$M_R = \sum_{i=1}^{n} M_i = M_1 + M_2 + \cdots + M_n \quad \text{式(3－9)}$$

式(3－8) 中 α 为 $\boldsymbol{F}_R$ 与 x 轴所夹的锐角，$\boldsymbol{F}_R$ 的指向由 $\sum \boldsymbol{F}_x$ 和 $\sum \boldsymbol{F}_y$ 的正负号确定。

容易证明，当选择的简化中心不同时，得到的主矢 $\boldsymbol{F}_R$ 的大小和方向不会发生变化，但是主矩 $\boldsymbol{M}_R$ 的大小和转向可能会发生变化。因为选择的简化中心位置改变，各力平移时所产生的附加力偶改变，导致最终的主矩发生变化。简而言之，**主矢和简化中心的位置无关，而主矩和简化中心的位置有关**。所以在描述主矩时，一般会指明是向哪一点简化得到的主矩。

也易证明，根据主矢和主矩是否为零，力系会有不同的情况：

① $\boldsymbol{F}_R \neq 0$，$\boldsymbol{M}_O \neq 0$，原力系为一个平面一般力系。其实，根据力的平移定理的逆过程，可将简化结果进一步合成为一个合力 $\boldsymbol{F}_R$。

② $\boldsymbol{F}_R \neq 0$，$\boldsymbol{M}_R = 0$，原力系与汇交于简化中心的一个汇交力系等效，即原力系可简化为一个平面汇交力系，进一步合成为一个合力，合力的大小、方向和原力系的主矢 $\boldsymbol{F}_R$ 相同，作

用线通过简化中心。

③ $\boldsymbol{F}_R=0,\boldsymbol{M}_R\neq 0$，原力系与一个力偶系等效，即原力系可简化为一个平面力偶系，进一步合成为一个合力偶，合力偶的力偶矩就等于原力系对简化中心的主矩。由于力偶对平面内任一点的矩都相同，因此当力系合成为一个力偶时，主矩与简化中心的位置无关。

④ $\boldsymbol{F}_R=0,\boldsymbol{M}_R\neq 0$，原力系合成的结果为0，表明原力系平衡。

二、平面一般力系的平衡

1. 平衡方程的三种形式

平面一般力系向作用内任一点简化得到主矢和主矩。当力系的主矢和主矩都为零时，该力系是平衡的。反之，若力系平衡，则其主矢和主矩必定为零。由此可见，平面一般力系平衡的充要条件是力系的**主矢和主矩均为零**，即：

$$\begin{cases}\boldsymbol{F}_R=\sum \boldsymbol{F}=0\\ \boldsymbol{M}_R=\sum \boldsymbol{M}=0\end{cases}\qquad 式(3-10)$$

根据这个平衡条件可导出不同形式的平衡方程。

(1) 基本式

根据平面汇交力系和力偶系的平衡条件和平衡方程，若平面一般力系平衡，即式(3-9)成立，可有：

$$\begin{cases}\sum F_x=0\\ \sum F_y=0\\ \sum M_O(\boldsymbol{F})=0\end{cases}\qquad 式(3-11)$$

式(3-10)称为平面一般力系平衡方程的**基本式**。前两式为力的投影方程，第三式为矩的方程，三方程相互独立，联立可求解三个基本未知量。因此，平面一般力系的充要条件也可以表述为力系中各力在两个坐标轴上投影的代数和为零，且力系中各力对任意点的矩之和为零。

(2) 二矩式

根据平衡条件，平面一般力系平衡的方程还可写为：

$$\begin{cases}\sum F_x=0\\ \sum M_A(\boldsymbol{F})=0\\ \sum M_B(\boldsymbol{F})=0\end{cases}\qquad 式(3-12)$$

式(3-12)中 A、B 两点的连线不可与 x 轴垂直。

(3) 三矩式

若不采用力的方程，只采用矩的方程，平面一般力系平衡的方程还可写为：

$$
\begin{cases}
\sum M_A(\boldsymbol{F})=0 \\
\sum M_B(\boldsymbol{F})=0 \\
\sum M_C(\boldsymbol{F})=0
\end{cases}
\qquad 式(3-13)
$$

式(3－13)中A、B、C三点不可共线。

(4) 注意事项

① 在二矩式和三矩式中，要求A、B两点的连线不可与x轴垂直，或A、B、C三点不可共线，是使用此组平衡方程的前提条件。若不满足，则方程恒等，不能求解基本未知量。

② 平面一般力系平衡的平衡方程虽有三种形式，但不论采用哪种形式，一根杆件或一个刚体都只能写出三个独立的平衡方程，任何第四个平衡方程都是力系平衡的必然结果，不是独立的，不能求解四个未知量。我们可以利用这个方程来校核计算的结果。

③ 在实际解决问题的过程中，可以根据实际需要选择采用哪一种形式的方程组，但必以计算简便为原则，通常需尽量做到一个平衡方程中只包含一个未知量，避免联立求解方程组。

2. 平面一般力系的平衡问题求解

(1) 基本步骤

应用平面一般力系的平衡方程求解平衡问题的步骤如下：

① 选取研究对象，进行受力分析并作受力图。取隔离体，做出所受荷载和约束(支座)反力。

② 列平衡方程。根据解题需要，选择一种形式的方程组，列出三个独立的平衡方程。

③ 联立方程，求解未知量。

(2) 注意事项

① 当约束反力的方向未定时，可用两个互相垂直的分力表示。一般用水平和竖直两个方向的分力表示并可以先假设其指向。若计算结果为正，则表示实际指向与假设指向相同；若计算结果为负，表示实际指向与假设指向相反。

② 为简化计算，避免联立方程，在应用投影方程时，选取的投影轴应尽量与多个未知力垂直；在应用力矩方程时，矩心应选在多个未知力的交点上，这样可使方程的未知量减少，计算工作简化。

③ 在解决物体系统的平衡问题时，解题方法与单个物体平衡问题的一致。但应分别以整体和局部为研究对象，列出等于未知量个数的独立的平衡方程，才能求解。

例题 3－6　简支梁的支座反力求解

如图3－16所示简支梁AB，A端用固定铰支座和地面相连，B用链杆支座和地面相连。杆段的C点和D点分别布置有集中力偶$\boldsymbol{M}=4\text{kN}\cdot\text{m}$，和竖直向下的力$\boldsymbol{F}=10\text{kN}$作用。试计算支座$A$和支座$B$的支座反力。

解：(1) 选取杆件AB为研究对象，取为隔离体，受力分析如图3－16(b)所示；

(2) 选用基本式，列平衡方程如下：

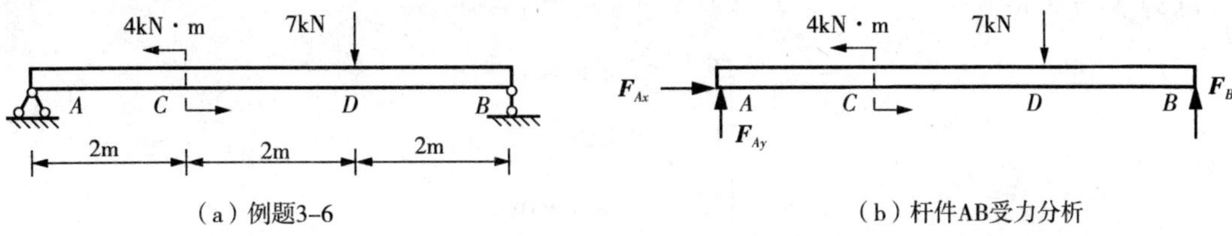

图 3 - 16　例题 3 - 6 及解答

$$\begin{cases} \sum F_x = 0 \\ \sum F_y = F_{Ay} - F + F_B = 0 \\ \sum M_A = M - 4F + 6F_B = 0 \end{cases}$$

(3) 解方程得

$$\begin{cases} F_{Ax} = 0\text{kN} \\ F_{Ay} = 3\text{kN} \\ F_B = 4\text{kN} \end{cases}$$

(4) 注意，未知力的指向可以假定，但受力分析时一般假设坐标轴正向的未知力，逆时针的未知力偶。

例题 3 - 7　悬臂梁的支座反力求解

如图 3 - 17 所示悬臂梁 AB，A 端固定在墙面上，B 端自由。杆段上满跨布置有均布荷载 $\boldsymbol{q} = 2\text{kN/m}$，点 C 受到竖直向下的力 $\boldsymbol{F} = 10\text{kN}$ 作用。试计算支座 A 的支座反力。

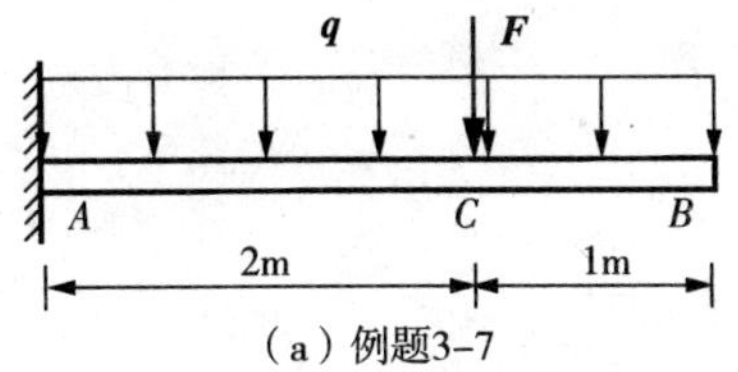

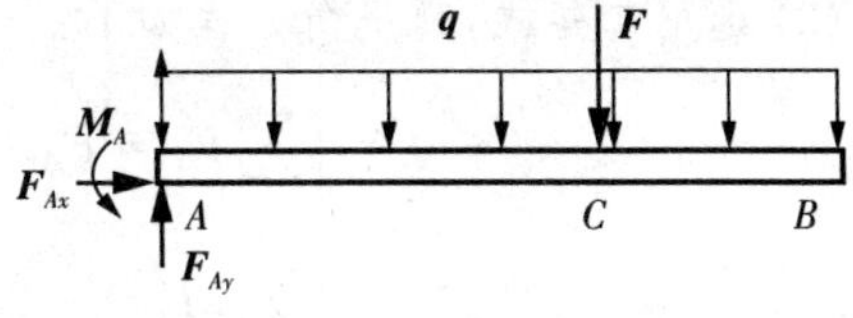

图 3 - 17　例题 3 - 7 及解答

解：(1) 选取杆件 AB 为研究对象，取为隔离体，受力分析如图 3 - 17(b) 所示；

(2) 选用基本式，列平衡方程如下：

$$\begin{cases} \sum F_x = 0 \\ \sum F_y = F_{Ax} - 3q - F = 0 \\ \sum M_A = M_A - 3q \times \dfrac{3}{2} - 2F = 0 \end{cases}$$

(3) 解方程得：

$$\begin{cases} F_{Ax}=0\text{kN} \\ F_{Ay}=16\text{kN} \\ M_A=29\text{kN}\cdot\text{m} \end{cases}$$

(4) 注意，固定端支座的支座反力一般作 3 个，除了一对正交力之外，还有一个限制转动的力偶，该力偶应列入矩的方程中。

例题 3-8 刚架的支座反力求解

如图 3-18 所示刚架 $ABCD$，A 端用固定铰支座与地面相连，B 端用链杆支座与斜面相连。杆段 AC 中点 E 受到水平向右的力 $\boldsymbol{F}=60\text{kN}$ 作用，杆端 CD 上布置有向下的均布荷载 $\boldsymbol{q}=20\text{kN/m}$。试计算支座 A 和支座 B 的支座反力。

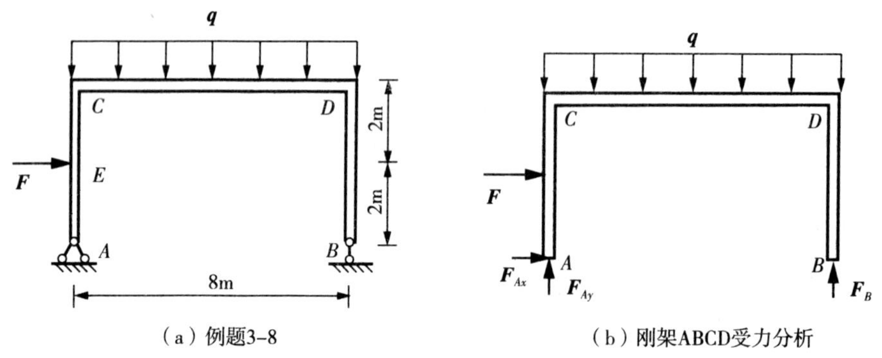

(a) 例题3-8　　(b) 刚架ABCD受力分析

图 3-18　例题 3-8 及解答

解：(1) 选取刚架 $ABCD$ 为研究对象，取为隔离体，受力分析如图 3-18(b) 所示；

(2) 选用二矩式，列平衡方程如下：

$$\begin{cases} \sum F_x=F_{Ax}+F=0 \\ \sum M_A=-2F-8q\times\dfrac{8}{2}+8F_B=0 \\ \sum M_B=-8F_{Ay}-2F+8q\times\dfrac{8}{2}=0 \end{cases}$$

(3) 解方程得：

$$\begin{cases} F_{Ax}=-60\text{kN} \\ F_{Ay}=65\text{kN} \\ F_B=95\text{kN} \end{cases}$$

(4) 注意，刚架支座反力的计算过程与梁相同，以刚架整体为研究对象，可用三种不同形式的方程求解，但利用二矩式或三矩式往往可以避免联立方程。由于刚架由水平和竖向的杆件组成，既承担竖向荷载又承担水平荷载，所以在书写矩的方程时，力臂大小容易找错，应加以注意。

例题 3-9 物体系统的平衡问题

图 3-19 所示组合梁由 AC 与 CD 铰接而成。已知 $\boldsymbol{q}=10\text{kN/m}$，$\boldsymbol{F}=20\text{kN}$，$\boldsymbol{M}=10\text{kN}\cdot\text{m}$，构件尺寸如图所示。求支座 A，B 及 D 的支座反力。

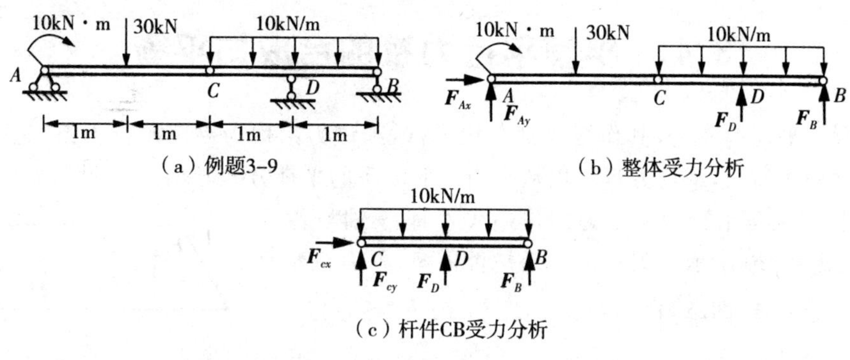

(a) 例题3-9　(b) 整体受力分析　(c) 杆件CB受力分析

图 3-19　例题 3-9 及解答

解：(1) 如图 3-19(b) 和(c) 所示，分别选取整体和杆件 CB 为研究对象，分别取为隔离体，作受力分析图；

(2) 先以结构整体为研究对象，选取基本式，列平衡方程如下：

$$\begin{cases}\sum F_x = F_{Ax} = 0 \\ \sum F_y = F_{Ay} - F - 2q + F_D + F_B = 0 \\ \sum M_A = -M - F - 2q \times 3 + 3F_D + 4F_B = 0\end{cases}$$

(3) 再以结构整体为研究对象，选取基本式，列平衡方程如下：

$$\sum M_C = -q + F_D + 2F_B = 0$$

(4) 综合四个方程，联立求解得：

$$\begin{cases}F_{Ax} = 0\text{kN} \\ F_{Ay} = 10\text{kN} \\ F_B = -20\text{kN} \\ F_D = 60\text{kN}\end{cases}$$

(5) 由此题可知，物体系统平衡的解题方法与单独物体平衡的解题方法一致，但可以整体和局部(系统中某一根或某几根杆件) 或局部和局部为研究对象，列出不止三个平衡方程。由 n 个物体组成的系统，最多可列出 $3n$ 个独立的平衡方程，可以求解最多 $3n$ 个未知反力。例如此题目梁由两根杆件组成，最多可列出 6 个独立的平衡方程，求解 6 个未知量 $\boldsymbol{F}_{Ax}$、

F_{Ay}、F_B、F_D、F_{Cx} 和 F_{Cy} 这六个未知的支座反力和约束反力。

(6) 此题给出的解法并非最简，读者跟可根据题目，选择 4 个最简单的独立的平衡方程求解。例如，以 AC 为研究对象，对 C 点取矩列平衡方程，只含有 F_{Ay} 一个未知量，可以很方便求解。再以整体为研究对象，用基本式或二矩式列一组平衡方程，可以解出其余三个未知支座反力；若再以 CD 为研究对象列两个平衡方程，可以进一步解出 C 点的约束反力 F_{Cx} 和 F_{Cy}。

3.4 平面平行力系的合成与平衡

若在同一平面内各力，其作用线都互相平行，则该力系称为**平面平行力系**，是平面一般力系的一种特殊情况，平衡方程可以从平面一般力系的平衡方程导出。

如果取 x 轴与平行力系各力的作用线垂直，y 轴与各力平行，如图 3-20 所示。则不论力系是否平衡，各力在 x 轴上的投影恒为零，即 $\sum F_x=0$ 恒成立。又因为，各力与 y 轴平行，所以 $\sum F_y=0$ 就可保证各力的代数和为 0。就表明各力的代数和等于零。

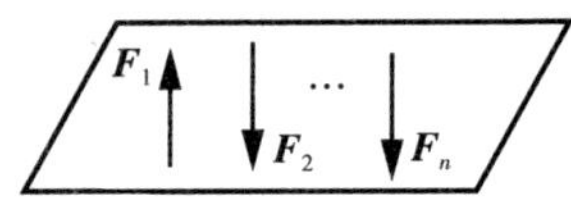

图 3-20 平面平行力系

因此平面平行力系平衡的充要条件为：力系中所有各力的代数和为零，力系中各力对任一点的矩的代数和为零，方程可写为：

$$\begin{cases}\sum F_y=0\\ \sum M_O(F)=0\end{cases} \qquad \text{式}(3-14)$$

或用二矩式：

$$\begin{cases}\sum M_A(F)=0\\ \sum M_B(F)=0\end{cases} \qquad \text{式}(3-15)$$

式中，A、B 两点连线不可与力的方向垂直。

应用此平衡方程解题的方法与步骤与平面一般力系相同，但较为简单，只选取两个独立的平衡方程即可，不再举例计算。

但对于受平行力系作用的物体，我们经常讨论其倾覆的问题，简单来说，力系中所有力对任意点的矩之和是否为零，是否能使物体平衡，物体是否会绕某一点产生转动以致翻倒。

例题 3-10 平行力系的平衡问题

塔式起重机如图 3-21 所示。机架重 $G_1=220\text{kN}$，作用线通过塔架的中心。最大起重量 $G_2=50\text{kN}$，最大悬臂长为 12m，轨道 AB 的间距为 4m。平衡锤重 G_3 到机身中心线距离为 6m。试计算：1. 保证起重机在满载和空载时都不能翻倒，平衡锤重 G_3 的范围；2. 如平衡锤重 $G_3=20\text{kN}$ 时，求满载时轨道 A、B 处的支座反力。

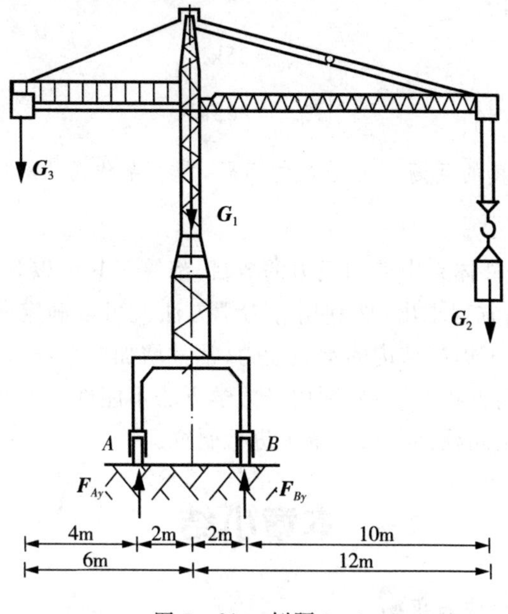

图 3-21　例题 3-9

解:取起重机为研究对象,其受力图如图 3-21 所示。

1. 要使起重机不翻倒,应使作用在起重机上所受力系应满足平衡条件。

(1) 满载时,$G_2=50\text{kN}$,且作用于最右端。为使起重机不绕 B 点翻倒,所受力必须满足平衡方程在临界情况下,$F_{Ay}=0$。此时求出 G_3 值是容许的最小值 $G_{3\min}$。得方程并求解:

$$G_{3\min}\times(6+2)+\boldsymbol{G}_1\times 2-\boldsymbol{G}_2\times(12-2)=0$$

$$G_{3\min}=\frac{50\times 10-220\times 2}{8}=7.5(\text{kN})$$

(2) 空载时,$G_2=0$。为使起重机不绕点 A 翻倒,所受力必须满足平衡方程。在临界情况下,$F_{By}=0$。这时求出的 G_3 值是容许的最大值 $G_{3\max}$。得方程并求解:

$$G_{3\max}\times(6-2)-G_1\times 2=0$$

$$G_{3\max}=\frac{220\times 2}{4}=110(\text{kN})$$

(3) 可得:起重机实际工作时不允许处于会翻倒的状态,所以要使起重机不翻倒,平衡锤重 G_3 的范围为:

$$7.5\text{kN}\leqslant G_3\leqslant 110\text{kN}$$

2. 当 $G_3=20\text{kN}$ 且满载时,起重机在各力作用下达到平衡。

(1) 应用平面平行力系的平衡方程可得:

$$\begin{cases}\sum F_y=F_{Ay}+F_{By}-G_1-G_2-G_3=0\\ \sum M_B=-F_{Ay}\times 4-(12-2)G_2+(6+2)G_3+2G_1=0\end{cases}$$

(2) 联立方程求解得：

$$\begin{cases} F_{Ay}=25\text{kN} \\ F_{By}=265\text{kN} \end{cases}$$

(3) 由此题可知，倾覆的问题主要是矩的问题，是力系作用下，关于某点力矩之和是否为零，力系是否平衡的问题。

在本章中，杆件和杆件体系中未知反力的数目，都等于其可以列出的独立平衡方程的数目，全部未知量可由平衡方程求出，即利用静力学方法就可以确定所有未知力，称为静定问题。而在工程实际中，为了提高结构的承载能力，常常增加多余约束，即未知反力的数目，大于其可以列出的独立平衡方程的数目，利用静力学方法不能确定所有未知力，称为静不定问题或超静定问题。超静定问题将在第九章中进行研究。

本章小结

1. 平面汇交力系的合成与平衡

平面上，若只有力 $\boldsymbol{F}$ 的作用无力偶 $\boldsymbol{M}$ 或分布力等的作用，且各力 $\boldsymbol{F}$ 都作用于一点，或其作用线都汇交于一点，则该力系为平面汇交力系。

1) 几何法

平面汇交力系可用几何法进行合成，按照力的多边形法则将各分力依次首尾相接，其合力必是从第一个力的起点，指向最后一个力的终点的矢量。即：

$$\boldsymbol{F}_R=\sum_{i=1}^{n}\boldsymbol{F}_i=\boldsymbol{F}_1+\boldsymbol{F}_2+\cdots+\boldsymbol{F}_n$$

若平面汇交力系平衡，其用几何法表示的平衡条件为：力的多边形自我封闭。

2) 解析法

平面汇交力系可用解析法进行合成，将各分力分解到坐标系 x 轴和 y 轴方向，在两方向上分别合成为 $\boldsymbol{F}_x$ 和 $\boldsymbol{F}_y$ 后，再进一步合成合力 $\boldsymbol{F}_R$。即：

$$\begin{cases} F_R=\sqrt{F_{Rx}^2+F_{Ry}^2}=\sqrt{(\sum F_x)^2+(\sum F_y)^2} \\ \tan\alpha=\dfrac{|F_{Ry}|}{|F_{Rx}|}=\dfrac{\left|\sum F_y\right|}{\left|\sum F_x\right|} \end{cases}$$

若平面汇交力系平衡，其用解析法表示的平衡条件为：

$$\begin{cases} \boldsymbol{F}_{Rx}=\sum_{i=1}^{n}\boldsymbol{F}_{xi}=0 \\ \boldsymbol{F}_{Ry}=\sum_{i=1}^{n}\boldsymbol{F}_{yi}=0 \end{cases}$$

2. 平面力偶系的合成与平衡

平面力偶系可以合成一个合力偶 $\boldsymbol{M}_R$，其力偶矩的等于各个分力偶力偶矩的代数和，即：

$$M_R=\sum_{i=1}^{n}M_i=M_1+M_2+\cdots+M_n$$

若平面力偶系平衡，其平衡条件表示为：

$$M_R=\sum_{i=1}^{n}M=0$$

3. 平面一般力系的合成与平衡

1）力线平移定理

作用于刚体上的力的作用线，可以平行移动到该刚体上的任意一点，但平移后必须增加一个附加力偶，该力偶的大小和方向等于原来的力对新作用点力矩的大小和方向。

2）平面一般力系的合成

平面一般力系可用解析法进行合成，将各分力分解到坐标系 x 轴和 y 轴方向，在两方向上分别合成为 $\boldsymbol{F}_x$ 和 $\boldsymbol{F}_y$ 后，再进一步合成合力 $\boldsymbol{F}_R$；将各分力偶进行代数和求得合力偶 $\boldsymbol{M}_R$。即主矢和主矩的计算式分别为：

$$\begin{cases}F_R=\sqrt{F_{Rx}^2+F_{Ry}^2}=\sqrt{(\sum F_x)^2+(\sum F_y)^2}\\ \tan\alpha=\dfrac{|F_{Ry}|}{|F_{Rx}|}=\dfrac{\left|\sum F_y\right|}{\left|\sum F_x\right|}\end{cases}$$

$$M_R=\sum_{i=1}^{n}M_i=M_1+M_2+\cdots+M_n$$

若平面一般力系平衡，其用平衡条件可以表示为：

$$\begin{cases}\sum F_x=0\\ \sum F_y=0\qquad \text{基本式}\\ \sum M_O(\boldsymbol{F})=0\end{cases}$$

$$\begin{cases}\sum F_x=0\\ \sum M_A(\boldsymbol{F})=0\text{，二矩式，}AB\text{ 两点连线不可与 }x\text{ 轴垂直}\\ \sum M_B(\boldsymbol{F})=0\end{cases}$$

$$\begin{cases}\sum M_A(\boldsymbol{F})=0\\ \sum M_B(\boldsymbol{F})=0\text{，三矩式，}A\text{、}B\text{、}C\text{ 三点不共线}\\ \sum M_C(\boldsymbol{F})=0\end{cases}$$

4. 未知约束反力的求解

由 n 个杆件组成的杆件体系，最多可以列出 $3n$ 个独立的平衡方程，求解 $3n$ 个未知量。其基本步骤为：

① 明确研究对象，取杆件、杆系整体或局部进行研究，并作受力分析图；

② 根据平衡条件列出平衡方程；

③ 联立方程并求解。

思考与习题

1. 合力是否一定比分力大？

2. 请总结几何法和解析法各有哪些优缺点？各适用于什么样的问题？

3. 一个平面一般力系，若主矢为0，主矩不为0，是一个怎样的力系？若主矢不为0，主矩为0，是一个怎样的力系？

4. 主矢和主矩不可以再合成，但是否可以再简化为一个元素？如何简化？这个方法在工程中是如何应用的？

5. 试判断图 3－22 中的两个力的多边形是否表达相同的意思？并说明理由。

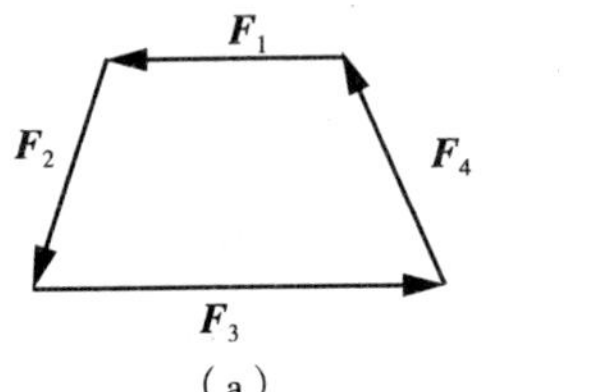

(a)

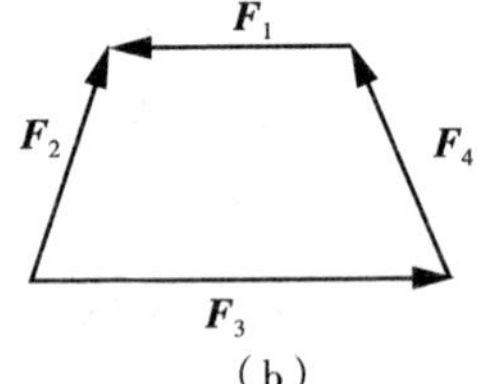

(b)

图 3－22　第 5 题

6. 如图 3－23 所示，$\boldsymbol{F}=100\text{kN}$，与 x 轴夹角各不相同，试计算各力对 x 轴和 y 轴的力的投影。

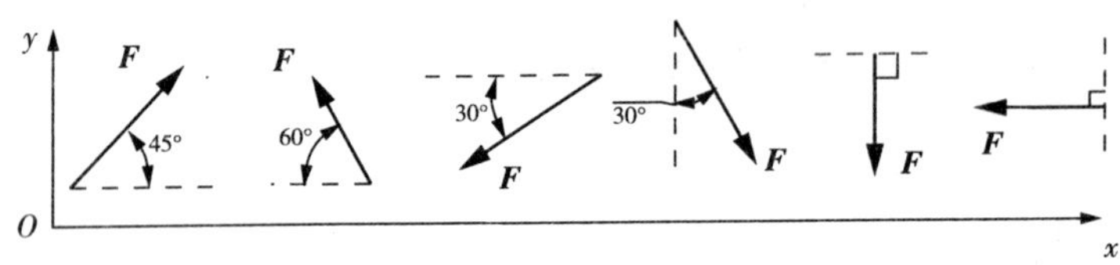

图 3－23　第 6 题

7. 试对图 3－24 所示平面一般力系进行简化，分别选取 A 点和 B 点为简化中心，得到主矢和主矩。

8. 试分析和计算图 3－25 中所示结构中各杆件的受力。

9. 如图 3-26 所示三铰架支撑滑轮 M 结构体系，悬挂重物重量为 $\boldsymbol{G}$。杆件 BM，杆件 CM 和绳 DM 与竖直方向的夹角分别为 α 和 β。试计算各杆和绳的受力。

10. 如图 3-27 所示牛腿柱，柱上部自重 $G_1=8\text{kN}$，下部自重 $G_2=12\text{kN}$，吊车施加的荷载 $F=30\text{kN}$，G_1 和 F 距柱轴线的距离都为 $e=0.15\text{m}$，侧向风荷载 $q=4\text{kN/m}$。试计算外荷载对 A 点简化的主矢和主矩，并计算 A 点的支座反力。

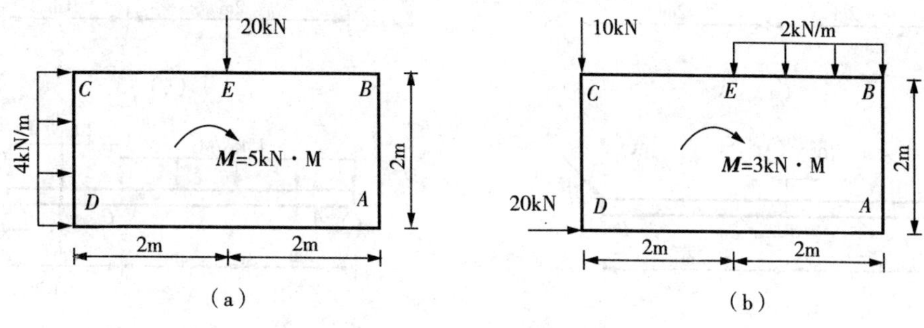

图 3-24　第 7 题

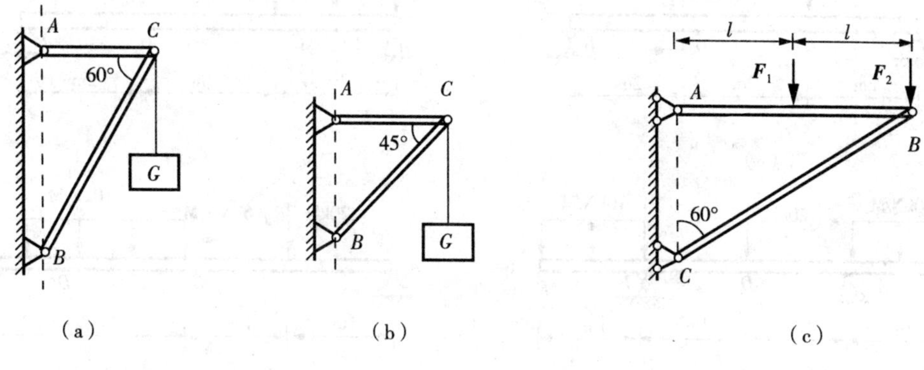

图 3-25　第 8 题

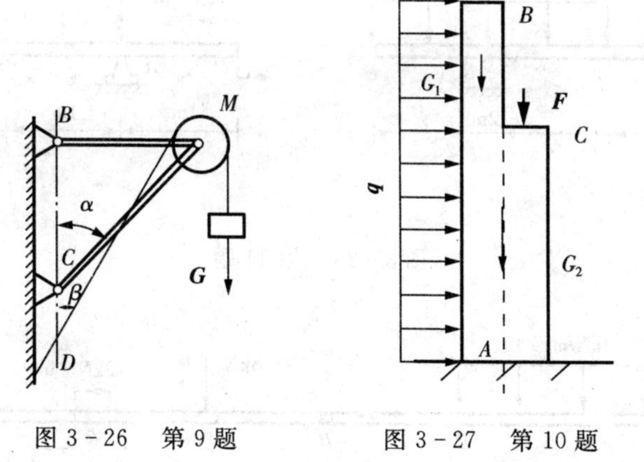

图 3-26　第 9 题　　图 3-27　第 10 题

11. 试计算图 3-28 中所示各梁的支座反力。

12. 试计算图 3-29 中所示两跨梁的支座反力。

13. 试计算图 3-30 中所示刚架的支座反力。

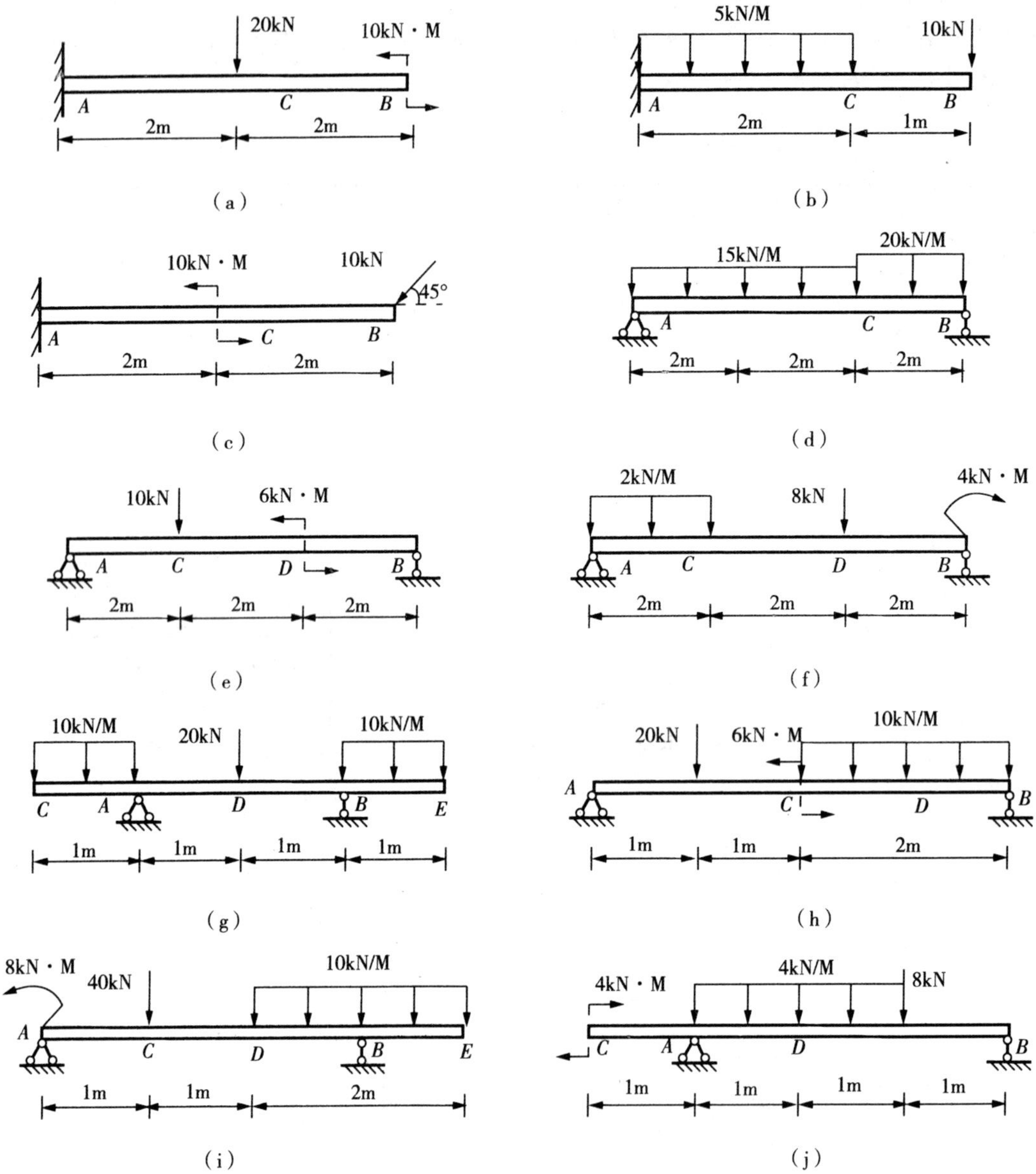

(a) (b)

(c) (d)

(e) (f)

(g) (h)

(i) (j)

图 3-28 第 11 题

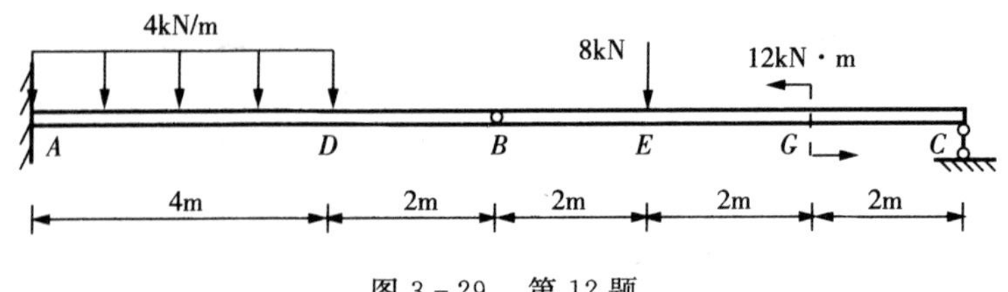

图 3-29 第 12 题

4kN/m
B
C
1m
3m
6kN
A
2m
(a)
8kN/m
C
D
B
2m
8kN·m
2m
A
2m
2m
(b)
8kN
16kN·m
C
E
D
2m
10kN
2m
A
B
2m
2m
(c)
D
16kN
2m
4kN/m
A
C
2m
B
2m
2m
(d)

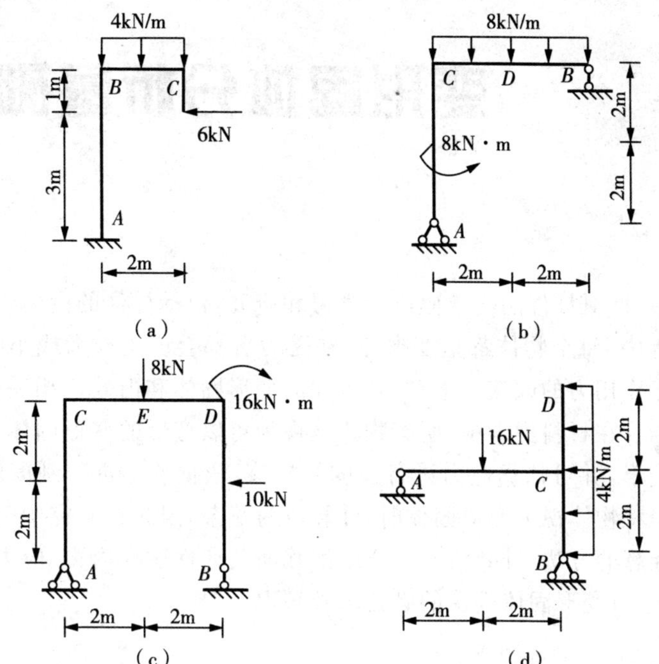

图 3-30　第 13 题

第4章 变形固体分析基础

【章节介绍】

从本章节开始,即对杆件的内效应进行学习和研究,包括杆件的内力、变形、强度和刚度等问题。实际工程中,每个物体都是变形体,在受力后都会产生或大或小的变形,引起杆件内部各指点间相互作用力的改变。本节内容,即为变形固体和内效应相关概念的介绍,是学习后续章节的基础。在材料力学中,所有物体被视为可以变形的变形固体,在外力的作用下杆件产生内力和变形,并可依据应力进行强度的校核,依据变形进行刚度的校核,也需要进行稳定性的验算。将物体视为变形固体时,计算较为复杂,因此在研究中引入了一系列基本假定以简化研究计算的方法。同时,本章介绍了截面几何性质和内力、应力和金属材料杆件的拉压试验等,是学习变形固体理论的必备基础知识。

【理解】

材料力学基本假定,静矩,形心,材料拉压力学性能。

【掌握】

杆件变形的基本形式,惯性矩的计算,内力、应力及应变的概念。

4.1 材料力学基本假定

一、变形固体

制造结构和构件所选用的材料,其物质结构和性质是多种多样的,但都具有一个共同的特点,即都是固体,而且在荷载作用下都会发生尺寸和形状的变化,即产生形变。因此,称这些材料为**变形固体**,简称**变形体**。

在工程实际中,实际材料的物质结构各不相同,如图 4-1 所示。

但是由于材料中的空隙缺陷等的尺寸与构件尺寸相比极为微小,且其物质单元的排列方向又是随机的,因而材料的力学性能所反映的是无数个随机排列的基本组成部分力学性能的**统计平均值**。

二、变形固定基本假定

综上所述,对于可变形的固体制成的构件,在进行强度、刚度或稳定性计算时,通常略去一些次要因素,将其抽象为理想化的材料,然后进行理论分析。针对变形固体,做出三个基本假定如下。

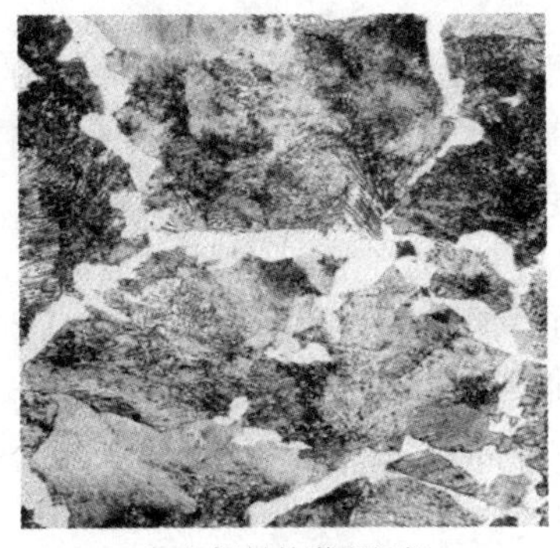
(a)钢材的微观组织

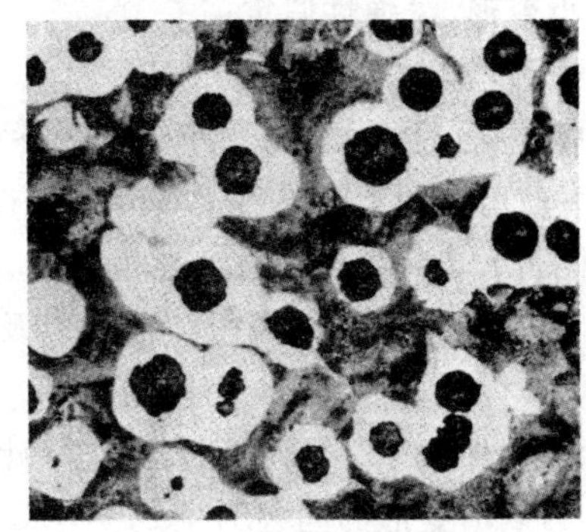
(b)球墨铸铁的微观组织

图 4-1 材料的微观组织

1. 连续性假定

认为物体在其整个体积内连续地**充满了物质而毫无空隙**。根据这一假设,就可在受力构件内任意一点处截取一个微小的体积单元来进行研究。而且,值得注意的是,在正常工作条件下,**变形后的固体仍应保持其连续性**。因此,可变形固体的变形必须满足几何相容条件,即变形后的固体既不引起"空隙",也不产生"挤入"的现象。

2. 均匀性假定

认为从**物体内任意一点处取出的体积单元,其力学性能都能代表整个物体的力学性能**。这种能够代表材料力学性能的体积单元的尺寸,是随材料的组织结构不同而变化的,以保证在其体积中包含足够多数量的基本组成部分,以使其力学性能的统计平均值能保持一个恒定的量。

3. 各项同性假定

认为工程中常用的材料**沿着各个方向的力学性能是相同的**。以金属材料为例,构成金属的晶体的力学性能是具有方向性的,但由成千上万个随机排列的晶体所组成的金属材料,其力学意义上是各向同性的。不过对于木材这种纤维构成的材料,力学性能具有明显的方向性,不可以认为是各向同性的,而应按各向异性来进行计算,所以木材是一种典型的各向异性材料,常用的材料还有竹材也是各向异性的(图 4-2)。

(a)木材

(b)竹材

图 4-2 各向异性材料

4. **小变形、线弹性假定**

在材料力学的理论分析中，以均匀、连续、各向同性的变形固体作为构件材料的力学模型，这种理想化了的力学模型体现了各种工程材料的基本性能，简化了理论研究，并且大多数情况下使用这种力学模型进行计算所得结果，其精度必须在工程要求的范围之内。

材料在承受荷载作用时会发生变形，但若其变形与构件的原始尺寸相比很小且可以忽略不计，则在研究构件的平衡和运动以及内力、应力和变形等问题时，均可按构件的原始尺寸和形状进行计算，属于小变形的问题。如果这种变形与构件的原始尺寸相比较大不可忽略，不能按构件的原始尺寸和形状进行计算，属于大变形问题，就比较复杂。在本书涉及的范围之内，以**小变形**的问题为主。

同时，当荷载的作用不超过一定的范围时，绝大多数材料在荷载卸除后变形都会消失，恢复原状。但当荷载过大时，卸载后变形不能完全消失，留下部分残余变形而不能恢复原状。卸载后能够完全消失的那一部分变形称为**弹性形变**，不能完全消失而留下来的那一部分变形称为**塑性形变**。例如，橡皮筋的变形在一定范围内就是弹性的，而钢丝的弯折过大不能复原时就是塑性的。对于每一种材料，通常当荷载不超过一定的限度时，其变形完全是弹性的，且多数构件在正常工作条件下，均要求其材料只发生弹性变形，并且认为变形时力和变形成正比，满足胡克定律，展现线性的关系，称为**线弹性**，以简化分析研究。

综上所述，在材料力学的部分中，是把实际材料看作均匀、连续、各向同性的变形固体，且在大多数情况下，将材料局限在小变形、线弹性的范围内进行计算分析，方便研究。

4.2 杆件变形的基本形式

外荷载作用在杆件结构上是多种多样的，因此，杆件的受力变形形式也是多种多样的。但是，无论怎样的变形形式，都是基本变形形式或由基本变形形式中的两种或两种以上组合而成的。

一、轴向拉伸与压缩

杆件在截面中心处，沿其轴线方向，受到一对大小相等，方向相反的外力 $\boldsymbol{F}$ 作用。在外力作用下，杆件主要发生沿着轴向的长度的改变，这种变形称为轴向拉伸或轴向压缩。

轴向拉伸时，杆件沿轴向伸长，同时横截面积缩小，如图 4－3 所示，杆件增长且变细；轴向压缩时，杆件沿轴向缩短，同时横截面积增大，如图 4－4 所示，杆件缩短且变粗。例如第 2 章中所提到的桁架，在荷载作用下杆件发生的就是轴向拉伸或压缩的基本变形形式；再如链杆这类二力杆件，都是在荷载作用下，只发生轴向拉压变形的杆件。

图 4－3　轴向拉神　　　　图 4－4　轴向压缩

二、剪切

杆件在相邻很近的截面上，受到一对大小相等，方向相反的横向力外力 $\boldsymbol{F}$ 作用，主要变形是横截面沿外力作用方向发生相对错动，这种变形称为剪切，如图 4－5 所示。一般在发生剪切变形的同时，杆件还发生其他形式的变形，例如梁在发生剪切变形的同时还会发生弯曲变形。

三、扭转

杆件在垂直于轴线的截面上，受到一对大小相等，转向相反的外力偶 $\boldsymbol{M}_e$ 作用，主要变形是相邻横截面绕轴线产生相对转动，这种变形称为扭转，如图 4－6 所示。变形后杆件表面的纵向线变成螺旋线，而轴线仍然保持直线。机械系统中的传动轴发生的变形主要就是扭转变形。

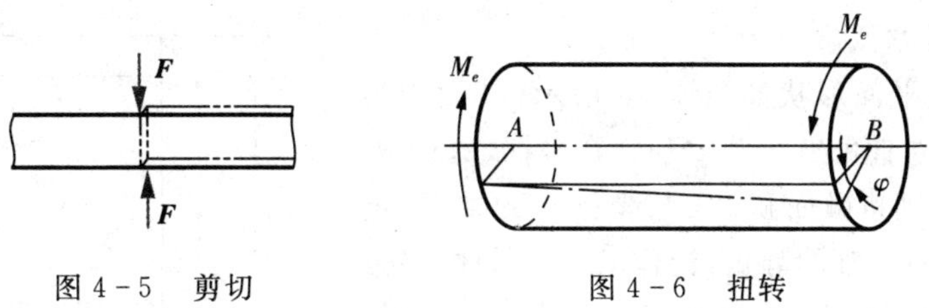

图 4－5　剪切　　　图 4－6　扭转

四、弯曲

杆件在**纵向对称平面**内，受到一对大小相等，转向相反的外力偶 $\boldsymbol{M}$ 作用，主要变形是相邻横截面绕垂直于杆轴线的轴产生相对转动，这种变形称为弯曲，如图 4－6 所示。变形后杆件的轴线由直线变为曲线，这是因为杆件绕中性层产生转动造成的。中性层是杆件受拉区与受压区的分界，如图 4－7 所示，以中性层为界，杆件上半部分受压缩短，下半部分受拉伸长，而中性层是既不伸长也不缩短的。

梁在横向力的作用下，产生的变形通常是弯曲和剪切的组合形式；柱在竖向力作用下，产生的变形往往是轴向压缩和弯曲的组合形式；只产生弯曲不产生剪切的称为**纯弯曲**，实际中少见。例如梁在横向荷载作用下即产生弯曲变形又产生剪切变形；柱在竖向压力作用下，既产生轴向压缩，又产生弯曲。

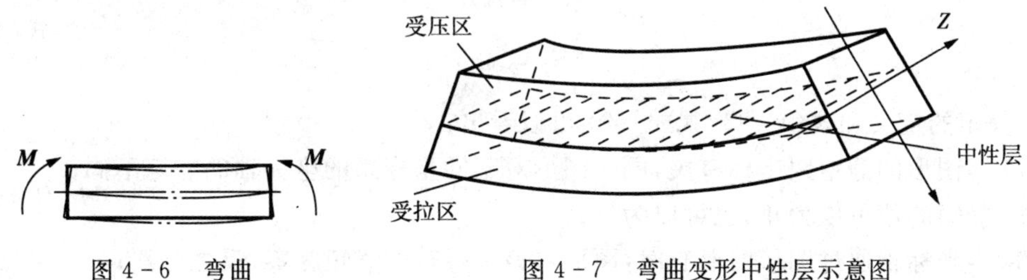

图 4－6　弯曲　　　图 4－7　弯曲变形中性层示意图

工程中常用构件在荷载作用下的变形，大多数为以上四种杆件变形的基本形式的组合，单纯的为一种变形基本形式的构件较为少见。但是若以某一种基本变形形式为主，其他的一种或多种变形属于次要变形的，则可按照主要的基本变形形式计算。但若几种变形形式都不是次要变形，不可忽略时，则属于**组合变形**的问题。

4.3 截面的几何性质

建筑力学中所研究的杆件，其横截面是各种形式的平面图形，常见的有矩形、圆形、T形和工字型等。我们在计算杆件在外荷载作用下的内力、应力和变形等时，结果总是和杆件横截面的形状和尺寸等几何量有关。我们将这些反映横截面形状和尺寸等基本性质的量，统称为截面的几何性质。

一、静矩

1. 静矩的基本概念

任意截面的平面形状如图 4-8 所示，其面积为 A。在平面内建立直角坐标系 zOy。在坐标(z,y)处取一微面积 dA，则将微面积 dA 与坐标 y 的乘积，定义为微面积 dA 对 z 轴的静矩，记作 dS_z。同理，将微面积 dA 与坐标 z 的乘积，定义为微面积 dA 对 y 轴的静矩，记作 dS_y。即有：

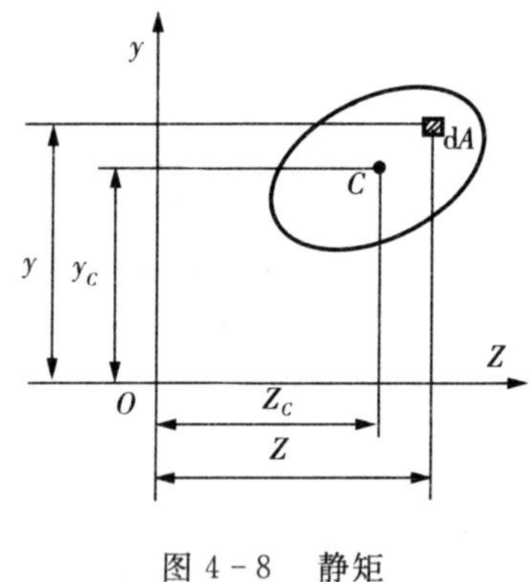

图 4-8 静矩

$$dS_z = y\mathrm{d}A, dS_y = z\mathrm{d}A$$

平面图形上所有微面积 dA 对 z 轴、y 轴的静矩之和，称为该平面图形对 z 轴、y 轴的静矩，用 S_z 与 S_y 表示，记为：

$$\begin{cases} S_z = \int_A \mathrm{d}S_z = \int_A y\mathrm{d}A \\ S_y = \int_A \mathrm{d}S_y = \int_A z\mathrm{d}A \end{cases} \quad \text{式(4-1)}$$

若设平面图形的形心 C，其形心坐标为(z_C, y_C)，则静矩也可描述为图形面积 A 与形心坐标值的乘积，公式写为：

$$\begin{cases} S_z = Ay_C \\ S_y = Az_C \end{cases} \quad \text{式(4-2)}$$

从静矩的定义和式(4-1)、式(4-2)可以看出：

(1) 面图形的静矩跟坐标有关，同一图形对不同坐标系的坐标轴的静矩不同；

(2) 静矩的值可以为正，也可以为负；

(3) 当坐标轴通过图形的形心时，图形对该坐标轴的静矩为零，反之亦然；

(4) 若平面图形有对称轴，则图形对其对称轴的静矩必为零；

(5) 对于形心坐标(z_C, y_C)已知的规则图形，例如矩形、圆形等形状的截面，可以直接利用式(4-2)进行计算，较为简便；

(6) 静矩的单位应是长度单位的立方，常用的静矩单位为 m^3 或者 mm^3。

例题 4-1　矩形截面的静矩

如图 4-9 所示矩形截面，尺寸为 $b\times h$，试计算该矩形截面对 z 轴和 y 轴的静矩。

解：(1) 计算矩形截面对 z 轴的静矩。由图形可知，面积 $A=bh$，$y_C=h/2$，根据公式，矩形截面对 z 轴的静矩为：

$$S_z=Ay_C=bh\,\frac{h}{2}=\frac{bh^2}{2}$$

(2) 计算矩形截面对 y 轴的静矩。由图形知，y 轴为矩形截面的对称轴，通过截面形心，所以矩形截面对 y 轴的静矩为：

$$S_y=0$$

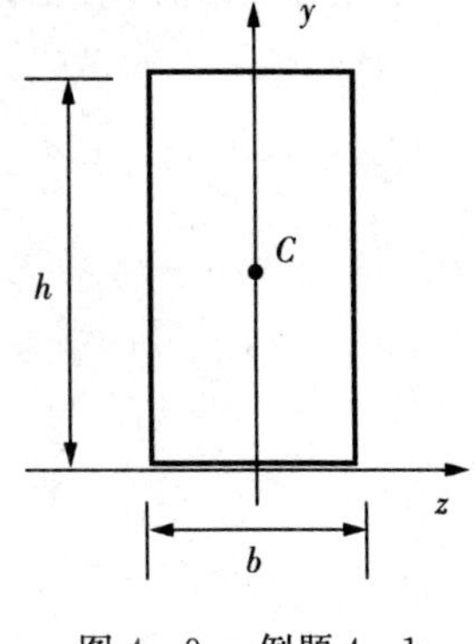

图 4-9　例题 4-1

2. 组合图形的静矩

在工程实际中，经常遇到工字形、T 形、环形等截面的构件，例如钢结构中的工字型钢，角钢，钢筋混凝土结构的配筋计算中，也常将矩形梁和楼板一起看作 T 形截面梁来计算。这些构件的截面图形是由几个简单的几何图形组合而成的，称为**组合图形**。根据平面图形静矩的定义，组合图形对 z 轴或 y 轴的静矩等于**各简单图形对同一轴静矩的之和**，即：

$$\begin{cases} S_z=A_1y_{C1}+A_2y_{C2}+\cdots+A_ny_{Cn}=\sum_{i=1}^{n}A_iy_{Ci} \\ S_y=A_1z_{C1}+A_2z_{C2}+\cdots+A_nz_{Cn}=\sum_{i=1}^{n}A_iz_{Ci} \end{cases}$$

即为：

$$\begin{cases} S_z=\sum_{i=1}^{n}A_iy_{Ci} \\ S_y=\sum_{i=1}^{n}A_iz_{Ci} \end{cases} \qquad \text{式(4-3)}$$

在使用式(4-3) 时，应注意，静矩是有正负的，此处的静矩之和为代数和。

3. 平面图形的形心

根据式(4-2) 的定义，静矩为图形面积 A 与形心坐标值的乘积。反过来思考，若已计算出图形的面积 A 和对坐标轴的静矩 S_z 和 S_y，则可反算出形心坐标。对于简单图形，形心坐标公式可写为：

$$\begin{cases} y_C=\dfrac{\int_A y\,\mathrm{d}A}{A}=\dfrac{S_z}{A} \\ z_C=\dfrac{\int_A z\,\mathrm{d}A}{A}=\dfrac{S_y}{A} \end{cases} \qquad \text{式(4-4)}$$

对于组合图形，形心坐标公式可写为：

$$\begin{cases} z_C = \dfrac{\sum\limits_{i=1}^{n} A_i z_{Ci}}{\sum\limits_{i=1}^{n} A_i} \\ y_C = \dfrac{\sum\limits_{i=1}^{n} A_i y_{Ci}}{\sum\limits_{i=1}^{n} A_i} \end{cases} \qquad \text{式}(4-5)$$

灵活运用各公式，可计算任意图形的静矩和形心坐标(z_C，y_C)。

例题 4－2 T 形截面的静矩及形心

如图 4－10 所示 T 形截面，尺寸如图，试利用组合图形的形心坐标公式确定该 T 形截面的形心坐标(z_C，y_C)。

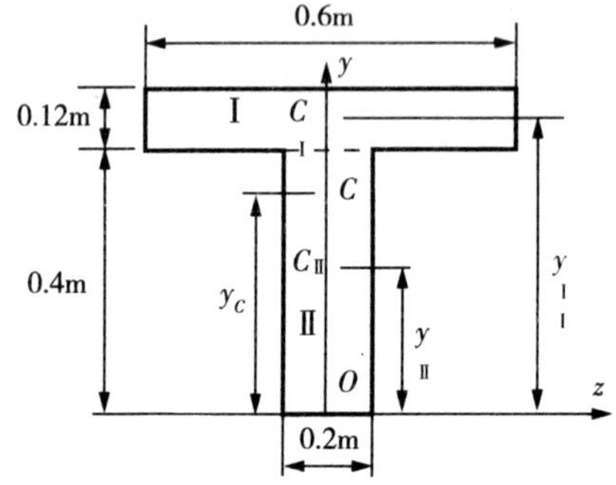

图 4－11 例题 4－2 及解答

解：建立直角坐标系 zOy，其中 y 为截面的对称轴。T 形截面为组合图形，因图形相对于 y 轴对称，其形心一定在该对称轴上，因此 $z_C=0$，只需计算 y_C 值。将截面分成 Ⅰ、Ⅱ 两个矩形，则易算得：

$$A_Ⅰ = 0.6 \times 0.12 = 0.072(\mathrm{m}^2);$$

$$A_Ⅱ = 0.2 \times 0.4 = 0.08(\mathrm{m}^2);$$

$$y_Ⅰ = 0.4 + 0.12/2 = 0.46(\mathrm{m});$$

$$y_Ⅱ = 0.4/2 = 0.2(\mathrm{m})$$

$$y_c = \frac{\sum\limits_{i=1}^{n} A_i y_{ci}}{\sum\limits_{i=1}^{n} A_i} = \frac{A_Ⅰ y_Ⅰ + A_Ⅱ y_Ⅱ}{A_Ⅰ + A_Ⅱ} = \frac{0.072 \times 0.46 + 0.08 \times 0.2}{0.072 + 0.08} = 0.323\mathrm{m}$$

二、惯性矩

1. 惯性矩的基本概念

(1) 惯性矩

任意截面的平面形状如图 4-12 所示，其面积为 A。在平面内建立直角坐标系 zOy。在坐标 (z,y) 处取一微面积 $\mathrm{d}A$，将乘积 $y^2\mathrm{d}A$、$z^2\mathrm{d}A$ 分别称为微面积 $\mathrm{d}A$ 对 z 轴、y 轴的惯性矩；将乘积 $\rho^2\mathrm{d}A$ 称为微面积 $\mathrm{d}A$ 对坐标原点 O 的极惯性矩。分别记作 $\mathrm{d}I_z$，$\mathrm{d}I_y$ 和 $\mathrm{d}I_\rho$，即有：

$$\mathrm{d}I_z=y^2\mathrm{d}A,\mathrm{d}I_y=z^2\mathrm{d}A,\mathrm{d}I_\rho=\rho^2\mathrm{d}A$$

平面图形上所有微面积 $\mathrm{d}A$ 对 z 轴、y 轴的惯性矩总和分别称为该平面图形对 z 轴、y 轴的**惯性矩**，用 I_z、I_y 表示；所有微面积对坐标原点 O 的极惯性矩总和称为该平面图形对坐标原点 O 的**极惯性矩**，用 I_ρ 表示，记为：

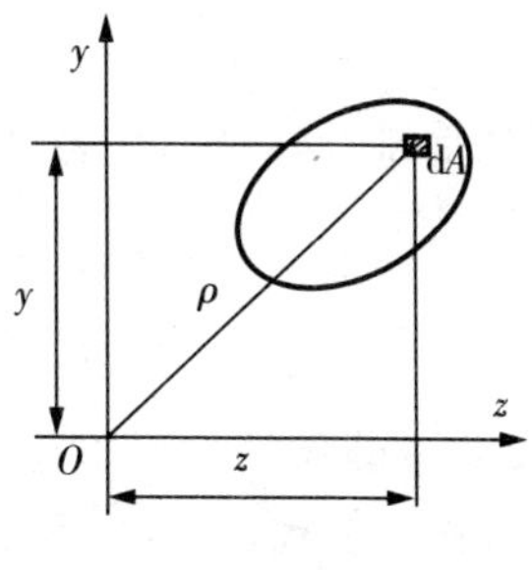

图 4-12　惯性矩

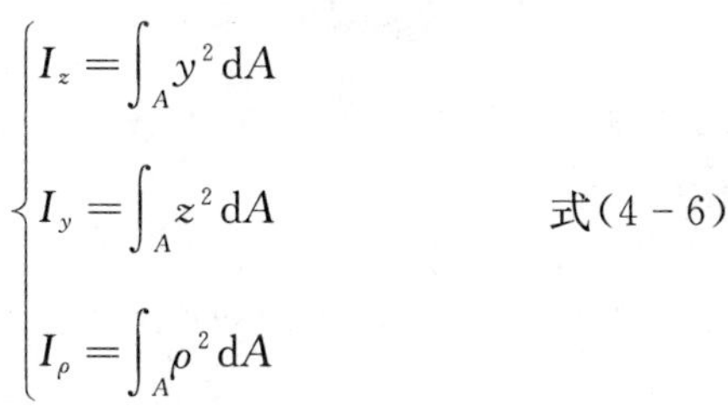

$$\begin{cases} I_z=\int_A y^2\mathrm{d}A \\ I_y=\int_A z^2\mathrm{d}A \\ I_\rho=\int_A \rho^2\mathrm{d}A \end{cases}\qquad \text{式(4-6)}$$

由式(4-6)可以看出，惯性矩是平面图形对某两个正交坐标轴而言，同一图形对不同的正交坐标轴，其惯性矩不同，但恒为正值。当坐标轴通过平面图形的形心时，称为**形心主惯性轴**，也简称形心主轴或形心轴。

将几何关系 $\rho^2=y^2+z^2$ 代入式(4-7)第三式，有：

$$I_\rho=\int_A\rho^2\mathrm{d}A=\int_A(y^2+z^2)\mathrm{d}A=\int_A y^2\mathrm{d}A+\int_A z^2\mathrm{d}A=I_z+I_y$$

既有：

$$I_\rho=I_z+I_y \qquad \text{式(4-7)}$$

式(4-7)表明，平面图形对任一点的极惯性矩，等于图形对以该点为原点的任意两正交坐标轴的惯性矩之和。

例题 4-3　圆形、圆环截面的极惯性矩

如图 4-13(a)和(b)所示圆形和圆环截面，尺寸如图，试计算图形对其圆心 O 的极惯性矩和对 z 轴、y 轴的惯性矩。

解：(1) 计算圆形截面的极惯性矩和惯性矩。圆环直径为 d，取极坐标 α、ρ 及 $\mathrm{d}A=\rho\mathrm{d}\alpha\mathrm{d}\rho$，代入公式(4-6)得圆形截面的极惯性矩为：

$$I_\rho=\int_A\rho^2\mathrm{d}A=4\int_0^{\frac{d}{2}}\int_0^{\frac{\pi}{2}}\rho^3\mathrm{d}\alpha\mathrm{d}\rho=\frac{\pi d^4}{32}$$

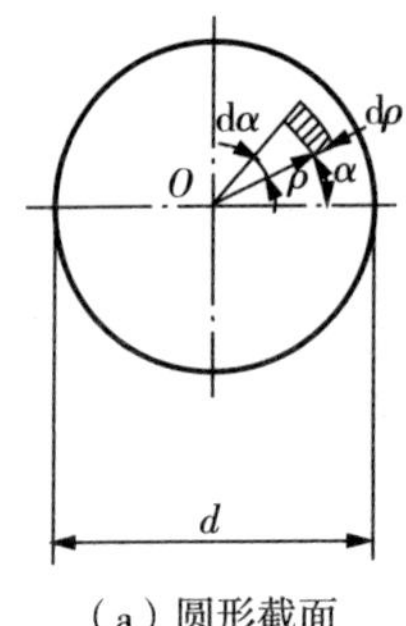

（a）圆形截面

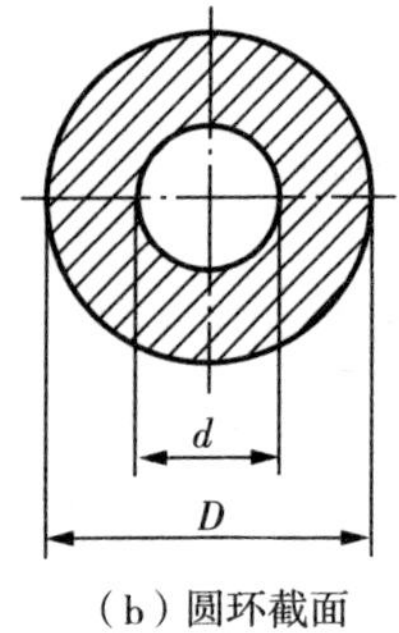

（b）圆环截面

图 4-13　例题 4-3

由于圆形截面 $I_z=I_y$ 且 $I_\rho=I_z+I_y$，所以有：

$$I_z=I_y=\frac{I_\rho}{2}=\frac{\pi d^4}{16}$$

(2) 计算圆环截面的极惯性矩和惯性矩。圆环外径为 D、内径为 d，取极坐标 α、ρ 及 $\mathrm{d}A=\rho\mathrm{d}\alpha\mathrm{d}\rho$，代入公式(4-7) 得其极惯性矩为

$$I_\rho=\int_A\rho^2\mathrm{d}A=4\int_{\frac{d}{2}}^{\frac{D}{2}}\int_0^{\frac{\pi}{2}}\rho^3\mathrm{d}\alpha\mathrm{d}\rho=\frac{\pi}{32}(D^4-d^4)$$

如果令 $d/D=\alpha$，则改写为：

$$I_\rho=\frac{\pi D^4}{32}(1-\alpha^4)$$

由于圆环截面 $I_z=I_y$ 且 $I_\rho=I_z+I_y$，所以有：

$$I_z=I_y=\frac{I_\rho}{2}=\frac{\pi D^4}{16}(1-\alpha^4)$$

依照此例做法，简单的平面图形对形心轴的惯性矩可以直接由式(4-7) 求得。为了计算时方便取用，表 4-1 中列出了几种常见截面形状的对形心主惯性轴的惯性矩、惯性半径和抗弯截面系数的值。

表 4-1　几种常见截面图形的惯性矩、抗弯截面系数和惯性半径

截面图形	惯性矩	抗弯截面系数	惯性半径
（矩形截面：宽 b，高 h，轴 y、z）	$I_y=\frac{bh^3}{12}$ $I_z=\frac{b^3h}{12}$	$W_y=\frac{bh^2}{6}$ $W_z=6$	$i_y=\frac{h}{\sqrt{12}}$ $i_z=\frac{b}{\sqrt{12}}$

(续表)

截面图形	惯性矩	抗弯截面系数	惯性半径
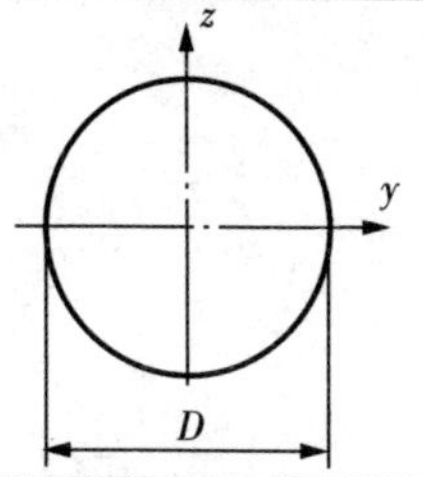 实心圆（直径 D）	$I_y = I_z = \dfrac{\pi D^4}{64}$ $I_P = \dfrac{\pi D^4}{32}$	$W_y = W_z = \dfrac{\pi D^3}{32}$ $W_z = \dfrac{\pi D^3}{16}$	$i_y = i_z = \dfrac{D}{4}$
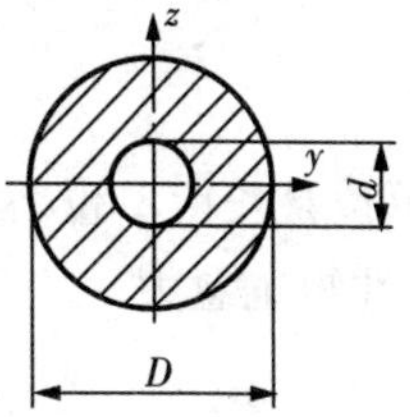 空心圆（外径 D，内径 d）	$I_y = I_z = \dfrac{\pi D^4}{64}(1-\alpha^4)$ $I_P = \dfrac{\pi D^4}{32}(1-\alpha^4)$ $\alpha = d/D$	$W_y = W_z = \dfrac{\pi D^3}{32}(1-\alpha^4)$ $W_P = \dfrac{\pi D^3}{16}(1-\alpha^4)$ $\alpha = d/D$	$i_y = i_z = \dfrac{\sqrt{D^2+d^2}}{4}$
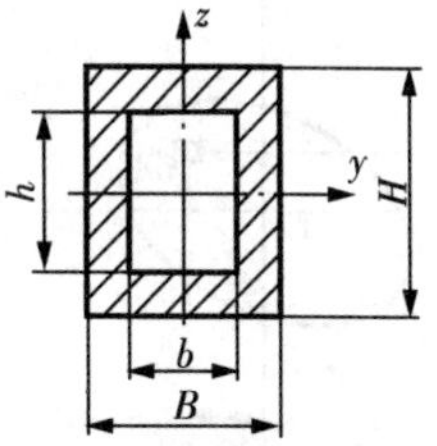 空心矩形（B、H、b、h）	$I_y = \dfrac{BH^3 - bh^3}{12}$ $I_z = \dfrac{B^3H - b^3h}{12}$	$W_y = \dfrac{BH^3 - bh^3}{6H}$ $W_z = \dfrac{B^3H - b^3h}{6B}$	$i_y = \sqrt{\dfrac{I_y}{A}}$ $i_z = \sqrt{\dfrac{I_z}{A}}$
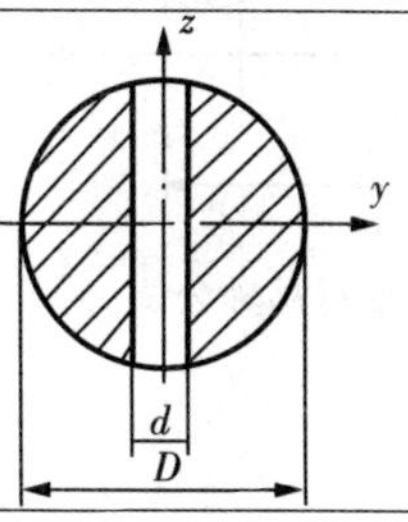 开槽圆（D、d）	$I_y \approx \dfrac{\pi D^4}{64} - \dfrac{dD^3}{12}$ $I_Z \approx \dfrac{\pi D^4}{64} - \dfrac{d^3D}{12}$	$W_y = \dfrac{\pi D^3}{32} - \dfrac{dD^2}{6}$ $W_Z = \dfrac{\pi D^3}{32} - \dfrac{d^3}{6}$	$i_y = \sqrt{\dfrac{I_y}{A}}$ $i_z = \sqrt{\dfrac{I_z}{A}}$
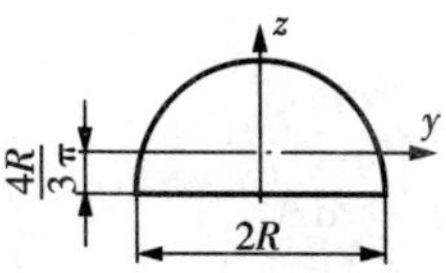 半圆（$2R$，$\dfrac{4R}{3\pi}$）	$I_y = \left(\dfrac{\pi}{8} - \dfrac{8}{9\pi}\right)R^4$ $\approx 0.11R^4$ $I_Z = \dfrac{\pi D^4}{8}$	$W_{yu} = 0.191R^3$ $W_{yd} = 0.259R^3$ $W_z = \dfrac{\pi R^3}{8}$	$i_y = 0.264R$ $i_z = \dfrac{R}{2}$

从惯性矩的定义和式(4-6)、式(4-7)可以总结：

① 平面图形的惯性矩与坐标有关，同一图形对不同坐标系不同坐标轴的惯性矩是不同的，同一图形对不同点的极惯性矩也是不同的；

② 惯性矩和极惯性矩恒为非负值；

③ 当坐标轴通过图形的形心时，图形对该坐标轴的惯性矩不为零；

④ 若平面图形有对称轴，则图形对其对称轴的惯性矩不一定为零；

⑤ 惯性矩的单位应是长度单位的四次方，常用的单位为 m^4 或者 mm^4。

(2) 惯性半径

在工程中因为某些计算的特殊需要，常将图形的惯性矩表示为图形面积 A 与某一长度平方的乘积，写作：

$$\begin{cases} I_z = i_z^2 A \\ I_y = i_y^2 A \end{cases} \qquad \text{式(4-8)}$$

或改写作：

$$\begin{cases} i_z = \sqrt{\dfrac{I_z}{A}} \\ i_y = \sqrt{\dfrac{I_y}{A}} \end{cases} \qquad \text{式(4-9)}$$

将 i_z、i_y 分别称为平面图形对 z 轴、y 轴的**惯性半径**。惯性半径的单位是长度单位，常用 m 或 mm。由式(4-9)可以看出，惯性半径愈大，平面图形对该轴的惯性矩也愈大。

2. 平行移轴公式

任意截面的平面形状如图 4-14 所示，其面积为 A。轴 z 轴和 y 轴为通过截面形心的一对正交轴。截面对 z、y 轴惯性矩为 I_z 和 I_y。

在平面内另建立直角坐标系 z_1Oy_1，轴 z_1、y_1 分别与轴 z、y 平行，截面的形心 C 在坐标系 z_1Oy_1 中的坐标为(b,a)。截面对 z_1、y_1 轴惯性矩和惯性积记为 I_{z1}、I_{y1} 和 I_{z1y1}。

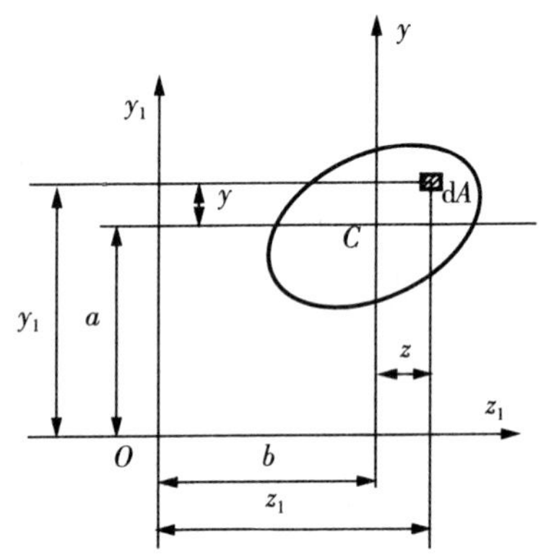

图 4-14　平行移轴公式

在平面图形上取微面积 dA，微面积 dA 坐标系 zcy 和 z_1Oy_1 坐标轴中的坐标分别为(z,y) 和(z_1, y_1)，由图 4-13 容易推出，微面积 dA 在两个坐标系中的坐标关系为：

$$z_1 = z + b, \quad y_1 = y + a$$

根据惯性矩定义，可推得图形对 z_1 轴的惯性矩为：

$$I_{z_1} = \int_A y_1^2 \mathrm{d}A = \int_A (y+a)^2 \mathrm{d}A = \int_A y^2 \mathrm{d}A + 2a\int_A y\mathrm{d}A + a^2\int_A \mathrm{d}A$$

又因，$\int_A y^2 \mathrm{d}A = I_z$，$\int_A y\mathrm{d}A = S_z = 0$，$\int_A \mathrm{d}A = A$，代入可得：

$$\begin{cases} I_{z_1} = I_z + a^2 A \\ I_{y_1} = I_y + b^2 A \end{cases} \qquad \text{式(4-10)}$$

式(4-10)为**惯性矩的平行移轴公式**。该式表明，图形对任一轴的惯性矩，等于图形对与该轴平行的形心轴的惯性矩，再加上图形面积与两平行轴间距离平方的乘积。由于 a^2 和 b^2 恒为正值，故在所有平行轴中，**平面图形对形心主惯性轴的惯性矩最小**。

例题 4－4　矩形截面的惯性矩

如图 4－15 所示矩形截面，尺寸如图，z 轴和 y 轴为形心轴，z_1 轴与 z 轴平行且与矩形截面下边缘重合。试计算该矩形截面对 z 轴、y 轴和 z_1 轴、y_1 轴的惯性矩。

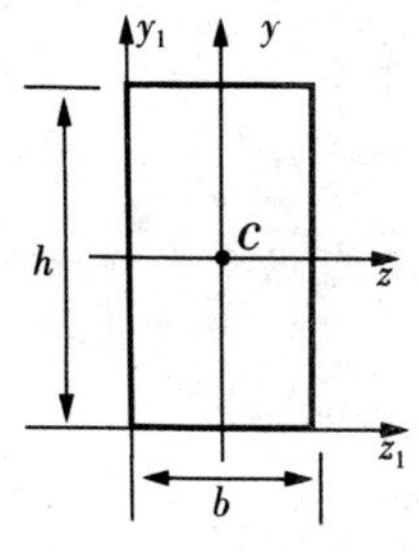

图 4－15　例题 4－4

解：(1) 计算矩形截面对 z 轴、y 轴的惯性矩。或由表 4－1 中可得矩形截面的形心主惯性矩。或取形心主惯性轴，即对称轴 y 轴和 z 轴，及 dA＝ dy·dz，代入式(4－6)得可得结果；或由表 4－1 中可得：

$$I_y=\int_A z^2\mathrm{d}A=\int_{-\frac{A}{2}}^{\frac{A}{2}}\int_{-\frac{b}{2}}^{\frac{b}{2}} z^2\mathrm{d}y\cdot\mathrm{d}z=\frac{bh^3}{12}$$

$$I_z=\int_A y^2\mathrm{d}A=\int_{-\frac{A}{2}}^{\frac{A}{2}}\int_{-\frac{b}{2}}^{\frac{b}{2}} y^2\mathrm{d}y\cdot\mathrm{d}z=\frac{b^3h}{12}$$

(2) 计算矩形截面对 z_1 轴的惯性矩。利用平行移轴公式(4－10)得：

$$I_{z_1}=I_z+a^2A=\frac{bh^3}{12}+(\frac{h}{2})^2\times bh=\frac{bh^3}{3}$$

$$I_{y_1}=I_{y_1}+b^2A=\frac{b^3h}{12}+(\frac{b}{2})^2\times bh=\frac{b^3h}{3}$$

3. 组合图形的惯性矩

由惯性矩定义可知，组合图形对任一轴的惯性矩，等于组成组合图形的各简单图形对同一轴惯性矩之和。即

$$\begin{cases} I_z=I_{1z}+I_{2Z}+\cdots+I_{nz}=\sum_{i=1}^{n}I_{iz} \\ I_y=I_{1y}+I_{2y}+\cdots+I_{ny}=\sum_{i=1}^{n}I_{iy} \end{cases}\qquad 式(4-11)$$

在计算具有纵向对称轴的组合图形的惯性矩时，首先应确定组合图形的形心位置；再通过积分或查表求得各简单图形对自身形心轴的惯性矩；最后利用平行移轴公式，就可计算出组合图形对其形心轴的惯性矩。

例题 4－5　对称图形对形心轴的惯性矩

如图 4－16 所示工字型截面，腹板和翼缘板的尺寸如图，试计算图形对形心轴的惯性矩 I_z 和 I_y。

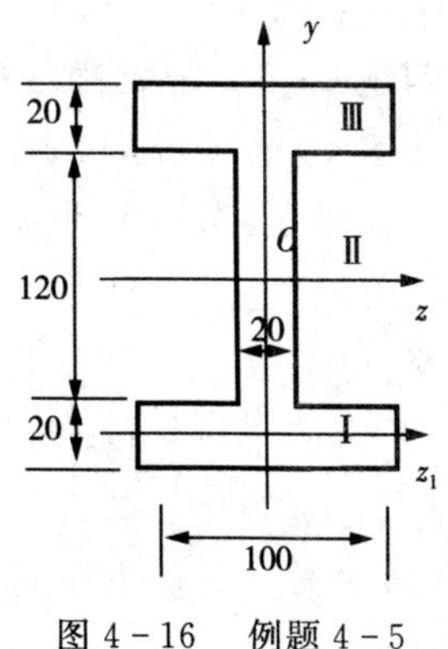

图 4－16　例题 4－5

解：由于图形关于 z 轴、y 轴对称，形心即为图形的形心，不必再计算。

(1) 先计算组合图形对 z 轴的惯性矩。将工字形截面分成下翼缘、腹板和上翼缘三个矩形 Ⅰ、Ⅱ 和 Ⅲ。

根据表 4－1 可知：

$$I_{\mathrm{III}z}=\frac{20\times 120^3}{12}=2.880\times 10^6(\mathrm{mm}^4)$$

$$I_{\mathrm{III}z_3}=I_{\mathrm{I}z_1}=\frac{100\times 20^3}{12}=0.067\times 10^6(\mathrm{mm}^4)$$

又根据平行移轴公式得：

$$I_{\mathrm{III}z}=I_{\mathrm{I}z}=I_{\mathrm{I}z_1}+a_{\mathrm{I}}^2A_{\mathrm{I}}=0.067\times 10^6+$$

$$(\frac{120}{2}+\frac{20}{2})^2\times 100\times 20=9.867\times 10^6(\mathrm{mm}^4)$$

则整个组合图形对 z 轴的惯性矩为：

$$I_z=I_{\mathrm{I}z}+\mathrm{I}_{\mathrm{II}z}+I_{\mathrm{III}z}=I_{\mathrm{II}z}+2I_{\mathrm{I}z}=$$

$$(2.880+2\times 9.867)\times 10^6=22.614\times 10^6(\mathrm{mm}^4)$$

(2) 再求组合图形对 y 轴的惯性矩，根据表 4-1 得：

$$I_{\mathrm{I}y}=\mathrm{I}_{\mathrm{III}y}=\frac{20\times 100^3}{12}=1.667\times 10^6(\mathrm{mm}^4)$$

$$I_{\mathrm{II}y}=\frac{120\times 20^3}{12}=0.080\times 10^6(\mathrm{mm}^4)$$

则整个组合图形对 y 轴的惯性矩为：

$$I_y=I_{\mathrm{I}y}+I_{\mathrm{II}y}+I_{\mathrm{III}y}=I_{\mathrm{II}y}+2I_{\mathrm{I}y}=(0.080+2\times 1.667)\times 10=3.414\times 10^6(\mathrm{mm}^4)$$

由此题可知：

① 与轴垂直的方向上的尺寸，对惯性矩的硬性较大；

② 组合图形中面积相同的部分，离形心轴越远，根据平行移轴公式，它对形心轴的惯性矩就会越大；

③ 对称的组合图形对形心轴的惯性矩的计算步骤为：将组合图形划分为若干个简单的规则图形，查表得其各自对各自形心轴的惯性矩；利用平行移轴公式计算各块面积对形心轴的惯性矩，再进行加和。

例题 4-6 非对称图形对形心轴的惯性矩

如图 4-17 所示，16*b* 号槽钢和 20*a* 号工字型钢的组合截面，各部分尺寸如图，试计算图形对形心轴的惯性矩 I_z。

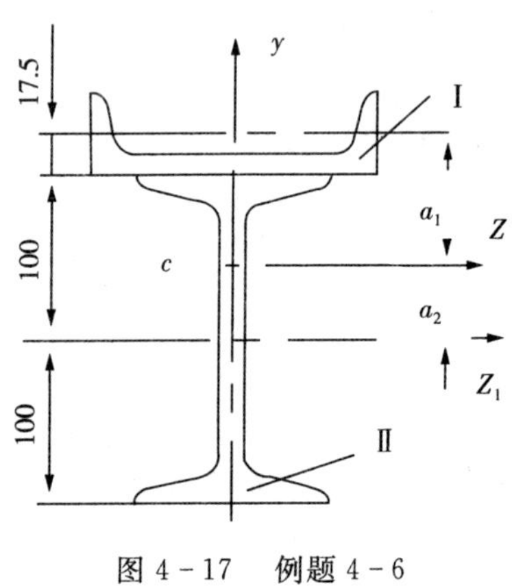

图 4-17 例题 4-6

解：由于图形关于 y 轴对称，但关于 z 轴不对称，若要计算对形心轴 z 轴的惯性矩，需先计算形心的坐标 y_C，以确定 z 轴的位置。

(1) 计算形心的坐标 y_C。将工字形截面分成槽钢和工字钢两个部分 I 和 II 和。查附录型钢表可知：16*b* 号槽钢 20*a* 号工字钢的面积和对各自形心轴的惯性矩为：

$$A_{\mathrm{I}} = 25.162\ \mathrm{cm}^2 = 25.162 \times 10^2 (\mathrm{mm}^2)$$

$$I_{\mathrm{I}C} = 83.4\ \mathrm{cm}^4 = 83.4 \times 10^4 (\mathrm{mm}^4)$$

$$A_{\mathrm{II}} = 35.578\ \mathrm{cm}^2 = 35.578 \times 10^2 (\mathrm{mm}^2)$$

$$I_{\mathrm{II}C} = 2370\ \mathrm{cm}^4 = 2370 \times 10^4 (\mathrm{mm}^4)$$

根据形心坐标公式有：

$$y_c = \frac{\sum_{i=1}^{2} A_i z_i}{\sum_{i=1}^{2} A_i} = \frac{35.578 \times 10^2 \times 0 + 25.162 \times 10^2 \times (100 + 17.5)}{(35.578 + 25.162) \times 10^2} = 48.68(\mathrm{mm})$$

(2) 计算组合图形对形心轴的惯性矩 I_z。根据惯性矩计算公式和平行移轴公式，组合截面对 z 轴的惯性矩为：

$$I_z = \sum_{i=1}^{2} [I_{iC} + a_i^2 A_i] = [83.4 \times 10^4 + (100 + 17.5 - 48.68)2 \times 25.162 \times 10^2]$$

$$+ [2370 \times 10^4 + 48.68^2 \times 35.578 \times 10^2] = 44.88 \times 10^6 (\mathrm{mm}^4)$$

4.4 内力、截面法及应力应变

一、内力

构件在未受外力作用时，其内部各部分之间存在着相互作用力，以维持它们之间的联系，保持构件的形状。当构件受到外力的作用而变形时，其内部各部分之间的相对位置发生变化，因而它们的相互作用也发生改变。这种由于外力作用而引起的构件内部各部分之间的相互作用力的改变，称为**附加内力**，简称**内力**。

由于已经假设物体是均匀连续的变形固体，因此在物体内部相邻部分之间相互作用的内力，实际上是一个连续分布的内力系，而将分布内力系的合成结果称为内力。也就是说，内力是由外力引起的、物体内相邻部分之间分布内力系的合成。内力由外力引起，有怎样的外力就会有怎样的内力，内力随外力的增加而增大，当到达某一限度时就会引起构件的破坏。所以，内力与构件的强度是密切相关的。

二、截面法

材料力学中计算杆件内力的基本方法是截面法。所谓截面法，就是在欲求内力处，假想地用一平面将杆件切开一分为二，并任取其中一段为研究对象，利用静力学中的平衡条件和平衡方程，从而计算出杆件的内力的方法。如图 4－17 所示。

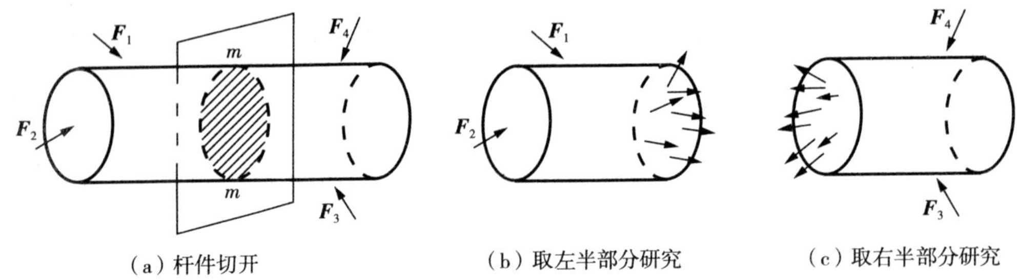

图 4－18　截面法

同时，从图 4－18 中还可总结出截面法的基本步骤为：

① 截开。沿需要求内力的截面假想地把构件截开，分成两部分。注意一定要将杆件完全分为两部分，不可有任何牵连，称一刀两“段”。

② 代替。任意取其中的一部分为研究对象，并把弃去部分对留下的部分的作用以截面上的内力来代替。一般取受力较简单的部分为研究对象进行受力分析，作出杆段上所有外力以及内力。

③ 平衡。根据受力分析图和平衡条件列出平衡方程，并根据其上的已知外力来计算构件在截面上的未知内力。

步骤 ① 和 ② 中通过截断和选取研究对象、作受力分析图将内力的形式显示和确定下来，步骤 ③ 通过静力学的方法将内力的大小和方向求解出来。截面法计算内力的基本方法，在后续章节中将得到广泛应用。

三、应力和应变

1. 应力

用截面法计算出的内力是整个界面上分布内力的合力，它既无法说明内力在截面上的分布情况，也不能说明内力系在界面内某一点处的强弱程度。但事实表上，若用同种材料制作两根粗细不同的杆件，并使这两根杆件承受相同的轴向拉力，当拉力达到某一值时，细杆将首先被拉断。

这一现象说明：杆件的强度不仅和横杆截面上的内力有关，而且还与横截面的面积有关。细杆将先被拉断是因为内力在小截面上分布的密集程度（简称集度）大而造成的，应进一步研究内力在横截面上的分布集度的问题。因此，引进新的概念，在建筑力学中，将内力在一点处的分布集度称为**应力**。

现进行应力的分析。如图 4-19(a) 所示。截面上任一点为 O，在 O 点周围取一微小面积 Δ。设微面积 Δ 上的合内力为 $\Delta \boldsymbol{F}$，则有 Δ 上的**平均应力**为：

$$P_m = \frac{\Delta F}{\Delta A}$$

一般情况下，分布内力并不一定是均匀的，所以平均应力不能精确地表示 O 点处的内力集度，只有 Δ 无限缩小趋向于零时，平均应力的极限值才能表示 O 点处的内力集度。则取下

列极限,有 O 点的**总应力**为:

$$p=\lim_{\Delta A\to 0}\frac{\Delta F}{\Delta A}=\frac{\mathrm{d}F}{\mathrm{d}A}$$

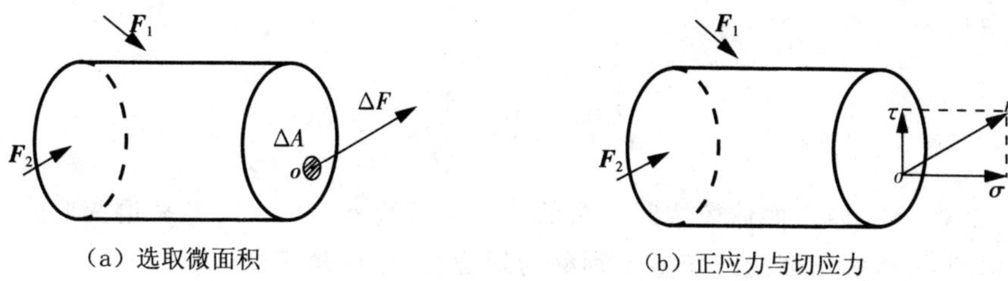

(a) 选取微面积　　(b) 正应力与切应力

图 4-19　应力的表示

总应力 $\boldsymbol{P}$ 是一个矢量,通常情况下,它既不与截面垂直,也不与截面相切。为了研究问题时方便起见,习惯上常将它分解到垂直于截面和沿着截面两个正交的方向上。与截面垂直的分量记为 $\boldsymbol{\sigma}$,称为正应力;沿着截面的分量记为 $\boldsymbol{\tau}$,称为切应力,如图 4-18(b) 所示。

另外规定:

1) 一般在研究计算中,将正应力 $\boldsymbol{\sigma}$ 和切应力 $\boldsymbol{\tau}$ 表示为代数量;

2) 对于正应力 $\boldsymbol{\sigma}$,通常规定对所研究的杆段产生拉的效果的正应力 $\boldsymbol{\sigma}$ 记为**正**值,对所研究的杆段产生**压**的效果的正应力 $\boldsymbol{\sigma}$ 记为**负**值;

3) 对于切应力 $\boldsymbol{\tau}$ 通常规定:使所研究的杆段产生**顺时针**转动或转动趋势的切应力 $\boldsymbol{\sigma}$ 记为**正**值,使所研究的杆段产生**逆时针**转动或转动趋势的切应力 $\boldsymbol{\sigma}$ 记为**负**值;

4) 应力的单位有 Pa(帕斯卡) 或 MPa(兆帕),有时也用 kPa(千帕) 和 GPa(吉帕)。其中工程中常用 $1\mathrm{Pa}=1\mathrm{N/m^2}$ 和 $1\mathrm{MPa}=1\mathrm{N/mm^2}$,各单位的换算关系为:$1\mathrm{GPa}=10^3\mathrm{MPa}=10^6\mathrm{kPa}=10^9\mathrm{Pa}$,$1\mathrm{MPa}=10^3\mathrm{kPa}=10^6\mathrm{Pa}$,$1\mathrm{kPa}=10^3\mathrm{Pa}$,在计算中应注意区分。

2. 应变

如图 4-20(a) 所示,在构件上某点处取一微小的正六面体 $abcd$。当构件受外力作用时,微小的正六面体将产生变形,其基本变形有两类,正应变和切应变。

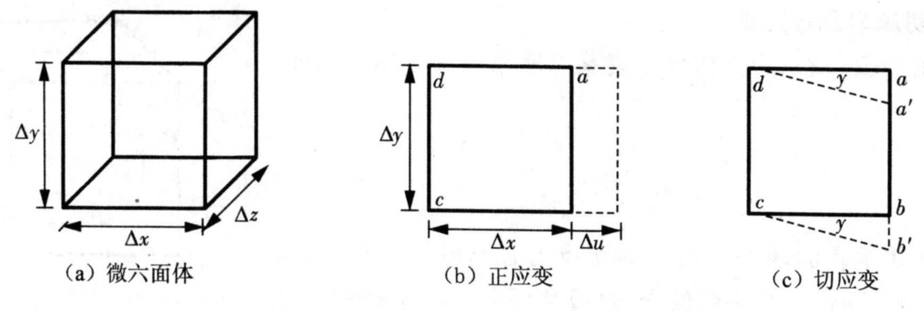

(a) 微六面体　　(b) 正应变　　(c) 切应变

图 4-20　应变的表示

图 4-20(b) 中,微六面体沿棱边方向的伸长或缩短。沿 x 方向原长为 Δx,变形后变为 $\Delta x+\Delta u$,其伸长量与原长的比值记为:

$$\varepsilon_m = \frac{\Delta u}{\Delta x}$$

称为正六面体沿 x 方向的**平均线应变**。ε_m 实际上是在 Δx 范围内单位长度上的**平均伸长量**，仍与所取的 Δx 的长短有关，为了消除尺寸的影响，取下列极限，有沿 x 的方向的**正应变**，也称**线应变**为：

$$\varepsilon_x = \lim_{\Delta x \to 0} \frac{\Delta u}{\Delta x}$$

图 4-20(c) 中，微六面体棱边间夹角的改变。棱边 da 和 cb 间的夹角变形前为直角，变形后该直角减小 γ，称角度的改变量 γ 则称为**切应变**，也称**角应变**。

正应变 ε 和切应变 γ 是度量构件内一点外变形程度的两个基本量，线应变 ε 是一个无量纲的量，切应力 γ 的单位是 rad(弧度)。

3. 应力应变关系

试验表明，当正应力未超过某一极限值时，正应力 $\boldsymbol{\sigma}$ 与其相应的正应变 ε 成正比，满足**胡克定律**。引入比例常数 E，则可得到

$$\sigma = E\varepsilon \qquad \text{式(4-12)}$$

式(4-12) 中的比例常数 E 为弹性模量。它与材料的力学性质有关，是衡量材料抵抗弹性变形能力的一个指标。E 的数值随材料而异，可由试验测定，但对同一种材料，弹性模量 E 为常数。弹性模量 E 的单位与应力的单位相同，工程上常用 GPa。

试验还表明，当切应力 $\boldsymbol{\tau}$ 未超过某一极限时，切应力 τ 与其相应的切应变 γ 成正比，也满足**胡克定律**。引入比例常数 G，则可得到

$$\tau = G\gamma \qquad \text{式(4-13)}$$

式(4-13) 称为剪切胡克定律。式中的比例常数 G 称为**剪切弹性模量**，也称**切变模量**，它也与材料的力学性质有关。对同一材料，切变模量 G 为常数。G 的单位与应力的单位相同，工程上常用 GPa。

4. 切应力互等定理

如图 4-20 所示为某构件上绕某点所取一微小的正六面体，可以证明

$$\tau = \tau' \qquad \text{式(4-14)}$$

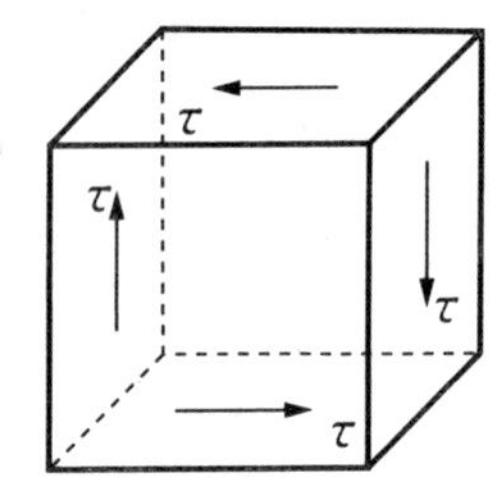

图 4-21　切应力互等定理

在互相垂直的两个平面上的切应力必然成对存在，且大小相等，方向共同指向两平面的交线，或共同背离两平面的交线。这一关系称为切应力互等定理。

切应力互等定理可以用于很多方面，例如可以用来判断构件中是否存在剪应力，比如某梁段上没有横向荷载作用，则任意取微元体分析这个微元体上无切应力 τ。

4.5　材料轴向拉压的力学性能

为了解决杆件的强度和刚度等问题，除了要对杆件的应力和应变进行分析计算之外，还必须通过试验研究材料的力学性能。所谓材料的力学性能，主要是指材料在外力作用下表现出的强度和变形方面的性质，例如材料表现出的弹性模量等。测定材料力学性能的试验室多种多样，其中常温和静载条件下的材料的力学性能测定是最基本最具有代表性的。

工程中使用的材料种类很多，通常根据其断裂时发生变形的大小分为塑性材料和脆性材料两大类。在外力作用下，虽然产生较显著变形而不被破坏的材料称为**塑性材料**，例如低碳钢、铝材和合金钢材等，在断裂时会产生较大变形；相反。在外力作用下，发生微小变形即被破坏的材料，称为**脆性材料**，例如铸铁、混凝土和石材等，其在断裂时变形很小。这两种材料的力学性能有明显的区别，通常以塑性材料的低碳钢和脆性材料的铸铁作为两种材料的代表，进行材料在拉伸和压缩时的力学性能的典型试验介绍。

一、试验标准试件

为了得到的试验数据，并便于不同材料的试验结果的比较，在拉伸和压缩试验中，必须按国家标准制作试验用标准试件。试件有圆形截面和方形截面两种，一般金属材料的试件制成圆形，非金属材料的制成方形。低碳钢和铸铁都采用圆形截面的试件进行试验。另外，国家标准对试件的加工精度和试验条件等都有具体的规定。

拉伸试验的标准试件如图 4－22 所示。两端较粗的部分为**夹头**，是夹持在试验仪器上用于固定的部分；中间等截面直杆上划出长为 l_0 的部分为试验的**标距**部分；夹头恒为标距之间的部分为**倒角**部分。试件横截面有圆形和矩形两种，标准规定，圆形截面试件的标距 $l_0=10d$ 或 $l_0=5d$，其中 d 为试件标距部分的直径；矩形截面试件的标距 $l=11.3\sqrt{A}$ 或 $l=5.65\sqrt{A}$，其中 A 为试件标距部分的截面面积，$A=d^2$。

压缩试验的标准试件如图 4－23 所示。为防止试件被压弯，压缩试验的试验一般制成短柱。标准规定，圆形截面试件的高度 $h=d\sim 3d$，其中 d 为试件的直径；方形截面的试件高度 $h=b\sim 3b$，其中 b 为试件的宽度。由于压缩试件的高度与宽度之比较小，所以试件两端的端部影响必将波及整个试件。此外，试件受压后，其横向尺寸将增大，但是试件两端面与试验机承压平台间的摩擦阻力起到了阻止其扩大的作用。这些因素将使压缩试件中的应力情况变得较为复杂，从而使试验所测定的在压缩时材料的力学性能带有一定的条件性[1]。

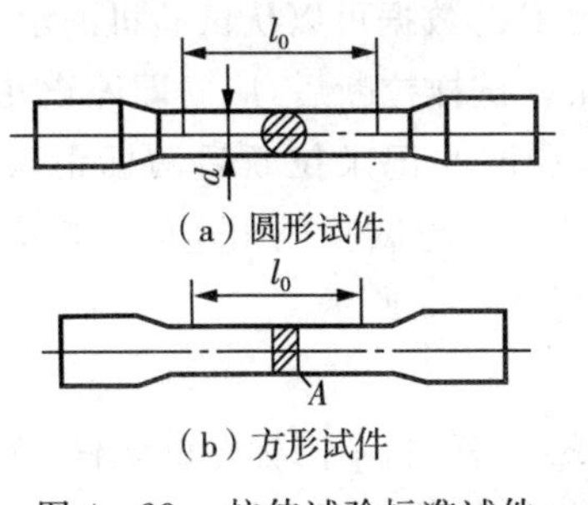

图 4－22　拉伸试验标准试件

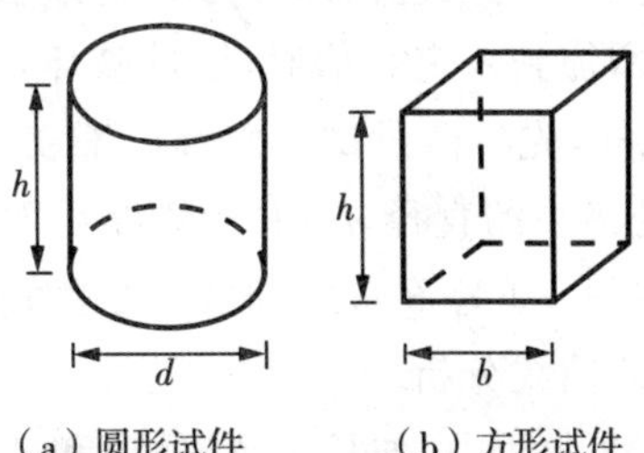

图 4－23　压缩试验标准试件

二、试验设备

拉伸和压缩试验时主要使用两类设备。一类是使试件发生伸长或缩短的变形并且测定试件抗力的万能试验机，如图 4-23 所示，另一类是测量变形的工具，使用游标卡尺来测量试件变形前后的尺寸。也有的试验精度较高时，可使用变形仪[2]。

（a）电子式万能试验机

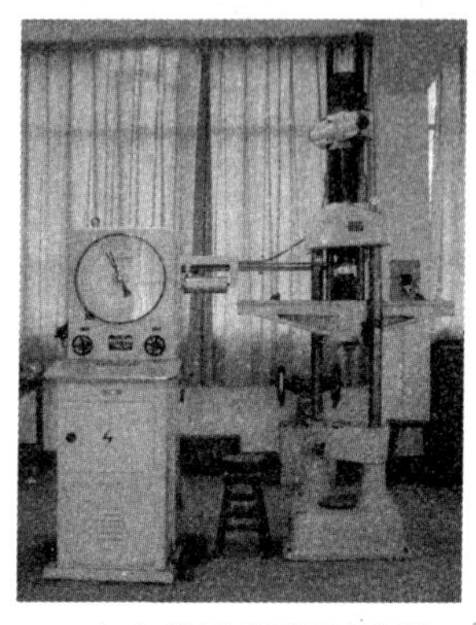

（b）液压式万能试验机

图 4-24　万能试验机

通常在实验室内所做的材料拉伸和压缩的试验，是在室温下，以缓慢平稳的加载方式进行试验，称为常温静载试验。此为测定材料力学性能的基本试验，在此条件下所得的材料力学性能，即成为常温静载下材料拉伸或压缩的力学性能。

三、低碳钢与铸铁的力学性能

低碳钢是指含碳量在 0.3% 以下的碳素钢。这类钢材在工程中使用较为广泛，在拉伸试验中表现出的力学性能也最为典型，作为重点介绍。铸铁是含碳量大于 2.11% 并含有较多硅、锰、硫和磷等元素的多元铁基合金。铸铁具有许多优良的性能及生产简便、成本低廉等优点，因而也是应用最广泛的材料之一。

1. 低碳钢拉伸时的力学性能

（1）试验内容

在拉伸试验前，测定低碳钢试件的直径 d 和标距 l_0，并在试件上用签字笔标出标距的部分。试验时，首先将试件安装在试验机的上、下夹头内；然后开动试验机，缓慢加载，试件从零开始缓慢平稳受拉且轴向拉力 $\boldsymbol{F}$ 逐渐增大，拉力 $\boldsymbol{F}$ 的数据可以从试验机的示力盘中读出；最后，当 $\boldsymbol{F}$ 增加到一定数值时，试件破坏，试验结束。试样拉断后，应立即停止并保存试验数据。取下试样，先将两段试件沿断口整齐地对拢，量取并记录拉断后两标距点之间的长度 l_1，及断口处最小的直径 d_1，并计算断后面积 A_1。同时，与试验机相连的微机会自动绘制出荷载-变形曲线，即为 $F-\Delta l$ 曲线，也称**拉伸图**，如图 4-25 所示。

（2）试验曲线分析

在 $F-\Delta l$ 曲线中，伸长量 Δl 数值和杆件的标距 l_0 有关，不同标距的试件，在相同试验条件下的伸长量不同，所以 $F-\Delta l$ 曲线不宜作为低碳钢拉伸的分析曲线。为了消除试件尺寸对试验结构的影响，反映材料本身的性质，通常将横坐标l除以标距l_0，得应变ε；将纵坐标F除以截面面积A，得应力σ。则绘制出应力-应变曲线，即$\sigma-\varepsilon$曲线，也称**应力应变图**，如图4-26所示。应力应变曲线与试件的尺寸无关，只反映材料本身性质，随着载荷的逐渐增大，不同材料呈现出不同的曲线，即力学性能不同。

根据低碳钢拉伸的应力应变图的特点，通常将低碳钢的拉伸过程分为四个阶段。

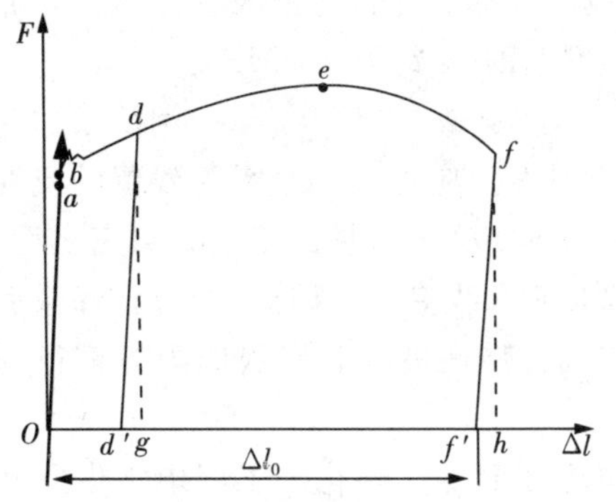

图4-25　低碳钢拉伸的$F-\Delta l$曲线

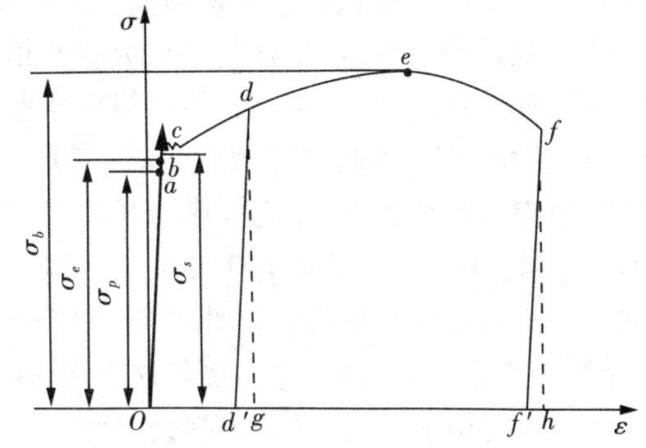

图4-26　低碳钢拉伸的$\sigma-\varepsilon$曲线

① **弹性阶段。** 弹性阶段为图中Ob段，由直线段Oa和微弯段ab组成。直线段Oa部分表示应力与应变成正比关系，故Oa段称为比例阶段或线弹性阶段。在此阶段内，材料服从胡克定律$\sigma=E\varepsilon$。a点所对应的应力值称为材料的**比例极限**σ_p，低碳钢的σ_p约为200MPa。

应力超过比例极限后，应力与应变不再成比例关系，曲线ab段称为非线性弹性阶段，只要应力不超过b点，材料的变形仍是弹性变形，在解除拉力后变形仍可完全消失，所以b点对应的应力称为**弹性极限**σ_e。由于大部分材料的σ_p和σ_e极为接近，工程上并不严格区分比例极限和弹性极限，近似认为材料在弹性范围内服从胡克定律。

从弹性阶段还可以看出，弹性阶段的斜率$\tan\alpha=\sigma/\varepsilon=E$，可以通过计算直线$Oa$的斜率来确定材料的弹性模量。低碳钢的弹性模量$E$约为200～210GPa。

② **屈服阶段。** 屈服阶段为图中bc段。当应力超过弹性极限σ_e后，应力应变曲线图上的bc段将出现近似的水平段，这时应力几乎不增加，但应变却显著增加，表明材料暂时失去了抵抗变形的能力。这种现象称为“屈服”现象或“流动”现象。屈服阶段的最低点对应的应力称为屈服极限或流动极限σ_s。低碳钢的屈服极限σ_s约为240MPa。

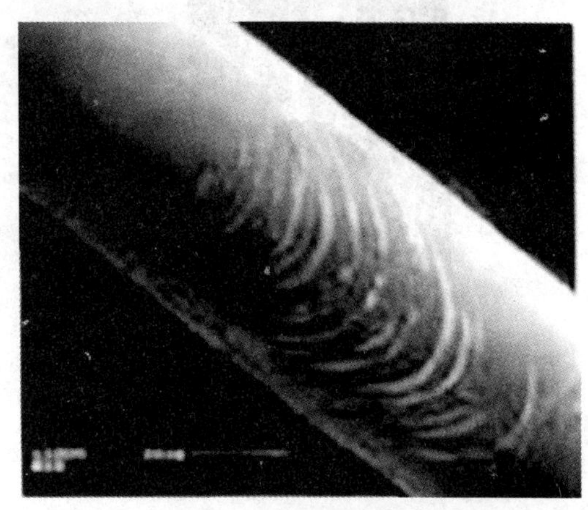

图4-27　滑移线

试件进入屈服阶段后，材料产生显著的塑性变形，应力应变之间已经不是线性关系，胡可定律不再适用。此时若试件表面经过抛光，则会在表面上出现一系列与轴线约呈45°的倾斜条纹，称为**滑移线**，如图4-27所示。它是由于材料被拉伸时在 45° 角的斜面上产生最大切应力，从而使内部晶格间发生滑移所引起的，一般认为晶格间的滑移是产生塑性变形的根本原因。工程中的大多数构件一旦出现塑性变形，将不能正常工作(或称失效)，所以设计中常取屈服极限 σ_s 为材料的强度指标。

③ **强化阶段。**强化阶段为图中 ce 段。过了屈服阶段 bc，材料的内部结构重新得到了调整，材料恢复了抵抗变形的能力，曲线 ce 上升。要使试件继续变形就必须继续增加荷载，这种现象称为材料的强化。其中最高点 e 点所对应的应力值称为材料的极限应力 σ_b。σ_b 是材料所能承受的最大应力，是材料强度极限的指标。低碳钢的 σ_b 约为 400MPa。

若在此阶段卸载，卸载过程的应力应变曲线为一条斜线 dd'，其斜率与比例阶段的直线段斜率大致相等。当载荷卸载到零时，变形并未完全消失。应力减小至零时残留的应变称为**塑性应变**或**残余应变**，相应地应力减小至零时消失的应变称为**弹性应变**。卸载完之后，若立即再加载，则加载时的应力应变关系基本上沿卸载时的直线变化。因此，如果将卸载后已有塑性变形的试样重新进行拉伸试验，材料的比例极限、弹性极限和屈服应力等都得到提高，而塑性变形有所降低，这一现象称为**冷作硬化**。

工艺过程中辗轧、冲剪处理都会对材料造成不同程度的冷作硬化。工程中常借此来提高某些构件在弹性阶段的承载能力，建筑工程中对受拉钢筋进行冷拉就是为了提高其弹性极限和屈服极限，提高其承载能力。当然，利用冷作硬化对钢筋进行冷加工，在提高承载能力的同时也会降低钢材的塑性，使其容易变脆变硬，容易断裂，再加工也会更为困难。工程实际中应对这些现象予以重视，避免工程事故的发生。

④ **破坏阶段。**强化阶段为图中 ef 段。试样拉伸达到强度极限 σ_b 之前，在标距范围内的变形是均匀的。当应力增大至强度极限 σ_b 之后，试样出现局部显著收缩，这一现象称为**颈缩**，如图 4-28 所示。颈缩出现后，横截面迅速减小，使也试件继续伸长所需的拉力也相应减少，故应力应变曲线呈现下降趋势，直至最后在 f 点断裂。试样的断裂位置处于颈缩处，断口形状呈杯状，如图 4-29，这说明引起试样破坏的原因不仅有拉应力还有切应力。

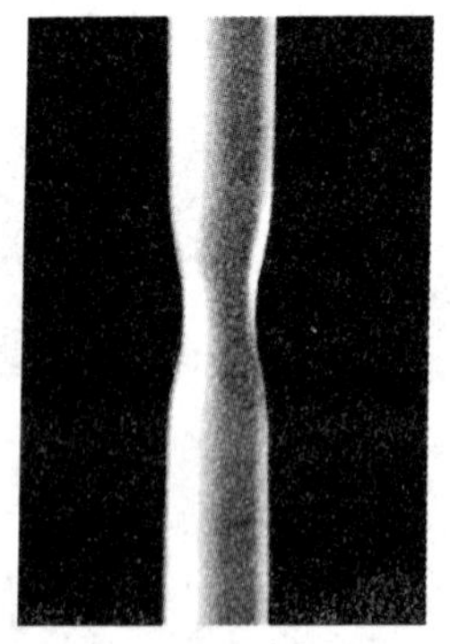

图 4-28　低碳钢的颈缩现象

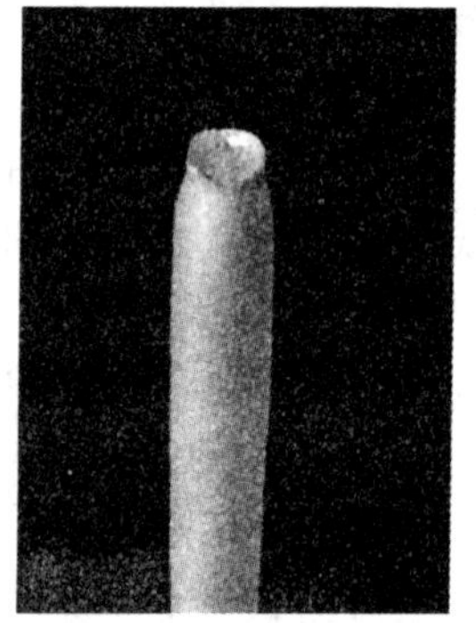

图 4-29　低碳钢拉伸断口

(3) 试验数据分析

试件拉断后弹性变形消失，只剩下塑性变形。工程中常用伸长率 δ 和断面收缩率 Z 作为材料的两个塑性指标。

① 延伸率

$$\delta=\frac{l_1-l_0}{l}\times 100\% \qquad \text{式(4-15)}$$

式(4-15)中，l_1 为断裂试件拼起来后测量出的标距长度；l_0 为原标距长度。所以延伸率也称**伸长率**，即为断裂后标距 l_1 与原标距 l_0 的差值，除以原标距长度 l_0 的百分率，表示试件直到拉断时塑性变形所能达到的最大程度。通常，伸长率 δ 的大小和试件工作段的长度和横截尺寸的比值有关，考虑到这一因素，对标准拉伸试件，要规定其工作段长度与横截面尺寸的比值。通常不加说明的 δ 是指 $l_0=10d$ 的标准试件的伸长率。

材料的延伸率 δ 越大，说明材料的塑性越好。工程中通常按照伸长率的大小把材料分为两大类：$\delta>5\%$ 的材料称为**塑性材料**，如碳钢、黄铜、低合金钢等；而把 $\delta<5\%$ 的材料称为**脆性材料**，如混凝土、铸铁、陶瓷、砖和石等。试验证明，低碳钢的延伸率约为 20%～30%，这说明低碳钢是一种抗拉性能良好的塑性材料。

② 断面收缩率[3]

$$Z=\frac{A-A_1}{A}\times 100\% \qquad \text{式(4-16)}$$

式(4-16)中，A 为试件横截面原面积；A_1 为试件断裂测量得的缩颈处的最小横截面面积。断面收缩率也简称**收缩率**，即为原试件横截面面积 A_1 与断裂后最小横截面积 A 的差值，除以原试件面积 A 的百分率，**断面收缩率** Z 也表示钢材断裂前经受塑性变形的能力，是衡量材料塑性的重要指标。

需要注意的是，实际工程中材料的塑性和脆性会因制造工艺、变形速度和温度等条件而发生变化，如某些脆性材料在高温下会呈现塑性；而某些塑性材料在低温下会呈现脆性；在铸铁中加入球化剂可使其变为塑性较好的球墨铸铁。

伸长率越大或断面收缩率越高，说明钢材塑性越大。钢材塑性大，不仅便于进行各种加工，而且能保证钢材在建筑上的安全使用。因为钢材的塑性变形能调整局部高峰应力，使之趋于平缓，以免引起建筑结构的局部破坏及其所导致的整个结构破坏；钢材在塑性破坏前，有很明显的变形和较长的变形持续时间，便于人们发现和补救。

2. 低碳钢压缩时的力学性能

试验时将试件放在万能试验机的两个压座之间，然后施加轴向压力使其从零开始产生轴向压缩变形。与拉伸试验类似，与试验机相连的微机会自动绘制出应力应变曲线，如图 4-30 实线所示。为便于比较，将低碳钢拉伸的曲线用虚线也绘制于图 4-30 中。从图中应力应变曲线可以看出，在屈服阶段之前，拉伸和压缩的曲线基本上是重合的，低碳钢压缩时的比例极限、屈服极限和弹性模量等都和拉伸时相同。

但进入强化阶段后，应力的增长率随着应变的增加而越来越大，表明试件抗压的能力越来越强。这是因为过了屈服阶段后，试件被越压越扁，横截面积逐渐增加，抗压能力增强，试件最后被压成饼状但不会破坏，如图 4-31 所示呈鼓状。因此无法测出低碳钢压缩时的强度极限，可以从材料拉伸的试验中了解压缩时的性能。类似情况在一般的塑性材料中也存在，但有些材料没有明显的屈服极限，有些材料在拉伸和压缩时的屈服极限并不相同，需要做压缩试验来确定其压缩时的性能。

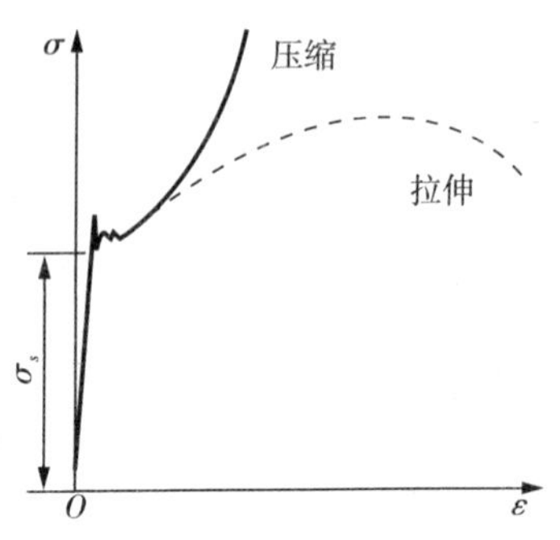

图 4－30　低碳钢压缩的 $\sigma-\varepsilon$ 曲线

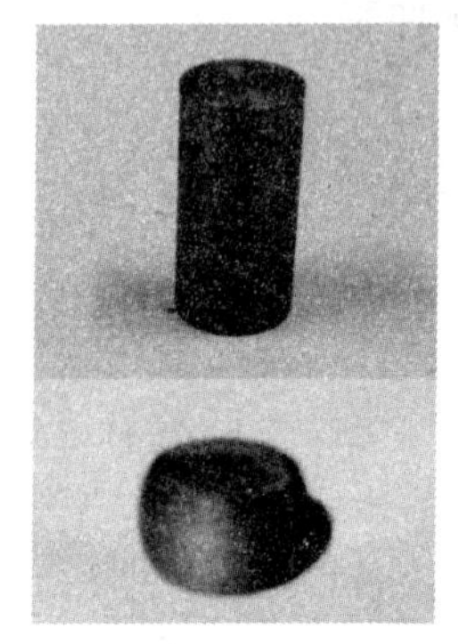

图 4－31　低碳钢试件压缩变化

3. 铸铁拉伸时的力学性能

铸铁是一种典型的脆性材料，与塑性材料在拉伸和压缩时的性能有较大区别。采用与低碳钢拉伸试验相同的方法，即可得到铸铁拉伸时的应力应变曲线，用虚线绘制于图 4－32 中。从图中可以看出，图像没有明显的直线部分，也没有屈服阶段。试验中在较小的应力下铸铁就突然断裂，断裂前变形很小且无颈缩现象，断裂后断口为平面。因此，断裂时的应力是衡量铸铁强度的唯一指标，称为强度极限 σ_b。工程中常用此曲线的割线来代替开始段的曲线，从而确定其弹性模量 E，称为**割线弹性模量**。

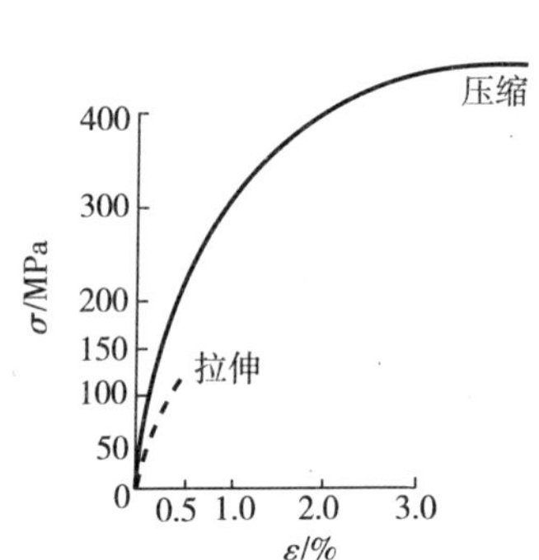

图 4－32　铸铁拉伸和压缩的 $\sigma-\varepsilon$ 曲线

图 4－33　铸铁试件压缩变化

4. 铸铁压缩时的力学性能

采用与低碳钢压缩试验相同的方法，即可得到铸铁压缩时的应力应变曲线，用实线绘制于图 4－33 中，方便比较。从图中可以看出，铸铁压缩时的应力应变曲线与拉伸时类似，但极限强度 σ_b 和延伸率 δ 要比拉伸时大得多，大约为压缩时的 4～5 倍。压缩到强度极限时铸铁试件发生破坏，破坏的断面如图 4－32 所示与轴线大致呈 45° 角，这是由于在 45° 的斜截面上有最大的切应力。

铸铁拉伸的试验表明，铸铁是一种抗压能力好但抗拉能力很差的材料，可用于受压构件，不宜用作受拉构件。但铸铁坚硬耐磨，易于浇注形状复杂的零部件，广泛用于铸造机床床身、机座、缸体及轴承座等受压零部件，因此铸铁的压缩试验比拉伸试验更为重要。

5. 低碳钢和铸铁的力学性能对比

在工程建设中，低碳钢是典型的塑性材料，铸铁是典型的脆性材料。

塑性材料和脆性材料在力学性能上的主要特征是：塑性材料，如钢材，在断裂前的变形较大，塑性指标（延伸率δ和断面收缩率Z）较高，抗拉能力较好，其常用的强度指标是屈服强度，一般地说，在拉伸和压缩时的屈服强度相同。而脆性材料如混凝土和石料等，抗压强度远高于抗拉强度，断裂前的变形较小，塑性指标较低塑性差，但抗压强度高，且价格低廉，故适合于制作承压构件。塑性材料与脆性材料的主要力学性能对比总结于下表 4-2 中。

表 4-2 塑性材料与脆性材料的力学性能对比

塑性材料	脆性材料
延伸率 $\delta > 5\%$	延伸率 $\delta < 5\%$
断裂前有很大塑性变形	断裂前变形很小
抗压能力与抗拉能力相近	抗压能力远大于抗拉能力
可承受冲击载荷，适合于锻压和冷加工	适合于做基础构件或外壳

但是，材料不管是塑性的还是脆性的，将随材料所处的温度、应变速率和应力状态等条件的变化而不同。

总体来说，塑性材料的力学性能优于脆性材料，然而脆性材料价格较低廉，因此在工程实际中要综合考虑材料的性价比，正确选用材料，用价格较低的铸铁和砖石等脆性材料做受压构件，受拉构件则选用钢材等塑性材料。表 4-3 中列出了几种常用金属材料的力学性能指标。其他金属材料以及非金属材料，其力学性能将在后续课程中逐步学习。

表 4-3 几种常用金属材料的力学性能

材料名称或牌号	屈服极限 σ_s(MPa)	抗拉强度 σ_b(MPa)	抗拉强度 σ_b(MPa)	伸长率 δ(%)	断面收缩率 Z(%)
Q235 钢	216 ~ 235	380 ~ 470	380 ~ 470	25 ~ 27	60 ~ 70
16Mn 钢	270 ~ 340	470 ~ 510	470 ~ 510	16 ~ 27	45 ~ 60
球墨铸铁	290 ~ 420	390 ~ 600	≥1568	1.5 ~ 10	—
灰口铸铁	—	98 ~ 390	640 ~ 1300	≤0.5	—
铝合金	370	450	—	15	—

四、容许应力

1. 极限应力

试验证明，任何一种材料都有一个承受应力的固有的极限，此应力的极限称为极限应力，常用符号σ°来表示。当构件所承担的应力达到或超过这一极限时，材料失效，构件就会发生破坏。

通过对低碳钢和铸铁的力学性能的试验研究，我们知道，一般情况下：

(1) 塑性材料达到屈服应力时，虽然不会发生破坏，但会因为晶格滑移而产生较大的塑性变形，构件不能保持原有的形状和尺寸，会影响正常工作，所以对于有明显屈服阶段的塑性材料，设计中常取**屈服极限** σ_s 为材料的强度指标，即 $\sigma^{\circ}=\sigma_s$。对于没有明显屈服阶段的塑性材料，一般将产生 0.2% 塑性应变时的应力作为屈服指标，并用 $\sigma_{s0.2}$ 来表示，称为**名义屈服应力**，即 $\sigma^{\circ}=\sigma_{s0.2}$。

(2) 脆性材料达到强度极限 σ_b 时，立刻发生断裂丧失工作能力，所以取**强度极限** σ_b 为材料的强度指标，即 $\sigma^{\circ}=\sigma_b$。

简言之，塑性材料取 $\sigma^{\circ}=\sigma_s$ 为极限应力；塑性材料取 $\sigma^{\circ}=\sigma_b$ 为极限应力。

2. 容许应力

为保证构件有足够的强度承担荷载的作用，必须保证构件在载荷作用下产生实际应力，即**工作应力** σ，低于材料的极限应力 σ°。但在工程实际中，有很多无法预计的因素，将会影响材料的工作应力，例如荷载加载的形式与假设并不完全相同，材料也并非假设的那样连续和均匀，这些因素都会对构件造成偏于不安全的影响。所以必须使结构构件有必要的安全储备，防止破坏发生。

在实际应用中，在研究强度问题时，规定将极限应力 σ° 除以一个大于 1 的**安全系数** n 后所得结果，作为允许构件承担的最大工作应力，称为材料的**容许应力**，也称**许用应力**。容许正应力用符号 $[\sigma]$ 表示，容许切应力用符号表示，即：

$$[\sigma]=\frac{\sigma^{\circ}}{n}$$

$$[\tau]=\frac{\tau^{\circ}}{n}$$

式(4－17)

对于塑性材料，容许正应力可以写为：

$$[\sigma]=\frac{\sigma_s}{n_s} \qquad 式(4-18)$$

对于脆性材料，容许正应力可以写为：

$$[\sigma]=\frac{\sigma_b}{n_b} \qquad 式(4-19)$$

式中，n_s 和 n_b 都为安全系数。安全系数的确定除了要考虑荷载变化、构建的加工精度、计算差异和工作环境等变化因素外，还需考虑材料的性能差异以及破坏后果的严重程度。安全因素既体现了安全的设计思想，又体现了经济的原则，通常由国家相关部门制定，公布在相关规范中供设计参考使用。

安全系数都为大于 1 的数，在一般静载情况下，由于脆性材料的破坏没有预兆，危险性更大，故其安全系数取值较脆性材料大。工程中一般取 $n_s=1.5\sim2.0$，$n_b=2.0\sim5.0$ 甚至取到 9.0；在建筑工程中，一般取 $n_s=1.4\sim1.7$，$n_b=2.5\sim3.0$。由此可确定 $[\sigma]$。

试验表明，材料扭转容许切应力 $[\tau]$ 和容许拉应力 $[\sigma]$ 有近似的关系：塑性材料 $[\tau]=0.5\sim0.6[\sigma]$；脆性材料 $[\tau]=0.8[\sigma]\sim1.0[\sigma]$。

容许应力是构件材料在工作中允许承担的最大应力，在后续构件强度条件的学习中将会得到应用。表 4－4 中列举了几种常用材料的容许应力。

表 4-4　几种常用材料的容许应力

材料	容许应力[σ](MPa)	
	轴向拉伸	轴向压缩
低碳钢	170	170
16 锰钢	230	230
灰口铸铁	34 ～ 54	160 ～ 200
C20 混凝土	0.44	7.0
C30 混凝土	0.60	10.3
木材(顺纹)	6.40	10.0

本章小结

1. 变形固体的概念及基本假定

在荷载作用下都会发生尺寸和形状的变化的物体称为变形固体。相对于刚体而言,其变形不可以忽略。为研究方便,在材料力学中我们认为变形固体是连续、均匀、各向同性的,并主要研究其在小变形、线弹性范围内的力学性质。

2. 杆件的基本变形形式

(1) 轴向拉伸与压缩

杆件受到作用于截面中心的,沿轴向的一对拉力或压力的作用。轴向拉伸时,杆件沿轴向伸长,同时横截面积缩;轴向压缩时,杆件沿轴向缩短,同时横截面积增大。

(2) 剪切

杆件在相邻很近的截面上,受到一对大小相等,方向相反的横向力外力 $\boldsymbol{F}$ 作用,横截面沿外力作用方向发生相对错动。

(3) 扭转

杆件在垂直于轴线的截面上,受到一对大小相等,转向相反的外力偶 $\boldsymbol{M}_e$ 作用,相邻横截面绕轴线产生相对转动。

(4) 弯曲

杆件在纵向对称平面内,受到一对大小相等,转向相反的外力偶 M 作用,相邻横截面绕垂直于杆轴线的轴产生相对转动,中性层一侧受压缩短,另一侧受拉伸长。

3. 截面几何性质

截面的几何性质是与截面的形状和大小有关的几何量,只由截面的形状、大小及坐标轴的位置决定其数值。这些几何量对杆件强度、刚度和稳定性有着十分重要的影响。主要的计算公式为:

$$\begin{cases} S_z = \int_A \mathrm{d}S_z = \int_A y\,\mathrm{d}A \\ S_y = \int_A \mathrm{d}S_y = \int_A z\,\mathrm{d}A \end{cases}\text{,静矩}$$

$$\begin{cases} I_z = \int_A y^2 \mathrm{d}A \\ I_y = \int_A z^2 \mathrm{d}A \text{，惯性矩} \\ I_z = \int_A \rho^2 \mathrm{d}A \end{cases}$$

$$\begin{cases} i_z = \sqrt{\dfrac{I_z}{A}} \\ i_y = \sqrt{\dfrac{I_y}{A}} \end{cases}\text{，惯性半径}$$

$$\begin{cases} I_{z_1} = I_z + a^2 A \\ I_{y_1} = I_y + b^2 A \end{cases}\text{，平行移轴公式}$$

4. 截面法

截面法是计算杆件内力的基本方法，其基本步骤为：

(1) 截开。沿需要求内力的截面假想地把构件截开，分成两部分；

(2) 代替。任意取其中的一部分为研究对象，并把弃去部分对留下的部分的作用以截面上的内力来代替；

(3) 平衡。根据受力分析图和平衡条件列出平衡方程并求解。

5. 内力、应力和应变

由于外力作用而引起的构件内部各部分之间的相互作用力的改变，称为内力；应力是内力在截面上的分布；单位长度内杆件的伸长量称为应变。

6. 材料的力学性能

材料的力学性能是通过试验测定的，是解决结构构件强度、刚度和稳定性问题的重要依据。材料在常温、静载下的力学性质主要有：

(1) 强度指标：表示材料抵抗破坏能力，屈服应力 σ_s 和破坏应力 σ_b；

(2) 刚度指标：表示材料抵抗变形的能力，弹性模量 E 和泊松比 μ；

(3) 塑性指标：表示材料产生塑性变形的能力，伸长率 δ 和断面收缩率 Z。

7. 容许应力

在实际应用中，在研究强度问题时，规定将极限应力 σ° 除以一个大于 1 的**安全系数** n 后所得结果，作为允许构件承担的最大工作应力，称为材料的**容许应力**，也称**许用应力**。容许正应力用符号[σ]表示，容许切应力用符号表示，即：

$$[\sigma] = \frac{\sigma^\circ}{n}$$

$$[\tau] = \frac{\tau^\circ}{n}$$

对于塑性材料，容许正应力可写为：$[\sigma] = \dfrac{\sigma_s}{n_s}$

对于脆性材料,容许正应力可写为: $[\sigma]=\frac{\sigma_b}{n_b}$

思考与习题

1. 日常生活中,哪些物体发生的是弹性变形,哪些发生的是塑性变形?

2. 混凝土属于各向同性材料还是各向异性材料?

3. 哪些办法可以提高杆件截面的惯性矩? 提高惯性矩对杆件承载力有什么样的好处?

4. 工程中,常将矩形截面的梁"立放"而不"平放"的原因是什么? 为了提高梁的弯曲强度,是否能将矩形截面做成高而窄的长条形?

5. 已知平面图形对其形心轴的静矩 $S_Z=0$,问该图形的惯性矩 I_Z 是否也为零? 为什么?

6. 试总结杆件四种基本变形形式的受力特点和变形特点。

7. 两根截面面积、长度均相同,但形状不同的杆件,受到相同的轴向拉力,其变形是否相同? 若两杆件截面面积和形状均相同,长度不同呢?

8. 内力和应力有何区别? 有何联系?

9. 用截面法计算杆件内力时,假想将杆件截开后,选择哪一部分作为研究对象应以什么因素为依据? 选择哪一部分对最后的结果是否有影响?

10. 怎样区分塑性材料和脆性材料? 他们力学性质的不同之处是什么?

11. 钢筋冷作硬化有哪些优缺点?

12. 在进行压缩试验时,为什么不用长杆而用短柱?

13. 应力和应变的胡克定律是否在任何情况下都满足?

14. 相同面积的矩形截面和工字型截面,谁的惯性矩更大?

15. 安全系数是否是结构材料的安全储备? 在结构设计中,安全系数的取值是否越大越好?

16. 塑性材料和脆性材料,在受拉和受压的情况下,是否容许应力都相同?

第5章 杆件的内力、应力及强度条件

【章节介绍】

为保证结构构件在外力作用下能够安全正常的工作，构件必须具备足够的抵抗破坏的能力、变形能力和保持平衡的能力，即具备足够的强度、刚度和稳定性，这些能力都和结构构件的内力、应力和变形有关。本章主要研究强度的问题，按照轴向拉压杆件、扭转杆件、平面弯曲梁的顺序进行学习，研究杆件在不同荷载作用下，发生基本变形形式时的内力、应力、强度条件及其应用。其中平面弯曲梁的难度较高，是本章的重点内容，也是第6、7章研究结构内力和位移计算的基础。

【理解】

内力正负的规定，内力计算基本方法。

【掌握】

轴向拉压杆件、扭转杆件、平面弯曲梁的内力计力图绘制方法、应力计算及强度条件应用。

5.1 杆件的轴向拉伸与压缩

在实际工程结构中，很多构件都受到轴向的拉力或者压力的作用，发生轴向拉伸或压缩的变形。这些经常遇到承受拉伸和压缩的直杆，称为**轴向拉压杆件**。例如如图5-1所示桁架中的杆件，当荷载只作用在结点上时，所有杆件都只受到轴向拉压力，都为轴向拉压杆件，其变形主要是纵向的伸长或缩短。

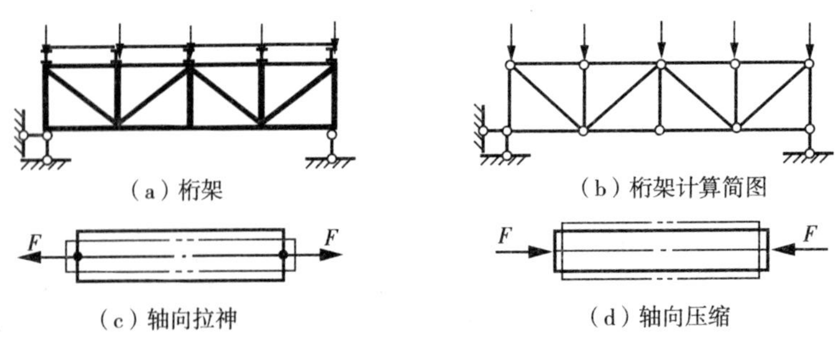

图5-1 轴向拉压杆件

对于轴向拉压的杆段，若忽略其他次要因素，可将其简化为图 5-1(c) 和(d) 所示的受力简图，变形后的形状在图中用虚线表示。

一、轴向拉压杆件的内力及内力图

1. 轴力及正负规定

轴向拉压杆件的内力，是杆件在受到轴向拉压力时截面之间的相互拉压作用力，称为**轴力**，多用符号 $\boldsymbol{F}_N$ 表示。因为外力是沿着杆件轴线方向的拉压力，则沿某截面截开后，截面上的内力也必为沿着杆件轴向的拉压力，才能与之平衡。所以轴力 $\boldsymbol{F}_N$ 是沿着轴线方向，即轴向的内力。

在静力学中，我们习惯将与坐标轴同向的力 $\boldsymbol{F}$ 定为正值，即向右向上为正，向左向下为负，但是在研究截面内力时却会出现不协调的问题。

如图 5-2 所示，沿 mm 截面将杆件截开，容易由平衡条件得到截面上的轴力 $\boldsymbol{F}_N$ 指向如图所示，也符合作用力和反作用力原理。但是，左半部分轴力 $\boldsymbol{F}_N$ 指向右边为正，右半部分轴力 $\boldsymbol{F}_N$ 指向左边为负，则为同一截面 mm 上的轴力 $\boldsymbol{F}_N$ 既为正又为负，这显然是不合理的。为了解决这一问题，在研究时对内力的正负需要做出重新规定。

通常规定：对于轴向拉压杆件，背离截面，引起纵向伸长变形的轴力为正，称为**拉力**；指向截面，引起纵向缩短变形的轴力为负，称为**压力**。即**拉正压负**。根据此规定可以看出，图 5-2 中的轴力 $\boldsymbol{F}_N$ 都是背离截面的拉力，都为正轴力，即截面 mm 的内力为正值，解决了内力符号不协调的问题。在后续章节中，为解决此问题，也会对其他形式内力的正负做出重新规定。但是需注意，在列静力学方程时，仍然遵照前章节中的正负规定。

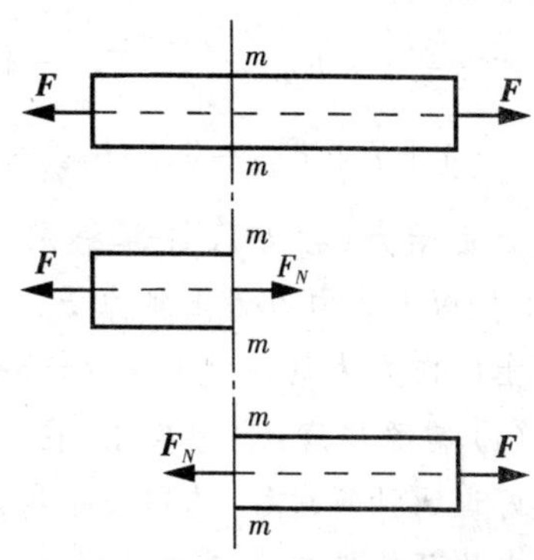

图 5-2 截面法求轴力

2. 截面法计算横截面轴力

若要求解指定截面上轴力的大小和方向，则需根据第 4 章所述截面法的基本步骤进行计算。

(1) 沿着需要求解内力的截面，假想地把构件完全截成两段杆段。

(2) 任取其中的一部分为研究对象，作受力分析。注意，要做出杆段上所有的外力和内力，并且在不知道内力具体指向时，习惯上根据新的规定**假设正方向的内力**。这是为了方便对计算结果进行说明。在轴向拉压杆件中，我们假设轴力为拉力的方向。

(3) 列平衡方程并求解。注意，列平衡方程时各力正负仍采用静力学规定，即与坐标轴正向同向为正，反向为负。

以图 5-2 中杆件为例：

(1) 截开后取右半段为研究对象；

(2) 作外力 $\boldsymbol{F}$，假设截面轴力 $\boldsymbol{F}_N$ 为拉力，即正轴力，得到受力分析图。

(3) 再列水平方向力的平衡方程：

$$\sum F_x = -F_N + F = 0,$$

则可解得：

$$F_N = F$$

假设为正轴力（拉力），计算结果为正值，说明 mm 截面上的内力为正轴力 $F_N = F$，或说 mm 截面上的内力为拉力 $F_N = F$。若取左半段为研究对象，也可得到相同的结果。

例题 5-1 截面法计算指定截面的轴力

图 5-3 中等截面直杆，受到如图所示轴向外力的作用达到平衡，试用截面法计算截面 1—1 和截面 2—2 的内力。

解：(1) 采用截面法，假想沿截面 1—1 和截面 2—2 将杆件截断，分别选取左侧为研究对象。

(2) 分别以左半段为研究对象进行受力分析。假设截面内力为正轴力，即拉力方向。

(3) 由平衡条件 $\sum F_x = 0$，分别列出平衡方程并求解：

$$-4 + F_{N1} = 0, \quad F_{N1} = 4\text{kN}$$

$$-4 + 7 + F_{N2} = 0, \quad F_{N2} = -3\text{kN}$$

假设为正轴力（拉力），计算结果为正值，说明 1—1 截面上的内力为正轴力 $F_{N1} = 4\text{kN}$，2—2 截面上的内力为负轴力 $F_{N2} = -3\text{kN}$。

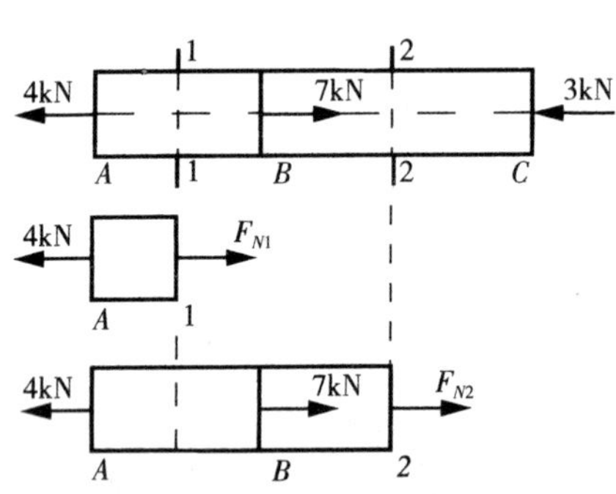

图 5-3 例题 5-1 及解答

(4) 需要注意：① 事实上，在计算 2—2 截面时，选取右半段为研究对象较为简单。本题为更好说明计算过程，选取左半段。② 不要随意移动外荷载的位置，在杆件截开之前，不得使用力的可传性或力偶的可移性，因为此两条定理都只适用于刚体，不适用于变形体，变形体的内力和变形与外力的作用位置有关。

3. 轴力图

为了方便地表示任意截面的内力大小和方向，明确杆件内力的情况，只靠列方程求解，或者文字描述是不实际、不直观的，而应该采用作图的方法。当杆件受到多于两个轴向外力作用时，在杆件的不同截面上轴力将各不相同。为了直观清楚地表达轴力随横截面位置的变化情况，可按选定的比例尺，用平行于杆轴线的坐标 x 表示横截面位置，以垂直于杆轴线的坐标 y 表示轴力的数值，绘制出表示轴力与截面位置关系的图线，称为**轴力图**。

应当注意：① 通常规定轴力的正值画在轴线的上方，轴力的负值画在轴线的下方，并标出正负符号进行表示。② 轴力图中必须清楚表示轴力的数值及单位；③ 轴力图各轴力值、杆段长度等，都应该按照实际比例绘制；④ 从轴力图上可以很直观地看出最大轴力的值及其所在的截面位置；⑤ 为了绘图方便，坐标 x 轴与 y 轴通常可以不绘出，而以轴线来代替；⑥ 竖杆的轴力图应竖向绘制，以清楚表示轴力的变化。

(1) 绘制轴力图的截面法

对上例 5-1 进行进一步的研究发现，在杆件 AB 段上，任意截面的轴力都与 1—1 截面的轴力相同；在杆件 BC 段上，任意截面的轴力都与 2－2 截面的轴力相同。为了简单方便得表示这样的轴力变化规律，不用依靠文字进行叙述，我们就可以采用绘制轴力图的方法。

先通过上例截面法的分析计算后，将杆件从 B 点分为两段，可作轴力图如图 5－4 所示。容易观察到，其轴力图分为两段水平直线，在 B 点发生突变，其截面内力没有意义；AB 杆段是全杆上轴力最大的区段，其轴力最大值为 4kN 的拉力。

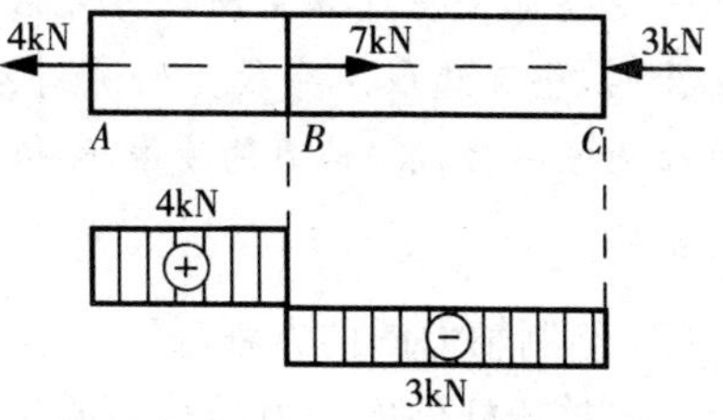

图 5－4　轴力图

例题 5－2　截面法作变截面杆件的轴力图

图 5－5 中变截面杆件 AE，A 端自由，B 端为固定端。受到如图所示轴向外力的作用达到平衡，试用截面法绘出杆件轴力图。

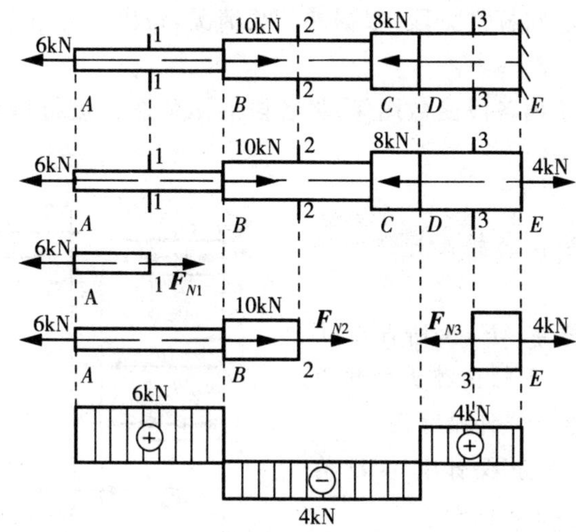

图 5－5　例题 5－2

解：(1) 可以先由整体的平衡，容易计算出支座反力，大小为 4kN，方向向右；再采用截面法分段计算各段的轴力：

AB 段：假想沿截面 1－1 将杆件截开，取左半段为研究对象，假设截面上的轴力 $\boldsymbol{F}_{N1}$ 为正方向(拉力)，受力如图所示，由平衡条件 $\sum \boldsymbol{F}_x = 0$，列出平衡方程并求解：

$$-6\text{kN} + F_{N1} = 0, F_{N1} = 6\text{kN}$$

BC 段：假想沿截面 2－2 将杆件截开，取左半段为研究对象，假设截面上的轴力 $\boldsymbol{F}_{N2}$ 为正方向(拉力)，受力如图所示，由平衡条件 $\sum \boldsymbol{F}_x = 0$，列出平衡方程并求解：

$$-6\text{kN} + 10\text{kN} + F_{N2} = 0, F_{N2} = -4\text{kN}$$

CD 段：假想沿截面 3－3 将杆件截开，取左半段为研究对象，假设截面上的轴力 F_{N3} 为正方向(拉力)，受力如图所示，由平衡条件 $\sum \boldsymbol{F}_x = 0$，列出平衡方程并求解：

$$-4\text{kN} + F_{N3} = 0, F_{N3} = 4\text{kN}$$

(2) 综合以上结果，可绘出轴力图如图所示。

(3) 由此题可看出：① 杆件 AE 的轴力图分为三段，最大轴力发生在杆件 AB 段；② 本题可以先由整体平衡计算支座反力之后再运用截面法，也可以不计算支座反力，从外力明确的左端开始，全部选取左半段为研究对象；③ 轴力图会在集中力作用的地方产生突变并分段，段内都为水平线；④ 轴力的变化只和外荷载的作用有关，与杆件截面的变化和杆件的长度无关。

(2) 绘制轴力图的方程法

轴向拉压杆件的轴力随截面的位置不同而产生变化，若依据外荷载的具体条件，建立横截面位置 x 和轴力值 y 之间的函数关系，就可得轴力变化的方程，依据方程绘制的函数图像就是轴力图。这种方法称为**方程法**，其基本步骤为：

① 选定原点，以横截面位置为横坐标，以轴力值为纵坐标建立平面直角坐标系 xOy；

② 根据外荷载情况，将杆件分段，根据外荷载情况，写出轴力值 y 随段内截面 x 变化的函数方程。

③ 根据各段方程，绘出各段函数图像；将各段的函数图像进行拼接，全段的函数图像即为轴力图。

例题 5－3　截面法作变截面杆件的轴力图

图 5－6 中变截面杆件 AE，A 端自由，B 端为固定端。受到如图所示轴向外力的作用达到平衡，试用截面法绘出杆件轴力图。

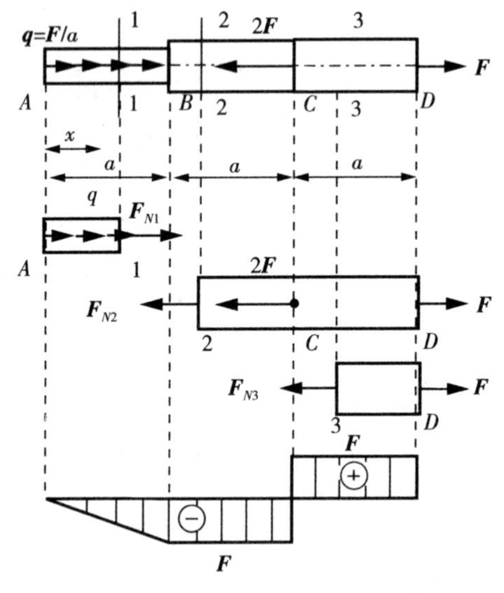

图 5－6　例题 5－3

解：(1) 采用截面法分段计算各段的轴力：

AB 段：假想沿截面 1—1 将杆件截开，取左半段为研究对象，假设截面上的轴力 $\boldsymbol{F}_{N1}$ 为正方向(拉力)，受力如图所示，由平衡条件 $\sum \boldsymbol{F}_x = 0$，列出平衡方程并求解：

$$qx + F_{N1} = 0, F_{N1} = -qx = -\frac{F}{a}x$$

BC 段：假想沿截面 2—2 将杆件截开，取右半段为研究对象，假设截面上的轴力 $\boldsymbol{F}_{N2}$ 为正方向(拉力)，受力如图所示，由平衡条件 $\sum \boldsymbol{F}_x = 0$，列出平衡方程并求解：

$$-F_{N2} + 2F - F = 0, F_{N2} = -F$$

CD 段：假想沿截面3—3 将杆件截开，取左半段为研究对象，假设截面上的轴力 F_{N3} 为正方向(拉力)，受力如图所示，由平衡条件 $\sum \boldsymbol{F}_x = 0$，列出平衡方程并求解：

$$-F_{N3} + F = 0, F_{N3} = F$$

(2) 综合以上结果，该杆件轴力的方程为：

$$F_N=\begin{cases}-\dfrac{F}{a}x[0,a)\\-F[a,2a]\\F(2a,3a]\end{cases}$$

(3) 根据该杆件轴力的方程，绘制轴力图，如图所示。

(4) 由此题可看出：① 杆件 AE 的轴力图分为三段，最大轴力发生在杆件 BC 段和 CD 段；② 方程法是设置变量 x 后，采用截面法列平衡方程，从而得到轴力变化的函数方程的；③ 当轴向荷载有变化时，例如 $\boldsymbol{q}$ 的起点和中点，集中力 $\boldsymbol{F}$ 作用的地方，函数方程也应该分段求取；④ 当杆段上有连续均匀分布的轴向荷载 $\boldsymbol{q}$ 时，轴力图为斜直线。

(3) 轴力图的规律

观察几道例题可以发现，轴力图是有一定的规律的，当从左到右绘制轴力图时；

① 在集中力 $\boldsymbol{F}$ 作用的地方，轴向均布荷载 $\boldsymbol{q}$ 的起点和终点处，轴力图分段；

② 在没有轴向均布荷载 $\boldsymbol{q}$ 作用的区段，轴力图为水平直线；

③ 在有向右的轴向均布荷载 $\boldsymbol{q}$ 作用的区段，轴力图为从左到右下斜直线；在有向左的轴向均布荷载 $\boldsymbol{q}$ 作用的区段，轴力图为上斜直线；直线的斜率为 $\boldsymbol{q}$ 的值；

④ 在集中力作用的地方轴力图会发生突变，当集中力向左时，轴力图向上突变；当集中力向右时，轴力图向下突变；突变的量值等于集中力的值。

这些规律，和轴力 $\boldsymbol{F}_N$、$\boldsymbol{F}$ 和 $\boldsymbol{q}$ 之间的微分关系有关，在平面弯曲梁的章节中将具体介绍。掌握和灵活运用轴力图的规律，可以帮助快速简便地绘制轴向拉压杆件的轴力图，也可以帮助在完成轴力图后进行校核。

二、轴向拉压杆件的应力与变形

1. 横截面上的应力

轴向拉压杆件横截面上的内力只有轴力，其方向与横截面垂直。根据应力的定义，应力是内力在截面上的分布，有什么样的内力就有什么样的应力。因此轴向拉压杆件横截面上的应力也只能存在垂直于横截面的正应力 σ，而没有切应力 τ。简而言之，对于拉压杆件，横截面上的内力为轴力 $\boldsymbol{F}_N$，与轴力对应的应力为正应力 σ。

受拉等截面直杆的变形情况如图 5－7(a) 所示。首先在等直杆侧面作两条横向线 ab 和 cd 代表其横截面，然后在杆的两端施加一对轴向拉力 $\boldsymbol{F}$ 使杆件发生变形。可以观察到，横向线 ab 和 cd 移动到 $a'b'$ 和 $c'd'$ 的位置，见图 5－7(b)。对于压杆，同样发生该现象。

根据这一现象，可以假设原为平面的横截面在杆变形后仍为平面，即**平截面面假定**。根据这一假定，拉压杆变形后两横截面将沿杆轴线方向作相对平移，也就是说，拉压杆在其任意两个横截面之间纵向线段的伸长变形是均匀的。从而可推知，横截面上的内力是**均匀分布**的，即横截面上的内力的集度为常量，如图 5－7(c) 所示。

根据图 5－7(c) 中的模型，用静力学的方法求合力，可得轴力为：

$$F_N=\int_A \sigma \mathrm{d}A=\sigma \int_A \mathrm{d}A=\sigma A$$

由此得到拉(压)杆横截面上的正应力σ的计算公式

$$\sigma=\frac{F_N}{A} \qquad \text{式(5-1)}$$

式(5-1)中,σ为横截面上的正应力;F_N为横截面上的轴力;A为横截面面积。此式表明:①轴向拉压杆横截面上任意一点的正应力均相等,与横截面上的轴力成正比,与截面的面积成反比;②应力也有正负,当$\boldsymbol{F}_N$为拉力时,σ为拉应力,$\boldsymbol{F}_N$为压力时,σ为压应力,即σ的正负号与F_N的正负号一致,拉应力为正,压应力为负。

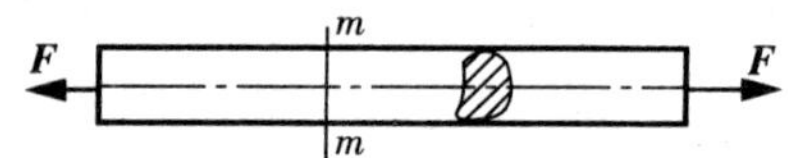

(a) 横截面变形

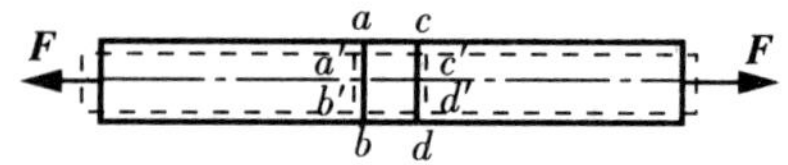

(b) 平截面假定

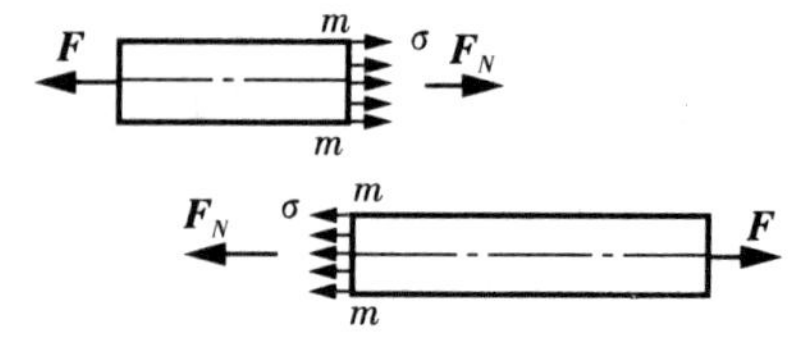

(c) 横截面上的应力

图 5-7　受拉等直杆横截面的应力

公式(5-1)是根据杆横截面上内力集度为常量的结论导出的。需要说明一点的是,该公式实际上只在杆上离外力作用点稍远的部分才正确,在外力作用点附近,由于杆端连接方式的不同,其应力的分布是复杂的。但根据**圣维南原理**:"力作用在杆端方式的不同,只会使与杆端距离不大于杆的横向尺寸的范围内受到影响"。故在轴向拉压杆的应力计算中,都以式(5-1)进行计算。

轴向拉压杆不仅横截面上存在应力,其斜截面上也存在应力,如图5-8所示。

通常将总应力p_α沿斜截面法向和切向分解为正应力σ_α和切应力τ_α,如图5-8(c)所示。上述两个应力分量可表示为

$$\begin{cases}\sigma_\alpha=p_\alpha\cos\alpha=\dfrac{\sigma_0}{2}(1+\cos 2\alpha)\\ \tau_\alpha=p_\alpha\sin\alpha=\dfrac{\sigma_0}{2}\sin 2\alpha\end{cases} \qquad \text{式(5-2)}$$

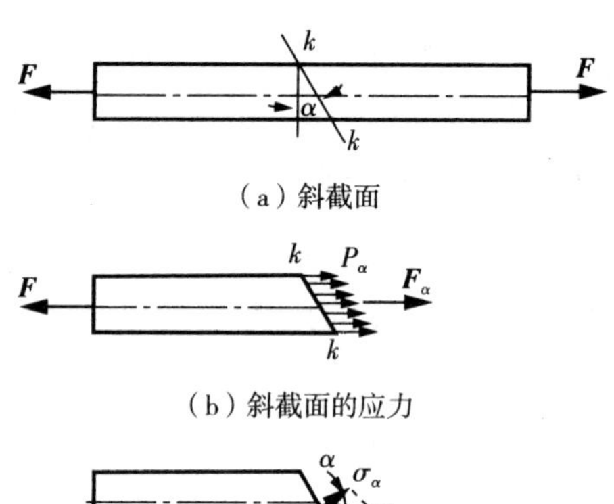

图 5-8　受拉等截面直杆斜截面的应力

式(5-2)表达了不同斜截面上正应力和切应力的变化规律。由式可知:杆件在轴向拉压时,最大正应力发生在横截面上,而最大切应力发生在与横截面成45°的斜截面上,且其值等于横截面上正应力值的一半。这也是第四章中铸铁试件受压时发生成45°的斜截面剪切破坏的原因。

例题5-4　计算轴向拉压杆件横截面上的应力

如图,条件与例题5-1相同。等截面直杆,横截面面积$A=100\text{mm}^2$,受到如图所示轴向外力的作用达到平衡,试用计算杆件各段横截面的正应力。

解:(1) 计算杆件各段轴力,并作轴力图。(2) 运用公式(5-1) 计算杆件正应力:

$$\sigma_{AB}=\frac{F_{N_AB}}{A}=\frac{4\times10^3}{100}=40(\text{MPa})$$

$$\sigma_{BC}=\frac{F_{N_BC}}{A}=\frac{-3\times10^3}{100}=-30(\text{MPa})$$

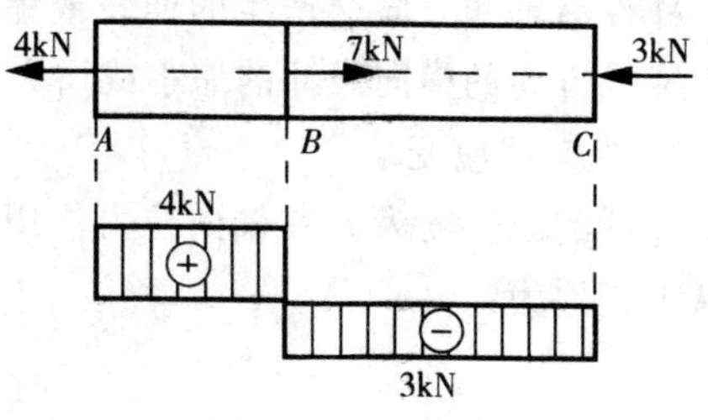

图 5-9　例题 5-4

例题 5-5　轴向拉压杆件横截面上的应力计算

图 5-10 所示三角托架中,AB 杆为圆截面钢杆,直径 $d=30\text{mm}$;BC 杆为正方形截面木杆,截面边长 $a=100\text{mm}$。已知 $F=50\text{kN}$,试求结构中各杆件的正应力。

解:(1) 计算各杆件轴力。

$$F_{NAB}=2F=100\text{kN}$$

$$F_{NBC}=-\sqrt{3}F=-86.6\text{kN}$$

(2) 运用公式(5-1) 计算杆件正应力:

$$\sigma_{AB}=\frac{F_{NAB}}{\frac{\pi d^2}{4}}=\frac{100\times10^3\text{N}}{\frac{1}{4}\times\pi\times30^2\text{mm}^2}=141.5\text{MPa}$$

$$\sigma_{BC}=\frac{F_{NBC}}{a^2}=\frac{-86.6\times10^3\text{N}}{100^2\text{mm}^2}=-8.66\text{Mpa}$$

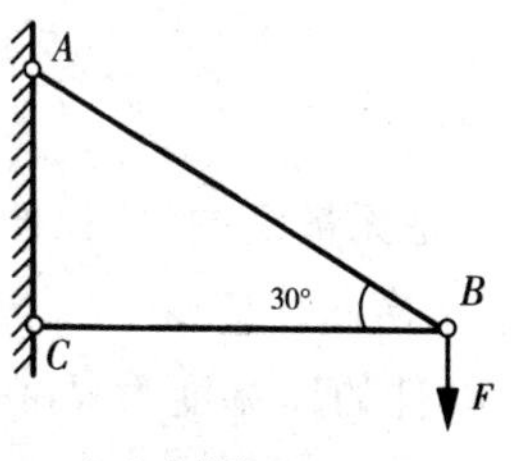

(a) 例题5-5

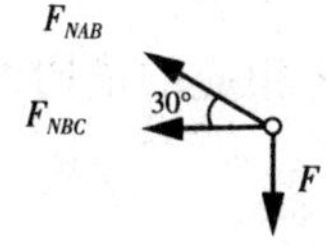

(b) 结点B受力分析

图 5-10　例题 5-5 及解答

(3) 由两题可看出,计算正应力的过程较为简单,先计算轴力和绘制轴力图,再明确截面面积,运用公式计算正应力 σ。在计算过程中应该注意:① 正应力的计算应该分段进行,正应力的正负源于轴力的正负,在计算过程和结果中应注意正应力的符号;② 在计算过程中应注意单位的转化,一般来说力的单位采用 N,长度的单位采用 mm^2,计算出的应力的单位就是 MPa。

2. 轴向拉压杆件的变形

实验表明,杆件受拉时,轴向尺寸增大,横向尺寸缩小,杆件受压时,轴向尺寸缩小,横向尺寸增大。设拉压杆的横截面的高度为 b,原长为 l,在轴向拉压力 $\boldsymbol{F}$ 的作用下产生变形,如图 5-11 所示。

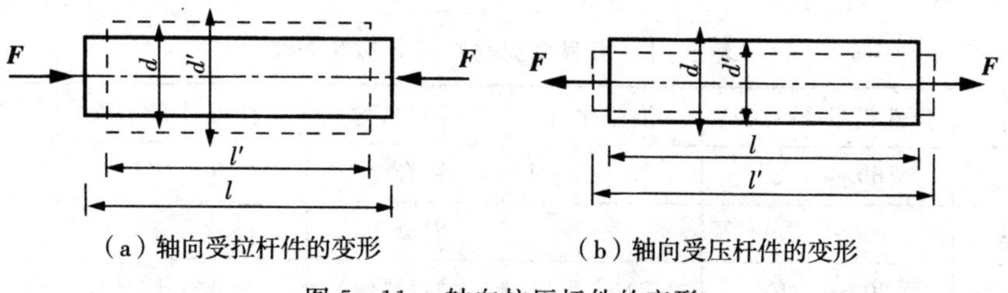

(a) 轴向受拉杆件的变形　　(b) 轴向受压杆件的变形

图 5-11　轴向拉压杆件的变形

杆件沿轴线方向会产生的伸长或缩短的变形，称为**纵向变形**，也称**轴向变形**；杆件在垂直于轴线方向的横向尺寸的缩小或增大，称为**横向变形**。

1）纵向线应变

杆件的原长度为 l，在轴向拉力作用下，变形后长度为 l_1，则杆件在轴线方向的伸长量，即纵向变形为：

$$\Delta l = l_1 - l$$

Δl 是杆件长度尺寸的绝对改变量，称为**绝对变形**，表示整个杆件沿轴线方向总的变形量，绝对变形不能说明杆件的变形程度。要度量杆件变形程度的大小，必须消除杆件原有尺寸的影响，杆件均匀变形时杆件沿轴线方向的相对变形，即**纵向线应变**，也称**轴向线应变**为：

$$\varepsilon = \frac{\Delta l}{l} \quad \text{式(5-3)}$$

ε 是无量纲的量，拉伸时为正，压缩时为负，与 Δl 的符号相同。

2）横向线应变

杆件的原宽度为 d，在轴向拉力作用下，变形后宽度为 d_1，横向变形为：

$$\Delta d = d_1 - d$$

则与之相应的横向线应变为：

$$\varepsilon' = \frac{\Delta d}{d} \quad \text{式(5-4)}$$

如果杆件是拉伸变形，则 ε' 为负值，即轴向拉伸时，杆沿轴向伸长，其横向尺寸减小；轴向压缩时，杆沿轴向缩短，横向尺寸增大。也就是说，纵向线应变 ε 与横向线应变 ε' 的符号总是相反的。

3）泊松比

实验发现，当材料在弹性范围内时，拉压杆的纵向线应变 ε 与横向线应变 ε' 成正比。用 μ 来表示横向正应变 ε' 与轴向正应变 ε 之比的绝对值，称为**泊松比**，其值为：

$$\mu = \left| \frac{\varepsilon'}{\varepsilon} \right| \quad \text{式(5-5)}$$

在比例极限内，泊松比 μ 是一个无量纲的量，它与弹性模量 E 相同，都是与材料有关的常数。不同材料具有不同的泊松比，大多数各向同性材料的泊松比在 0 至 0.5 之间。表 5-1 中列举了部分常用材料的泊松比 μ 和弹性模量 E 的值。

表 5-1　几种常见材料的 μ 值和 E 值

材料名称	弹性模量 E(GPa)	泊松比 μ	材料名称	弹性模量 E(GPa)	泊松比 μ
灰铸铁	60 ~ 162	0.23 ~ 0.27	铝合金	70 ~ 72	0.33
球墨铸铁	150 ~ 180	—	混凝土	15.2 ~ 36.0	0.16 ~ 0.18
低碳钢 Q235	200 ~ 210	0.24 ~ 0.28	木材(顺纹)	9.0 ~ 12.0	—

（续表）

材料名称	弹性模量 E(GPa)	泊松比 μ	材料名称	弹性模量 E(GPa)	泊松比 μ
16 锰钢 Q245	200 ～ 220	0.25 ～ 0.33	橡胶	0.008 ～ 0.67	0.47
低合金钢	200 ～ 210	0.25 ～ 0.30	砖石料	2.7 ～ 3.5	0.12 ～ 0.20

泊松比 μ 建立了材料的纵向线应变 ε 与横向线应变 ε' 之间的关系。在工程中计算变形时通常是先计算出杆件的纵向变形，再通过泊松比确定横向变形。

4）轴向拉压杆件的变形计算

根据式(4－15)表示的胡克定律，有：

$$\varepsilon = \frac{\sigma}{E}$$

再综合式(5－1)和式(5－3)可得轴向拉压杆件的变形计算公式为：

$$\Delta l = \frac{F_N l}{EA} \qquad \text{式(5-6)}$$

式(5－6)表明：① 轴向拉压杆件的变形量与杆件轴力和杆件原长成正比，与杆件的横截面面积和弹性模量的乘积成反比；② 杆件的总绝对变形符号与轴力的符号相同，当杆件受拉伸长时，Δl 为正值，当杆件受压缩短时，Δl 为负值。

轴向拉压杆件的变形计算公式是胡克定律的另一种表现形式，适用于等截面常轴力拉压杆。在比例极限内，拉压杆的轴向变形与材料的弹性模量及杆的横截面面积成反比。乘积 EA 称为拉压杆的**抗拉压刚度**，对于给定长度的等截面拉压杆，在一定的轴向载荷作用下，抗拉压刚度 EA 越大，杆的轴向变形就越小。

而对于轴向力、横截面面积或弹性模量沿杆轴逐段变化的拉压杆，应分段计算，其轴向变形可记为：

$$\Delta l = \sum_{i=1}^{n} \frac{F_{Ni} l_i}{E_i A_i} \qquad \text{式(5-7)}$$

计算杆件总绝对变形的基本步骤为：

① 将杆件进行分段，计算各杆段的轴力或绘制轴力图；

② 应用公式(5－6)分别计算杆件各段内伸长或缩短的变形量；

③ 应用公式(5－7)将各段变形量进行代数和，即为杆件的总绝对变形。

在工程当中，通常需要对轴向拉压杆件的变形进行限制，要求杆件的总绝对变形 Δl 不超过容许变形$[\Delta l]$，以免影响杆件正常工作。所以在轴向拉压杆件中还需考虑刚度条件 $\Delta l \leqslant [\Delta l]$ 的限制。**刚度条件**及应用将以梁为例，在第七章中做具体介绍。

例题 5－6　轴向拉压杆件的总纵向变形计算钢杆的受力情况如图 5－12 所示。已知 $F_1 = 20\text{kN}$，$F_2 = 20\text{kN}$，$F_3 = 60\text{kN}$。杆件的横截面面积 $A = 20\text{cm}^2$，弹性模量 $E = 200\text{GPa}$。试计算该杆件的总绝对变形 Δl。

解:(1) 计算各杆件轴力并绘制轴力图。

(2) 各杆段纵向变形:

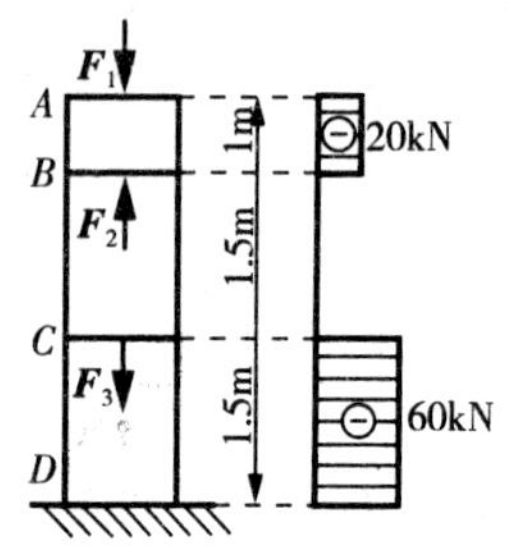

图 5-12　例题 5-6 及解答

$$\Delta l_{AB}=\frac{F_{NAB}l_{AB}}{EA}=\frac{-20\times10^3\times1000}{200\times10^3\times2000}=-0.050(\mathrm{mm})$$

$$\Delta l_{BC}=\frac{F_{NBC}l_{BC}}{EA}=0(\mathrm{mm})$$

$$\Delta l_{CD}=\frac{F_{NCD}l_{CD}}{EA}=\frac{-60\times10^3\times1500}{200\times10^3\times2000}=-0.225(\mathrm{mm})$$

(3) 杆件的绝对变形为:

$$\Delta l=\sum\Delta l=-0.050+0-0.225=-0.275(\mathrm{mm})$$

计算结果为负值,说明杆件总体是缩短的。

(4) 由此题可以看出,在应用公式计算变形时,必须注意:① 保证在长度 l 的范围内轴力 $\boldsymbol{F}_{Ni}$、弹性模量 E 和杆件的横截面面积都为常数;② 当在杆长范围内各因素不为常数,例如本题杆件在杆长范围内轴力有变化,所以应用公式(5-6) 分段进行变形计算,然后应用公式(5-7) 将各段结果代数和之后,才为杆件的总绝对变形;③ 杆件的变形因拉压的不同而有符号正负的区别,在计算过程中应注意变形的正负和单位。

例题 5-7　通过变形条件设计杆件截面

圆截面杆如图 5-13 所示,已知 $F=4\mathrm{kN}$,$l_1=l_2=100\mathrm{mm}$,弹性模量 $E=200\mathrm{GPa}$。为保证杆件正常工作,要求其总伸长不超过 0.10mm,即容许轴向变形$[\Delta l]=0.10\mathrm{mm}$。试确定杆的直径 d。

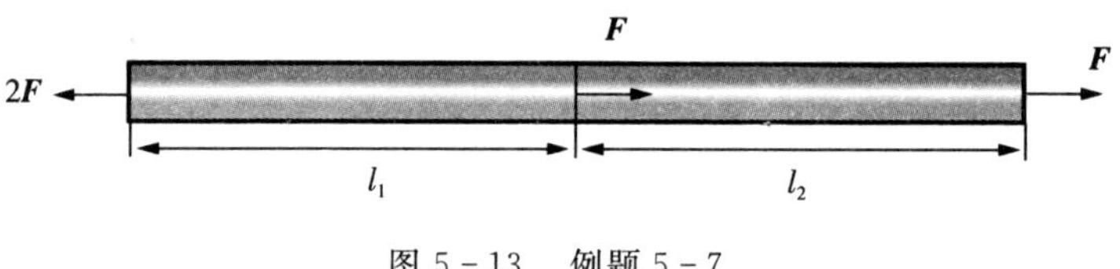

图 5-13　例题 5-7

解:(1) 计算两段杆件的轴力分别记为:

$$\boldsymbol{F}_{N1}=2\boldsymbol{F},\boldsymbol{F}_{N2}=\boldsymbol{F}$$

(2) 计算杆件的总绝对变形:

$$\Delta l=\sum_{i=1}^{2}\frac{F_{Ni}l_i}{E_iA_i}=\frac{8Fl_1}{E\pi d^2}+\frac{4Fl_1}{E\pi d^2}=\frac{12Fl_1}{E\pi d^2}$$

(3) 按照设计要求,总伸长 Δl 不得超过容许变形$[\Delta l]$,即要求:

$$\frac{12Fl_1}{E\pi d^2} \leqslant [\Delta l]$$

由此可得：

$$d \geqslant \sqrt{\frac{12Fl_1}{E\pi[\Delta l]}} = \sqrt{\frac{12 \times (4 \times 10^3) \times (100 \times 10^{-3})}{\pi \times (200 \times 10^9) \times (0.10 \times 10^{-3})}} = 8.7 \times 10^{-3}(\text{m}) = 8.7(\text{mm})$$

所以可取直径 $d = 9\text{mm}$。

三、轴向拉压杆件的强度条件

1. 最大工作应力

根据公式(5－1)，对于变截面直杆，最大正应力要看轴力与横截面的比值大小，而对于等截面直杆，最大的正应力一定发生在轴力最大的截面上，所以有最大正应力的计算公式为：

$$\sigma_{\max} = \frac{F_{Nmax}}{A} \qquad 式(5-8)$$

习惯上将杆件在荷载作用下产生的最大应力称为**工作应力**，并将最大工作应力所在的截面称为杆件的**危险截面**，产生最大工作应力的点称为**危险点**，杆件最容易在危险点沿着危险截面产生破坏。对于等截面的轴向拉压直杆，轴力最大的截面就是危险截面，该截面上的任意点都是危险点。

2. 轴向拉压杆件的强度条件

为保证轴向拉压杆件在承受外荷载作用时能够安全正常的使用，不发生破坏，必须使杆件的最大工作应力不超过材料的容许应力，即：

$$\sigma_{\max} \leqslant [\sigma] \qquad 式(5-9)$$

式(5－9)即为杆件强度条件的基本要求。而对于轴向拉压杆件而言：

(1) 由于塑性材料的抗拉压性能相同，即材料的容许拉压应力相同，所以根据式(5－9)，塑性材料等截面杆件的强度条件可以写为：

$$\sigma_{\max} = \frac{F_{N\max}}{A} \leqslant [\sigma] \qquad 式(5-10)$$

(2) 由于脆性材料的抗压性能好于抗拉性能，即材料的容许拉压应力不同，所以根据式(5－9)，脆性材料等截面杆件的强度条件应分开讨论，可以写为：

$$\begin{cases} \sigma_{t\max} \leqslant [\sigma_t] \\ \sigma_{c\max} \leqslant [\sigma_c] \end{cases} \qquad 式(5-11)$$

式(5－11)中，$\sigma_{t\max}$ 及 $[\sigma_t]$ 分别为最大工作拉应力和容许拉应力；$\sigma_{c\max}$ 及 $[\sigma_c]$ 分别为最大工作压应力和容许压应力。

式(5－10)与式(5－11)即为**轴向拉压杆件的强度条件**。

3. 轴向拉压杆件强度条件的应用

轴向拉压杆件工作时，为确保其正常工作，其危险截面上的工作应力不得超过材料的容许应力。根据轴向拉压杆件的强度条件，在工程实际中可以解决三类问题：

1）强度校核

在已知杆件的材料、横截面尺寸、所受的轴力或轴力可计算出，即已知$[\sigma]$、A和$\boldsymbol{F}_{N\max}$的情况下，就可应用式(5－10)或式(5－11)判断杆件是否可以安全工作。

2）设计截面尺寸

在已知杆件的材料、所受的轴力或轴力可计算出的情况下，即已知$[\sigma]$和$\boldsymbol{F}_{N}$的情况下，可应用：

$$A \geqslant \frac{F_{N\max}}{[\sigma]} \tag{式(5-12)}$$

计算杆件正常工作所需的横截面面积，然后按照杆件在实际工程中的用途和性质，选定横截面的形状，计算出杆件的截面尺寸。

3）确定容许荷载

在已知杆件的材料和横截面尺寸的情况下，即已知$[\sigma]$和A的情况下，可应用：

$$F_{N\max} \leqslant A[\sigma] \tag{式(5-13)}$$

计算出杆件可以承受的最大轴力$F_{N\max}$，然后根据杆件受外荷载的情况，确定杆件可以承担的最大荷载，即确定容许荷载$[F]$。

例题5－8　轴向拉压杆件的强度校核

三铰屋架的主要尺寸如图5－14(a)所示。屋架承担的竖向均布载荷的集度为$q=4.2\text{kN/m}$，屋架的钢拉杆直径$d=16\text{mm}$，容许应力$[\sigma]=170\text{MPa}$。试校核钢拉杆的强度。

解：(1)作屋架的计算简图。由于两屋面板之间和拉杆与屋面板之间的接头不坚固，故把屋架的接头看作铰接，得屋架的计算简图如图(b)所示。

(2)对屋架进行受力分析，如图(c)所示，从C点做截面将屋架截断，计算杆件的轴力，如图(d)所示，易解得钢拉杆AB的轴力为：

$$F_{N}=26.3\text{kN}$$

(3)计算钢拉杆的正应力为：

$$\sigma=\frac{F_N}{A}=\frac{26.3\times10^3}{\frac{\pi}{4}\times16^2\times10}=131\times10^6(\text{Pa})=131(\text{MPa})$$

(4)应用式(5－10)进行强度校核：

$$\sigma=131\text{MPa}<[\sigma]=170\text{MPa}$$

杆件满足强度条件，故钢拉杆在强度方面是安全的。

例题5－9　设计截面尺寸

如图5－15(a)所示，刚性杆ACB由圆杆CD悬挂于C点，B点作用集中力$\boldsymbol{F}=50\text{kN}$，材料的容许应力$[\sigma]=160\text{MPa}$。试设计杆件$CD$杆的直径。

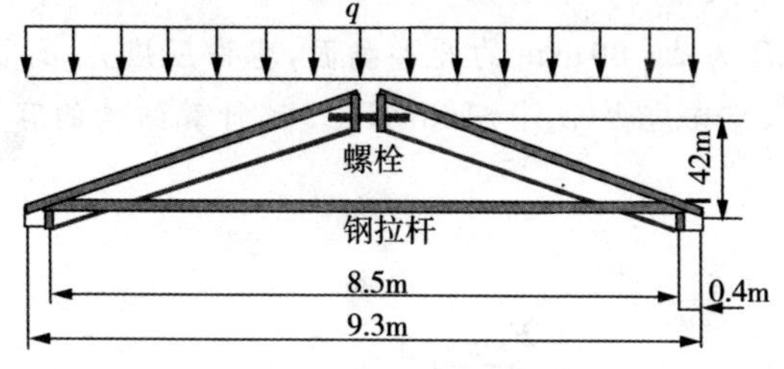

（a）例题5-8屋架

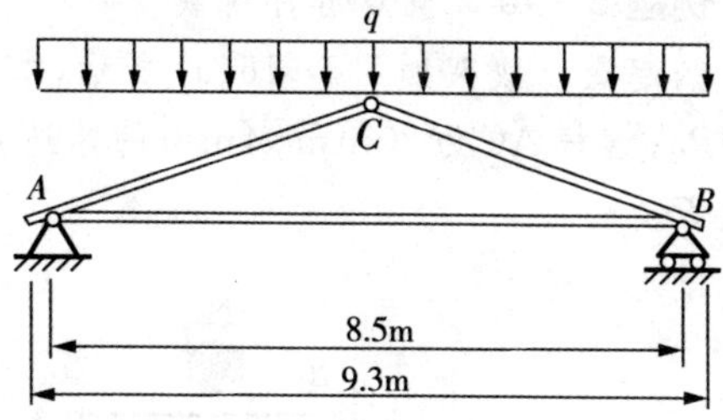

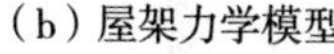

（b）屋架力学模型

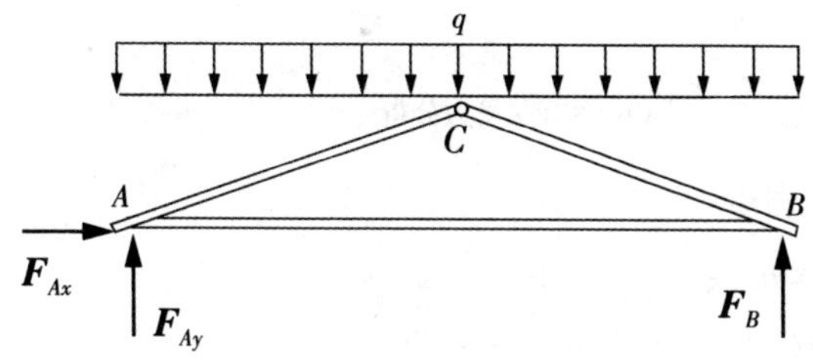

（c）屋架受力分析

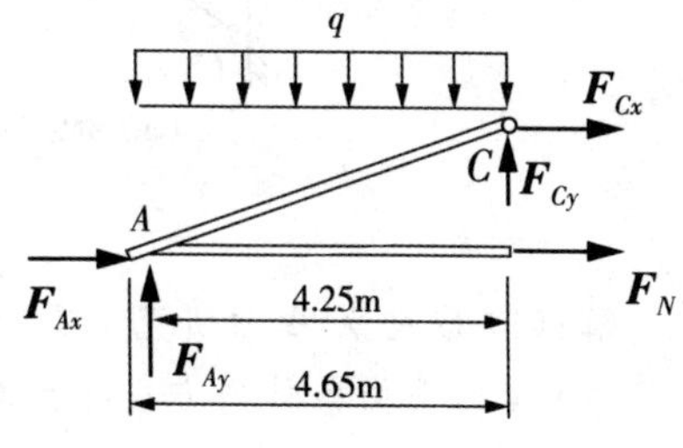

（d）杆件轴力求解

图 5-143　例题 5-8 及解答

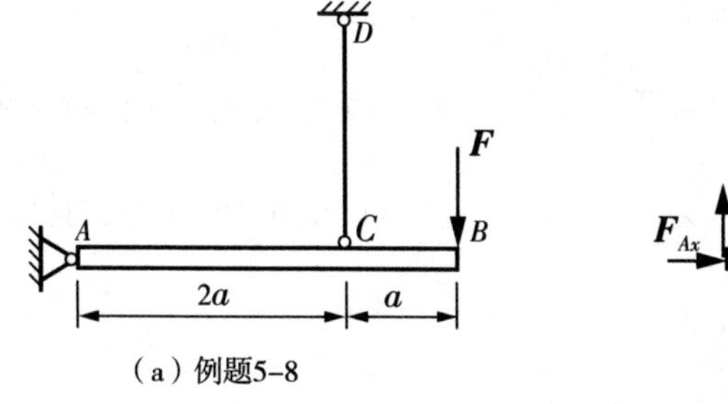

（a）例题5-8

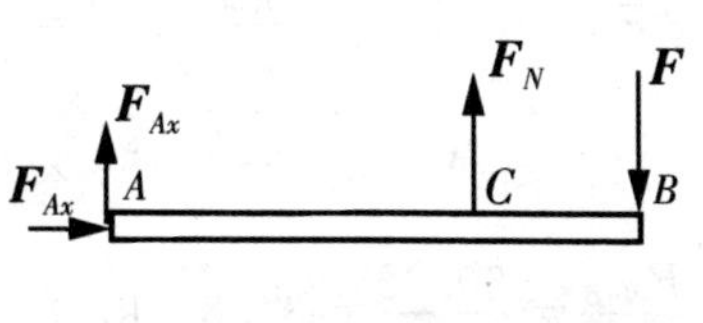

（b）杆件AB受力分析

图 5-15　例题 5-9 及解答

解:(1) 取杆件 AB 为研究对象,进行受力分析,如图(b) 所示。

(2) 根据平衡条件列方程并计算 CD 杆件 F_N 为:

$$\sum M_A = F_N \cdot 2a - F \cdot 3a = 0, F_N = 1.5F$$

(3) 应用式(5-12) 进行截面设计:

$$A = \frac{\pi d^2}{4} \geqslant \frac{F_N}{[\sigma]}$$

$$d \geqslant \sqrt{\frac{6F}{\pi[\sigma]}} = \sqrt{\frac{6 \times 50 \times 10^3}{160\pi}} = 24.4(\text{mm})$$

因此可取杆件 CD 的直径 $d = 25\text{mm}$。

例题 5-10 确定容许荷载

钢起重三铰架如图 5-16(a) 所示，木杆 AB 为 $d=80$mm 的圆形截面，容许压应力 $[\sigma_1]=12$MPa；钢杆 AC 为 20mm×4mm 的等边角钢，容许应力 $[\sigma_2]=160$MPa。试计算结构的容许荷载 F。

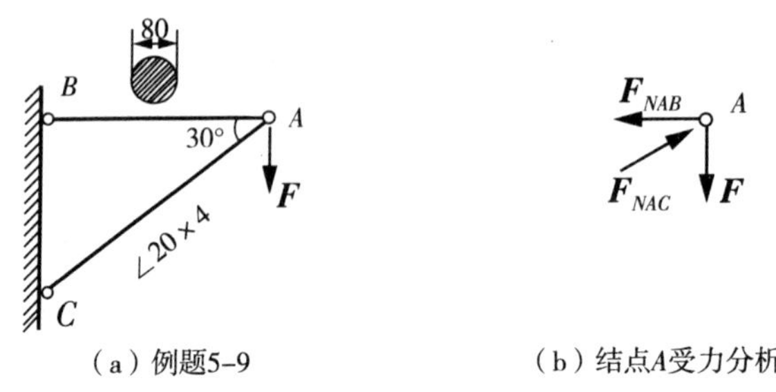

（a）例题5-9　　（b）结点A受力分析

图 5-16　例题 5-10

解：(1) 取结点 A 为研究对象，进行受力分析，如图(b) 所示。

(2) 根据平衡条件列方程并计算 AB 杆 AC 杆的轴力 F_N 分别为：

$$F_{N\,AB}=\sqrt{3}F, F_{N\,AC}=-2F$$

(3) 查附录得 20mm×4mm 的等边角钢的面积 $A_2=1.459\text{cm}^2$，应用式(5-13) 对木杆 AB 和钢杆 AC 分别进行容许荷载的计算：

$$F_{NAB}=\sqrt{3}F\leqslant A_{AB}[\sigma_1]=\frac{\pi d^2}{4}[\sigma_1]=\frac{\pi}{4}\times 80^2\times 12=60.32\times 10^3(\text{N})=60.32(\text{kN})$$

$$F_{NAC}=2F\leqslant A_{AC}[\sigma_2]=1.459\times 10^2\times 160=23.34\times 10^3(\text{N})=23.34(\text{kN})$$

可得：$F\leqslant=\frac{F_{NAB}}{\sqrt{3}}=\frac{60.32}{\sqrt{3}}=34.83(\text{kN})$

$F\leqslant=\frac{F_{NAC}}{2}=\frac{23.34}{2}=11.67(\text{kN})$

(4) 综合以上，应有 $F\leqslant 11.67$kN，即结构的容许荷载为 $[F]=11.67$kN.

轴向拉压杆件的三种工程应用方法是相同的，其本质都是保证杆件的最大工作应力不超过容许应力的限制。在解题中先判断题目判断属于哪一类问题，再采用相应公式计算即可。

5.2　杆件的扭转

扭转是杆件变形的基本形式之一。在工程实际中，发生扭转变形的例子很多，如汽车的转向轴等各种机器的传动轴等，还有螺丝刀和钻头在工作时也会发生扭转变形，如图 5-17 所示。

在建筑工程中，角柱在地震等外力的作用下，由于偏心作用，也会产生扭转的效应。但是单独受扭转作用的杆件很少，在扭转的同时常伴有其他形式的形变。例如图 5-18 中雨棚的梁，在受扭转的同时还发生弯曲变形。

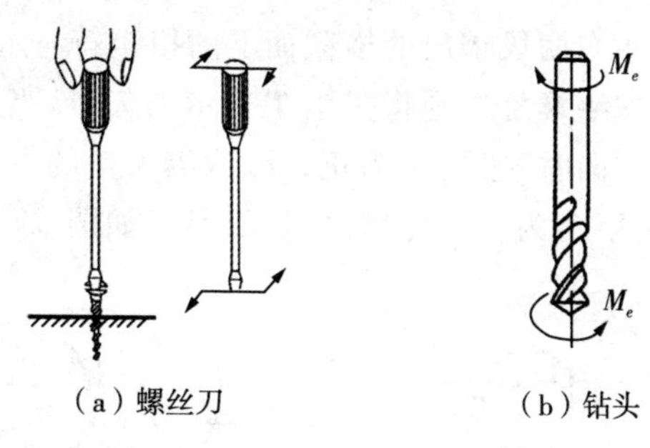

图 5－17　杆件扭转实例

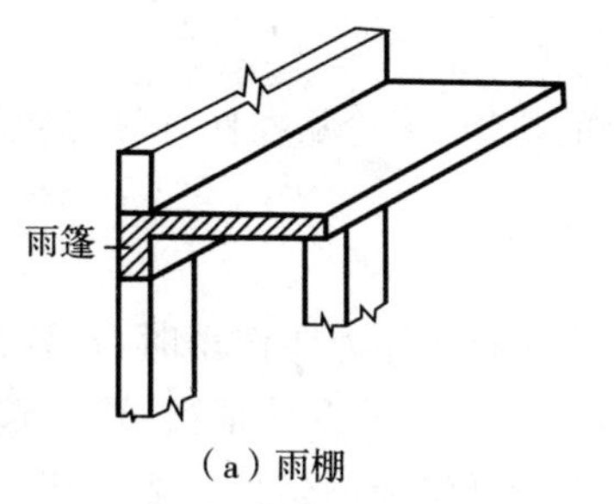

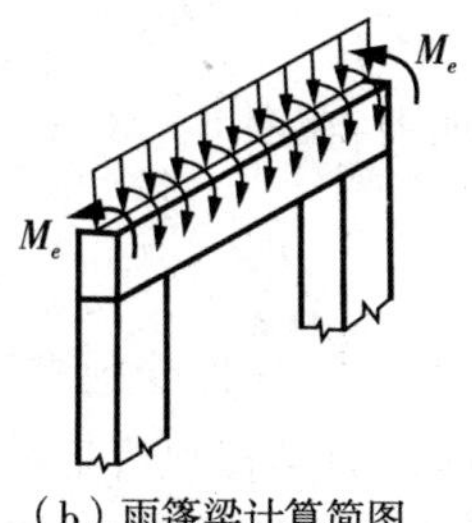

图 5－18　雨棚结构

杆件扭转时，忽略其他因素的影响，可以简化为图 5－19 的计算简图。扭转杆件在垂直于杆件轴线的截面平面内，受到若干外力偶的作用。变形后杆件的轴线保持不动，各横截面绕杆件轴线相对转动。这种变形称为**扭转变形**。任意两横截面绕轴线相对转过的角度称为**扭转角**，用 φ 表示。

一、扭转杆件的内力及内力图

1. 扭矩及正负规定

轴向拉压杆件的内力，是杆件在受到沿截面的力偶作用时，截面之间的相互扭转作用力，称为**扭矩**，用符号 $\boldsymbol{T}$ 表示。因为外力偶是沿着截面的，根据截面法，沿某截面 $m-n$ 截开后，截面上的内力也必为沿着截面方向的力偶，才能与之平衡。所以扭矩 $\boldsymbol{T}$ 是垂直于轴线，沿着截面方向的内力偶，如图 5－20 所示。

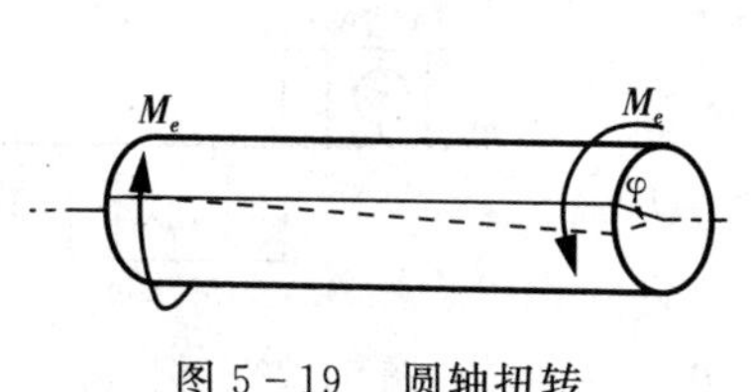

图 5－19　圆轴扭转

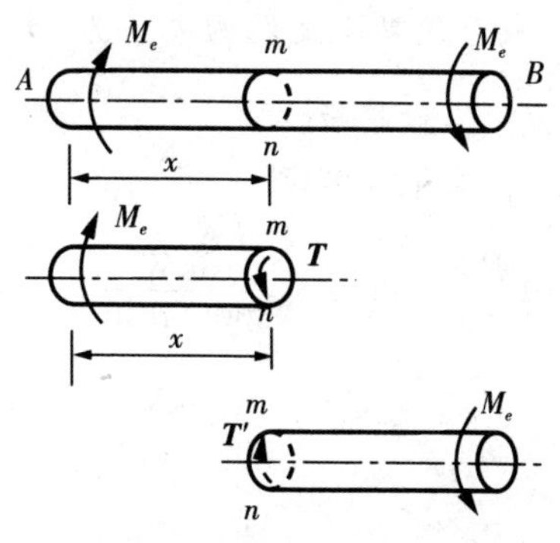

图 5－20　截面法求扭矩

与轴向拉压杆件相同，为使左右两段求出的横截面上的扭矩符号一致，在内力计算中将对扭矩的正负进行重新规定：按**右手螺旋**法则将扭矩 $\boldsymbol{T}$ 表示为矢量，当矢量的方向与截面的外法线方向一致时，即为拉力的方向时，扭矩 $\boldsymbol{T}$ 为正；反之，当矢量的方向与截面的外法线方向相反时，即为压力的方向时，扭矩 $\boldsymbol{T}$ 为负，也简称**拉正压负**。如图 5－21 所示。

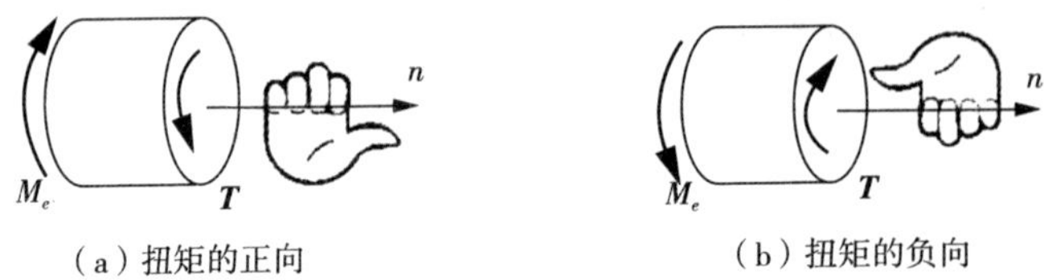

(a) 扭矩的正向　　(b) 扭矩的负向

图 5－21　扭矩的正负

根据这一规则，在图 5－20 中，$m-n$ 截面上的扭矩，无论从左侧计算，还是从右侧计算，均为正扭矩。

2. 扭矩图

与轴力图类似，当杆件受到多于两个的沿截面方向的外力偶作用时，在杆件的不同截面上扭矩各不相同。为了直观清楚地表达扭矩随横截面位置的变化情况，可按选定的比例尺，用平行于杆轴线的坐标 x 表示横截面位置，以垂直于杆轴线的坐标 y 表示扭矩的数值，绘制出表示扭矩与截面位置关系的图线，称为**扭矩图**。与绘制轴力图类似，绘制扭矩图也可以用截面法和方程法等，并可以总结其图像和荷载的规律。

应当注意：① 通常规定扭矩的正值画在轴线的上方，扭矩的负值画在轴线的下方，并标出正负符号进行表示。② 扭矩图中必须清楚表示扭矩的数值及单位；③ 扭矩图中各扭矩值、杆段长度等，都应该按照实际比例绘制；④ 从扭矩图上可以很直观地看出最大扭矩的值及其所在的截面位置；⑤ 为了绘图方便，坐标 x 轴与 y 轴通常可以不绘出，而以轴线来代替；⑥ 竖杆的扭矩图应竖向绘制，以清楚表示扭矩的变化。

例题 5－11　截面法作扭矩图

如图 5－22 所示传动轴，转速 $n=300\text{r/min}$，A 轮为主动轮，输入功率 $P_A=10.0\text{kW}$，从动轮 B、C 和 D 的输出功率为 $P_B=4.5\text{kW}$，$P_C=3.5\text{kW}$，$P_O=2.0\text{kW}$。已知功率和传动轴各轮功率之间的关系为 $M_e=9549\dfrac{P}{n}$，单位 N·m，试求各段扭矩。

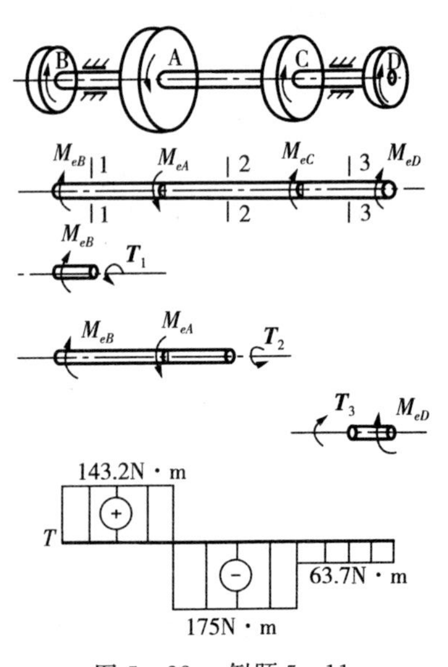

图 5－22　例题 5－11

解：(1) 计算外力偶矩

$$M_{eA}=9549\frac{P_A}{n}=9549\times\frac{10\text{kW}}{300\text{r/min}}=318.3\ (\text{N}\cdot\text{m})$$

$$M_{eB}=9549\frac{P_B}{n}=9549\times\frac{4.5\text{kW}}{300\text{r/min}}=143.2\ (\text{N}\cdot\text{m})$$

$$M_{eC}=9549\frac{P_C}{n}=9549\times\frac{3.5\text{kW}}{300\text{r/min}}=111.4\ (\text{N}\cdot\text{m})$$

$$M_{eD}=9549\,\frac{N_D}{n}=9549\times\frac{2.0\text{kW}}{300\text{r/min}}=63.7\ (\text{N}\cdot\text{m})$$

(2) 分段计算扭矩。采用截面法，设各段扭矩为正，用矢量表示，如图所示。列平衡方程并求解：

$$-M_{eB}+T_1=0,T_1=M_{eB}=143.2\ (\text{N}\cdot\text{m})$$

$$-M_{eB}+M_{eA}+T_2=0,T_2=M_{eB}-M_{eA}=143.2-318.3=-175\ (\text{N}\cdot\text{m})$$

$$-T_3-M_{eD}=0,T_3=-M_{eD}=-63.7\ (\text{N}\cdot\text{m})$$

T_1 的计算结果为正值，说明与假设方向相同，为正扭矩；T_1 的计算结果为负值，说明与假设方向相反，为负扭矩。

(3) 综合以上结果，可绘出扭矩图如图所示。

(4) 由此题可看出：① 传动轴的扭矩图分为三段，最大扭矩发生在杆件 AC 段；② 扭矩图会在集中力作用的地方产生突变并分段，段内都为水平线；③ 齿轮对传动轴施加外力偶矩的计算公式，来源于机械工程的常用结论公式，在此不赘述推导过程。

例题 5-12 方程法作扭矩图

如图 5-23 所示悬臂梁由平均直径 d 的薄壁空心圆杆构成，AB 段和 BC 段的壁厚 $\delta_1>\delta_2$，梁长为 l，杆段上作用有均匀分布的力偶，其集度为 m。试绘制杆件的扭矩图。

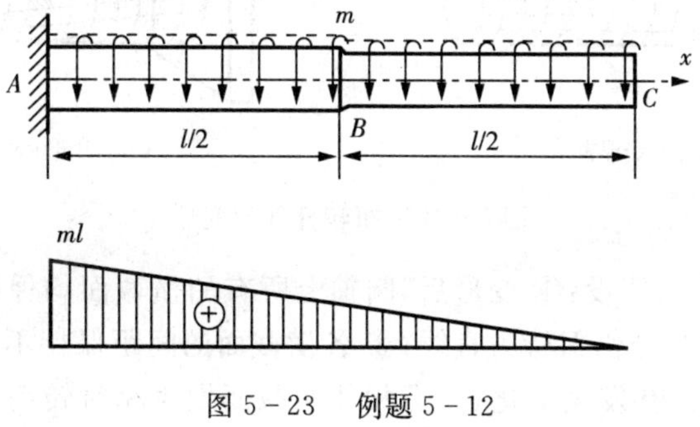

图 5-23 例题 5-12

解：(1) 设 A 为原点建立直角坐标系，采用截面法，由平衡条件 $\sum \boldsymbol{M}=0$，列出平衡方程并求解：

$$ml-mx-T=0,T=ml-mx$$

即为该杆件扭矩的方程；

(2) 根据该杆件扭矩的方程，绘制扭矩图，如图所示。

(3) 由此题可看出：① 当杆段上有连续均匀分布的力偶 m 作用时，扭矩图为斜直线。② 本题可以先由整体平衡计算支座反力之后再运用截面法，也可以不计算支座反力，从外力明确的右端开始，选取右半段为研究对象；③ 扭矩的变化只和外荷载的作用有关，与杆件截面的变化和杆件的长度无关。

3. **扭矩图的规律**

观察两道例题可以发现，扭矩图也是有一定的规律的，并且与轴力图类似，当从左到右绘制扭矩图时：

(1) 在集中力偶 $\boldsymbol{M}_e$ 作用的地方，均布力偶 m 的起点和终点处，扭矩图分段；

(2) 在没有均布力偶 $\boldsymbol{M}$ 作用的区段，扭矩图为水平直线；

(3) 在有向右的均布力偶 m 作用的区段，扭矩图为从左到右下斜直线；在有向左的均布力偶 $\boldsymbol{M}$ 作用的区段，扭矩图为上斜直线；直线的斜率为 m 的值；

(4) 在集中力偶 $\boldsymbol{M}_e$ 作用的地方扭矩图会发生突变，当集中力偶向左时，扭矩图向上突变；当集中力偶向右时，扭矩图向下突变；突变的量值等于集中力偶 $\boldsymbol{M}_e$ 的值。

这些规律，与 $\boldsymbol{T}$、$\boldsymbol{M}_e$ 和 m 之间的微分关系有关，在平面弯曲梁的章节中将具体介绍。掌握和灵活运用扭矩图的规律，可以帮助快速简便地绘制扭转杆件的扭矩图，也可以帮助在完成扭矩图后进行校核。

二、扭转杆件的应力和变形

取一实心圆轴，在其表面等距离地画圆周线和纵向线，形成图 5－24(a) 所示的矩形网格，然后将圆轴左端固定，右端施加力偶矩 $\boldsymbol{M}_e$，使圆轴产生扭转变形。变形后，圆轴表面上各圆周线的形状、大小和间距均未改变，但如图(b) 所示横截面绕轴线产生相对转动，各纵向线均倾斜，原来的矩形小方格变为平行四边形。

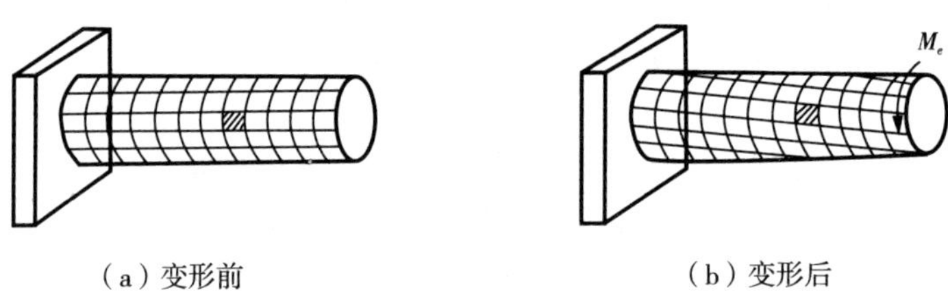

(a) 变形前　　　　(b) 变形后

图 5－24　扭转杆件的变形

根据此现象可以作出假设：① 变形后，圆轴上所有的横截面均保持为平面，即满足**平截面假设**；② 横截面上的半径仍保持为直线；③ 各横截面的间距保持不变。因此，圆杆没有伸长或缩短，横截面尺寸没有发生变化，只有相邻两截面发生相对转动，说明杆件受扭转时既没有纵向线应变，也没有横向线应变，只有切应变 γ，也必然只有与切应变对应的切应力 $\boldsymbol{\tau}$。简言之：扭转杆件横截面上的应力只有沿着截面切应力 $\boldsymbol{\tau}$。

1. **圆轴扭转的应力**

圆轴扭转时，横截面上的切应力 $\boldsymbol{\tau}$ 非均匀分布，仅依靠静力方程无法求出，必须利用变形条件建立补充方程。

可以推圆轴扭转时截面上**任意一点的切应力计算公式**为：

$$\tau_\rho = \frac{T\rho}{I_\rho} \qquad 式(5-14)$$

式(5－14) 中，T 为横截面上的扭矩；ρ 为截面上点到圆心的距离；I_ρ 为圆轴截面的极惯性矩。此式表明：① 圆轴扭转时，横截面上的切应力是变化的，任意一点的切应力与该截面上的扭矩成正比，与该点到圆心的距离成正比，与截面的极惯性矩成反比；② 切应力 $\boldsymbol{\tau}$ 的正负与扭矩 $\boldsymbol{T}$ 相同，右手螺旋定则拉为正压为负。

根据式(5-14)，可以绘出扭转圆杆横截面上切应力的分布情况如图5-25所示。空心圆轴截面上的切应力和实心圆轴一样，沿直径线性分布，但从分布图中可以看出，截面圆心切应力为零，而在截面中心附近位置，切应力也很小。该部分材料并没有充分发挥其本身的作用。故采用空心截面的圆杆受扭比实心截面的受扭更为合理。

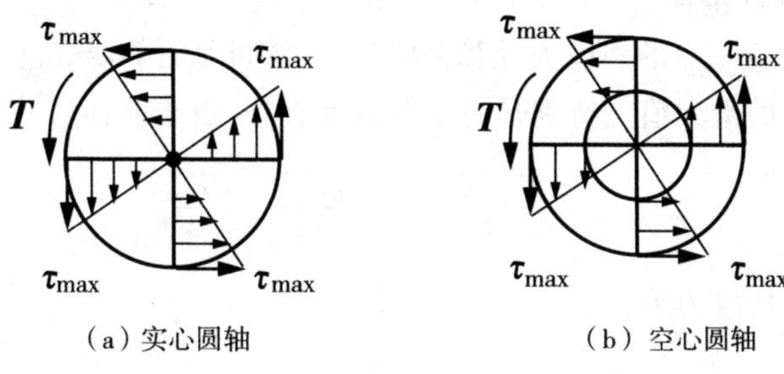

图 5-25　扭转圆轴截面上的应力分布

应当注意：① 圆轴扭转时的有关计算公式都是在弹性加载情况下得到的，因此只适用于弹性范围内的圆轴；② 若扭转杆件不为圆形，例如矩形杆件在扭转时，如图 5-26 所示，横截面将产生翘曲，不再是平面，平截面假定不再成立，计算较为复杂，在弹性力学相关教材中会有具体介绍。

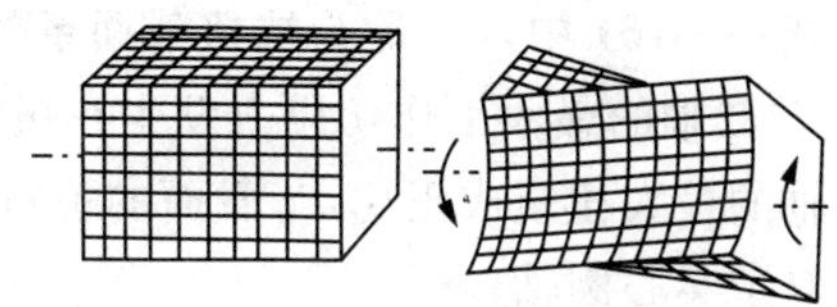

图 5-26　矩形截面杆件的扭转

2. 圆轴扭转的变形

圆轴扭转的变形用两横截面的**相对扭转角** φ 表示：

$$d\varphi = \frac{T}{GI_{\rho}}dx$$

当扭矩 T、剪切弹性模量 G 和极惯性矩 I_{ρ} 都为常量时，相距长度为 l 的两横截面相对扭转角为：

$$\varphi = \int_{l} d\varphi = \int_{l} \frac{T}{GI_{\rho}}dx = \frac{Tl}{GI_{\rho}}$$

即**圆轴扭转的变形计算公式**为：

$$\varphi = \frac{Tl}{GI_{\rho}} \qquad \text{式(5-15)}$$

式中，GI_{ρ} 称为圆轴的**抗扭刚度**，它表示轴抵抗扭转变形的能力。相对扭转角的正负号与扭矩的正负号相同，即正扭矩产生正扭转角，负扭矩产生负扭转角。

而对于扭矩、横截面极惯性矩或剪切弹性模量沿杆轴逐段变化的拉压杆，应分段计算，然后代数和。其扭转角可记为：

$$\varphi=\sum_{i=1}^{n}\frac{T_i l_i}{G_i I_{\rho i}} \quad 式(5-15)$$

在工程实际中，对于受扭转圆轴的变形也有限制，通常用相对扭转角沿杆长度的变化率 $\theta=\frac{d\varphi}{dx}=\frac{T}{GI_\rho}$ 来度量，称为**单位长度扭转角**。即要求杆件的单位长度扭转角不超过刚度条件要求的限制，即满足 $\theta\leqslant[\theta]$。

3. 扭转杆件的强度条件

根据圆轴扭转任意一点的切应力计算公式(5－14)可知，当 $\rho=\rho_{\max}=R=d/2$ 时，表示圆截面边缘处有切应力的最大值。特别是对于等截面直杆，由于截面尺寸等不发生变化，有：

$$\tau_{\max}=\frac{T_{\max}\rho_{\max}}{I_\rho}=\frac{T_{\max}}{I_\rho/\rho_{\max}}=\frac{T_{\max}}{W_\rho}$$

即扭转轴的最大切应力为：

$$\tau_{\max}=\frac{T_{\max}}{W_\rho} \quad 式(5-16)$$

式(5－16)中，W_ρ 称为**抗扭截面系数**，是与截面形状和尺寸有关的几何量。此式表明：① 扭转圆轴的最大工作切应力发生在扭矩最大的截面上最外边缘的点处；② 最大切应力与扭转轴的最大扭矩成正比，与截面的抗扭截面系数成反比。

对于实心圆轴：

$$W_\rho=\frac{I_\rho}{\rho_{\max}}=\frac{\pi d^4/32}{d/2}=\frac{\pi d^3}{16}$$

对于空心圆轴：

$$W_\rho=\frac{I_\rho}{\rho_{\max}}=\frac{\pi D^4(1-\alpha^4)/32}{D/2}=\frac{\pi D^3}{16}(1-\alpha^4)$$

工程上要求圆轴扭转时的最大切应力不得超过材料的容许切应力$[\tau]$，即需要满足 $\tau_{max}\leqslant[\tau]$。对于等截面圆轴，有**圆轴扭转的强度条件**为：

$$\tau_{\max}=\frac{T_{\max}}{W_\rho}\leqslant[\tau] \quad 式(5-17)$$

根据圆轴扭转的强度条件，在工程实际中也可以解决强度校核、设计截面尺寸和确定容许荷载三类问题。

例题 5－13　扭转圆轴的强度校核

如图 5－27 所示阶梯形圆轴，AB 段直径 $d_1=120\text{mm}$，BC 段直径 $d_2=100\text{mm}$。在 A、B 和 C 截面上分别作用有集中力偶，力偶矩为：$M_A=22\text{kN}\cdot\text{m}$，$M_B=36\text{kN}\cdot\text{m}$，和 $M_C=14\text{kN}\cdot\text{m}$。材料的容许切应力$[\tau]=80\text{MPa}$。试校核该圆轴的强度。

解：(1) 绘制扭转圆轴的扭矩图，如图所示。

(2) 计算各段切应力：

$$\tau_{1,\max}=\frac{T_1}{W_{\rho 1}}=\frac{22\times 10^6}{\frac{\pi}{16}\times 120^3}=64.8(\text{MPa})$$

$$\tau_{2,\max}=\frac{T_2}{W_{\rho 2}}=\frac{14\times 10^6}{\frac{\pi}{16}\times 100^3}=71.3(\text{MPa})$$

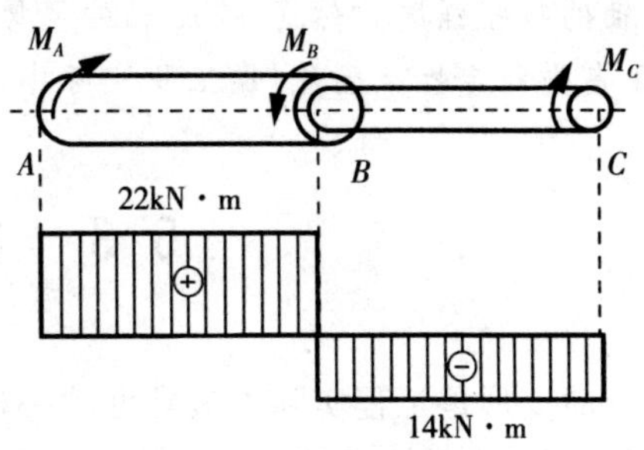

图 5-27　例题 5-13

(3) 由圆轴扭转的强度条件式可知：

$$\tau_{\max}=71.3\text{MPa}<[\tau]=80(\text{MPa})$$

所以圆轴强度满足要求，安全。

例题 5-14　扭转圆轴的截面尺寸设计

某空心钢圆轴，外径 $D=90\text{mm}$，壁厚 $\delta=2.5\text{mm}$，工作时承担的最大扭矩 $T_{\max}=1.5$ kN·m。已知该钢材的容许切应力$[\tau]=60\text{MPa}$。(1) 试校核该圆轴的强度；(2) 若在扭转强度相同的情况下，将此空心圆轴改为实心圆轴，试设计其截面直径 d'；(3) 计算梁轴的重量之比。

解：(1) 先计算空心圆轴的抗扭截面系数和切应力最大值，再进行强度校核：

$$\alpha=\frac{d}{D}=\frac{90-2\times 2.5}{90}=0.944$$

$$W_\rho=\frac{\pi D^3}{16}(1-\alpha^4)=\frac{\pi\times 90^3}{16}(1-0.944^4)=29500(\text{mm}^3)$$

$$\tau_{\max}=\frac{T_{\max}}{W_\rho}=\frac{1.5\times 10^6}{29500}=50.8(\text{MPa})<[\tau]=60(\text{MPa})$$

所以该空心圆轴强度符合要求，安全。

(2) 若换为实心圆轴并保持抗扭转能力不变，则有两轴的抗扭截面系数相等：

$$W'_\rho=\frac{\pi d'^3}{16}=W_\rho,d'=\sqrt[3]{\frac{16W_\rho}{\pi}}=\sqrt[3]{\frac{16\times 29500}{\pi}}=53.2(\text{mm})$$

即可取实心圆轴直径 $d'=53.2\text{mm}$

(3) 在两轴长度相等、材料相同的情况下，两轴重量之比等于两轴横截面面积之比：

$$\frac{A}{A'}=\frac{\pi(D^2-d^2)/4}{\pi d'^2/4}=\frac{D^2-d^2}{d'^2}=\frac{90^2-85^2}{53.2^2}=0.31$$

即在抗扭承载力相同的情况下，空心圆轴的重量是实心圆轴重量的 31% 左右。

(4) 由此题可以看出，在其他条件相同的情况下，空心轴的重量只是实心轴重量的 31%，不到三分之一，材料的节约是非常明显的。这是由于实心圆轴横截面上的切应力沿半径呈线性规律分布，轴心附近的应力很小，这部分材料没有充分发挥作用，若把轴心附近的材料向边缘移置，使其成为空心轴，就可以增大截面的极惯性 I_ρ 和抗扭截面系数 W_ρ，从而提高了轴的抗扭强度。然而，空心轴的壁厚也不能过薄，否则会发生局部皱折而丧失其承载能力，即丧失稳定性。因此，在工程实际中，应合理选择截面，取得安全和经济效益的平衡。

5.3 梁的平面弯曲

弯曲变形是工程实际中最常见的一种基本变形。在工程实际中，存在着大量受到弯曲的构件，凡是在外力作用下产生弯曲变形或以弯曲变形为主的杆件，统称为梁。梁是一类常用的构件，几乎在各类工程中都占有重要的地位。例如图 5-28(a) 所示的桥式起重机横梁，图(b) 所示的房屋结构中的楼面梁，图(c) 中的阳台挑梁等等。

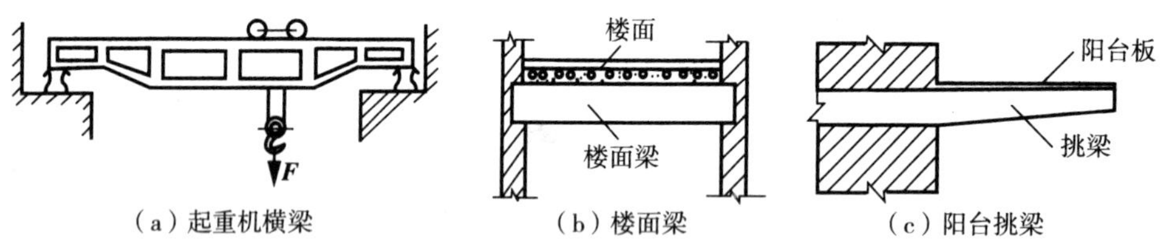

图 5-28　梁弯曲实例

受到楼面和梁自重等荷载的作用，梁将发生弯曲变形，其受力和变形特点是，在通过杆轴线的平面内，受到力偶或垂直于轴线的外力的作用；杆件的轴线被弯曲为一条曲线。

工程中梁的横截面一般为矩形、圆形、工字形和 T 形等，至少有一个对称轴，如图 5-29 所示，由对称轴组成的平面称为纵向对称面，如图 5-30 所示。所谓纵向对称平面，是指梁横截面的对称轴和梁的轴线所组成的平面，也是力学模型中外力作用的平面，以及杆件产生变形的挠曲线所在的平面。

当杆件受到一组垂直于其轴线的力即横向力或位于轴线平面内的外力偶作用时，杆的轴线由一条直线变为曲线，称为弯曲变形。如果杆件的几何形状材料性能和外力都对称于杆件的纵向对称面，梁变形后的轴线必定是一条在该平面内的曲线，这种弯曲称为平面弯曲。平面弯曲是弯曲问题中最简单和最常见的情况，本章主要研究单跨静定梁的平面弯曲。与前面研究拉压、扭转问题一样，先研究梁的内力，再由平衡条件、变形几何关系及力与变形间的物理关系研究梁横截面上的应力，进而研究梁的变形，最后讨论梁的强度与刚度。

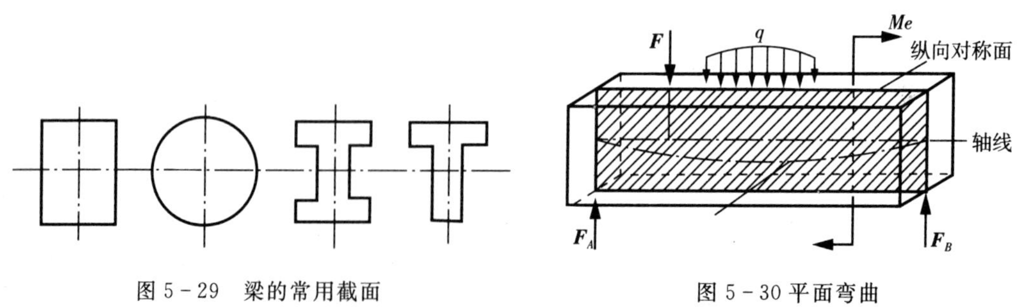

图 5-29　梁的常用截面

图 5-30 平面弯曲

按照支承情况的不同，工程中的单跨静定梁一般可分为三类，如图 5-31 所示。

(1)悬臂梁：即一端固定，一端自由的梁；

(2)简支梁：即一端为固定铰支座，另一端为可动铰支座的梁；

(3)外伸梁：即一端或两端伸出支座之外的简支梁。

梁在两个支座之间的部分称为跨，其长度则称为**跨长**或**跨度**，一般用 l 表示。

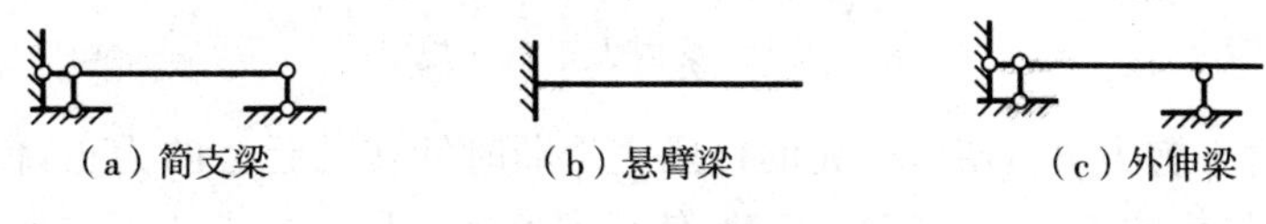

图 5-31 单跨静定梁

一、平面弯曲梁的内力

1. 剪力、弯矩及正负规定

梁上的内力情况，比轴向拉压杆件和扭转杆件复杂，现以图 5-32 中的简支梁受集中力 $\boldsymbol{F}$ 作用的力学模型来说明。

如图 5-33 所示简支梁，可计算出支座反力为 $\boldsymbol{F}_{Ay}$ 和 $\boldsymbol{F}_B$。沿任意位置 x 处，沿 $m-m$ 截面将梁截开，研究截面上的内力形式。

以左半段为研究对象，外荷载为竖直向上的 $\boldsymbol{F}_{Ay}$，为维持平衡，截面上应有 $\boldsymbol{F}_Q=\boldsymbol{F}_{Ay}$，方向竖直向下。但此时，$\boldsymbol{F}_Q$ 与 $\boldsymbol{F}_{Ay}$ 组成一个顺时针力偶，若左半段不发生转动，仍需截面 $m-m$ 上有逆时针转动的力偶 $\boldsymbol{M}$ 才能平衡。同理，若以右半段为研究对象，通过平衡条件可得到截面 $m-m$ 上有竖直向上的力 $\boldsymbol{F}_Q=\boldsymbol{F}-\boldsymbol{F}_B$ 和顺时针转动的力偶 $\boldsymbol{M}$ 才能平衡。

由此可见，梁横截面上的内力有两种，我们将力 $\boldsymbol{F}_Q$ 称为**剪力**，沿着截面方向；将力偶 $\boldsymbol{M}$ 称为**弯矩**，作用于纵向对称平面内。

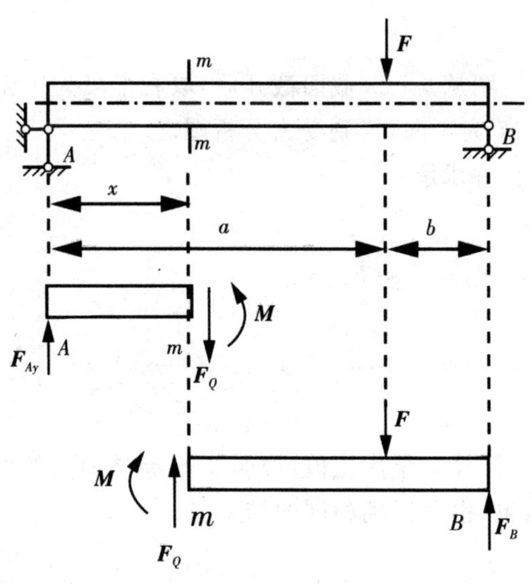

图 5-32 梁的内力

在图 5-32 中，左右两段截面 $m-m$ 上的内力互为作用力和反作用力，必定等值、反向、共线。为使左右两段求出的横截面上的剪力和弯矩符号一致，在内力计算中将对剪力和弯矩的正负也进行了重新规定(图 5 - 33)。

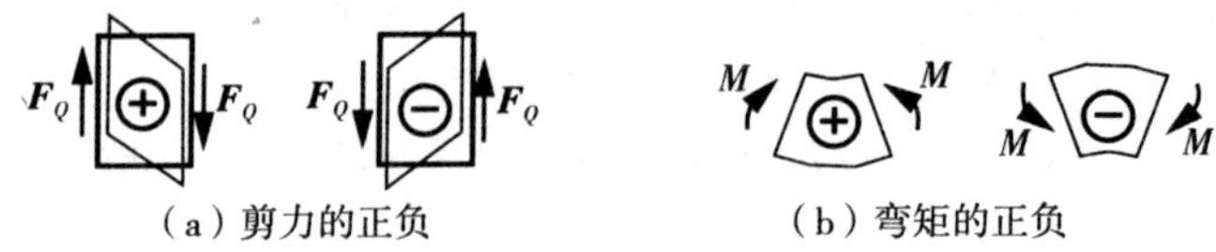

(a) 剪力的正负　　(b) 弯矩的正负

图 5 - 33　梁内力正负的规定

通常规定：对于剪力 $\boldsymbol{F}_Q$，使所研究的杆段产生顺时针转动趋势的为正，使所研究的杆段产生逆时针转动趋势的为负。对于弯矩 $\boldsymbol{M}$，使所研究的杆段产生上压下拉变形，即下凸变形的为正，使所研究的杆段产生上拉下压，即上凸变形的为负。

根据此规定可以看出，图 5-33 中的左右两段上的剪力 $\boldsymbol{F}_Q$ 都为正剪力，弯矩 $\boldsymbol{M}$ 都为正弯矩，即截面 $m-m$ 上的剪力和弯矩均为正值。但是需注意，在列静力学方程时，仍然遵照前章节中的正负规定。

2. 截面法计算梁横截面的剪力和弯矩

若要求解指定截面上剪力和弯矩的大小和方向，需根据第 4 章所述截面法的基本步骤进行计算，以图 5 - 32 中梁为例：

(1) 计算支座反力：

$$\begin{cases} \sum F_x = F_{Ax} = 0 \\ \sum F_y = F_{Ay} - F + F_{Ay} = 0, \\ \sum M_A = -Fa + F_B l = 0 \end{cases} \begin{cases} F_{Ax} = 0 \\ F_{Ay} = \dfrac{Fb}{l} \\ F_B = \dfrac{Fa}{l} \end{cases}$$

(2) 截断并作受力分析图从 $m-m$ 截面截开后，取右半段为研究对象，作外力 $\boldsymbol{F}$ 和 $\boldsymbol{F}_B$，并假设截面剪力 $\boldsymbol{F}_Q$ 和弯矩 $\boldsymbol{M}$ 为正向，得到受力分析图。

(3) 列杆段的平衡方程并求解：

$$\begin{cases} \sum F_y = F_Q - F + F_B = 0 \\ \sum M_m = -M - F(a-x) + F_B(l-x) = 0 \end{cases}, \begin{cases} F_Q = \dfrac{Fb}{l} \\ M = \dfrac{Fbx}{l} \end{cases}$$

假设剪力和弯矩为正，计算结果为正值，说明 $m-m$ 截面上的剪力和弯矩实际上均为正值。若取左半段为研究对象，也可得到相同的结果。

例题 5 - 15　截面法计算指定截面的剪力和弯矩

试计算图 5 - 34 中简支梁上指定截面 1 — 1、2 — 2 和 3 — 3 的剪力和弯矩。

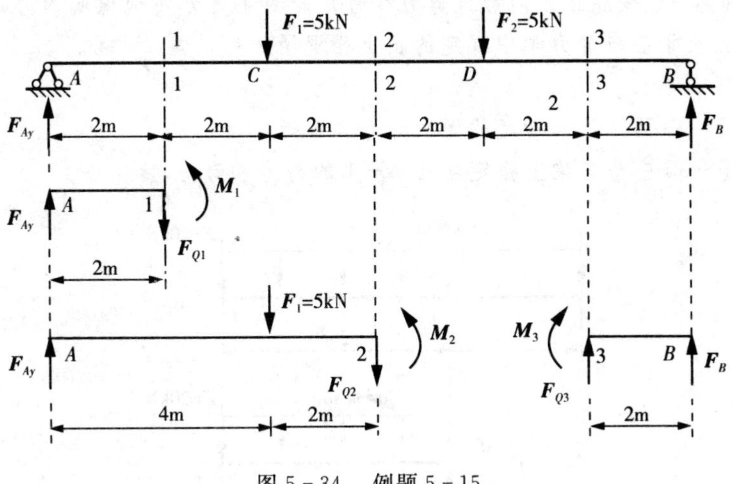

图 5-34　例题 5-15

解:(1) 计算支座反力:

$$\begin{cases}\sum F_x = F_{Ax} = 0 \\ \sum F_y = F_{Ay} - F_1 - F_2 + F_B = 0 \\ \sum M_A = -F_1 \times 4 - F_2 \times 8 + F_B \times 12 = 0\end{cases},\begin{cases}F_{Ax} = 0 \\ F_{Ay} = 5\text{kN} \\ F_B = 5\text{kN}\end{cases}$$

(2) 从 1—1 截面截开后,取左半段为研究对象,并作受力分析如图5-34 所示,列平衡方程求解:

$$\begin{cases}\sum F_y = F_{Ay} - F_{Q1} = 0 \\ \sum M_1 = -F_{Ay} \times 2 + M_1 = 0\end{cases},\begin{cases}F_{Q1} = 5\text{kN} \cdot \text{m} \\ M_1 = 10kN \cdot m\end{cases}$$

(3) 从 2—2 截面截开后,取左半段为研究对象,并作受力分析如图 5-35,列平衡方程求解:

$$\begin{cases}\sum F_y = F_{Ay} - F_1 - F_{Q2} = 0 \\ \sum M_2 = -F_{Ay} \times 6 + F_1 \times 2 + M_2 = 0\end{cases},\begin{cases}F_{Q2} = 0\text{kN} \cdot \text{m} \\ M_2 = 20\text{kN} \cdot \text{m}\end{cases}$$

(4) 从 3—3 截面截开后,取右半段为研究对象,并作受力分析如图 5-35,列平衡方程求解:

$$\begin{cases}\sum F_y = F_{Q3} + F_B = 0 \\ \sum M_3 = -M_3 + F_B \times 2 = 0\end{cases},\begin{cases}F_{Q3} = -5\text{kN} \cdot \text{m} \\ M_3 = 10\end{cases}$$

假设剪力和弯矩为正,计算结果为正值的,说明截面上的剪力和弯矩实际上均为正值;计算结果为负值的,说明截面上的剪力和弯矩实际上均为负值。即 1—1 截面剪力和弯矩均为正值;2—2 截面剪力为零,弯矩为正值;3—3 截面剪力为负值,弯矩为正值。

(5) 应当注意：① 按照正方向假设剪力和弯矩是为了更方便地说明内力计算的结果；② 剪力和弯矩的正负不要与静力学中规定的正负相混淆。

例题 5-16 截面法计算指定截面的剪力和弯矩

试计算图 5-35 中悬臂梁上指定截面 1—1 的剪力和弯矩。

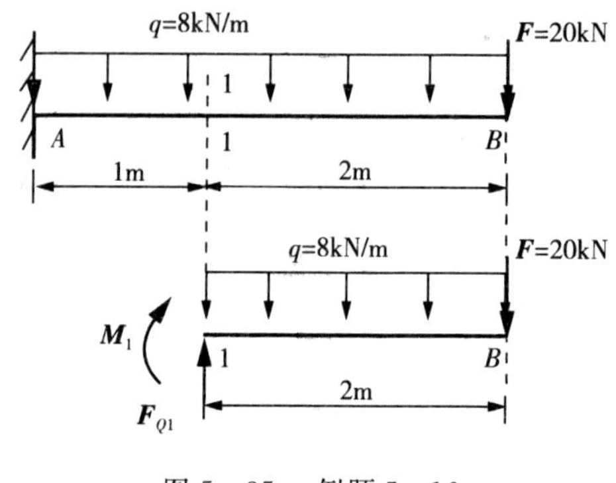

图 5-35 例题 5-16

解：(1) 从 1—1 截面截断后取右半段为研究对象，作受力分析如图 5-35 所示。

(2) 列平衡方程并求解：

$$\begin{cases}\sum F_y = F_{Q1} - q \times 2 - 20 = 0 \\ \sum M_1 = -M_1 - q \times 2 \times \dfrac{2}{2} - 20 \times 2 = 0\end{cases},\begin{cases}F_{Q1} = 36\text{kN} \cdot \text{m} \\ M_1 = -56\text{kN} \cdot \text{m}\end{cases}$$

在 1—1 截面上，假设剪力和弯矩为正，计算结果 $\boldsymbol{F}_{Q1}$ 为正值，说明 1—1 截面上的剪力实际上为正剪力；计算结果 $\boldsymbol{M}_1$ 为负值，说明截面上的弯矩实际上为负弯矩。

(3) 由此题可观察出：① 本题为悬臂梁，可以不计算固定端的支座反力，截断后选取没有固定端的、受力明确的一半进行研究；②1—1 截面的剪力和弯矩值与 1—1 截面和 B 端的距离有关，即梁上的内力是变化的，这是由于均布荷载 $\boldsymbol{q}$ 造成的。

例题 5-17 截面法计算指定截面的剪力和弯矩

试计算图 5-36 中外伸梁上指定截面 1—1、2—2、3—3 和 4—4 的剪力和弯矩。

解：(1) 计算支座反力：

$$\begin{cases}\sum F_x = F_{Ax} = 0 \\ \sum F_y = F_{Ay} + F_B - F = 0 \\ \sum M_A = M + F_B \times 4 - F \times 6 = 0\end{cases},\begin{cases}F_{Ax} = 0 \\ F_{Ay} = 2\text{kN} \\ F_B = 8\text{kN}\end{cases}$$

(2) 从 1—1 截面截开后，取左半段为研究对象，并作受力分析如图 5-36，列平衡方程求解：

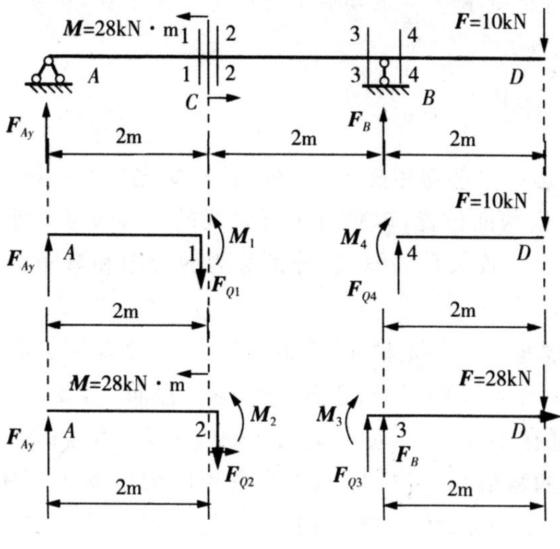

图 5-36　例题 5-17

$$\begin{cases}\sum F_y = F_{Ay} - F_{Q1} = 0 \\ \sum M_1 = -F_{Ay} \times 2 + M_1 = 0\end{cases},\begin{cases}F_{Q1} = 2\text{kN} \cdot \text{m} \\ M_1 = 4\text{kN} \cdot \text{m}\end{cases}$$

(3) 从 2—2 截面截开后，取左半段为研究对象，并作受力分析如图 5-36，列平衡方程求解：

$$\begin{cases}\sum F_y = F_{Ay} - F_{Q2} = 0 \\ \sum M_2 = -F_{Ay} \times 2 + M + M_2 = 0\end{cases},\begin{cases}F_{Q2} = 2\text{kN} \cdot \text{m} \\ M_2 = -24\text{kN} \cdot \text{m}\end{cases}$$

(4) 从 3—3 截面截开后，取右半段为研究对象，并作受力分析如图 5-37，列平衡方程求解：

$$\begin{cases}\sum F_y = F_{Q3} + F_B - F = 0 \\ \sum M_3 = -M_3 - F \times 2 = 0\end{cases},\begin{cases}F_{Q3} = 2\text{kN} \cdot \text{m} \\ M_3 = -20\text{kN} \cdot \text{m}\end{cases}$$

(5) 从 4—4 截面截开后，取右半段为研究对象，并作受力分析如图 5-37，列平衡方程求解：

$$\begin{cases}\sum F_y = F_{Q4} - F = 0 \\ \sum M_4 = -M_4 - F \times 2 = 0\end{cases},\begin{cases}F_{Q4} = 10\text{kN} \cdot \text{m} \\ M_4 = -20\text{kN} \cdot \text{m}\end{cases}$$

(6) 由此题可观察出：① 截面 1—1 和 2—2 是集中力偶 $\boldsymbol{M}$ 作用截面 C 的左右截面，都与 C 截面无限接近，但是弯矩值是不同的；② 截面 3—3 和 4—4 是集中力 $\boldsymbol{F}_B$ 作用截面 B 的左右截面，都与 B 截面无限接近，但是剪力值是不同的；③ 梁上的内力是变化的，这是由于集中力偶和集中力的作用造成的，但是有一定的规律，若要进一步研究，需要列出内力的方程并作内力图来观察。

二、平面弯曲梁的内力图

为了直观清楚地表达剪力和弯矩随横截面位置的变化情况，可按选定的比例尺，用平行于杆轴线的坐标 x 表示横截面位置，以垂直于杆轴线的坐标 y 表示剪力和弯矩的数值，绘制出表示剪力和弯矩与截面位置关系的图线，分别称为剪力图和弯矩图，即梁的内力图包括**剪力图**和**弯矩图**。

应当注意：① 通常规定剪力的正值画在轴线的上方，轴力的负值画在轴线的下方，并标出正负符号进行表示；② 作弯矩图时，对于建筑结构工程而言，要求将弯矩图画在梁受拉的一侧，所以规定正弯矩画在轴线下方，负弯矩画在轴线上方，不需标明正负号；② 剪力和弯矩图中必须清楚表示轴力的数值及单位；③ 剪力和弯矩图中各剪力弯矩的值、杆段长度等，都应该按照实际比例绘制；④ 从剪力和弯矩图上可以很直观地看出最大轴力的值及其所在的截面位置；⑤ 为了绘图方便，坐标 x 轴与 y 轴通常可以不绘出，而以轴线来代替。

作剪力图和弯矩图的方法主要有三种：一是通过**剪力方程和弯矩方程**作图，二是通过荷载、剪力与弯矩之间的**微分关系**作图，三是利用**叠加原理**作图。

1. 方程法

作图时以梁轴线上截面的位置为横坐标 x，以横截面上的剪力或弯矩为纵坐标建立直角坐标系，将剪力和弯矩用含有 x 方程表示出来，即写出**剪力方程**和**弯矩方程**：

$$\begin{cases} F_Q = F_Q(x) \\ M = \mathrm{M}(x) \end{cases}$$

再将剪力方程和弯矩方程用函数图形表现出来，绘制表示沿梁的剪力和弯矩随截面位置变化的图线即为梁的剪力图和弯矩图。

例题 5－18 方程法作悬臂梁的内力图

试用方程法绘制图5－37中悬臂梁在集中力作用下的剪力图和弯矩图。

解：(1) 从距 A 端距离为 x 处的任意截面将梁截断。

(2) 采用截面法，取左半段为研究对象，避免支座反力的求解。根据平衡条件，列出方程并求解：

$$\begin{cases} \sum F_y = -F - F_Q = 0 \\ \sum M = Fx + M = 0 \end{cases}, \begin{cases} F_Q = -F \\ M = -Fx \end{cases}$$

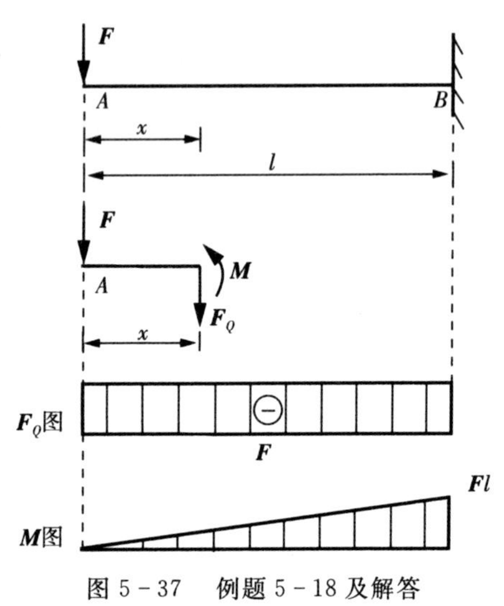

图 5－37 例题 5－18 及解答

即剪力方程和弯矩方程为：

$$\begin{cases} F_Q=-F & (0\leqslant x\leqslant l) \\ M=Fx & (0\leqslant x\leqslant l) \end{cases}$$

(3) 从方程可以观察出，剪力方程为常函数，图像应为水平直线；弯矩方程为关于 x 的一次函数，图像应为斜直线，且当 $x=0$ 时，$M=0$，当 $x=l$ 时，$M=Fl$。据此作剪力图和弯矩图如图 5－38 所示。

例题 5－19 方程法作悬臂梁的内力图

试用方程法绘制图 5－38 中悬臂梁在均布荷载作用下的剪力图和弯矩图。

解：(1) 从距 A 端距离为 x 处的任意截面将梁截断。

(2) 采用截面法，取左半段为研究对象，避免支座反力的求解。根据平衡条件，列出方程并求解：

$$\begin{cases} \sum F_y=-qx-F_Q=0 \\ \sum M=-qx\times\dfrac{x}{2}+M=0 \end{cases},\begin{cases} F_Q=-qx \\ M=-\dfrac{q}{2}x^2 \end{cases}$$

即剪力方程和弯矩方程为：

$$\begin{cases} F_Q=-qx & (0\leqslant x\leqslant l) \\ M=-\dfrac{q}{2}x^2 & (0\leqslant x\leqslant l) \end{cases}$$

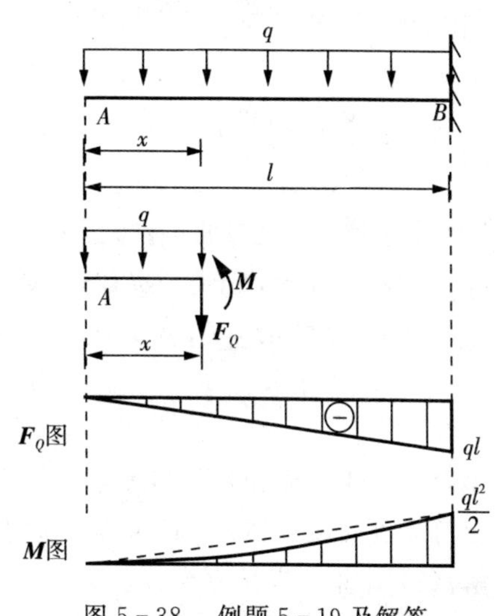

图 5－38　例题 5－19 及解答

(3) 从方程可以观察出，剪力方程为关于 x 的一次函数，图像应为斜直线，且当 $x=0$ 时，$F_Q=0$，当 $x=l$ 时，$F_Q=-ql$；弯矩方程为关于 x 的二次函数，当 $x=0$ 时，$M=0$，当 $x=l$ 时 $M=ql^2/2$。据此作剪力图和弯矩图如图 5－39 所示。

通过悬臂梁内力图求解的两例题，可以总结方程法解题的基本步骤为：

① 选取原点建立坐标系，在距原点距离 x 处取任意截面，将梁截断；

② 采用截面法，选取其中一半为研究对象，作受力分析图，列平衡方程并求解，将方程整理为关于 x 的函数；

③ 根据函数的不同形式，研究弯矩和剪力的图像特征，并作图。

对于简支梁和外伸梁等，由于没有自由端，应先求解支座反力，再按照此步骤进行计算。下面例题中，将略去支座反力求解和截面法求解剪力方程和弯矩方程的具体步骤，着重方程的建立来进行讲解，读者可自行联系补全步骤；并且应当注意：当梁上的荷载情况发生变化时，应将梁分段进行求解，剪力和弯矩方程为分段函数。

例题 5－20　方程法作简支梁的内力图

试用方程法绘制图 5－39 中简支梁在均布荷载作用下的剪力图和弯矩图。

解:(1) 计算支座反力为:

$$F_{Ax}=0,F_{Ay}=F_{By}=\frac{ql}{2}$$

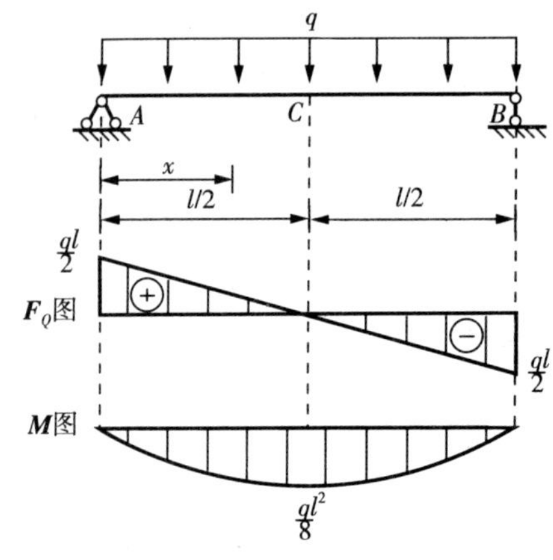

图 5－39　例题 5－20 及解答

(2) 采用截面法,取左半段为研究对象,列平衡方程并求解,整理为剪力方程和弯矩方程为:

$$\begin{cases}F_Q=-qx+\dfrac{ql}{2} & (0\leqslant x\leqslant l)\\ M=-\dfrac{q}{2}x^2+\dfrac{ql}{2}x & (0\leqslant x\leqslant l)\end{cases}$$

(3) 从方程可以观察出,剪力方程为关于 x 的一次函数,图像应为斜直线,且当 $x=0$ 时,$F_Q=ql/2$,当 $x=l$ 时,$F_Q=-ql/2$;弯矩方程为关于 x 的二次函数,图像应为一段抛物线,且当 $x=0$ 和 $x=l$ 时 $\boldsymbol{M}=0$,当 $x=l/2$ 时,$M_{max}=ql^2/8$。据此作剪力图和弯矩图如图 5－40 所示。

例题 5－21　方程法作简支梁的内力图

试用方程法绘制图 5－40 中简支梁在集中力作用下的剪力图和弯矩图。

解:(1) 计算支座反力为:

$$F_{Ay}=\frac{Fb}{l},F_{By}=\frac{Fa}{l}$$

(2) 采用截面法,取左半段为研究对象,列平衡方程并求解。注意在 C 点处梁上荷载产生变化,应分两段,即 $0\leqslant x\leqslant a$ 和 $a<x\leqslant l$ 两段进行计算。

整理得到的剪力方程和弯矩方程:

$$F_Q=\begin{cases}\dfrac{Fb}{l} & (0\leqslant x\leqslant a)\\ -\dfrac{Fa}{l} & (a<x\leqslant l)\end{cases}\qquad M=\begin{cases}\dfrac{Fb}{l}x & (0\leqslant x\leqslant a)\\ -\dfrac{Fa}{l}x+Fa & (a<x\leqslant l)\end{cases}$$

(3) 从方程可以观察出,每一段内剪力方程为常函数,图像应为两段水平直线,在 C 截面发生突变不连续;每一段内弯矩方程为关于 x 的一次函数,图像应为两段斜直线,在 C 截面连续,但由于斜率不同会发生转折产生一个尖点,且当 $x=0$ 和 $x=l$ 时 $M=0$,当 $x=a$ 时,$M_{max}=Fab/l$。据此作剪力图和弯矩图如图所示。

若集中力恰好作用在梁的中点，其剪力图和弯矩图如图 5-41 所示。

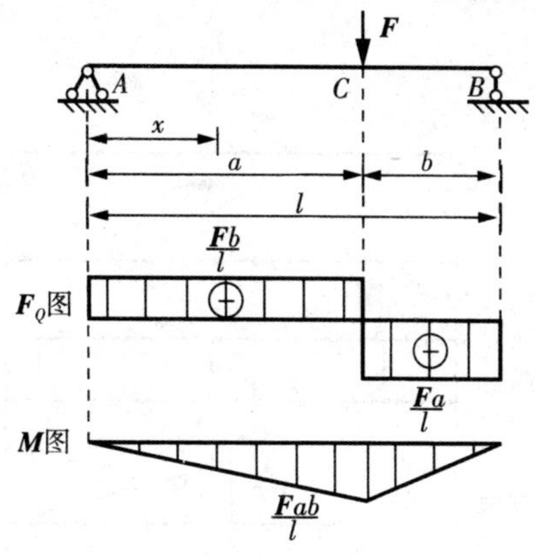

图 5-40 例题 5-21 及解答

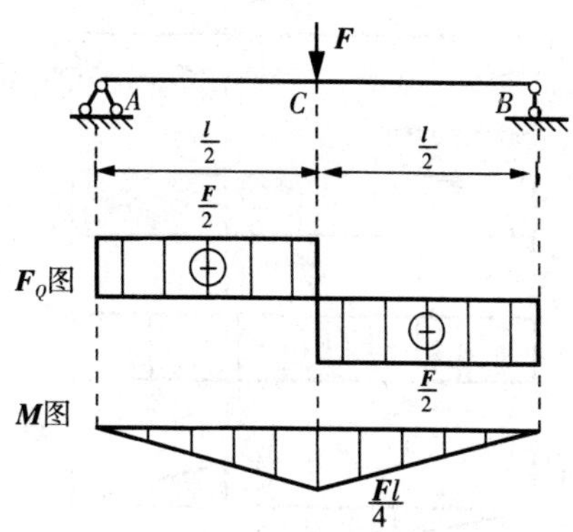

图 5-41 集中力作用在中点

例题 5-22 方程法作简支梁的内力图

试用方程法绘制图 5-42 中简支梁在集中力偶作用下的剪力图和弯矩图。

解：(1) 计算支座反力为：

$$F_{Ay}=-F_{By}=\frac{M}{l}$$

(2) 采用截面法，取左半段为研究对象，列平衡方程并求解。注意在 C 点处梁上荷载产生变化，应分两段，即 $0\leqslant x\leqslant a$ 和 $a<x\leqslant l$ 两段进行计算。

整理得到剪力方程和弯矩方程分别为：

$$F_Q=\frac{M}{l}\quad(0\leqslant x\leqslant l)$$

$$M=\begin{cases}\dfrac{M}{l}x & (0\leqslant x\leqslant a)\\[2ex] \dfrac{M}{l}x-M & (a<x\leqslant l)\end{cases}$$

(3) 从方程可以观察出，两段内剪力方程相同，都为常函数，图像应为一段水平直线，在 C 截面集中力偶作用处无变化，不发生突变；每一段内弯矩方程为关于 x 的一次函数，图像应为两段斜直线，在 C 截面不连续，但由于斜率相同左右两段斜线平行，且当 $x=0$ 和 $x=l$ 时，$M=0$。据此作剪力图和弯矩图如图 5-42 所示。

若集中力偶恰好作用在梁的中点，其剪力图和弯矩图如图 5-43 所示。

此五道例题，均是典型的梁形式（悬臂梁和简支梁），在典型荷载（均布荷载、集中力和集中力偶）作用下的剪力图和弯矩图的作法，都可以当作典型结论来记忆，遇到此情况可直接绘制内力图。

可以观察出，剪力图和弯矩图是有一定规律的，这些规律的产生，与荷载、剪力和弯矩之间的微分关系是一致的。

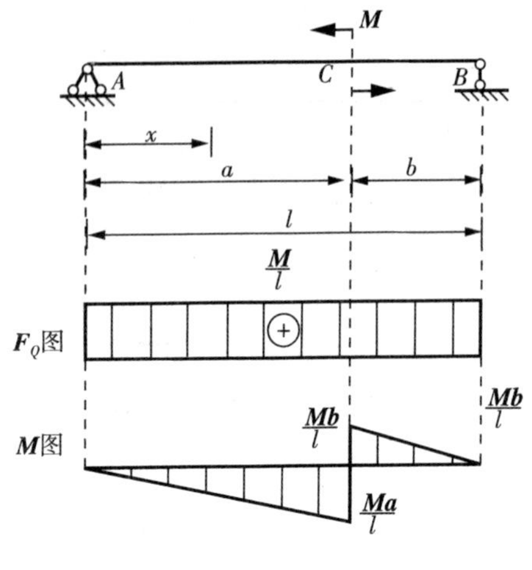

图 5-42 例题 5-22 及解答

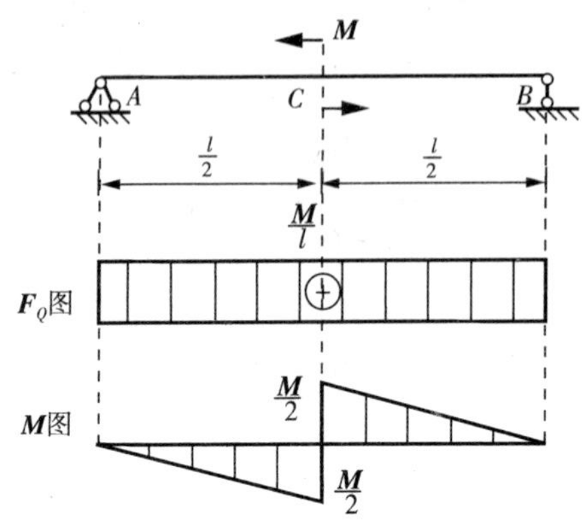

图 5-43 集中力偶作用在中点

2. **微分关系法**

在各例中，若将弯矩方程对 x 求一阶导数，正好得到剪力方程；而若将剪力方程对 x 求一阶导数，则得到分布荷载的集度。这种关系普遍存在于梁上，称为荷载、剪力和弯矩之间的**微分关系**。

如图 5-44(a) 所示，梁上作用有任意的分布荷载 $\boldsymbol{q}(x)$，分布荷载以向上为正，向下为负。我们取梁中的微段来研究，在距左端 x 处，截取长度为 $\mathrm{d}x$ 的微段，如图 5-45(b) 所示。设该微段左侧横截面上的剪力和弯矩分别为 $\boldsymbol{F}_Q(x)$ 和 $\boldsymbol{M}(x)$，微段梁右侧横截面上的剪力和弯矩分别为 $\boldsymbol{F}_Q(x)+\mathrm{d}\boldsymbol{F}_Q(x)$ 和 $\boldsymbol{M}(x)+\mathrm{d}M(x)$。此微段梁除两侧存在剪力、弯矩外，在上面还作用有分布荷载 $q(x)$。由于微段 $\mathrm{d}x$ 很小，可不考虑 $\boldsymbol{q}(x)$ 沿 $\mathrm{d}x$ 的变化，将其看成均布荷载。

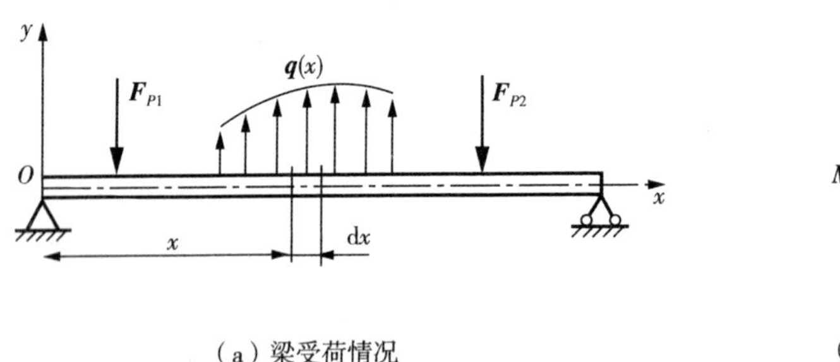

(a) 梁受荷情况　　(b) 微段受荷情况

图 5-44 微分关系的证明

根据平衡条件，可列出微段的平衡方程：

$$F_Q + q(x)\mathrm{d}x - F_Q - \mathrm{d}F_Q = 0$$

$$-M - F_Q\mathrm{d}x - q(x)\mathrm{d}x\left(\frac{\mathrm{d}x}{2}\right) + M + \mathrm{d}M = 0$$

略去上述方程中的二阶微量，可得：

$$\frac{\mathrm{d}F_{Q}(x)}{\mathrm{d}x}=q(x),\frac{\mathrm{d}M(x)}{\mathrm{d}x}=F_{Q}(x),\frac{\mathrm{d}M^{2}(x)}{\mathrm{d}x^{2}}=q(x) \qquad 式(5-18)$$

这就是载荷集度、剪力和弯矩之间微分关系的表达式。其的**几何意义**为：剪力图上某点处的切线斜率等于该点处载荷集度的大小；弯矩图上某点处的切线斜率等于该点处剪力的大小。此外，由弯矩与荷载集度之间的关系式可知，由载荷集度的正负可判定弯矩曲线的凹凸性。

应用这些关系，即剪力图和弯矩图的有关规律，可以帮助较方便快捷地绘制梁的剪力图和弯矩图，也可以帮助校核剪力图和弯矩图的正确性。

荷载与剪力、弯矩之间的微分关系以及剪力图和弯矩图的特征可以归纳如下：

(1) 在梁上 $q=0$，即没有 $\boldsymbol{q}$ 作用的区段，剪力图为水平直线，弯矩图为斜直线。① 当 $F_{Q}>0$，剪力图是大于零的水平直线时，弯矩图为从左到右的下斜直线（斜率为正，增函数）；② 当 $F_{Q}<0$，剪力图是小于零的水平直线时，弯矩图为从左到右的上斜直线（斜率为负，减函数）；③ 当 $F_{Q}=0$，剪力图是等于零的水平直线时，弯矩图也是水平直线。

(2) 当梁上有向下的均布荷载 $\boldsymbol{q}$ 作用时，剪力图是从左到右的下斜直线（斜率为负，减函数），弯矩图为下凸的二次抛物线；抛物线的最低点，在剪力图为零的截面上。

(3) 当梁上有向上的均布荷载 $\boldsymbol{q}$ 作用时，剪力图是从左到右的上斜直线（斜率为正，增函数），弯矩图为上凸的二次抛物线；抛物线的最高点，在剪力图为零的截面上。

(4) 在集中力作用的截面，包含梁的支座处，剪力图将发生突变，其突变的方向和量值，就是该截面集中力的大小和方向；弯矩图连续，但斜率在此截面发生突变，出现转折产生一个尖点，尖点的方向与集中力的方向一致。

(5) 在集中力偶作用的截面，剪力图不受任何影响；弯矩图将发生突变，其突变的量值，就等于该截面集中力偶的大小；有逆时针的集中力偶作用时，弯矩图向上突变，有顺时针的集中力偶作用时，弯矩图向下突变，并且若突变前后的剪力值不变，则突变前后的弯矩图像是平行的。

(6) 在固定铰支座、链杆支座、铰结点处和自由端，若没有集中力偶的作用，弯矩值必为零，若有集中力偶作用，则其弯矩值就等于集中力偶的值；在自由端，若没有集中力的作用，剪力值为零，若有集中力作用，则其剪力值就等于集中力的值。

为方便记忆和应用，可将常用结论总结为下表 5-2，梁荷载、剪力与弯矩的微分关系表。

表 5-2　梁荷载、剪力与弯矩的微分关系

载荷	$q=0$		$q<0$		$q>0$		↓ $\boldsymbol{F}$ ↑	↶ $\boldsymbol{M}$ ↷
F_{Q}							↓ 突变 ↑	无变化
	$F_{Q}<0$	$F_{Q}>0$	$F_{Q}<0$	$F_{Q}>0$	$F_{Q}<0$	$F_{Q}>0$		
M							转折	↓ 突变 ↑

依据以上分析，不必列出梁的剪力与弯矩方程即可简捷地画出梁的剪力与弯矩图，称**微分关系法**，其**基本步骤**可归纳如下：

(1) 计算梁的支座反力；若为悬臂梁，有时可不需计算支座反力；

(2) 将梁进行分段。梁支座处、集中力、集中力偶作用的截面，分布载荷的起点和终点，都是梁需要分段的截面，称为"**控制截面**"；控制截面是指对内力图形状起着控制作用的截面，例如图形为水平直线时，控制截面为一个；当图形为斜直线时，控制截面需两个；当图形为抛物线时，至少需要三个控制截面；一般情况下，选梁进行分段的截面作为控制截面；

(3) 计算控制截面的剪力与弯矩值。剪力 $\boldsymbol{F}_Q$ 等于该点左侧梁上分布载荷图形的面积和集中力的代数和，记向上为正，向下为负；弯矩 $\boldsymbol{M}$ 等于该点左侧剪力图图形的面积和集中力偶的代数和，记顺时针为正，逆时针为负；

(4) 根据梁上各段内荷载的情况，判断各梁段剪力图和弯矩图的形状，并据此连接两相邻控制点处剪力或弯矩值，绘制出梁的剪力图与弯矩图。

例题 5-23　微分关系法作梁内力图

与例题 5-17 所示外伸梁条件相同，试绘制图 5-45 中外伸梁的剪力图和弯矩图。

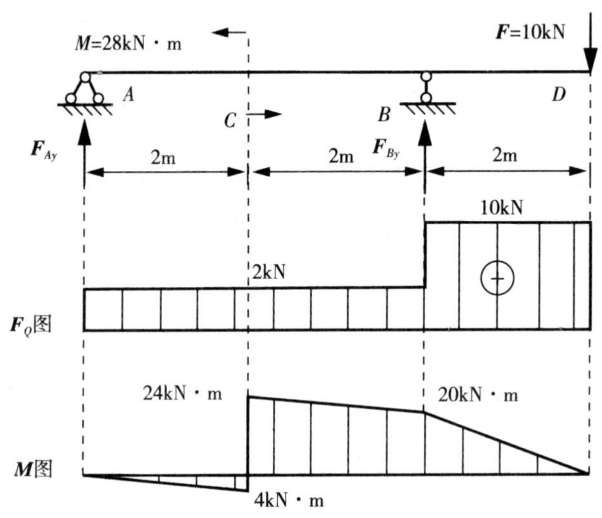

图 5-45　例题 5-23 及解答

解：(1) 计算支座反力为：

$$F_{Ax}=0, F_{Ay}=2\text{kN}, F_B=8\text{kN}$$

(2) 根据荷载作用的情况，将外伸梁 AD 分为 AC、CB、和 BD 三段，并判断段内图像形状。

(3) 确定控制截面，并计算控制截面的剪力和弯矩值。

梁段	控制截面剪力(kN)	控制截面弯矩(kN·m)	F_Q 图	M 图
AC	$F_{QAC}=2, F_{QCA}=2$	$M_{AC}=0, M_{CA}=4$	水平直线	下斜直线
CB	$F_{QCB}=2, F_{QBC}=2$	$M_{CB}=-24, M_{BC}=-20$	水平直线	下斜直线
BD	$F_{QBD}=10, F_{QDB}=10$	$M_{BD}=-20, M_{DB}=0$	水平直线	下斜直线

(4) 根据控制截面的值和段内图像形状，连相邻截面成剪力图和弯矩图，如图 5－44 所示。

例题 5－24 微分关系法作梁内力图

试绘制图 5－46 中简支梁的剪力图和弯矩图。

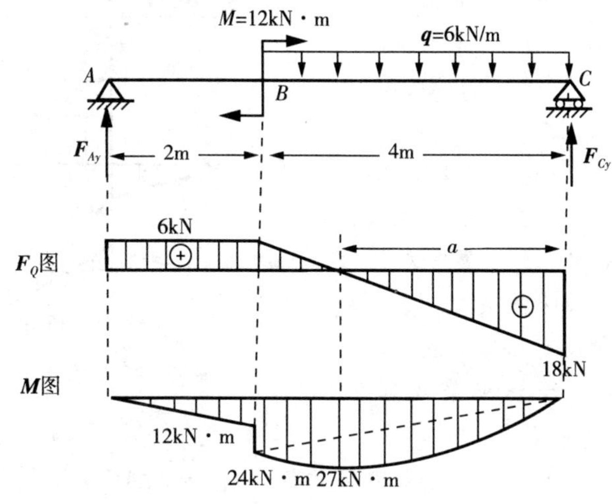

图 5－46 例题 5－24 及解答

解：(1) 计算支座反力为：

$$F_{Ax}=0, F_{Ay}=6\text{kN}, F_{Cy}=18\text{kN}$$

(2) 根据荷载作用的情况，将简支梁 AC 分为 AB 和 BC 两段，并判断段内力图像形状。

(3) 确定控制截面，并计算控制截面的剪力和弯矩值。

梁段	控制截面剪力(kN)	控制截面弯矩(kN·m)	F_Q 图	M 图
AB	$F_{QAB}=6, F_{QBA}=6$	$M_{AB}=0, M_{BA}=12$	水平直线	下斜直线
BC	$F_{QBC}=6, F_{QCB}=-18$	$M_{BC}=24, M_{CB}=0$	下斜直线	下凸曲线

(4) 根据控制截面的值和段内图像形状，连相邻截面成剪力图和弯矩图，如图 5－47 所示。弯矩最大值 $M_{max}=27\text{kN}\cdot\text{m}$，出现在 $F_Q=0$ 的截面上。

为了更快更准确地绘制梁的内力图，可以利用微分关系的几何意义，即剪力图某段斜线斜率等于均布荷载集度的大小，弯矩图某段斜线斜率等于该段剪力的大小，和方程法中得到的典型结论，有时可以不算或者少算控制截面的内力。以下题为例进行说明。

例题 5-25　微分关系法作梁内力图。

试绘制图 5-47 中外伸梁的剪力图和弯矩图。

解:(1) 计算支座反力为:

$$F_{Dx}=0, F_{Dy}=8\text{kN}, F_B=20\text{kN}$$

(2) 根据荷载作用的情况,将外伸梁 AD 分为 AB、BC、和 CD 三段。

(3) 结合微分关系、内力图特点和典型结论,可较为快速地从左向右、分段绘制梁的内力图:

① 剪力图:A 点为自由端,无集中力作用,$F_{QAB}=0$;AB 段,有向下的均布荷载 $q=4\text{kN/m}$ 作用,剪力图像下斜,斜率为 4,剪力减小 $4\times2=8\text{kN}$,$F_{QBA}=-8\text{kN}$;B 点作用有向上的集中力 $F_B=20\text{kN}$,剪力发生向上 20kN 的突变,$F_{QBC}=-8+20=12(\text{kN})$;$BC$ 段没有均布荷载作用,剪力为水平直线,$F_{QCB}=12\text{kN}$;C 点作用有向下的集中力 $F=20\text{kN}$,剪力发生向下 20kN 的突变,$F_{QCD}=12-20=-8\text{kN}$;$CD$ 段没有均布荷载作用,剪力为水平直线,$F_{QDC}=-8\text{kN}$;完成剪力图如图 5-46,文字描述可略去。

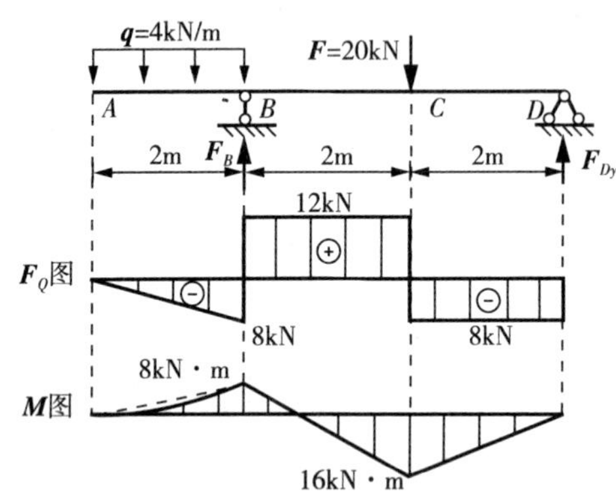

图 5-47　例题 5-25 及解答

② 弯矩图:A 点为自由端,无集中力偶作用,$M_{AB}=0$;AB 段,有向下的均布荷载 $q=4\text{kN/m}$ 作用,弯矩图像为下凸曲线,利用悬臂梁典型结论 $M_{BA}=ql^2/2=-8\text{kN}\cdot\text{m}$;B点连续 $M_{BC}=-8\text{kN}\cdot\text{m}$;$BC$ 段剪力为大于零的水平直线,弯矩图为下斜直线,斜率为 $F_Q=12$,弯矩增大 $12\times2=24\text{kN}\cdot\text{m}$,$M_{CB}=-8+24=16\text{kN}\cdot\text{m}$;$C$ 点连续 $M_{CD}=16\text{kN}\cdot\text{m}$;$CD$ 段没有均布荷载作用,弯矩图为斜直线且 B 点为固定铰支座无集中力偶作用,$M_{DC}=0$,可直接连接;完成弯矩图如图 5-48,文字描述可略去。

(4) 由此题可知,利用微分关系绘制梁的内力图,方法是多种多样的,是综合运用所学知识的题录类型。快速准确地绘制梁的内力图,需要熟悉所学内容,并进行大量的练习和总结经验结论。

3. 叠加法

当梁在荷载作用下产生微小变形,因而在求梁的支反力、剪力、弯矩时可直接代入梁的原始尺寸进行计算,且所得结果与梁上荷载成正比。在这种情况下,当梁上有几个荷载作用时,由每一个荷载所引起的梁的支反力或内力,将不受其他荷载的影响。荷载引起的梁的参数,等于每个外荷载单独作用时所引起的梁参数的代数和,这就是**叠加原理**。

所以在计算梁的某截面上的弯矩时,只需先分别算出各项荷载单独作用时在该截面上引起的弯矩,然后计算其代数和,即得到该截面上的终弯矩。这种由几个外力共同作用引起的某一参数(内力、位移等) 等于每一外力单独作用时引起的该参数值的代数和的方法,称为

叠加法。

叠加法应用广泛，不仅可以计算内力，也可以计算位移等，它的应用条件是：需要计算的物理量（如支反力、内力以及以后要讨论的应力和变形等）必须是荷载的线性齐次式。也就是说，该物理量的荷载表达式中既不包含荷载的一次方以上的项，也不包含荷载的零次项。简单来说，其**基本步骤**为：

(1) 将梁上的荷载分解为荷载分别单独作用的情况；

(2) 绘制每个荷载单独作用下梁的弯矩图；

(3) 将几张弯矩图相应位置的竖标叠加，得到梁在所有荷载共同作用下的弯矩图。

例题 5－26　叠加法作梁弯矩图

用叠加法绘制图 5－48 中简支梁弯矩图。

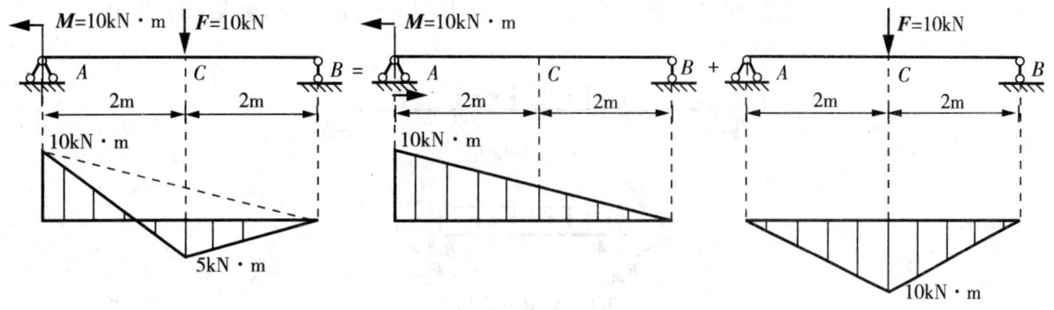

图 5－48　例题 5－26

解：(1) 简支梁上共有 **M** 和 **F** 两个荷载的共同作用，将其分解为 **M** 单独作用和 **F** 单独作用两种情况；

(2) 分别绘制两种情况的弯矩图；

(3) 将两图竖标叠加：$M_A=-10+0=-10$；$M_C=-5+10=5$；$M_B=0+0=0$；AC 段和 CB 段，直线与直线叠加，结果必为直线。得终弯矩图如图所示。

例题 5－27　叠加法作梁弯矩图

用叠加法绘制图 5－49 中简支梁弯矩图。

解：(1) 简支梁上共有 **M** 和 **q** 两种荷载的共同作用，将其分解为 **M** 单独作用和 **q** 单独作用两种情况；

(2) 分别绘制两种情况的弯矩图；

(3) 将两图竖标叠加：$M_A=M_A+0=M_A$；$M_B=M_B+0=M_B$；在 AB 中点 C 处，有 $M_1=(M_A+M_B)/2$，$M_2=ql^2/8$，则 $M_C=M_1+M_2=(M_A+M_B)/2+ql^2/8$；$AB$ 段，直线与抛物线叠加，结果必为抛物线。得终弯矩图如图 5－50 所示。

某些情况下，叠加法并不需要运用在全梁上，而是在梁分段后，在某一段或几段上运用，称为区段叠加。

如图 5－50(a) 中所示简支梁，在 AB 段上有均布荷载 **q** 作用。将梁与截面 A 和 B 处截

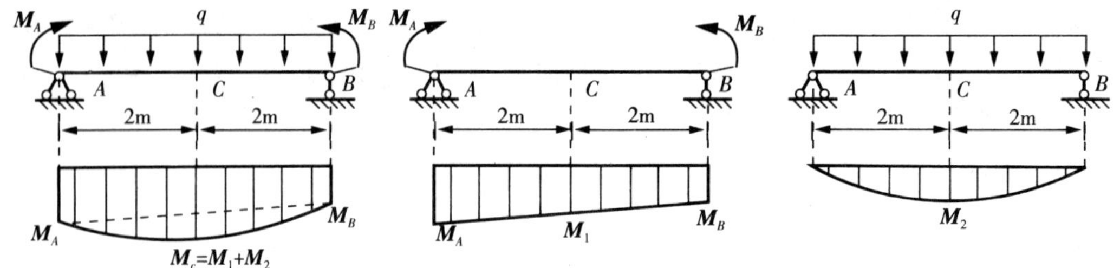

图 5－49　例题 5－27

断，只取 AB 段为研究对象，其上作用的力除均布荷载 $\boldsymbol{q}$ 之外，还有 A、B 两截面上的剪力和弯矩，如图(b) 所示。

分析杆段 AB 的受力情况，其与图(c) 中所示简支梁的受力情况等效，所以可以图(c) 简支梁为模型，运用叠加法绘制 AB 段的弯矩图，情况与例 5－26 类似，如图(d) 所示。

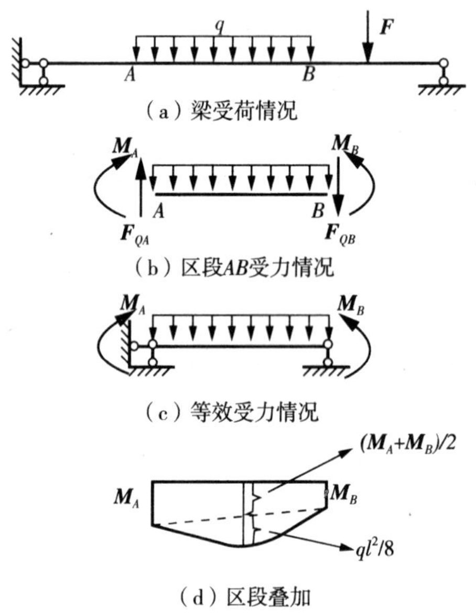

(a) 梁受荷情况

(b) 区段AB受力情况

(c) 等效受力情况

(d) 区段叠加

图 5－50　区段叠加示意图

所以，在绘制梁的内力图时，若某梁段上有均布荷载 $\boldsymbol{q}$ 的作用，可以先绘制梁段上没有 $\boldsymbol{q}$ 作用时的弯矩图，并用虚线表示，称为基线；再在基线上叠加简支梁受均布荷载作用时的弯矩图形状，即叠加一段抛物线，即可得到梁段的终弯矩图像。

例题 5－28　区段叠加法的应用

试应用区段叠加法绘制图 5－51 中外伸梁的弯矩图。

解：(1) 根据荷载作用的情况，将外伸梁 AD 分为 AB 和 BD 两段。

(2) 综合运用绘制弯矩图的方法，快速绘制弯矩图：$M_{AB}=0$；AB 段弯矩图为上斜直线，斜率为剪力值 15，$M_{BC}=M_{BA}=-30\text{kN}\cdot\text{m}$；$M_{DB}=0$。

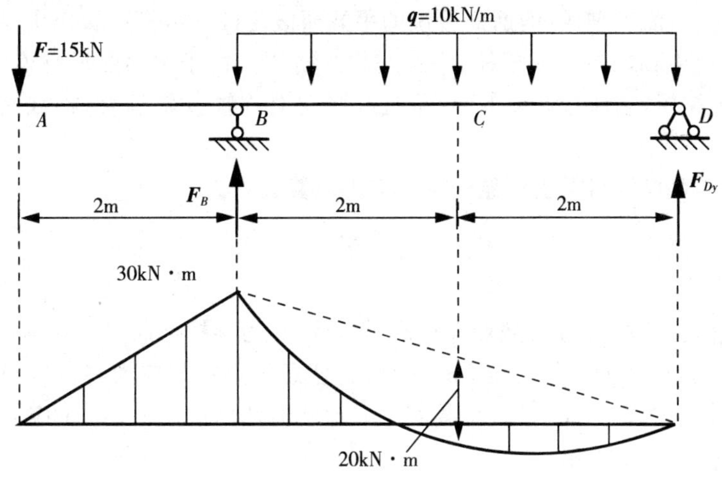

图 5－51　例题 5－28 及解答

(3) 在 BD 段运用区段叠加，若 BD 段无均布荷载 $\boldsymbol{q}$ 作用，弯矩图为直线，用虚线连接为基线如图所示，再将简支梁受均布荷载 $\boldsymbol{q}$ 作用时的抛物线的图形叠加于 BD 段的基线上，得终弯矩图如图所示。BD 中点 C 截面处，基线到抛物线的竖标为 $ql^2/8=20\text{kN}\cdot\text{m}$。应注意，$C$ 截面并非抛物线最低点，即不为抛物线最大值，最大值仍在剪力为零的截面上。

三、平面弯曲梁横截面的应力

在一般情况下，梁的横截面上即有弯矩，又有剪力。显然，由于弯矩中的力是垂直于截面方向的，只能够引起正应力 $\boldsymbol{\sigma}$；剪力是沿着截面方向的，只能够引起切应力 $\boldsymbol{\tau}$。当梁上只有弯矩没有剪力时，称为纯弯曲，我们先以纯弯曲的情况来研究梁横截面上的正应力，再来讨论切应力的情况。

1. 梁横截面上的正应力

梁受弯产生变形时，横截面上的正应力 $\boldsymbol{\sigma}$ 是非均匀分布的，仅依靠静力方程无法求出，必须利用变形条件建立补充方程，所以应先研究其变形。

取一段梁，在梁表面等距离地画出横线线和纵向线，形成如图 5－52(a) 所示的矩形方格 $abcd$。然后在杆件两端施加一对上压下拉的力偶，梁产生纯弯曲。变形后，如图 5-52(b) 所示，可以观察到：纵向线由直线变为曲线，且以中性层为界，上半部分的纵向线都缩短，下半部分的纵向线都伸长了；横向线变形后仍为直线，但互相倾斜了一个角度，并且垂直于弯曲后梁的轴线；矩形方格上部变窄，下部变宽；横截面高度不变。

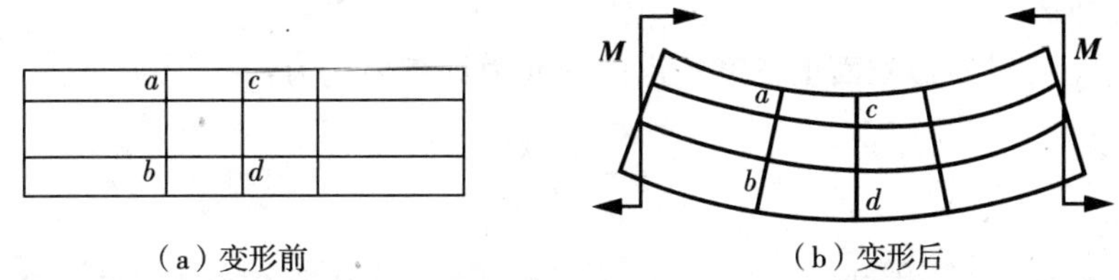

图 5－52　扭转杆件的变形

根据观察到的现象，为方便研究，我们假设产生弯曲的梁，其横截面在变形之后仍是平面，且垂直于弯曲后的梁轴线，即前面所说的**平截面假定**；同时，将梁看作由无数根纵向纤维组成，各纤维只产生轴向拉伸或压缩，不存在相互挤压。由于梁的变形是连续的，因此中性轴既不伸长也不缩短，它通过截面的形心，且与竖向对称轴 y 轴垂直，把截面分成受拉区和受压区两部分。

在此假定下，可以推得**梁上任意一点正应力计算公式**为：

$$\sigma=\frac{My}{I_z} \qquad 式(5-19)$$

式中，$\boldsymbol{M}$ 为横截面上的弯矩；y 为截面上点的纵坐标；I_z 为梁横截面对中性轴的惯性矩。此式表明：① 梁受弯时，横截面上的正应力是变化的，任意一点的切应力与该截面上的弯矩成正比，与该点到中性层的距离成正比，与截面对 z 轴的惯性矩成反比；② 正应力 $\boldsymbol{\sigma}$ 的正负与弯矩 $\boldsymbol{M}$ 与点纵坐标 y 的乘积相同。

由式(5－19) 可知正应力沿截面宽度均匀分布，沿高度呈线性分布，如图 5－53 所示。

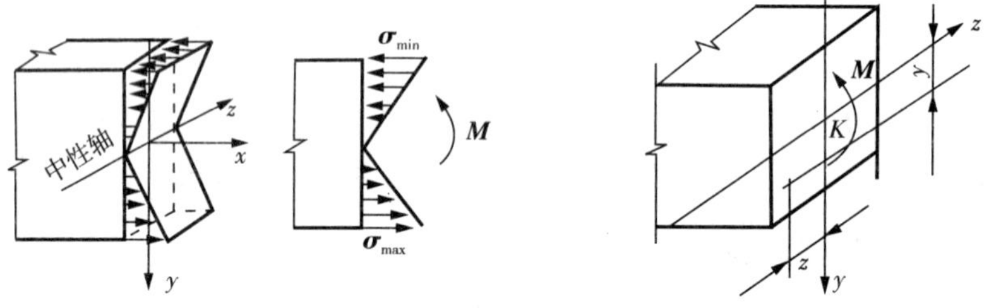

图 5－53　梁横截面上正应力的分布

应当注意：① 弯曲正应力公式适用于均匀连续、各向同性材料，在线弹性范围内对称弯曲的小变形问题；② 纯弯曲时，公式结果为精确解，横力弯曲时，结果有误差。当梁的跨高比 $l/h\geqslant 5$ 时，误差一般不超过 5%；③ 若中性轴为截面对称轴，则最大拉应力和最大压应力绝对值相等，若中性轴不是截面对称轴，则最大拉应力和最大压应力绝对值不相等；④ 公式(5－19) 中 M 和 y 都可能是正值或负值，但是实际计算时通常都带绝对值，正应力 $\boldsymbol{\sigma}$ 的正负主由该点处在受拉区还是受压区来确定：当点位于受拉区时，正应力必为正；当点位于受压区时，正应力必为负；当点位于中性层上，正应力必为零。

2. 梁横截面上的切应力

梁在横向荷载的作用下产生变形时，横截面上的切应力 $\boldsymbol{\tau}$ 是非均匀分布的，且不同形状的截面，切应力的分布不同。

1) 矩形截面梁

由弹性力学可得**矩形截面上任意一点的切应力计算公式**为：

$$\tau=\frac{F_Q S_z^*}{I_z b} \qquad 式(5-20)$$

式(5－20) 中，F_Q 为横截面上的剪力；$S_z{}^*$ 为横截面上需求切应力处平行于中性轴以上或以下部分的面积 A^* 对中性轴的静矩；I_z 为梁横截面对中性轴的惯性矩；b 为横截面的宽度。用此式计算时，各参数均用绝对值代入。

由(式 5-19)可知，对于矩形截面梁，横截面上各点处切应力的方向与剪力平行，大小沿截面宽度均匀分布，沿高度呈抛物线分布，且在截面上、下边缘各点处切应力等于零，在中性轴处切应力最大，如图 5-54 所示。

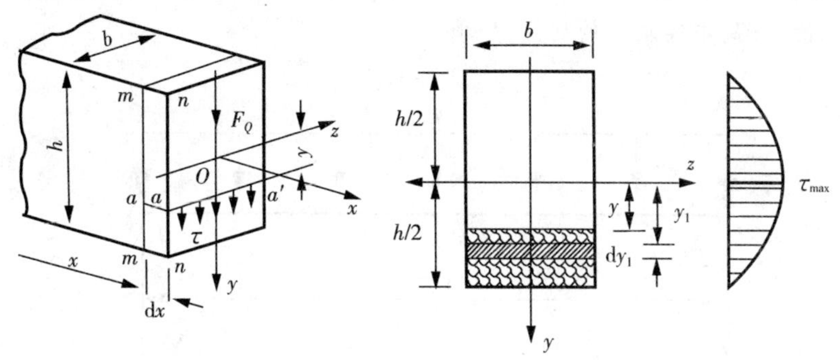

图 5-54　矩形截面梁上切应力的分布

2) 工字形截面梁

在对于工字形截面或 T 型截面梁上，剪应力的情况比较复杂，既有与剪力平行的切应力分量，也有与翼缘长边平行的切应力分量，但与腹板上的切应力比较，数值很小，所以在一般情况下不予考虑。其任意一点计算公式可写为：

$$\tau = \frac{F_Q S_z^*}{I_z d} \qquad 式(5-21)$$

与(式 5-20)类似式，F_Q 为横截面上的剪力；$S_z{}^*$ 为横截面上需求切应力处平行于中性轴以上或以下部分的面积 A^* 对中性轴的静矩；I_z 为梁横截面对中性轴的惯性矩；d 为横截面腹板的宽度。$\boldsymbol{\tau}$ 的方向和符号，与剪力 $\boldsymbol{F_Q}$ 相同。

对于工字形截面或 T 型截面梁，横截面上剪力的绝大部分由腹板来承担，约占总剪力的 95% ～ 97%，并且腹板上的最大切应力与最小切应力相差不大，如图 5-55 所示。

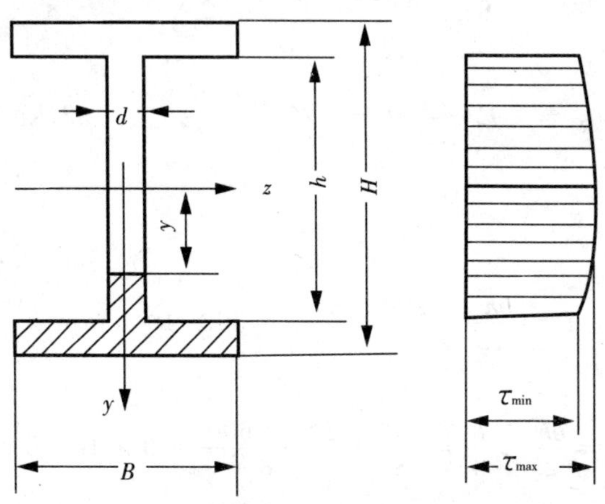

图 5-55　工字形截面梁上切应力的分布

例题 5－29　梁横截面应力的计算

如图 5－56 所示悬臂梁，受集中力 $F=20\text{kN}$ 和满跨的均布荷载 $q=12\text{kN/m}$ 的作用。已知梁长 $l=2\text{m}$，截面尺寸为 $h\times b=200\text{mm}\times600\text{mm}$。试计算该悬臂梁最中点 C 截面上边缘点的正应力 σ 值，与最中性轴点的切应力 τ 值。

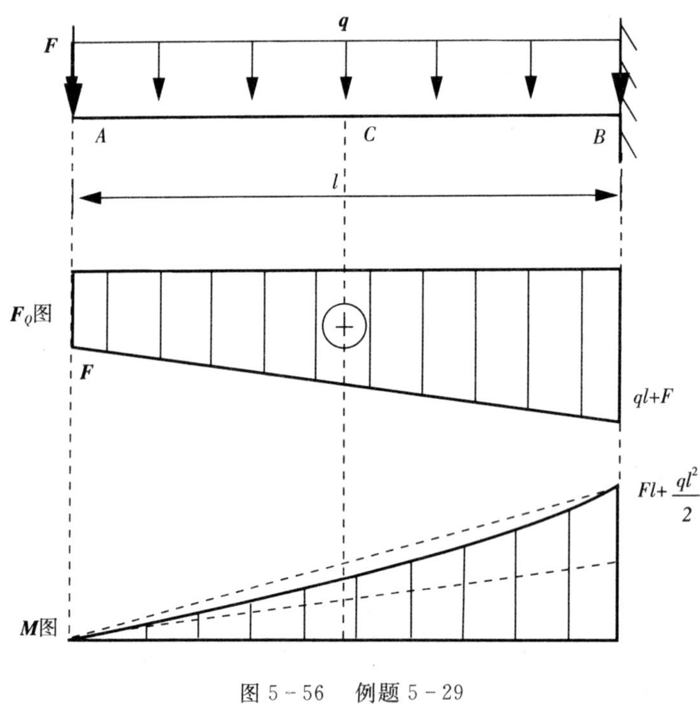

图 5－56　例题 5－29

解：(1) 绘制悬臂梁的剪力图和弯矩图如图 5－57 所示。根据内力图像可得：

$$M_C=\frac{1}{2}(Fl+\frac{ql^2}{2})-\frac{ql^2}{8}=\frac{1}{2}(20\times2+\frac{12\times2^2}{2})-\frac{12\times2^2}{8}=32(\text{kN}\cdot\text{m})$$

$$F_{QC}=-F-\frac{1}{2}ql=-20-\frac{12\times2}{2}=-32(\text{kN})$$

(2) 根据截面尺寸，有：

$$I_z=\frac{bh^3}{12}=\frac{200\times600^3}{12}=36\times10^8\ (\text{mm})^4$$

$$S_z^*=\frac{bh}{2}\times\frac{h}{4}=\frac{bh^2}{8}=\frac{200\times600^2}{8}=9\times10^6(\text{mm}^3)$$

(3) 根据公式(5－19)和公式(5－20)可得 C 截面上边缘正应力和中性轴切应力的值为：

$$\sigma = \frac{My}{I_z} = \frac{M_C \times h/2}{I_z} = \frac{32 \times 10^6 \times 600/2}{36 \times 10^8} = 2.7(\text{MPa})$$

$$\tau = \frac{F_Q S_z^*}{I_z b} = \frac{-32 \times 10^3 \times 9 \times 10^6}{36 \times 10^8 \times 200} = -0.4(\text{MPa})$$

四、平面弯曲梁的强度条件

1. 平面弯曲梁的正应力强度条件

根据公式(5－19)，平面弯曲梁上的正应力随离开中性轴距离的增大而增大，当 $y = y_{\max} = h/2$ 时，表示截面上下边缘处有正应力的最大值，即最大拉应力和最大压应力发生在上下边缘处，其值为：

$$\sigma_{\max} = \frac{M_{\max} y_{\max}}{I_z} = \frac{M_{\max}}{I_z / y_{\max}} = \frac{M_{\max}}{W_z}$$

即平面弯曲梁的最大正应力为：

$$\sigma_{\max} = \frac{M_{\max}}{W_z} \qquad \text{式(5-22)}$$

式(5－22)中，W_z 称为**抗弯截面系数**，是与截面形状和尺寸有关的几何量。此式表明：① 平面弯曲梁的最大工作正应力发生在弯矩最大的截面上的上下边缘的点处，受拉区为最大拉应力 $\sigma_{t\max}$，受压区为最大压应力 $\sigma_{c\max}$；② 梁的最大拉压应力与梁的最大弯矩成正比，与截面的抗弯截面系数成反比。

对于矩形截面梁：

$$W_z = \frac{I_z}{y_{\max}} = \frac{bh^3/12}{h/2} = \frac{bh^2}{6}$$

工程上要求梁弯曲时的最大正应力不得超过材料的容许正应力$[\sigma]$，即需要满足 $\sigma_{\max} \leqslant [\sigma]$。所以，平面弯曲梁的**正应力强度条件**为：

$$\sigma_{\max} = \frac{M_{\max}}{W_z} \leqslant [\sigma] \qquad \text{式(5-23)}$$

平面弯曲梁的正应力强度条件，在工程实际中也可以解决强度校核、设计截面尺寸和确定容许荷载三类问题。

1）强度校核

在已知梁的材料、横截面尺寸、所受的弯矩或弯矩可计算出，即已知$[\sigma]$、W_z 和 $M_{\max}$ 的情况下，就可应用式(5－23)判断杆件是否可以安全工作。

2）设计截面尺寸

在已知梁的材料、所受的弯矩或弯矩可计算出的情况下，即已知$[\sigma]$ 和 $M_{\max}$ 的情况下，可应用：

$$W_z \geqslant \frac{M_{max}}{[\sigma]} \qquad 式(5-24)$$

计算梁正常工作所需的抗弯截面系数，然后按照梁在实际工程中的用途和性质，选定横截面的形状，计算出梁的截面尺寸。

3）确定容许荷载

在已知梁的材料和横截面尺寸的情况下，即已知$[\sigma]$和W_z的情况下，可应用：

$$M_{max} \leqslant W_z[\sigma] \qquad 式(5-25)$$

计算出梁可以承受的最大弯矩M_{max}，然后根据梁受外荷载的情况，确定梁可以承担的最大荷载，即确定容许荷载$[F]$。

2. 平面弯曲梁的切应力强度条件

根据公式(5-19)和公式(5-20)，平面弯曲梁上的切应力在中性轴处最大值。其中矩形截面梁的最大切应力公式可以化简为：

$$\tau_{max} = 1.5\frac{F_Q}{bh} \qquad 式(5-26)$$

而对于工字形截面和T形截面，其值应为：

$$\tau = \frac{F_Q S_{zmax}^*}{I_z d} \qquad 式(5-27)$$

工程上要求梁弯曲时的最大且应力不得超过材料的容许切应力$[\tau]$，即需要满足$\tau_{max} \leqslant [\tau]$。所以，平面弯曲梁的**切应力强度条件**可以写为：

$$\tau_{max} = \frac{F_{Smax} S_{zmax}^*}{I_z b} \leqslant [\tau] \qquad 式(5-28)$$

平面弯曲梁的切应力强度条件，在工程实际中也可以解决强度校核、设计截面尺寸和确定容许荷载三类问题。

3. 平面弯曲梁强度条件的应用

在应用梁的强度条件时应注意：① 当梁内的最大拉应力$[\sigma_t]$和最大压应力$[\sigma_c]$不相等且$[\sigma_t] \neq [\sigma_c]$时，应分别计算梁的抗拉和抗压能力；② 一般说来，梁的正应力强度占主要地位，切应力强度是次要的，所以优先考虑正应力强度问题；③ 当梁的跨度较小或者在支座附近作用较大的荷载，梁内弯矩较小而剪力很大时，或对于铆接或焊接的组合截面梁，或各向异性材料如木材等要考虑切应力强度；④ 对于变截面梁和不同种材料制成的梁，则要根据实际情况计算最大正应力和最大切应力。

例题 5-30 平面弯曲梁的正应力强度校核

如图 5-57 所示外伸梁，受满跨均布荷载 $\boldsymbol{q}=1.5\text{kN/m}$ 的作用。已知梁长共为 4m，采用矩形截面尺寸 $b\times h=50\text{mm}\times 100\text{mm}$。材料的容许正应力$[\sigma]=10\text{MPa}$，容许切应力$[\tau]=1.2\text{MPa}$。

(1) 试计算 A 左截面的最大拉应力和切应力。

(2) 校核该杆的正应力和切应力强度。

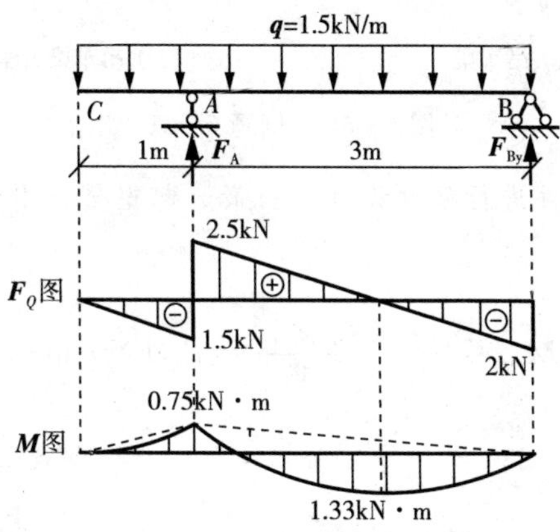

图 5-57 例题 5-30

解：(1) 解得支座反力为：$\boldsymbol{F}_A=4\text{kN}$，$\boldsymbol{F}_B=2\text{kN}$，并绘制外伸梁的剪力图和弯矩图如图 5-57 所示，可知 A 左截面的内力 $\boldsymbol{F}_{QA}=-1.5\text{kN}$，$\boldsymbol{M}_A=-0.75\text{kN}\cdot\text{m}$。则可得 A 左截面的最大应力：

$$\sigma_{A\max}=\frac{M_A}{W_z}=\frac{0.75\times 10^6}{50\times 100^2/6}=9.0(\text{MPa})$$

$$\tau_{A\max}=1.5\frac{F_{QA}}{bh}=-1.5\times\frac{1.5\times 10^3}{50\times 100}=-0.33(\text{MPa})$$

(2) 对于整根梁，$\boldsymbol{F}_{Q\max}=2.5\text{kN}$，$\boldsymbol{M}_{\max}=1.33\text{kN}\cdot\text{m}$。先进行正应力的强度校核，再进行切应力的强度校核：

$$\sigma_{\max}=\frac{M_{\max}}{W_z}=\frac{1.33\times 10^6}{50\times 100^2/6}=16.0(\text{MPa})<[\sigma]=20(\text{MPa})$$

$$\tau_{A\max}=1.5\frac{F_{Q\max}}{bh}=1.5\times\frac{2.5\times 10^3}{50\times 100}=0.75(\text{MPa})<[\tau]=1.2(\text{MPa})$$

所以梁的正应力和切应力强度均满足要求，该梁安全。

例题 5-31 梁截面尺寸设计

如图 5-58(a) 所示某吊车梁，梁的跨度 $l=10\text{m}$，最大起重量 $\boldsymbol{F}=30\text{kN}$。该梁采用工字型钢截面，容许应力$[\sigma]=140\text{MPa}$ 弹性模量 $E=200\text{GPa}$。忽略钢材重力作用，试选择工字钢型号。

解：(1) 先将吊车梁简化为力学模型，简支梁 AB 如图 5-58(b) 所示，A 端为固定铰支座，B 端为链杆支座。

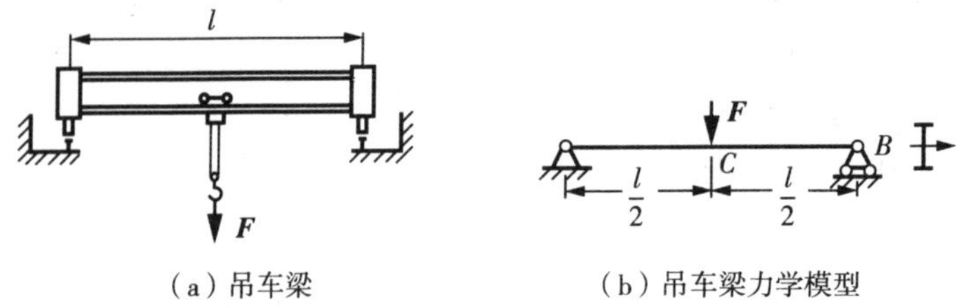

(a) 吊车梁　　(b) 吊车梁力学模型

图 5-58　例题 5-31

(2) 按照正应力强度条件进行截面设计。当最大起重量作用于跨中 C 点时，C 截面将产生最大弯矩：

$$M_{max}=\frac{Fl}{4}=\frac{30\times 10}{4}=75(\mathrm{kN\cdot m})$$

(3) 根据强度条件式(5-23) 有：

$$W_z\geqslant\frac{M_{max}}{[\sigma]}=\frac{75\times 10^6}{140}=535714\ (\mathrm{mm})^3=536(\mathrm{cm})^3$$

查附录型钢表，初选 32a 号工字钢，$W_z=692\mathrm{cm}^3$，$I_z=11100\mathrm{cm}^4$，满足要求。

例题 5-32　梁容许荷载计算

如图 5-59(a) 所示槽形截面铸铁梁，长度 $3b=3\times 2\mathrm{m}=6\mathrm{m}$，受到集中力 $\boldsymbol{F}$ 和均布荷载 $\boldsymbol{q}=\boldsymbol{F}/b$ 的作用。梁横截面形状和尺寸如图(b) 所示，截面对于中性轴 z 轴的惯性矩 $I_z=5493\mathrm{cm}^4$。铸铁的容许拉应力 $[\sigma_t]=30\mathrm{MPa}$，容许压应力 $[\sigma_c]=90\mathrm{MPa}$。试计算梁的容许荷载 $[\boldsymbol{F}]$。

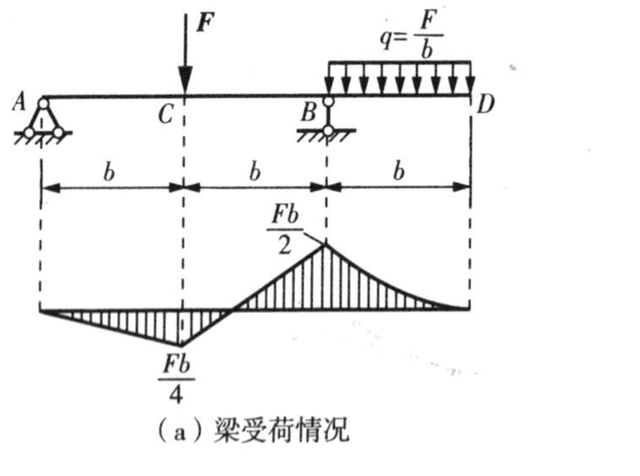

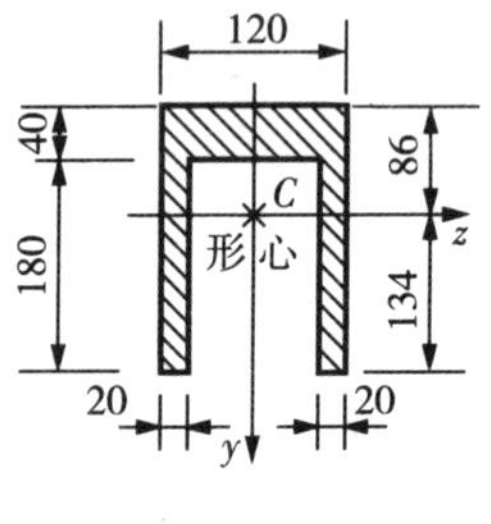

(a) 梁受荷情况　　(b) 梁截面尺寸

图 5-59　例题 5-32

解：(1) 计算支座反力，并绘制梁 AD 的弯矩图如图所示，B 截面的弯矩有最大值 $M_{max}=\frac{Fb}{2}$；

(2) 梁的最大拉压正应力发生在 B 截面的上下边缘处，又由形心位置可知$\frac{\sigma_t}{\sigma_c}=\frac{86}{134}>\frac{[\sigma_t]}{[\sigma_c]}=\frac{30}{90}$，所以梁的正应力强度由梁的拉应力控制，应校核梁的拉应力；

(3) 由梁的强度条件式(5-25)有 $M_{\max}=\frac{Fb}{2}\leqslant W_z[\sigma_t]=\frac{I_z}{y_{\max}}[\sigma_t]$，则：

$$F\leqslant\frac{2I_z[\sigma_t]}{y_{\max}b}=\frac{2\times 54.93\times 10^6\times 30}{86\times 2\times 10^3}=19161(\mathrm{N})=19.2(\mathrm{kN})$$

所以梁的容许荷载$[F]=19.2\mathrm{kN}$。

4. 提高梁抗弯强度的措施

在进行梁的设计时，一方面要保证梁具有足够的强度，在荷载作用下能安全的工作；另一方面应梁的材料能充分发挥潜力，以节省材料，符合经济的原则。

1) 合理安排约束和布置荷载

均布载荷作用在简支梁上时，最大弯矩与跨度的平方成正比，如能减少梁的跨度，将会降低梁的最大弯矩。若将梁上载荷分散布置，可以降低最大弯矩，例如将集中力 $\boldsymbol{F}$ 转换为均布荷载 $\boldsymbol{q}=\boldsymbol{F}/l$ 跨款布置在梁上，其最大弯矩将由$\frac{\boldsymbol{F}l}{4}$变为为$\frac{\boldsymbol{F}l}{8}$，减小一半。这两点的目的都是为了降低梁的最大弯矩 $\boldsymbol{M}_{\max}$，从而达到提高梁强度的目的。

2) 合理选择梁的截面

梁的强度一般是由横截面上的最大正应力控制的。当弯矩一定时，横截面上的最大正应力 $\sigma_{\max}$ 与抗弯截面系数 W_z 成反比，所以提高梁的抗弯截面系数，对提高梁的强度很有帮助，这就需要合理地选择梁的截面。合理的截面形状是在截面面积 A 相同的条件下，有较大的抗弯截面系数 W_z，也就是说比值 W_z/A 较大的截面形状更为合理。

例如，高为 h、宽为 b 的矩形截面，直径为 h 的圆形截面和高为 h 的工字形与槽形截面，其比值分别约为 $0.167h$、$0.125h$ 和 $0.30h$，可见这三种截面的合理顺序是为：工字形与槽形截面、矩形截面、圆形截面。

对一般截面而言，W_z 与其高度的平方成正比，所以尽可能地使横截面面积分布在距中性轴较远的地方，这样在截面面积一定的情况下可以得到尽可能大的抗弯截面系数；或者在抗弯截面系数 W_z 一定的情况下，减少截面面积以节省材料和减轻自重。所以，工字形、槽形截面比矩形截面合理，矩形截面立放比平放合理，正方形截面比圆形截面合理。

梁的截面形状的合理性，也可从正应力分布的角度来说明。梁弯曲时，正应力沿截面高度呈直线分布，在中性轴附近正应力很小，这部分材料没有充分发挥作用。如果将中性轴附近的材料尽可能减少，而把大部分材料布置在距中性轴较远的位置处，则材料就能充分发挥作用，截面形状就显得合理。所以，工程上常采用工字形、圆环形、箱形等截面形式。工程中常用的空心板、薄腹梁等就是根据这个道理设计的。

此外，对于用铸铁等脆性材料制成的梁，由于材料的抗压强度比抗拉强度大得多，所以，宜采用 T 形等对中性轴不对称的截面，并将其翼缘部分置于受拉侧。为了充分发挥材料的潜力，应使最大拉应力和最大压应力同时达到材料相应的容许应力。

本章小结

1. 杆件的内力及正负规定

(1) 轴向拉压杆件：轴力 $\boldsymbol{F}_N$；拉力为正，压力为负；

(2) 扭转杆件：扭矩 $\boldsymbol{T}$；右手定则，拉正压负；

(3) 平面弯曲梁：剪力 $\boldsymbol{F}_Q$；使所研究的杆端顺时针转动为正，逆时针转动为负；

(4) 平面弯曲梁：弯矩 $\boldsymbol{M}$；使杆件上压下拉为正，上压下拉为负。

2. 杆件的内力图

以杆件的截面位置为横坐标，截面的内力值为纵坐标绘制的直观表示杆件内力变化的图像，包括轴向拉压杆件的轴力图、扭转杆件的扭矩图、平面弯曲梁的剪力图和弯矩图。绘制的方法包括：

(1) 截面法：将杆件分段，各段取具有代表性的截面进行内力计算并绘图。适用杆段上无分布力的直线图形。

(2) 方程法：确定坐标原点，取任意截面 x，通过平衡条件列出内力方程。方程法是绘制内力图的基本方法，但较为繁琐。

(3) 微分关系法：杆段在集中力、集中力偶作用处，分布力的起点和终点处分段，根据微分关系判断段内图像形状，再连线。方法简洁实用，可以快速绘制内力图。

(4) 叠加法：将荷载分解为典型荷载单独作用的情况并作内力图，再将竖标叠加得终弯矩。在杆件或杆件区段上应用。

3. 杆件的应力和强度条件

<table>
<tr><th rowspan="2"></th><th colspan="3">应力</th><th rowspan="2">强度条件</th></tr>
<tr><th>应力类型</th><th>应力分布</th><th>计算公式</th></tr>
<tr><td>轴向拉压杆件</td><td>正应力 σ</td><td>沿截面均匀分布</td><td>$\sigma=\frac{F_N}{A}$</td><td>$\sigma_{\max}=\frac{F_{N\max}}{A}\leqslant[\sigma]$</td></tr>
<tr><td>扭转杆件</td><td>切应力 τ</td><td>从中心到边缘线性变化</td><td>$\tau_\rho=\frac{T\rho}{I_\rho}$</td><td>$\tau_{\max}=\frac{T_{\max}}{W_\rho}\leqslant[\tau]$</td></tr>
<tr><td rowspan="2">平面弯曲梁</td><td>正应力 σ</td><td>中心轴为零，上下边缘最大，中间线性变化</td><td>$\sigma=\frac{My}{I_z}$</td><td>$\sigma_{\max}=\frac{M_{\max}}{W_z}\leqslant[\sigma]$</td></tr>
<tr><td>切应力 τ</td><td>中心轴最大，上下边缘为零，中间沿截面高度抛物线分布</td><td>$\tau=\frac{F_QS_z^*}{I_zb}$</td><td>$\tau_{\max}=\frac{F_{S\max}S_{z\max}^*}{I_zb}\leqslant[\tau]$</td></tr>
</table>

无论哪一类型的杆件，其强度条件都可以解决强度校核、截面尺寸设计和确定容许荷载三大类问题。

思考与习题

1. 用截面法计算轴向拉压杆件的内力时，假想用截面将杆件截断后，选择哪一部分作为研究对象，应依据什么因素来决定？选取截面的哪一半作为研究对象，对于内力计算结果有无影响？

2. 截面法有哪些优缺点？可以解决哪些问题？试对每一类问题的解决方法步骤进行总结。

3. 轴力和截面面积均相同，而形状不同的两根受拉杆件，它们的应力、应变和变形量是否相同？为什么？

4. 轴向力拉压杆件的应力大小和哪些因素有关？

5. 长度和直径都相同的两根圆形扭转杆件，由不同材料制成，在其两端作用相同的扭转力偶矩 M_e，试问两杆件的最大切应力是否相同？相对扭转角是否相同？为什么？

6. 若圆轴直径增大一倍，其他条件均不变，那么最大剪应力、轴的扭转角将变化多少？

7. 平面弯曲梁的正应力和切应力与什么因素有关？若梁的正应力强度满足要求，切应力强度是否就一定满足要求？

8. 梁上弯矩最大的截面，是否就是应力最大的截面？为什么？

9. 试绘制图 5-60 中所示杆件的轴力图。

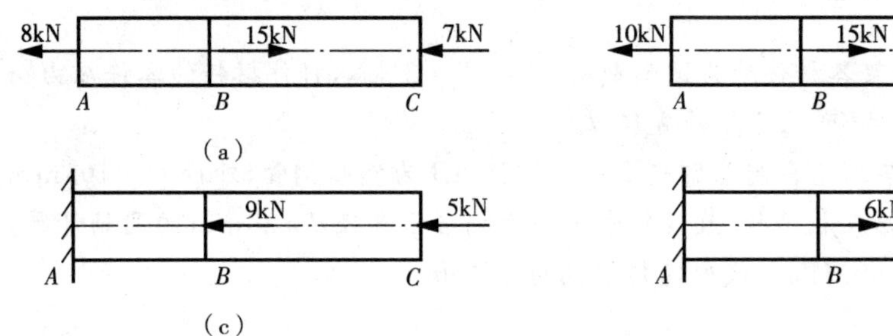

图 5-60　第 9 题

10. 如图 5-61 所示变截面杆件，$A_1=120\text{mm}\times120\text{mm}$，$A_2=240\text{mm}\times240\text{mm}$，$A_3=370\text{mm}\times370\text{mm}$，材料的弹性模量为 $E=1.5\times10^4\text{MPa}$。试计算 1、2 和 3 截面上的轴力和正应力，并绘制轴力图。

11. 如图 5-62 所示等截面直杆，受自重以及集中力 $\boldsymbol{F}$ 的作用。杆件的长度为 l，横截面面积为 A，材料的容重为 γ，弹性模量为 E，容许应力为 $[\sigma]$。试试绘制该杆件的轴力图。

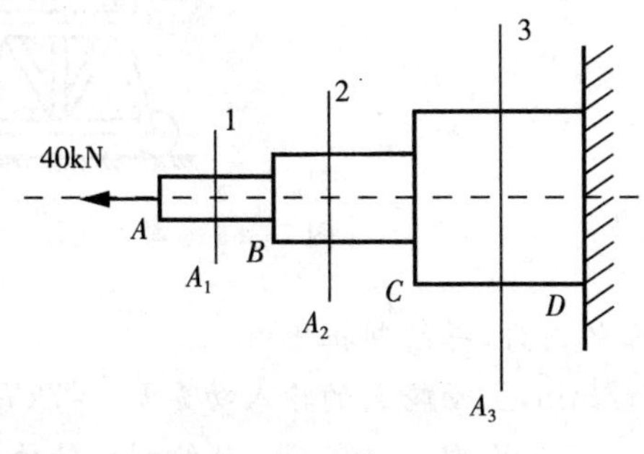

图 5-61　第 10 题

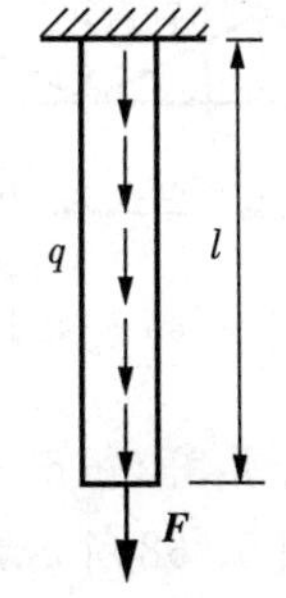

图 5-62　第 11 题

12. 已知杆件的线应变为 0.001，试计算当杆长为 $l=5$m 时杆件的伸长量 Δl。

13. 一空心圆截面杆件，外径 $D=60$mm，内径 $d=20$mm，杆件的长度为 $l=400$mm，两端承受轴向拉力 $F=200$kN 的作用。若弹性模量 $E=100$GPa，泊松比 $\mu=0.30$。试计算该杆外径的改变量 ΔD。

14. 如图 5-63 所示阶梯形杆件，第 Ⅰ 段横截面为直径 $d_1=20$mm 的圆形，第 Ⅱ 段横截面为边长 $d_2=30$mm 的正方形，第 Ⅲ 段横截面为直径 $d_3=15$mm 的圆形。两端的轴向拉力 $F=20$kN，材料的弹性模量 $E=210$GPa。试计算杆件的最大工作应力和杆件的总绝对变形 Δl。

15. 如图 5-64 所示一等截面直钢杆，横截面为 $b\times h=100\text{mm}\times 200\text{mm}$ 的矩形，材料的弹性模量 $E=200$GPa。试计算：(1) 每段杆件的工作应力；(2) 每段杆件的纵向线应变；(3) 全杆的总绝对变形 Δl。

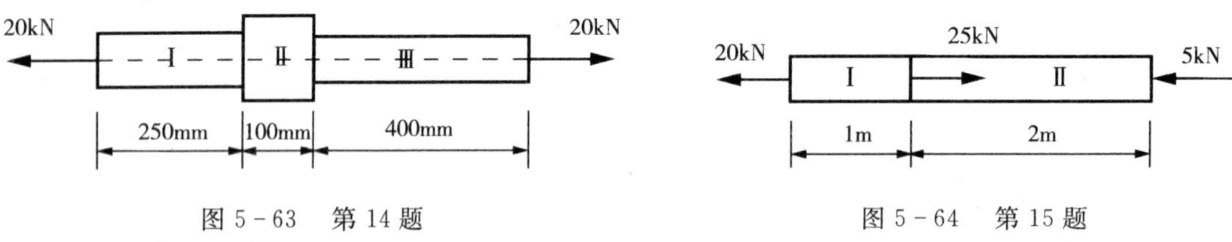

图 5-63　第 14 题　　图 5-64　第 15 题

16. 如图 5-65 所示桁架各杆件均为圆形截面，已知 $F=24$kN，杆件材料的容许应力 $[\sigma]=120$MPa。试选择指定杆件 ①、②、③ 的直径 d。

17. 如图 5-66 所示，某工地自制悬臂起重机。撑杆 AB 为空心钢管，外径 $D=105$mm，内径 $d=95$mm。钢索 1 和 2 互相平行，且设钢索可作为相当于直径 $d=25$mm 的圆轴计算。材料的容许应力同为 $[\sigma]=60$MPa。试确定起重机的容许吊重。

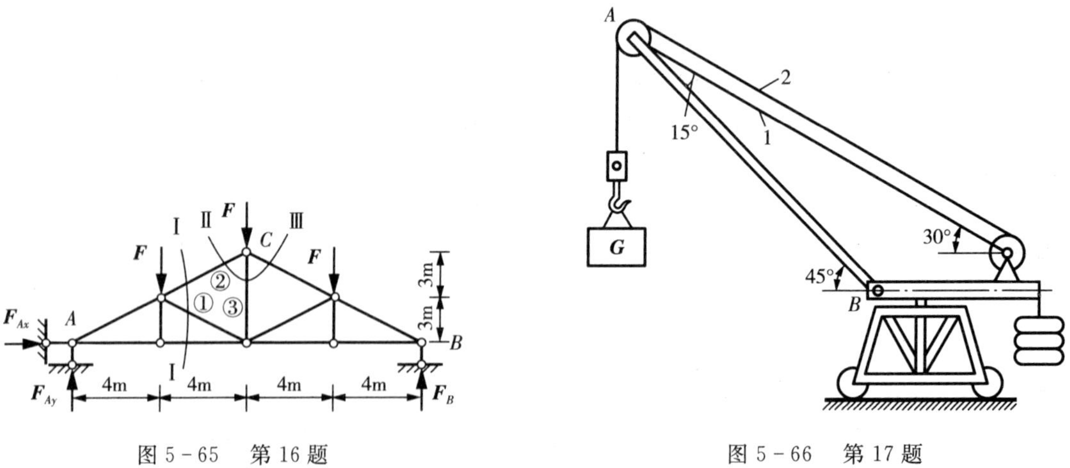

图 5-65　第 16 题　　图 5-66　第 17 题

18. 试计算图 5-67 中所示杆件指定截面的内力，并绘制扭矩图。

19. 如图 5-68 所示，传动轴转速 $n=250$r/min，主动轮 B 的输入功率 $P_B=7$kW，从动轮 A、C 和 D 的输出功率分别为 $P_A=3$kW，$P_C=2.5$ kW，$P_D=1.5$kW，试绘制该轴的扭矩图。

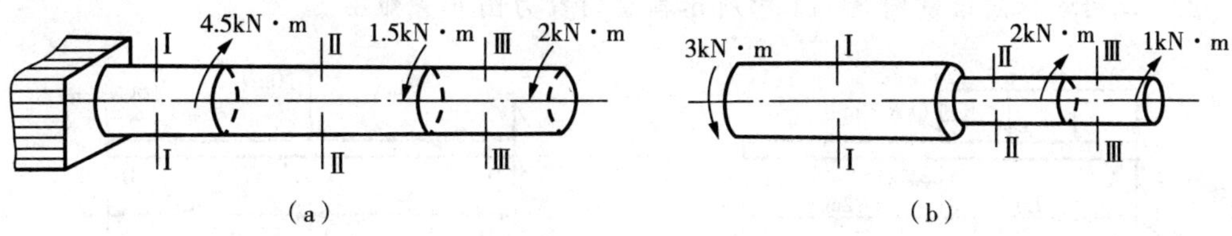

图 5-67　第 18 题图

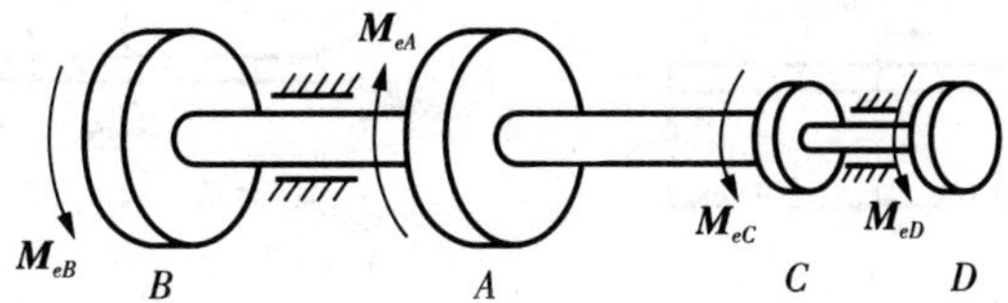

图 5-68　第 19 题

20. 如图 5-69 所示阶梯形圆轴，轴上装有三个皮带轮。轴的直径分别为 $d_1=40\text{mm}$，$d_2=70\text{mm}$。已知作用在轴上的外力偶矩分别为 $M_{eA}=0.62\text{kN}\cdot\text{m}$，$M_{eB}=0.81\text{kN}\cdot\text{m}$，$M_{eC}=1.43\text{kN}\cdot\text{m}$。材料的容许切应力$[\tau]=60\text{MPa}$，剪切弹性模量 $G=8\times10^4\text{MPa}$。试校核该轴的切应力强度。

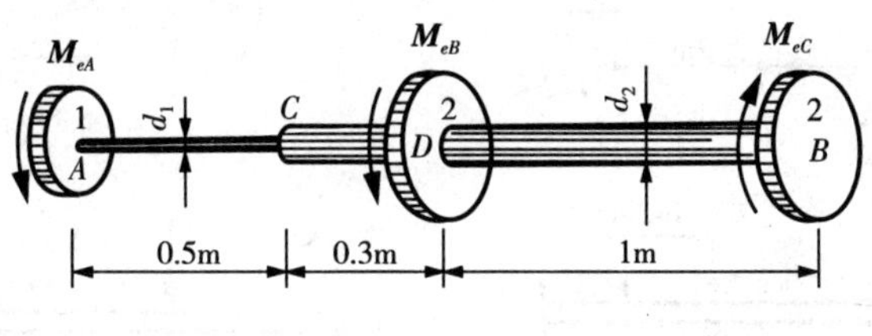

图 5-69　第 20 题

21. 试计算如图 5-70 中所示各梁指定截面的剪力和弯矩。

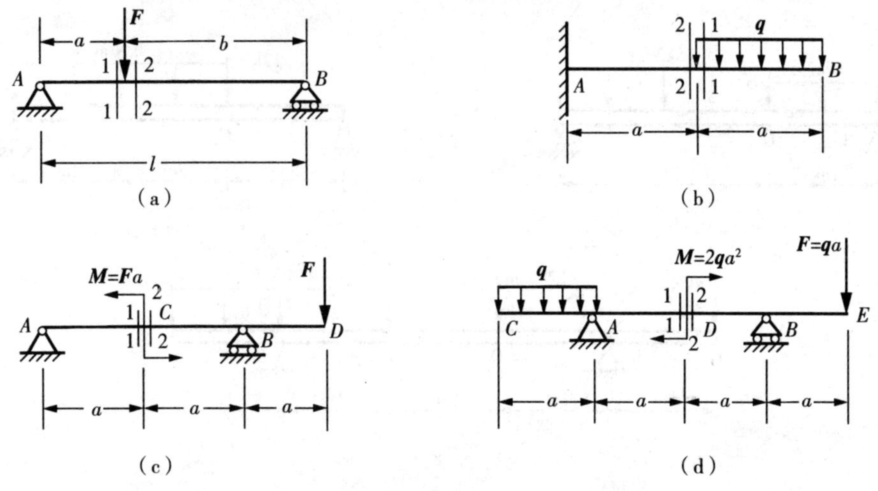

图 5-70　第 21 题

22. 试用方程法绘制图 5－71 中所示各梁的剪力图和弯矩图。

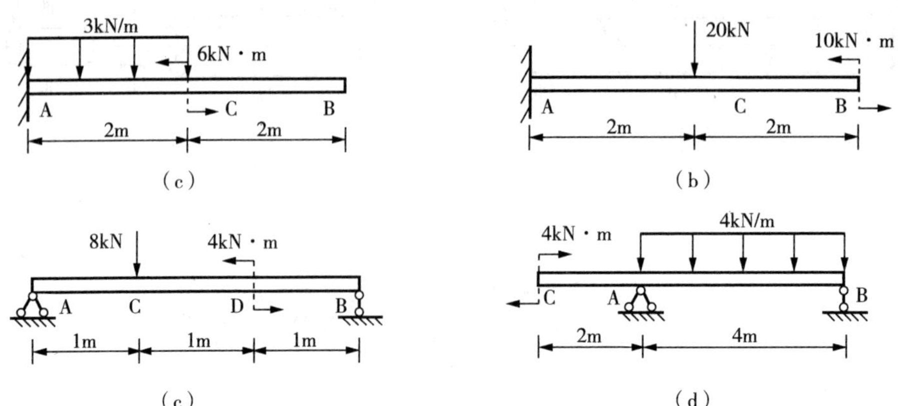

图 5－71　第 22 题

23. 试用微分关系法绘制图 5－72 中所示各梁的弯矩图。

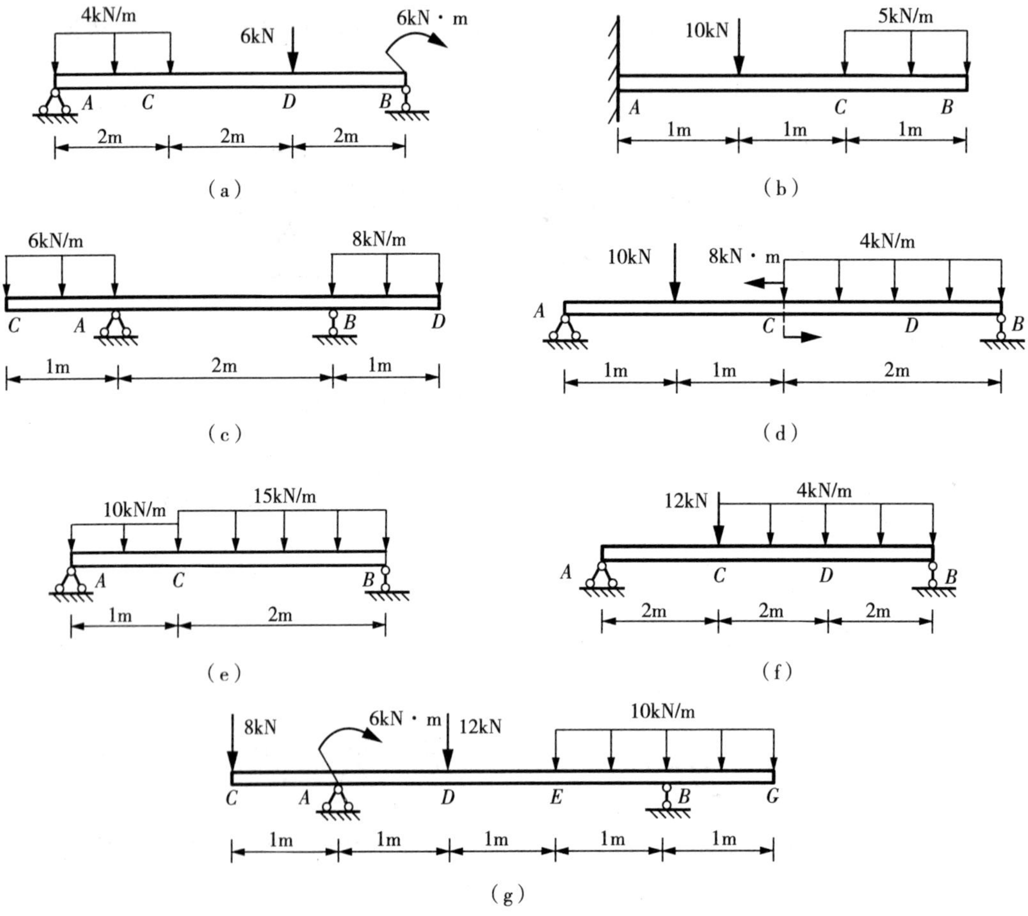

(a)

(b)

(c)

(d)

(e)

(f)

(g)

图 5－72　第 23 题

24. 梁截面如图 5-73 所示，剪力 $F_Q=15\text{kN}$，弯矩 $M=20\text{kN}\cdot\text{m}$，并位于梁的纵向对称平面内。试计算该截面的最大弯曲正应力和切应力，以及腹板与翼缘交接处的弯曲切应力。已知截面的惯性矩 $I_z=8.84\times10^{-6}\text{m}^4$，$C$ 为截面形心。

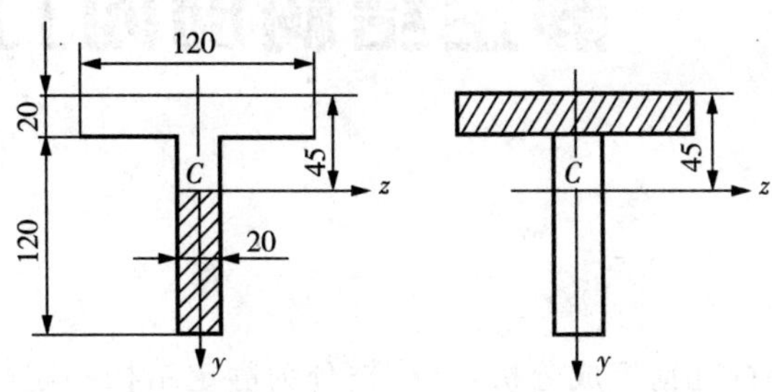

图 5-73　第 24 题

25. 一外伸工字型钢梁如图 5-74 所示，工字钢的型号 22a，梁上荷载如下图所示。已知梁长 $l=6\text{m}$，集中力 $F=30\text{kN}$，均布荷载 $q=6\text{kN/m}$，容许正应力 $[\sigma]=170\text{MPa}$，容许切应力 $[\tau]=100\text{MPa}$。试校核此梁是否安全。

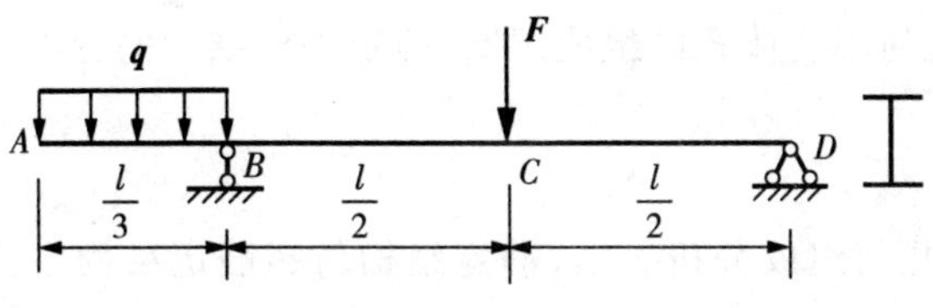

图 5-74　第 25 题

26. T 形截面外伸梁如图 5-75 所示，受力与截面尺寸见图，其中 C 为截面形心，$I_z=21360\text{cm}^4$。梁的材料为铸铁，其抗拉容许应力 $[\sigma_t]=30\text{MPa}$，抗压容许应力 $[\sigma_c]=60\text{MPa}$。试绘制该梁的剪力图和弯矩图，并校核该梁的正应力强度是否满足要求。

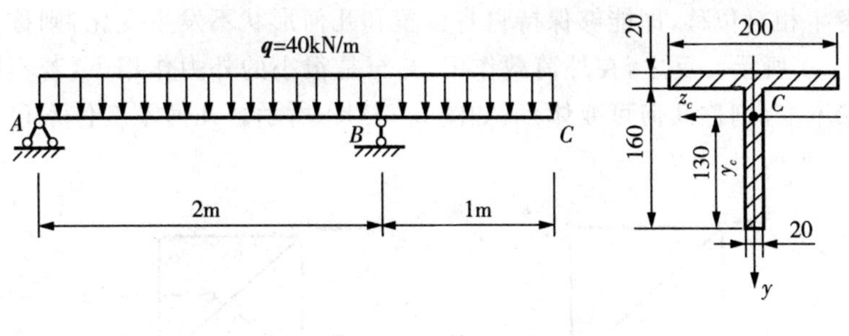

图 5-75　第 26 题

第6章 静定结构的内力计算

【章节介绍】

通过平面杆系结构的几何组成分析，结构被分为静定结构和超静定结构。静定结构依靠静力学的平衡方程就能解决反力、内力和应力计算的问题。本章在第5章的基础上，进一步学习除了单跨静定梁外的多跨梁、刚架、拱、桁架和组合结构等其他静定结构的内力和应力的计算方法。

【理解】

自由度与约束，几何不变体系的组成规则；静定平面结构的分类。

【掌握】

平面杆件体系的几何组成分析方法；静定结构与超静定结构定义；静定结构，包括静定梁、刚架、桁架的内力计算方法。

6.1 平面杆件体系的几何组成分析

将平面杆系中所有杆件视为刚体，不考虑其形变。当杆系受到任意外荷载作用时，若杆件之间也不发生相对位移，即能够保持自身位置和几何形状不发生变化，则称为**几何不变体系**，如图6-1(a)所示。反之，在外荷载作用，甚至是很小的外力作用下，若不能保持自身位置或几何形状不变，则称**几何可变体系**，如图6-1(b)所示。几何不变体系包括**瞬变**和**常变**两种。

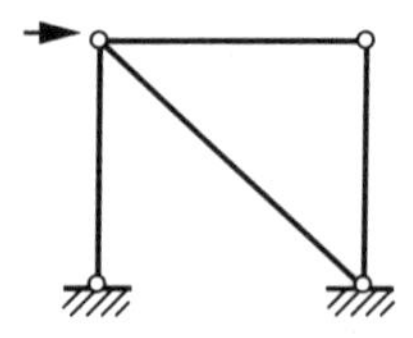

(a) 几何不变体系示例

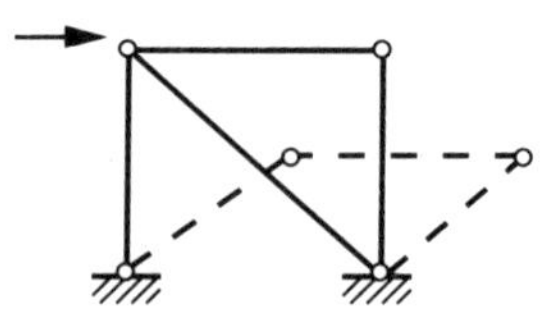

(b) 几何可变体系示例

图6-1 几何不变体系

在建筑工程中，只有几何不变体系才能作为结构使用。因此，学会区分几何不变体系和几何可变体系是十分重要和必要的。进行几何组成分析，可以保证结构的几何不变性，以确保结构能承受荷载和维持体系平衡；同时，可以明确结构构成，正确区分静定结构和超静定结构，从而选择适当的计算方法进行结构的简化、反力和内力计算，为后续章节打好基础。

一、几何组成分析的基本概念

1. 刚片

在对平面杆件体系进行几何组成分析时，我们忽略杆件变形，将其视为刚体。平面的刚体称为**刚片**，一般来说，杆件体系中的每一根杆件，如梁和柱等，都是一个刚片。刚片在平面内可以发生任意的**平动**和**转动**，即可以自由移动到任意位置，也可以自由转过任意角度。

2. 自由度

平面杆件体系的**自由度**是指体系在平面运动时，可以独立变化的几何参数的数量，等于用于确定体系位置所需要的独立坐标的数目。

例如图 6－2(a) 中所示，确定一个点的位置，需要的独立坐标为水平方向的 x 坐标和竖直方向的 y 坐标，所以**平面内一个点的自由度为** 2。如图 6－2(b) 中所示，确定一个刚片的位置，除了水平方向的 x 坐标和竖直方向的 y 坐标之外，还需要刚片上任意两点连线 AB 与 x 轴的夹角 φ，所以**平面内一个刚片的自由度为** 3。

(a) 点的自由度　　(b) 刚片自由度

图 6－2　自由度的表示

3. 约束

体系加入的减少自由度的装置称为**约束**。约束能够减少体系的自由度，体系实际的自由度最低可以降为零。

链杆。如图 6－3 所示，刚片 I 在 A 点用一根链杆与地面相连。刚片不能沿着链杆方向平动，只能沿着垂直于链杆的方向平动，或绕 A 点发生转动，只有 2 个自由度，即刚片在平面内的自由度减少 1 个。因此一根链杆可以减少体系 1 个自由度，相当于 1 个约束。

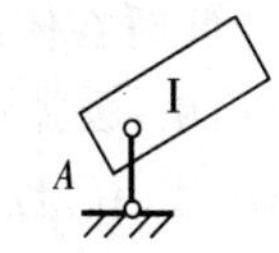

图 6－3　链杆约束

(1) 单铰。连接两个刚片的光滑圆柱铰链约束称为**单铰**。如图 6－4(a) 所示，刚片 I 和刚片 II 在 A 点用一个单铰 A 相连。两个刚片不能发生独立平动，但可以绕 A 点发生独立转动，只有 4 个自由度，即两个刚片在平面内的自由度减少 2 个。因此一个单铰可以减少体系 2 个自由度，相当于 2 个约束。

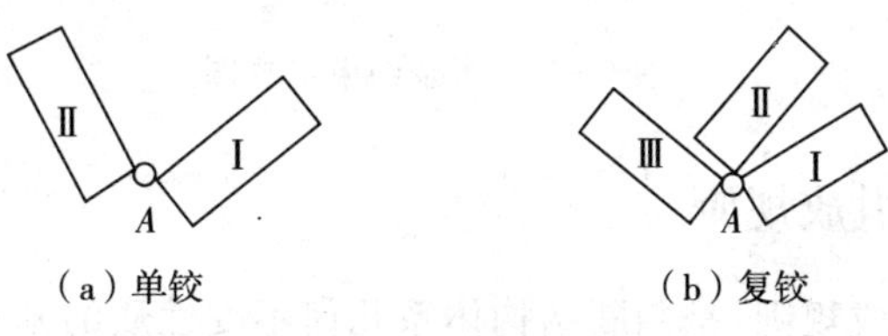

(a) 单铰　　(b) 复铰

图 6－4　铰约束

(2) 复铰。连接三个或三个以上刚片的光滑圆柱铰链约束称为**复铰**。如图 6－4(b) 所示，刚片 I、刚片 II 和刚片 III 在 A 点用一个复铰 A 相连。三个刚片不能发生独立平动，但可以绕 A 点发生独立转动，只有 6 个自由度，即两个刚片在平面内的自由度减少 4 个。同理可推得，连接 n 个刚片的复铰，等于 $(n-1)$ 个单铰，可以减少体系 $2(n-1)$ 个自由度，相当于 $2(n-1)$ 个约束，。

(3) 虚铰。如图 6－5 所示，刚片 I 和刚片 II 用两根链杆相连，则称两链杆或链杆延长线的交点 O 为**虚铰**，虚铰可以在无穷远处。两根链杆和位于 O 点的虚铰所起效果完全相同。两根链杆形成的虚铰也可以减少体系 2 个自由度，相当于 2 个约束，但与实际存在的铰不同的是，其位置会随着两刚片的相对位置变化而改变，因此也称为**瞬铰**。

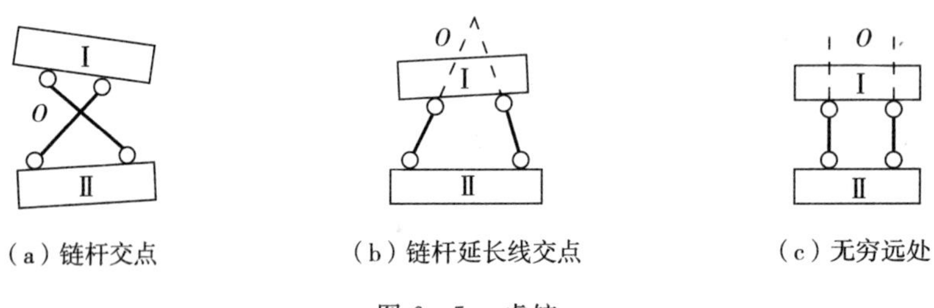

(a) 链杆交点　　(b) 链杆延长线交点　　(c) 无穷远处

图 6－5　虚铰

(4) 刚性连接。如图 6－6 所示，刚片 I 和刚片 II 在 A 点刚性连接为一个整体，两个刚片不能发生独立平动或独立转动，只有 3 个自由度，即两刚片在平面内的自由度减少 3 个。因此一个刚性连接可以减少体系 3 个自由度，相当于 3 个约束。

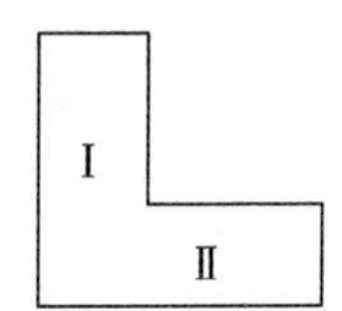

图 6－6　刚性连接

(5) 多余约束。一个约束加入体系后，若体系自由度不再降低，则此约束称为**多余约束**。体系自由度已经为 0 时，加入的约束都可看作多余约束；去掉合适的多余约束，也不影响体系保持自身几何不变的能力。

例如图 6－7(a) 中，A 点有 2 个自由度，用链杆 AB 和链杆 AC 与地面相连后体系自由度降为 0。此时在体系中增加链杆 AD，结构自由度仍为 0，不再降低，则链杆 AD 可视为该体系的多余约束，去掉后结构仍然保持稳定。值得注意的是，并不是只有链杆 AD 是多余约束，链杆 AB 或 AC 也可以被看作多余约束。

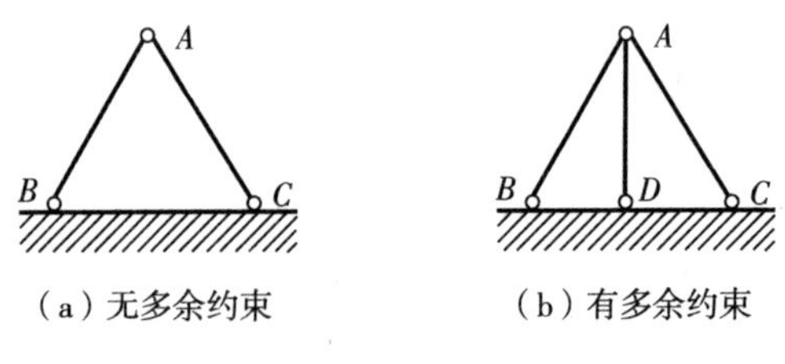

(a) 无多余约束　　(b) 有多余约束

图 6－7　多余约束示意图

二、几何不变体系的组成规则

几何不变体系的组成规则，是判断结构体系几何不变性质的基本规则，可以用于区分结构体系中几何不变部分。另一些规则可以帮助判断瞬变和常变部分。

1. 三刚片规则

三个刚片用三个**不共线**的铰两两相连，所组成的体系是几何不变体系，且没有多余约束。

如图 6-8(a) 所示，刚片 I、II、III 用不在同一条直线上的三个铰 A、B、C 两两相连，符合三刚片规则的描述，是几何不变且无多余约束的体系。三刚片原有 9 个自由度，采用不共线的 3 个铰两两相连后，三刚片必须共同平动和转动，只剩 3 个自由度，相当于一个刚片，所以必是几何不变且无多余约束。

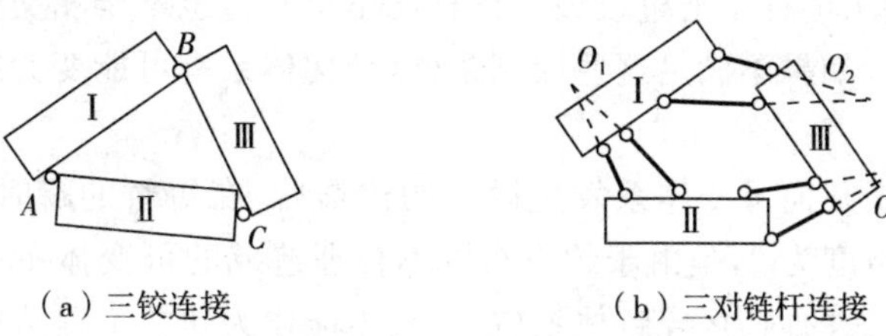

(a) 三铰连接　　(b) 三对链杆连接

图 6-8　三刚片规则示意图

若三刚片用三对链杆相连，如图 6-8(b) 所示，三对链杆形成虚铰 O_1、O_2、O_3，且三铰不共线，也满足三刚片规则，是几何不变且无多余约束的体系。

2. 两刚片规则

两个刚片用一个铰和一根**不通过铰**的链杆相连，所组成的体系是几何不变体系，且没有多余约束。或两个刚片用三根**既不全平行也不全交于一点**的链杆相连，所组成的体系是几何不变体系，且没有多余约束。

在图 6-9(a) 中，刚片 I 和刚片 II 用铰 A，以及不通过铰 A 的链杆 BC 相连，符合两刚片规则，是几何不变且无多余约束的体系。两刚片规则是从三刚片规则演化过来的，在图 6-9(a) 中，若将链杆 BC 看作刚片 III，则变为三刚片规则。同时，两刚片规则的两种说法是等同的，若将图 6-9(b) 中的两根链杆，看为一个虚铰 O 的作用，则与 6-9(a) 图相同。

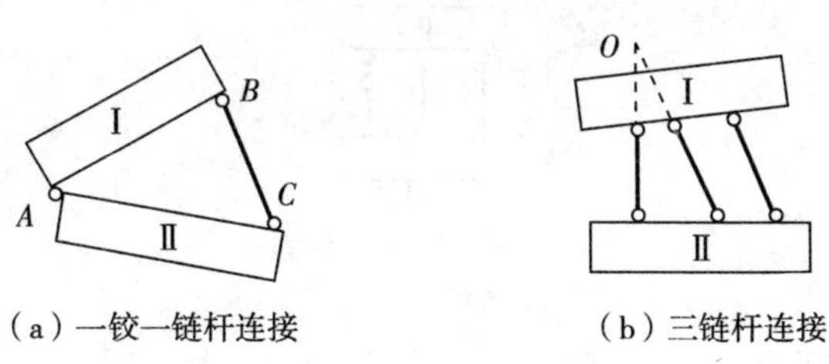

(a) 一铰一链杆连接　　(b) 三链杆连接

图 6-9　两刚片规则示意图

3. 二元体规则

二元体是指是由一个铰连接的两根**不共线**的链杆，两链杆的另一端分别连接同一个钢片或基础，从而构成几何不变体系。如图 6-10 所示，点 A 连接链杆 AB 和链杆 AC，组成一个二元体。点 A 的自由度为 2，增加两根链杆后自由度降为 0，既二元体的自由度为 0，所以对原结构体系而言，增加或者减

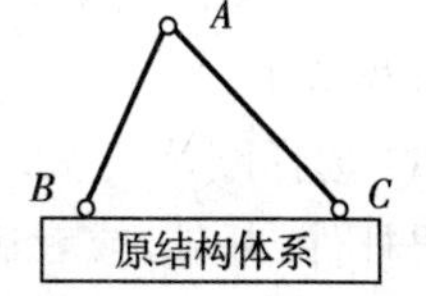

图 6-10　二元体示意图

去一个二元体，自由度的数目不会发生变化，几何组成也不发生变化。

所以二元体规则描述为：在原结构体系中增加或者拆除一个二元体，不会影响原结构体系的几何不变性质。因此，在进行几何组成分析时，可以在原结构体系中**依次**增加或拆除二元体。

三、瞬变体系

在几何不变体系的组成规则中，都提出了一些限制条件。在三刚片规则中要求三铰不共线，两刚片规则中要求链杆不通过铰或三链杆既不全平行也不全相交于一点，二元体规则中要求两链杆不共线。如果不满足这些限制条件，结构体系有可能变为瞬变体系，甚至常变体系。

瞬变体系是指一个几何可变体系发生微小的位移后，在短暂的瞬时间转换成几何不变体系。瞬变体系的自由度为0，是由于约束布置不合理造成的可变体系；这种体系在很小荷载作用下，也会产生巨大的内力，导致体系破坏，故不能作为建筑工程结构使用。

在图6－11(a)中，三刚片用共线的三铰A、B、C相连，为瞬变体系。若在此体系中施加竖向力作用，结构可产生微小位移，并导致三铰不共线，瞬间转为不变体系。同理，图(b)和图(c)体系同理。值得强调的是，若图(c)中三根链杆平行且等长，可持续发生形变，为常变体系，见图6－12。

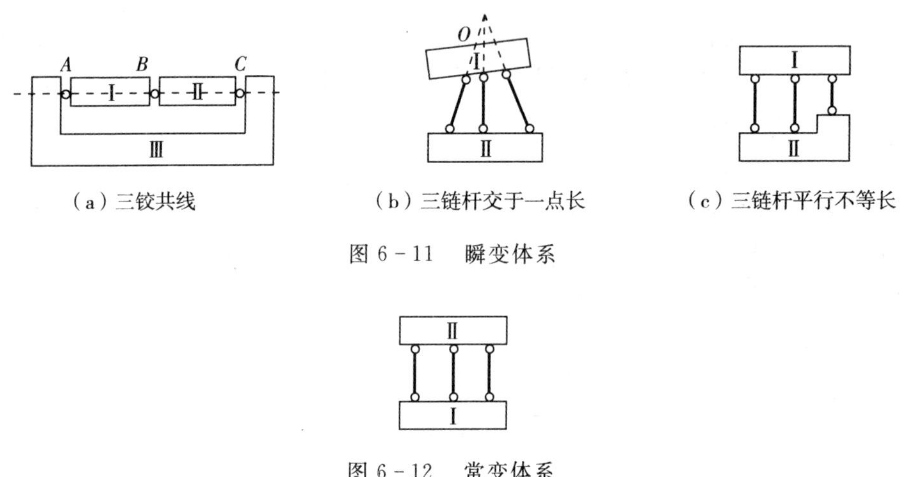

(a)三铰共线　(b)三链杆交于一点长　(c)三链杆平行不等长

图6－11　瞬变体系

图6－12　常变体系

四、几何组成分析举例

在几何组成分析过程中需要灵活运用几何不变体系的组成规则，来判断体系是否几何不变，是否有多余约束。体系中每一根杆件都可以视为一个刚片，地面为同一刚片。分析的基本流程如下：

(1)选择刚片。从结构体系中一个明显的几何不变的部分入手，将其视为一个刚片。例如一根杆件，基础，或者满足三刚片规则的几何不变的铰接三角形等，都可作为入手点。

(2)扩大刚片。从选择的刚片开始，应用几何不变的组成规则，逐步扩大几何不变的部分，直至分析完整个结构。

(3) 注意。在分析较复杂的结构之前，可以利用各种合理方法进行简化，包括：

① 几何不变的一个部分可以视为一个刚片。

② 若结构体系用且仅用三根既不全平行也不全交于一点的链杆和地面相连时，可以去除支座链杆与基础再进行研究，其分析结果与不拆除分析的结果一致。

③ 当结构体系中包含二元体时，可以**依次**拆除二元体。

④ 可以利用等效代换。一根二力杆件，可用沿其两铰中心连线方向的链杆代替；两根链杆，可用其作用线交点处的虚铰代替。

例题 6-1 几何组成分析基本步骤

试分析图 6-13 中结构体系的几何组成，并说明理由。

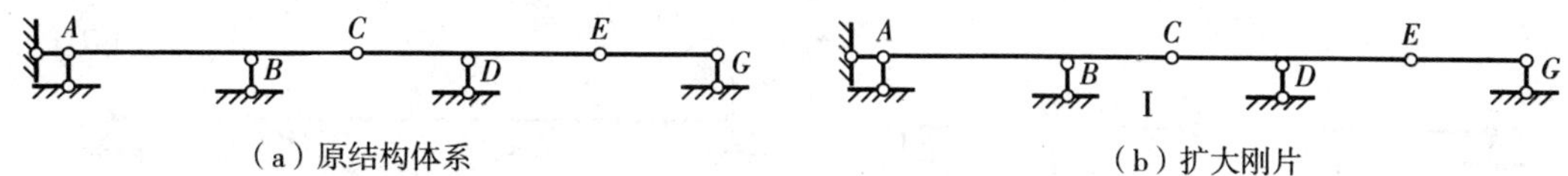

(a) 原结构体系　　(b) 扩大刚片

图 6-13　例题 6-1

解：将地面视为一个刚片，杆件 AC 视为一个刚片，杆件 AC 与地面用既不全平行，也不全交于一点的三根链杆(A 点两根、B 点一根) 相连，符合两刚片规则，是一个几何不变且无多余约束的体系，可看作一个刚片，记作刚片 I。

将 CE 视为一个刚片，刚片 CE 与刚片 I 用一个铰 C 和一根不通过铰 C 的链杆 D 相连，符合两刚片规则，是一个几何不变且无多余约束的体系，可看作一个刚片，记作刚片 II。

同理，将 EH 视为一个刚片，刚片 EH 与刚片 II 用一个铰 E 和一根不通过铰 E 的链杆 G 相连，符合两刚片规则，是一个几何不变且无多余约束的体系。所以，整个结构体系几何不变，且无多余约束。

例题 6-2 依次增加或拆除二元体的简化方法

试分析图 6-14 中结构体系的几何组成，并说明理由。

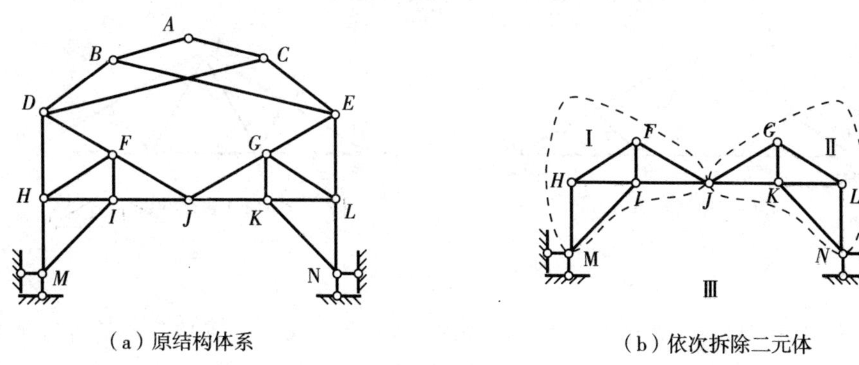

(a) 原结构体系　　(b) 依次拆除二元体

图 6-14　例题 6-2

解：在图 6-14(a) 中，依次拆除二元体 BAC，DBE，DCE，HDF 和 GEL 后，结构得到简化，如图(b) 所示。

在图6-14(b)中,杆件HM、HI和IM用三个不共线的铰M、H和I两两相连,符合三刚片规则,是一个几何不变且无多余约束的体系,可看作一个刚片;在刚片HMI上依次增加二元体HFI和FJI,仍为几何不变且无多余约束,可视为一个刚片,记作刚片I。同理,JKNLG可记作刚片II。

将地面视为刚片III。刚片I、刚片II和刚片III用铰J、M和N相连,且三铰不共线,符合三刚片规则,是一个几何不变且无多余约束的体系。所以,整个结构体系几何不变,且无多余约束。

例题6-3 链杆、虚铰的简化方法

试分析图6-15中结构体系的几何组成,并说明理由。

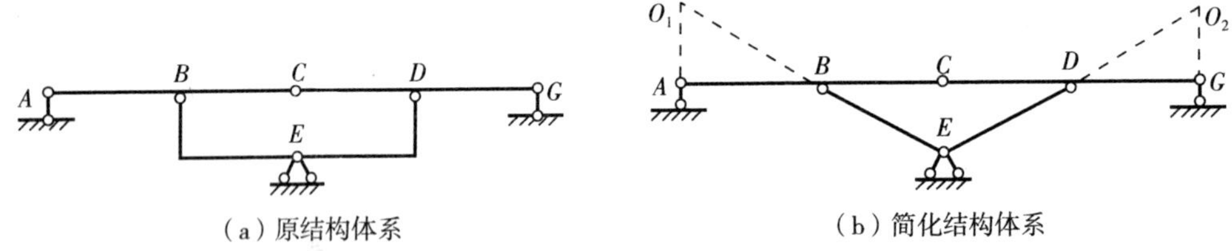

(a)原结构体系 (b)简化结构体系

图6-15 例题6-3

解:在图6-15(a)中,杆件EB和杆件ED都为二力杆件,可看作链杆EB和ED。结构得到简化,如图(b)所示。在图6-15(b)中,链杆A和链杆EB形成虚铰O_1,链杆G和链杆ED形成虚铰O_2。

将杆件CA、CG和地面视为三个刚片。刚片CA、刚片CG和刚片地面用铰O_1、O_2和C相连,且三铰不共线,符合三刚片规则,是一个几何不变且无多余约束的体系。所以,整个结构体系几何不变,且无多余约束。

例题6-4 去支座的简化方法,多余约束的判断

试分析图6-16中结构体系的几何组成,并说明理由。

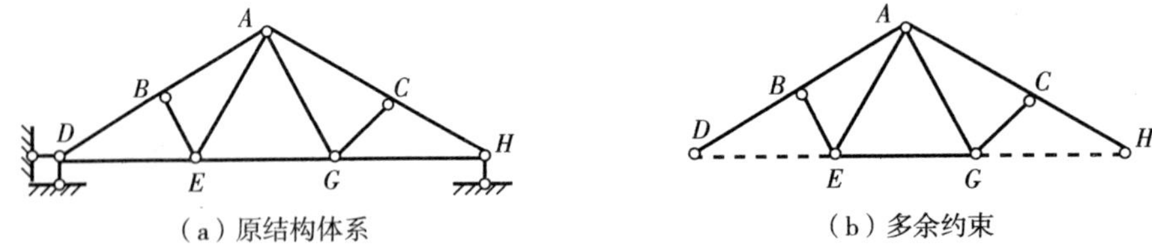

(a)原结构体系 (b)多余约束

图6-16 例题6-4

解:在图6-16(a)中,结构体系用既不全平行,也不全交于一点的三根链杆与地面相连,可以去除支座,只研究结构体系本身,如图(b)所示。

在图6-16(b)中,杆件AD、AE和BE用三个不共线的铰A、B和E两两相连,符合三刚片规则,是一个几何不变且无多余约束的体系,可看作一个刚片AEBD;同理AGCH可看作一个刚片。

刚片 $AEBD$ 和刚片 $AGCH$ 用一个铰 A 和一根不通过铰 A 的链杆 EG 相连，符合两刚片规则，是一个几何不变且无多余约束的体系，则链杆 DE 和链杆 GH 可看作两个多余约束。所以，整个结构体系几何不变，且有两个多余约束。

注意，并不是只有 DE 和 GH 可以被看作多余约束，改变分析的方法，例如将 ADE 和 AGH 看作用两刚片规则连接的刚片，则链杆 BE 和 GC 可看作多余约束。但无论用何种方法，只要是合理的，分析得到的结果必定一致。

五、静定与超静定结构

上述分析说明，可以作为建筑结构使用的几何不变体系分为两类，一类没有多余约束，一类有若干多余约束。在结构分类中，我们将几何不变且无多余约束的体系称为**静定结构**；将几何不变且有多余约束的体系称为**超静定结构**。

静定结构在静力学范围之内，可以求解，即力的平衡方程数目足够，可以只用依靠力的平衡条件求出所有支座反力、约束反力和内力等。这些内容在第五章中已有涉及，例如图 6-17 中，计算外力作用下，梁的支座反力、剪力和弯矩。本章将继续学习除单跨梁以外，例如多跨梁和刚架等常见静定结构的内力计算方法。

超静定结构的内力计算不能只依靠力的平衡条件求出，方程数目不足够，需要补充位移协调方程才能解决。例如图 6-18 中为超静定梁，静力学方程不能计算其支座反力。此类问题难度较高，将在第九章中介绍其计算方法。

图 6-17　静定梁　　　图 6-18　超静定梁

6.2　多跨静定梁

一、多跨静定梁的组成特点

多跨静定梁是由若干单跨梁用铰相连，并用若干支座与地基基础连接而成的静定结构。多用于公路桥梁等类型的结构，如图 6-19(a) 所示，为多跨静定梁在公路桥中的运用，其计算简图如图 6-19(b) 所示，从几何组成来看，多跨静定梁可分为基本部分和附属部分两大类，如图 6-19(c) 所示。

基本部分是指不依赖其他部分而独立的与大地组成一个几何不变性的部分，如图 6-19 的 AB 和 CD 跨。

附属部分是指依赖基本部分的存在才维持几何不变的部分，如图 6-19 的 BC 跨。

计算多跨静定梁的关键问题是区分其几何构造特点和传力次序，从几何组成来看，多跨静定梁常见的基础部分样式如图 6-20(a) 所示，常见的附属部分形式如图 6-20(b) 所示。

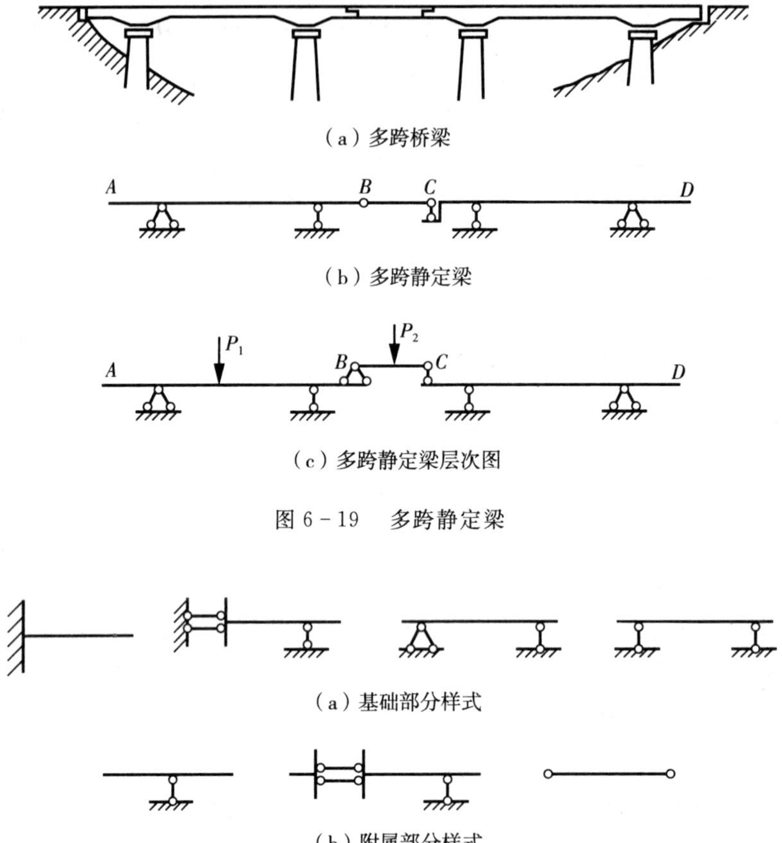

（a）多跨桥梁

（b）多跨静定梁

（c）多跨静定梁层次图

图 6-19　多跨静定梁

（a）基础部分样式

（b）附属部分样式

图 6-20　多跨静定梁组成样式

二、多跨静定梁的内力分析

从几何构造来看，多跨静定梁的组成顺序为先固定基础部分，后固定附属部分。基础部分的荷载直接传至大地，对附属部分没有影响，而附属部分依托于基础部分，则附属部分的荷载会通过约束传递至基础部分。即：荷载仅在基本部分上，只对基本部分受力，附属部分不受力；荷载在附属部分上，除附属部分受力外，基本部分也受力。

因此，多跨静定梁的计算顺序是：**先附属部分，后基本部分。**将附属部分的约束反力求出后反向加到基础部分上，当成基础部分的荷载，再对基础部分进行计算。这样便把多跨静定梁拆分成若干个单跨静定梁，逐个解决，最终将各单跨静定梁的内力图连在一起，得到了多跨静定梁的内力图。

例题 6-5　三跨静定梁内力计算

试绘制图 6-21(a) 所示多跨静定梁的内力图。

解：(1) 画支承层次图。基础部分和附属部分之间的支承层次图如图6-21(b) 所示。从最上层的附属部分即二级附属部分（梁 FH）开始，求支座反力，然后将其反作用于下一层即一级附属部分(梁 DF),作为一级附属部分的外荷载,再求支座反力,将其反作用于下一层即基础部分(梁 AD),受力图如图 6-21(c) 所示。

(2) 作内力图。分别作各单跨梁的内力图,然后将它们合在一起,就组成了多跨静定梁的内力图,剪力图如图 6-21(d) 所示,弯矩图如图 6-21(e) 所示。

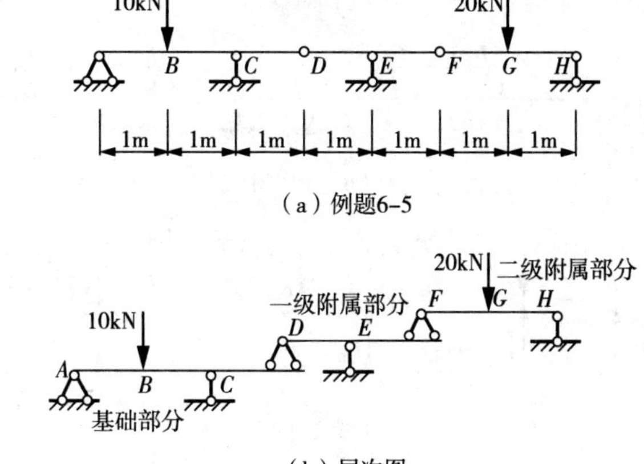

(a) 例题6-5

(b) 层次图

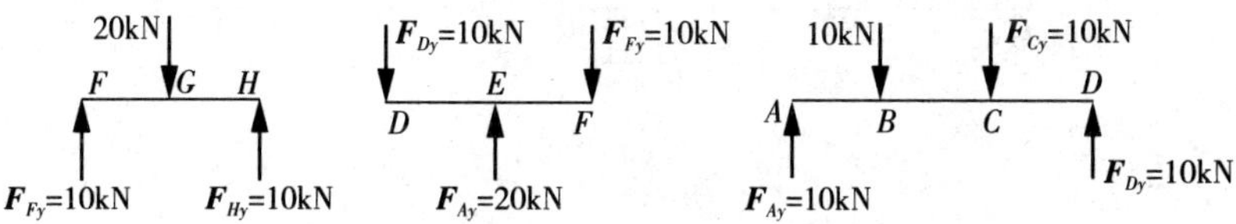

(c) 受力分析

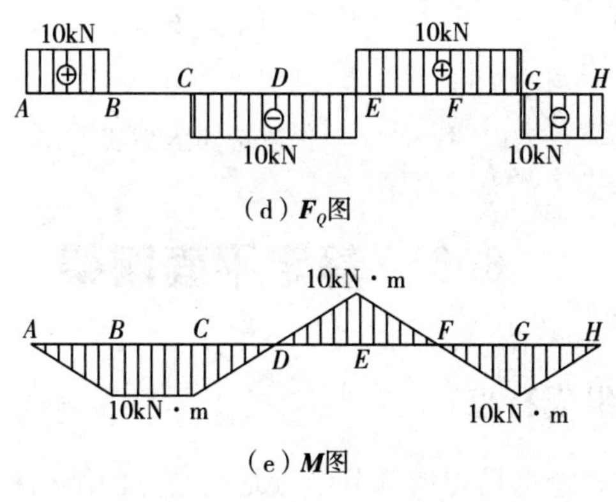

(d) $\boldsymbol{F}_Q$图

(e) $\boldsymbol{M}$图

图 6-21 例题 6-5 及解答

例题 6-6 三跨静定梁内力计算

试绘制图 6-22(a) 所示多跨静定梁的内力图。

解:梁 AB、CF 为基础部分,BC、FG 为附属部分,层次图如图 6-22(b) 所示,可以看出,只有基础部分梁 AB、CF 有荷载作用,附属部分均无荷载作用,故只有基础部分梁 AB、CF 有内力作用,其余部分内力为零。其计算结果如图 6-22(c) 所示,剪力图如图 6-22(d) 所示,弯矩图如图 6-22(e) 所示。

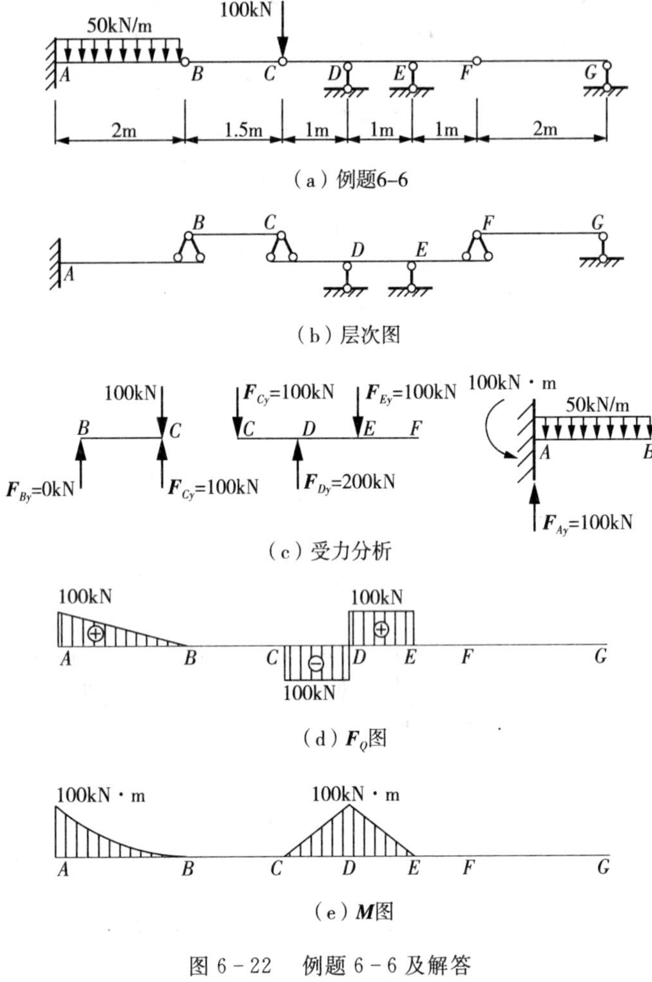

图 6-22　例题 6-6 及解答

6.3　静定平面刚架

一、静定平面刚架的组成特点

由若干个直杆组成且全部结点或部分结点是刚结点的结构称为刚架。刚架各杆的轴线及所受荷载均在同一平面内时称为平面刚架。

刚架的特点从变形的角度来看，在刚结点处不能发生相对转动，因而，各杆间的夹角始终保持不变；从受力角度来看，刚结点可以承受轴力、剪力和弯矩，弯矩是主要内力；从使用角度来看，刚架由于具有刚结点，相对铰结点而言，不用增加斜杆也可保持其几何不变性，使结构内部空间增大，便于利用。

刚架按计算方法可分为静定刚架和超静定刚架。静定平面刚架常见的基本形式有悬臂刚架、简支刚架、三铰刚架等如图 6-23 所示。工程上大多数为超静定刚架，静定刚架虽然在应用上不如超静定刚架那样广泛，但静定刚架的受力分析方法是超静定刚架分析的基础。

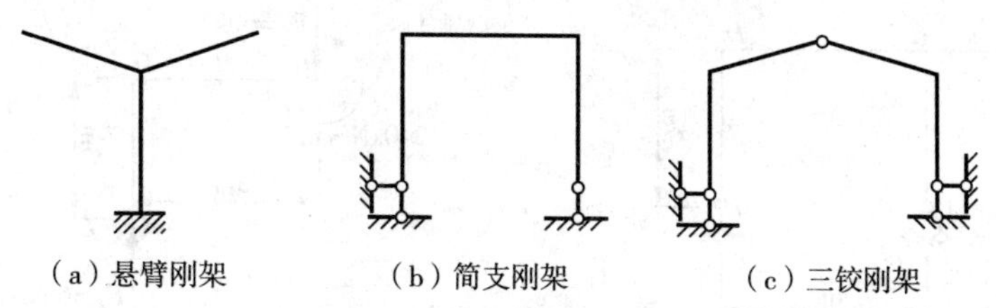

图 6－23　静定平面刚架

(1) 悬臂刚架：常用于车站站台、雨棚等。

(2) 简支刚架：常用于起重机的钢支架。

(3) 三铰刚架：常用于小型厂房、仓库等结构。

由基本形式可以组成比较复杂的静定平面刚架，如图 6－24 所示。复杂静定平面刚架是由上述三种基本刚架按照两刚片或三刚片原则装配而成。

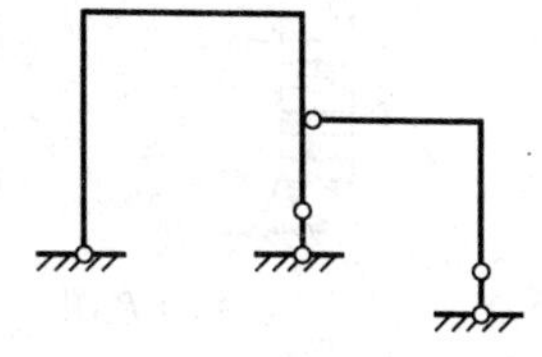

图 6－24　复杂静定平面刚架

二、静定平面刚架的内力分析

对于平面刚架，各杆件横截面上一般同时存在三个内力分量，即轴力 $\boldsymbol{F}_N$、剪力 $\boldsymbol{F}_Q$ 和弯矩 $\boldsymbol{M}$。

1. 静定平面刚架中各杆的杆端内力

(1) 内力正负号规定。轴力以受拉为正，受压为负；剪力以绕隔离体顺时针转为正，反之为负；轴力图和剪力图可画在杆件的任何一侧，但在图中必须标明正负号。弯矩不标明正负号，一般画在杆件受拉一侧。

(2) 内力符号表示。在内力符号的右下端引用两个脚标，其中第一个表示内力所属截面的一端，第二个表示该截面所属杆件的另一端。如 $\boldsymbol{F}_{NAB}$ 表示 AB 杆 A 端截面的轴力。

2. 静定平面刚架受力分析步骤

(1) 利用刚架整体和部分构件的平衡条件，计算出刚架的约束反力。

(2) 将刚架中的每根杆件看作是梁，利用截面法，由隔离体的平衡条件，求出控制界面的内力。

(3) 根据已计算出的控制截面内力，按照绘制梁内力图的方法，绘制每根杆件的内力图，连在一起组成整体刚架的内力图。

(4) 内力图校核，若刚架整体平衡，则任取一个隔离体其上面的外力和内力应满足平衡条件，一般情况下，取刚结点为隔离体，由静力平衡方程进行校核。

例题 6－7　简支刚架内力计算

试绘制图 6－25(a) 所示刚架的内力图。

解：(1) 求支座反力。以刚架整体为研究对象，列平衡方程得：

$$\sum M_A = 0,\quad F_{By} = 60\text{kN}(\uparrow)$$

$$\sum X = 0,\quad F_{Ax} = 80\text{kN}(\leftarrow)$$

$$\sum Y = 0,\quad F_{Ay} = 60\text{kN}(\downarrow)$$

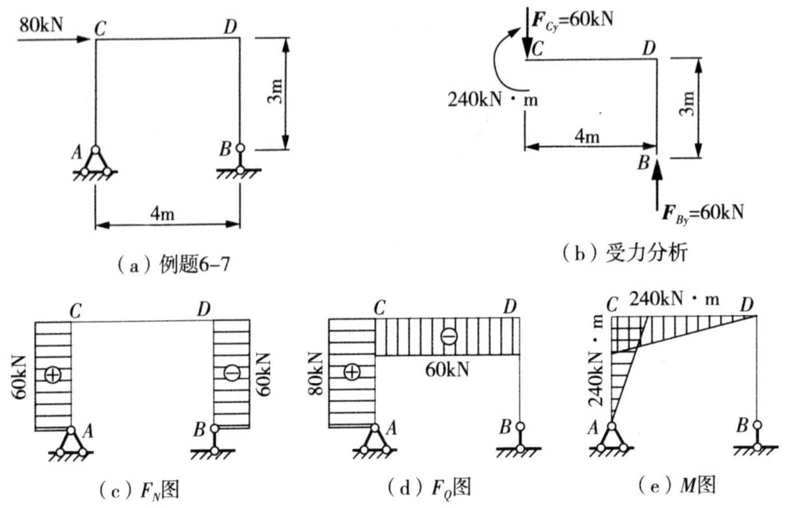

（a）例题6-7　（b）受力分析

（c）F_N图　（d）F_Q图　（e）M图

图 6－25　例题 6－7 及解答

(2) 求控制截面内力。该刚架的控制截面为 C 截面，取 CDB 段为隔离体，列平衡方程得 C 端的剪力，弯矩值如图 6－25(b) 所示。

(3) 作内力图。刚架的轴力图、剪力图、弯矩图分别如图 6－25(c)、(d)、(e) 所示。

例题 6－8　简支刚架的内力计算

试绘制图 6－26(a) 所示刚架的内力图。

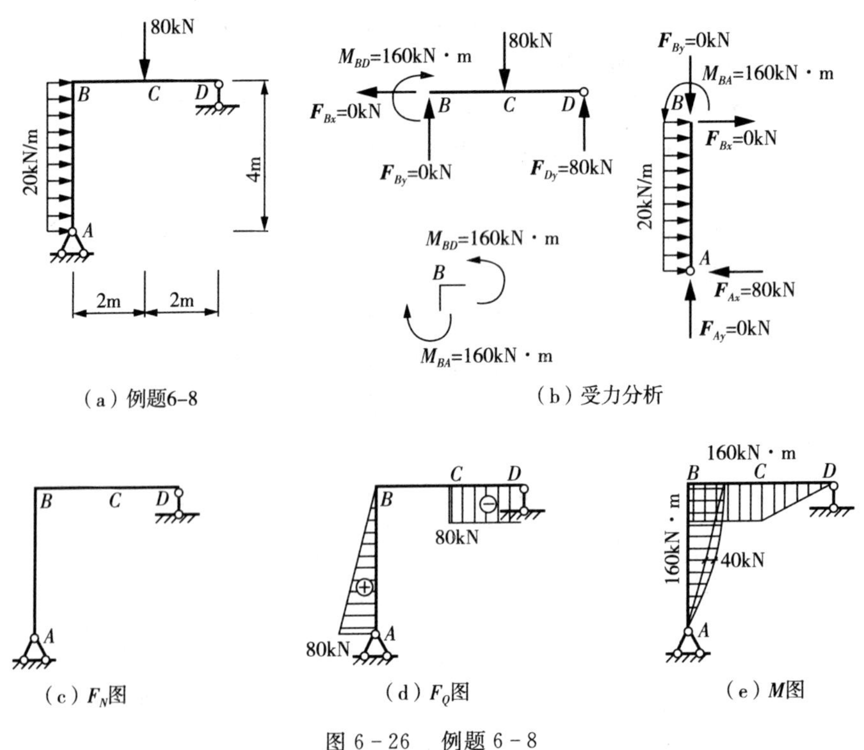

（a）例题6-8　（b）受力分析

（c）F_N图　（d）F_Q图　（e）M图

图 6－26　例题 6－8

解:(1) 求支座反力。以刚架整体为研究对象,列平衡方程得:

$$\sum M_A=0,\quad F_{Dy}=80\text{kN}(\uparrow)$$

$$\sum X=0,\quad F_{Ax}=80\text{kN}(\leftarrow)$$

$$\sum Y=0,\quad F_{Ay}=0\text{kN}$$

(2) 求控制截面内力。取 BD 段为隔离体,如图 6-26(b) 所示,列平衡方程求 B 截面的内力得:

$$\sum X=0,\quad F_{Bx}=0\text{kN}$$

$$\sum Y=0,\quad F_{By}=0\text{kN}$$

$$\sum M_B=0,\quad M_{BD}=80\times 4-80\times 2=160(\text{kN}\cdot\text{M})(\text{下部受拉})$$

取 AB 段为隔离体,列平衡方程求 B 截面的内力得:

$$\sum M_B=0,\quad M_{BA}=80\times 4-\frac{1}{2}\times 20\times 4^2=160(\text{kN}\cdot\text{M})(\text{右侧受拉})$$

亦可取 B 结点为研究对象,由内力平衡得到 $M_{BA}=M_{BD}=160\text{kN}\cdot\text{M}$;均布荷载作用下的简支构件,弯矩图呈抛物线,跨中最大弯矩为 $\frac{1}{8}\times 20\times 4^2=40(\text{kN}\cdot\text{M})$。

(3) 作内力图。采用叠加法得到刚架的轴力图、剪力图、弯矩图分别如图 6-26(c)、(d)、(e) 所示。

例题 6-9 三铰刚架的内力计算

三铰刚架受对称荷载作用,如图 6-27(a) 所示,求内力图。

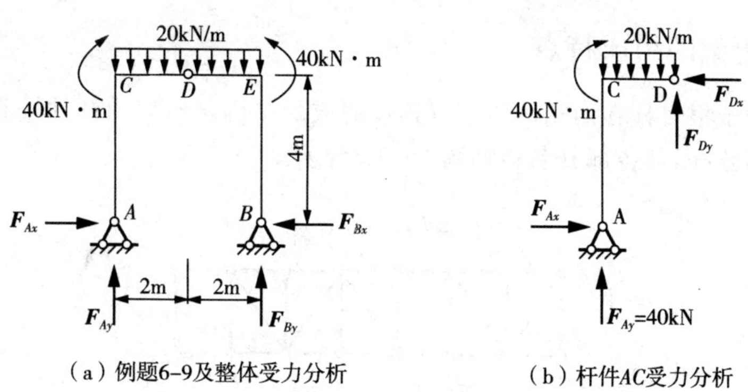

(a) 例题6-9及整体受力分析　　(b) 杆件AC受力分析

图 6-27　例题 6-9

解:(1) 求支座反力。

以刚架整体为研究对象,列平衡方程得:

$$\sum M_A=0,\quad F_{By}=40\text{kN}(\uparrow)$$

$$\sum Y=0,\quad F_{Ay}=20\times4-40=40(\text{kN})(\uparrow)$$

(2) 求控制截面内力。

从 C 处把整体分成两部分,取 ACD 段为隔离体,如图 6 - 27(b) 所示,则:

$$\sum M_D=0,\quad F_{Ax}\times4-F_{Ay}\times2+\frac{1}{2}\times20\times2^2-40=0$$

解得: $F_{Ax}=20\text{kN}(\rightarrow)$

从而求得: $F_{Bx}=20\text{kN}(\leftarrow)$

进而求得各特殊点内力,画出刚架的轴力图、剪力图、弯矩图分别如图 6 - 28(a)、(b) 和 (c) 所示。

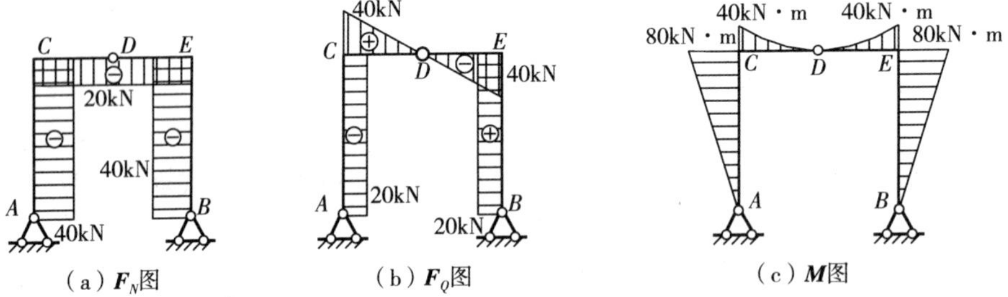

(a) F_N图　(b) F_Q图　(c) M图

图 6 - 28　例题 6 - 9 内力图

从图 6 - 28 可看出,对称结构在对称荷载作用下,支座反力、内力都是对称的,其中弯矩图、轴力图是正对称,剪力图是反对称的。在对称轴处,反对称的剪力为 0。

6.4　静定平面桁架

一、平面静定桁架的组成特点

桁架是由若干根直杆在两端用铰结点连接而成的结构。桁架的杆件按其所在的平面位置可分为腹杆和弦杆,其各部分名称如图 6 - 29 所示。

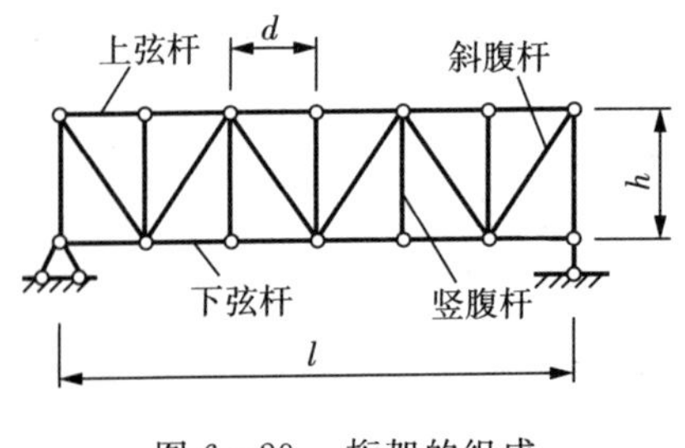

图 6 - 29　桁架的组成

桁架的上、下最外层杆件分别称为上弦杆和下弦杆，上、下弦杆之间是腹杆，包括斜腹杆和竖腹杆。弦杆上相邻两结点间的区间称为节间，节间距 d 称为节间跨度。两支座之间的水平距离 l 称为跨度。支座连线至桁架最高点的距离 h 称为桁架高。

组成桁架的直杆横截面和长度都较小，杆件自重较轻，且主要承受结点荷载，故弯矩较小。由于这类杆件的长细比较大，受压时会失稳，只能承受较小弯矩，以承受轴力为主。且桁架截面上的应力基本上均匀分布，可充分发挥材料的作用。故桁架广泛用于大跨度结构中，如屋架、托架、桥梁等。

各杆轴线及作用在桁架上的外力都位于同一平面内的桁架称为平面桁架。实际工程中桁架的构造多种多样，受力比较复杂，在分析桁架时必须抓住主要矛盾，对实际桁架进行必要的简化。在结点荷载作用下，桁架的内力主要是轴力，弯矩和剪力数值很小，可以忽略不计。因此，为了简化桁架杆件的内力计算，除了认为各杆件都是刚体外，通常还做了一下基本假定：

(1) 结点为光滑而无摩擦的理想铰结点。

(2) 各杆杆轴都是直线，并在同一平面内且通过铰中心。

(3) 荷载和支座反力都作用在结点上且在平面内。

在上述理想情况下，桁架各杆均为两端铰接的直杆，仅在两端受约束力作用，故只产生轴力。因此，桁架各杆均为二力杆，这种桁架称为理想桁架。对桁架进行计算时，均简化为理想桁架。

常用的桁架一般是按下列三种方式组成的。

(1) 简单桁架：由基础或由一个基本铰接三角形开始，依次增加二元体，如图 6－30(a) 所示。

(2) 联合桁架：几个简单桁架按照几何不变体系的简单组成规则联成一个桁架，如图 6－30(b) 所示。

(3) 复杂桁架：不属于前两类的桁架，如图 6－30(c) 所示。

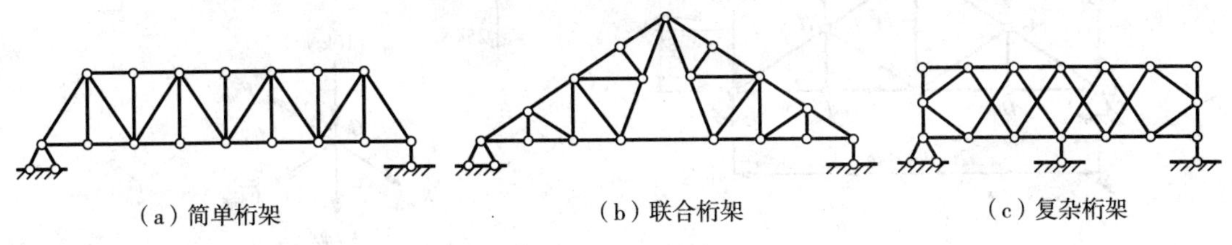

(a) 简单桁架　　(b) 联合桁架　　(c) 复杂桁架

图 6－30　桁架的类型

二、平面静定桁架的内力计算

平面静定桁架内力计算主要有结点法和截面法两种。

1. 结点法

结点法主要用来求解简单桁架结构，取桁架的结点为隔离体，利用结点的静力平衡条件来计算杆件的内力或支座反力。由于桁架的内力和外力对于结点来说，构成平面汇交力系，所以只能列出两个投影平衡方程。为了避免联立方程组，使计算简化，每次截取的结点上的未知轴力不应多于两个。如果截取结点的次序与几何组成的次序相反，就可以顺利的利用静力平衡条件求得各杆件的内力。

结点受力图的画法为已知力按实际方向画，数值取绝对值，未知轴力均画成正向拉力(即背离结点)，数值为代表值。计算结果为正值，则表示杆件受拉，计算结果为负值，则表示该杆受压。

桁架结构中有较多的斜杆，用三角函数比较麻烦。为避免计算时进行三角函数运算，需先将斜杆的轴力分解成水平分力和竖向分力，再建立平衡方程。对任意一根斜杆，设其两端以 A、B 表示，该杆的轴力 $\boldsymbol{F}_{NAB}$ 及其水平分力 $\boldsymbol{F}_{ABx}$ 和竖向分力 $\boldsymbol{F}_{ABy}$ 组成一个直角三角形，该杆的长度 l 及其水平投影长度 l_x 和竖向投影长度 l_y 也组成一个直角三角形，如图 6 - 31 所示。

图 6 - 31 中的投影三角形满足 $\frac{F_{NAB}}{l}=\frac{F_{ABx}}{l_x}=\frac{F_{ABy}}{l_y}$。

这种方法称为图解法，为了简化计算，可采用分力作为未知数，求出此未知分力后，再根据上述比例关系，推算另一分力和杆件轴力，而不需使用三角函数进行计算。

这种方法称为图解法，为了简化计算，可采用分力作为未知数，求出此未知分力后，再根据上述比例关系，推算另一分力和杆件轴力，而不需使用三角函数进行计算。

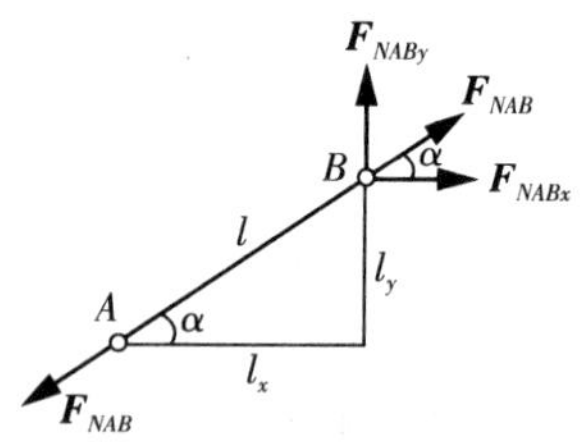

图 6 - 31　图解法

例题 6 - 10　节点法计算桁架内力

试求图 6 - 32(a) 所示桁架各杆内力。

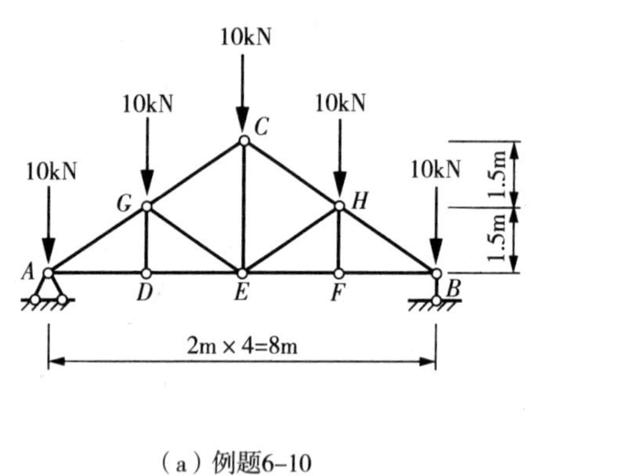

(a) 例题6-10

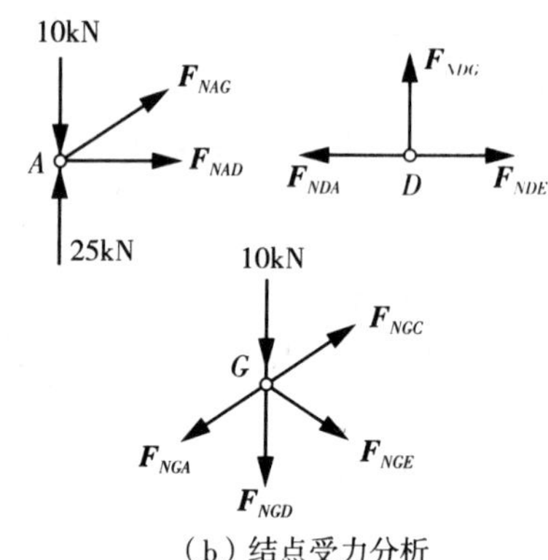

(b) 结点受力分析

图 6 - 32　例题 6 - 10 及受力分析

解:(1) 求支座反力。

$$F_{Ax}=0, F_{Ay}=F_{By}=25\text{kN}(\uparrow)$$

(2) 依次取结点 A、D、G、C、E 等，画出受力图如图 6 - 32(b) 所示，由平衡条件求其未知轴力。

① 取 A 点为隔离体，列平衡方程有:

$$\sum Y=0,\quad F_{NAG}\times\frac{1.5}{2.5}+25=10$$

$$\sum X=0,\quad F_{NAG}\times\frac{2}{2.5}+F_{NAD}=0$$

$$F_{NAG}=-25\text{kN}(受压)$$

$$F_{NAD}=20\text{kN}(受拉)$$

② 取 D 点为隔离体,列平衡方程有:

$$\sum X=0,\quad F_{NDA}=F_{NDE}=20\text{kN}$$

$$\sum Y=0,\quad F_{NDG}=0$$

其他杆件内力同理可求解得到。各杆内力结果如图 6-33 所示。

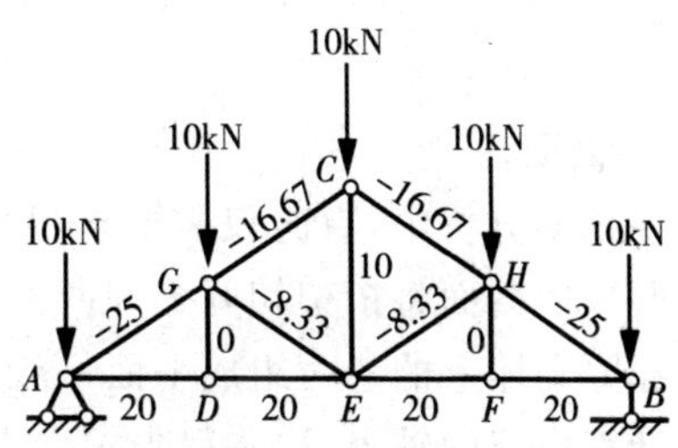

图 6-33　例题 6-10 解答

在计算桁架内力时,通常会遇到一些特殊结点,在这些结点处,利用特殊结点的静力平衡规律,可直接判定出一些杆件的轴力,从而简化计算。桁架结构中,在已知荷载作用下轴力为零的杆件,称为零杆。如果事先把这些零杆剔除,在进行计算,将会使计算大为简便。

需要强调的是,零杆虽然轴力为零,但不能理解成将多余的杆件去掉,静定结构去掉任何一根杆件就会变成几何可变体系而不能承载。

现介绍几种特殊的结点。

(1)"L" 形结点:不共线的两个结点,当结点上无荷载时,则两杆内力均为零。如图 6-34(a) 所示。

(2)"T" 形结点:三杆交于一点,其中两杆共线,当结点上无荷载时,则第三杆是零杆,共线两杆内力相等且符号相同(同为压力或拉力)。如图 6-34(b)(c) 所示。

(3)"X" 形结点:四杆两两共线交于一点,当结点上无荷载时,则同一直线上两杆轴力大小相等,性质相同,$\boldsymbol{F}_{N1}=\boldsymbol{F}_{N2}$,$\boldsymbol{F}_{N3}=\boldsymbol{F}_{N4}$。如图 6-34(d) 所示。

(4)"K" 形结点:四杆交于一点,其中两杆共线,另外两杆在此直线的同侧且夹角相同,若结点上无荷载时,则不共线两杆轴力大小相等,符号相反,$\boldsymbol{F}_{N3}=-\boldsymbol{F}_{N4}$。如图 6-34(e) 所示。

若这个"K" 形结点恰好处于对称荷载作用下的对称结构的对称轴上,且结点上无外荷载,则不共线的斜杆为零杆,如图 6-34(f) 所示,若 $\boldsymbol{F}_{N3}=\boldsymbol{F}_{N4}=0$,必有 $\boldsymbol{F}_{N1}=\boldsymbol{F}_{N2}$。

另外,对称结构在反对称荷载作用下,与对称轴重合或者垂直相交的杆件为零杆。

结点法求解简单桁架的计算步骤:

(1) 进行结构分析,判断零杆和某些特殊杆件内力,减少未知力的数目。

(2) 求支座反力。

(3) 判断是否有因支座反力而产生的零杆。

(4) 从二杆结点和单杆算起,注意结点的选取次序,用结点法求出全部内力。

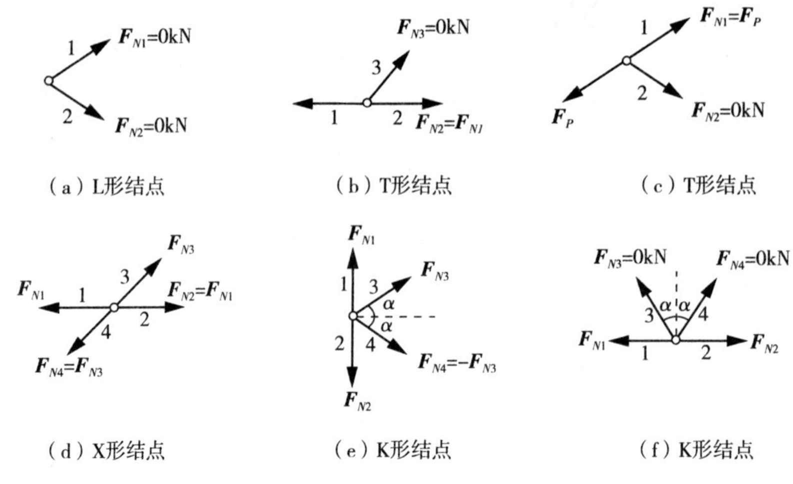

（a）L形结点　　（b）T形结点　　（c）T形结点

（d）X形结点　　（e）K形结点　　（f）K形结点

图 6－34　特殊结点

2. 截面法

在桁架分析中，有时仅需要求出指定杆件的轴力，这时采用截面法较为方便，该方法用一个假象的截面将桁架切开分为两部分，任取一部分（包含两个或两个以上结点）为隔离体，作用在隔离体上的各力组成平面一般力系，可列三个平衡方程解算。

计算桁架的轴力时，一般先求出支座反力，然后切断待求杆件（未知轴力）取桁架的某一部分，列平衡方程求出未知轴力。如图 6－35 所示。

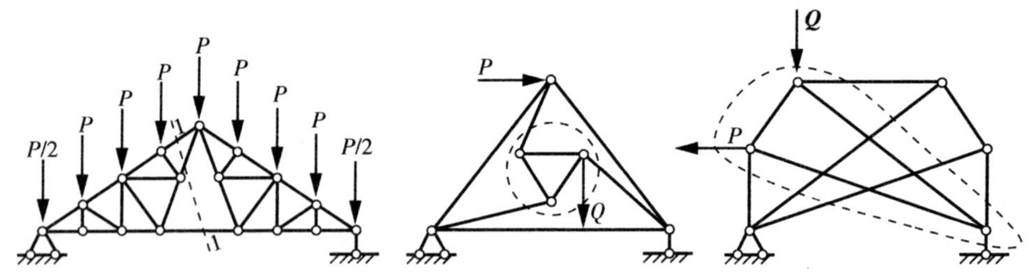

图 6－35　切断待求杆件示意图

计算时注意以下方面使计算简化：

(1) 适当选取截面（平面、曲面或封闭面），一般所截断的杆件不多于三根。

(2) 适当选择矩心，一般以未知力的交点为矩心，尽可能使一个方程只含有一个未知轴力，方便计算。未知斜杆轴力可移至适当的位置分解，使其中一个分力对着矩心，求另一分力，再利用比例关系求得轴力。

(3) 对平行弦桁架求腹杆内力时，注意用投影方程计算。

例题 6－11　截面法计算桁架内力

试绘制图 6－36(a) 所示桁架杆 DE、GE、GC 的轴力。

解：(1) 求支座反力。

$$F_{Ax}=0, F_{Ay}=F_{By}=25\text{kN}(\uparrow)$$

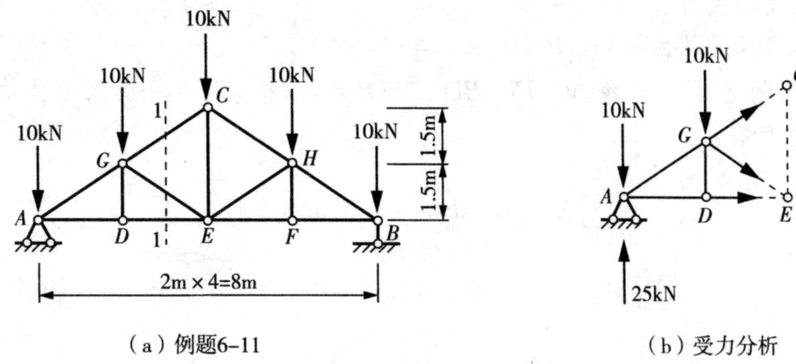

图 6-36 例题 6-11 及解答

(2) 用假想的截面 1—1 将待求的 DE、GE、GC 三杆截断，取桁架左边部分为隔离体如图 6-36(b) 所示，列平衡方程有：

$$\sum M_G = 0,\quad F_{NDE} \times 1.5 - (25-10) \times 2 = 0$$

$$F_{NDE} = 20\text{kN}(\text{受拉})$$

$$\sum M_A = 0,\quad F_{NGE} \times \frac{12}{5} + 10 \times 2 = 0$$

$$F_{NGE} = -8.33\text{kN}(\text{受压})$$

$$\sum M_E = 0,\quad -F_{NGC} \times \frac{12}{5} + 10 \times 2 - (25-10) \times 4 = 0$$

$$F_{NGC} = -16.67\text{kN}(\text{受压})$$

3. 结点法与截面法的联合应用

计算中有时联合使用结点法与截面法更为便利。

例题 6-12 节点法和截面法综合计算桁架内力

试绘制图 6-37(a) 所示各桁架杆轴力。

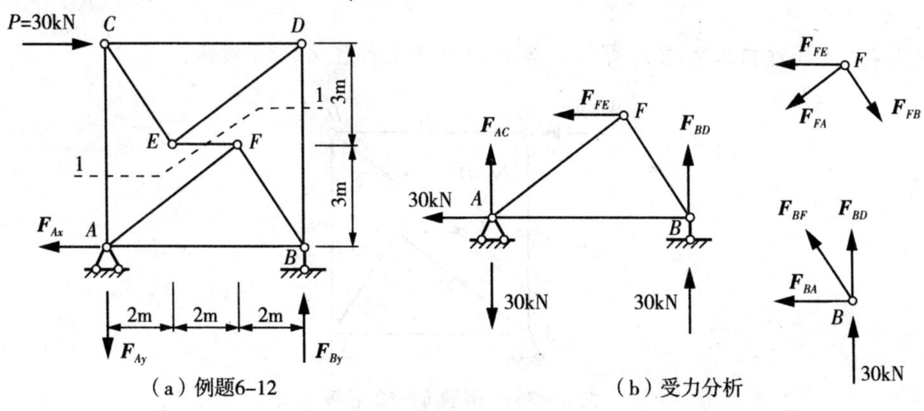

图 6-37 例题 6-12 及受力分析

解:(1) 求支座反力。

$F_{Ax}=30\text{kN}(\leftarrow)$,$F_{Ay}=30\text{kN}(\downarrow)$,$F_{By}=30\text{kN}(\uparrow)$

(2) 用假想的截面 1—1 将 AC、EF、BD 三杆截断,取桁架下部分为隔离体如图 6-37(b) 所示,列平衡方程有:

$$\sum X=0,\quad F_{FE}=-30\text{kN}(\text{受压})$$

$$\sum M_A=0,\quad (F_{BD}+30)\times 6-30\times 3=0$$

$$F_{BD}=-15\text{kN}(\text{受压})$$

$$\sum Y=0,\quad F_{AC}-30+30-15=0$$

$$F_{AC}=15\text{kN}(\text{受拉})$$

以 B 结点为研究对象,列平衡方程得:

$$\sum Y=0,\quad F_{BF}\times\frac{3}{\sqrt{13}}+15=0$$

$$F_{BF}=-5\sqrt{13}\,\text{kN}(\text{受压})$$

$$\sum X=0,\quad F_{BA}+5\sqrt{13}\times\frac{2}{\sqrt{13}}=0$$

$$F_{BA}=10\text{kN}(\text{受拉})$$

以 F 结点为研究对象,列平衡方程得:

$$\sum Y=0,\quad F_{FA}\times\frac{3}{5}-5\sqrt{13}\times\frac{3}{\sqrt{13}}=0$$

$$F_{FA}=25\text{kN}(\text{受拉})$$

同理,其他杆件内力可求解得到。各杆内力结果如图 6-38 所示。

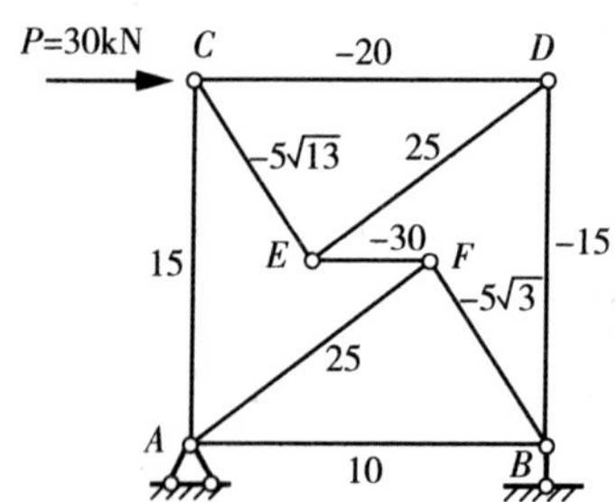

图 6-38　例题 6-12 解答

6.5　静定拱

一、静定拱的组成特点

拱结构是指杆件轴线为曲线，且在竖向荷载作用下产生水平反力的结构称为拱式结构。拱的常见形式有：无铰拱、两铰拱、三铰拱、拉杆拱等，分别如图 6-39 所示。其中，三铰拱和拉杆拱为静定结构，无铰拱和两铰拱为超静定结构。本节只讨论静定拱的受力分析。

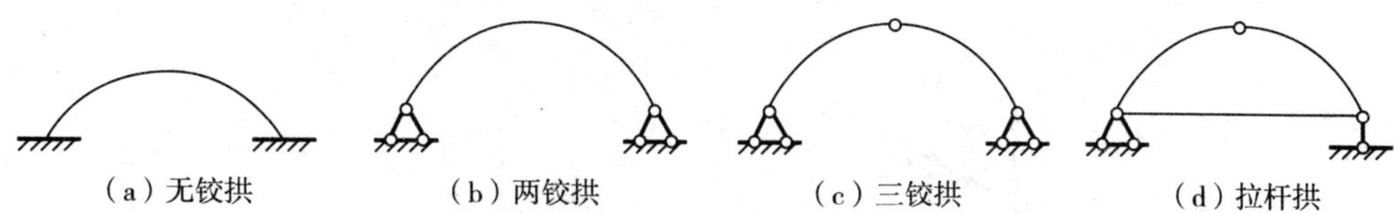

图 6-39　拱结构

拱与梁的区别不仅在于杆轴线的曲直，拱区别于梁的更重要特点是在竖向荷载作用下会产生水平推力。因此，拱结构的弯矩比同跨度、同荷载的梁结构小得多，且主要为承压结构，弯矩剪力都很小，且压应力沿拱轴分布较为均匀，能充分发挥材料的作用，易于就地取材。另外拱结构具有良好的跨越能力，能形成较大空间，且造型美观，在大跨度建筑和桥梁工程中得到了广泛的应用。

对于无拉杆的三铰拱，推力由支座的水平反力来平衡，因此，要求拱比梁具有更坚固的地基或支承结构(墙、柱、墩等)；对于有拉杆的三铰拱，推力由拉杆的拉力来平衡。推力对拱的内力有重要影响。拱的轴线常采用抛物线或圆弧线。拱高 f 与跨度 l 之比称为高跨比。高跨比是拱的基本参数，在实际工程中，高跨比的变化范围很大，一般为 1/10 ～ 1 之间。

二、三铰拱的内力计算

在竖向荷载作用下，计算三铰拱的支座反力和内力时，为了得到比较简单的表达式，常常用一根与三铰拱作用荷载相同、跨度相同的简支梁来与之对比，找出他们的区别与联系，如图 6-40(a)、(b) 所示，此简支梁称为三铰拱的相应简支梁。

1. 支座反力计算

三铰拱支座反力的计算方法与三铰刚架的计算方法相同。

首先取全拱的整体平衡：

$$F_{Ay}=\frac{F_{P1}b_1+F_{P2}b_2}{l}=\frac{\sum F_{Pi}b_i}{l}=F_{Ay}^0 \qquad 式(6-1)$$

$$F_{By}=\frac{F_{P1}a_1+F_{P2}a_2}{l}=\frac{\sum F_{Pi}a_i}{l}=F_{By}^0 \qquad 式(6-2)$$

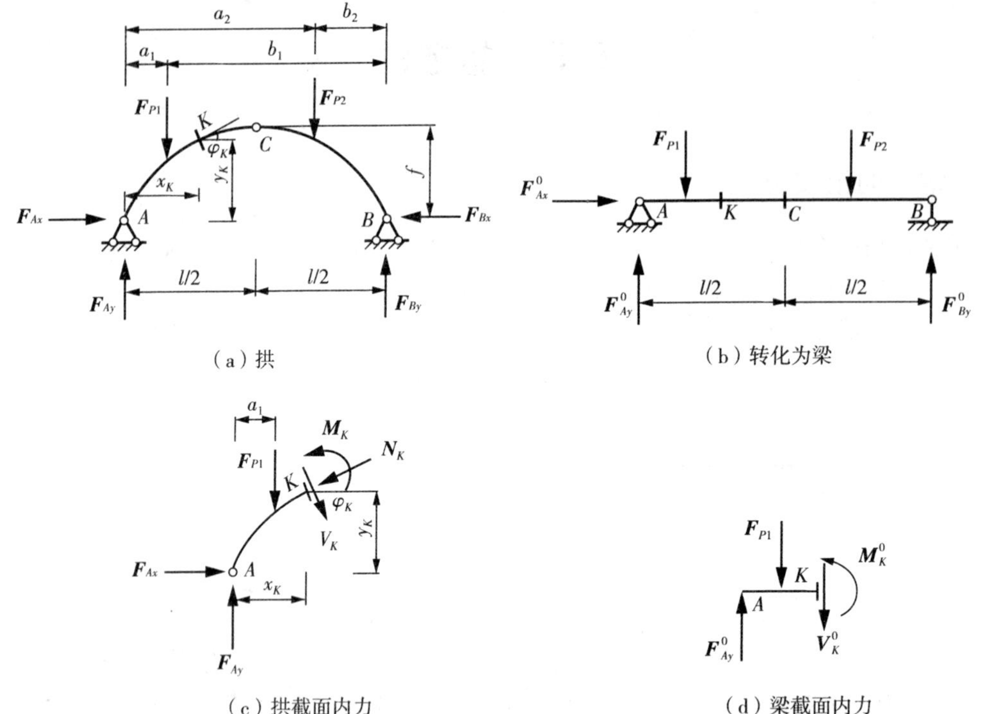

（a）拱　（b）转化为梁

（c）拱截面内力　（d）梁截面内力

图 6－40　拱的内力计算方法

$$F_{Ax}=F_{Bx}=F_H \qquad \text{式(6－3)}$$

式中：F_{Ay}^0、F_{By}^0 为三铰拱相应简支梁的竖向支座反力；F_H 为铰支座对拱结构的水平推力。

其次，取左半边拱为隔离体，列平衡方程，$\sum M_C(F_i)=0$ 有

$$F_H=F_{Ax}=F_{Bx}=\frac{F_{Ay}\cdot\dfrac{l}{2}-F_{P1}\left(\dfrac{l}{2}-a_1\right)}{f}=\frac{M_C^0}{f} \qquad \text{式(6－4)}$$

跟同跨度的简支梁相比，可以看出：承受相同竖向荷载时，拱结构的竖向反力和梁相同，而水平反力则等于相应简支梁截面 C 的弯矩除以拱高。式(6－4)标明推力 $\boldsymbol{F}_H$ 只与三个铰的位置和荷载有关，与各铰间的拱轴线形状无关，即只与跨高比 f/l 有关。当荷载和拱的跨度不变时，推力 $\boldsymbol{F}_H$ 与拱高 f 成反比，即 f 越大，$\boldsymbol{F}_H$ 越小，反之亦然。

2. 内力计算

(1) 拱结构内力正负号规定：轴力规定受压为正；剪力规定使隔离体顺时针方向转动为正；弯矩规定拱内侧受拉为正。

(2) 内力计算：三铰拱任意截面内力仍采用截面法。

与直杆不同，拱截面的方向随其在曲线拱轴上的位置而变化。因此，任意截面的位置由其截面与轴线相交的点的坐标 x、y 和 φ 三个坐标参变量确定。应注意的是，三铰拱为曲线结构，截面的倾角随截面位置变化。

如图6-40(c)、(d)所示，取三铰拱任意K截面以左部分为研究对象，对于K截面上内力计算公式总结为：

$$M=M_K^0-F_H y_k \quad 式(6-5)$$

$$N_K=V_K^0\sin\varphi_k+F_H\cos\varphi_k \quad 式(6-6)$$

$$V_K=V_K^0\cos\varphi_k-F_H\sin\varphi_k \quad 式(6-7)$$

由上式可知，三铰拱的内力不仅与竖向荷载和三个铰的位置有关，而且与拱轴线的形状有关。但是注意，上式只适用于竖向荷载作用，且两个拱趾位于同一高度的三铰拱。

例题6-13　三铰拱的内力计算

试求图6-41所示三铰拱的支反力和K截面的内力。已知拱轴线方程为$y=\frac{4f}{l^2}x(l-x)$。

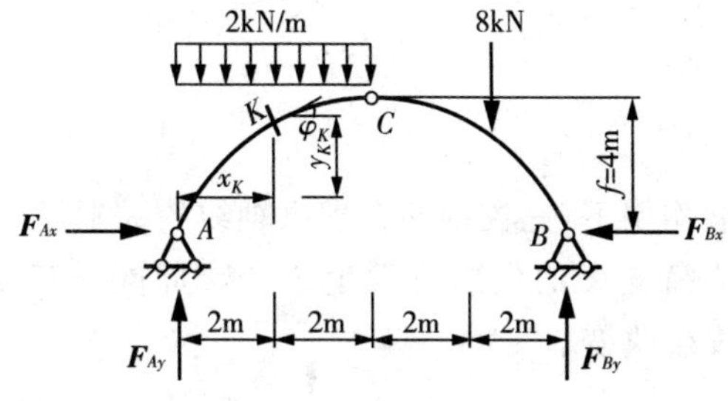

图6-41　例题6-13

解：(1) 求支座反力。

$$F_{Ay}=\frac{2\times8\times12}{16}+\frac{8\times4}{16}=14(\text{kN})$$

$$F_{By}=\frac{2\times8\times4}{16}+\frac{8\times12}{16}=10(\text{kN})$$

$$F_{Ax}=F_{Bx}=F_H=\frac{M_C^0}{f}=\frac{14\times8-2\times8\times4}{4}=12(\text{kN})$$

(2) 计算K截面内力。

$$x_K=4\text{m}$$

$$y_K=\frac{4f}{l^2}x(l-x)=\frac{4\times4}{16^2}\times4\times(16-4)=3\text{m}$$

$$\tan\varphi_K=\frac{\mathrm{d}y}{\mathrm{d}x}=\frac{4f}{l^2}(l-2x)=\frac{4\times4}{16^2}\times(16-2\times4)=0.5$$

$$M=M_K^0-F_Hy_k=(14\times4-2\times4\times2)-12\times3=4(\text{kN}\cdot\text{m})$$

$$N_K=V_K^0\sin\varphi_k+F_H\cos\varphi_k=(14-2\times4)\times0.447+12\times0.894=13.41(\text{kN})$$

$$V_K=V_K^0\cos\varphi_k-F_H\sin\varphi_k=(14-2\times4)\times0.894-12\times0.447=0(\text{kN})$$

三、三铰拱合理轴线

一般情况下，三铰拱的内力包括：轴力、剪力和弯矩。当荷载及三个铰的位置给定时，三铰拱的反力和各铰间的拱轴线形状无关；但三铰拱的内力与拱轴线形状有关，当拱轴线上所以截面的弯矩为零，只承受轴力时，称此拱轴线为合力拱轴线。此时，拱各截面处于均匀受压状态，拱体材料能够得到充分的利用，使用最经济。

合理拱轴线任一截面弯矩 $\boldsymbol{M}$ 为零，即：

$$M=M_K^0-F_Hy_k=0$$

故：

$$y=\frac{M^0}{F_H}$$

上式表明，在竖向荷载作用下，三铰拱的合理拱轴线的纵坐标 y 与相应简支梁的弯矩成正比。当荷载变化时，相应简支梁的弯矩将发生改变。即同一三铰拱，在不同的荷载作用下，其合理拱轴线也随之发生改变。

本章小结

1. 自由度和约束

自由度是确定体系位置所需的独立坐标的数目；约束是减少自由度的装置，常用的约束类型有：

(1) 链杆：相当于 1 个约束，减少体系的 1 个自由度；

(2) 铰约束：① 单铰，相当于 2 个约束；① 连接 n 个刚片的复铰，相当于 $(n-1)$ 个单铰，$2(n-1)$ 个约束；③ 虚铰，两根链杆或其延长线交点形成一个虚铰，相当于两个约束；

(3) 刚性连接：相当于 3 个约束。

2. 几何组成规则及分析方法

(1) 三刚片规则：三个刚片用三个不共线的铰两两相连，所组成的体系是几何不变体系，且没有多余约束。

(2) 两刚片规则：① 两个刚片用一个铰和一根不通过铰的链杆相连，所组成的体系是几何不变体系，且没有多余约束；② 两个刚片用三根既不全平行也不全交于一点的链杆相连，所组成的体系是几何不变体系，且没有多余约束。

(3) 二元体规则：在原结构体系中增加或者拆除一个二元体，不会影响原结构体系的几何不变性质。

(4) 几何组成分析时应遵循选择刚片和扩大刚片的基本步骤，从结构体系中一个明显的几何不变的部分入手，再应用几何不变的组成规则，逐步扩大几何不变的部分，直至分析完整个结构。

3. 静定与超静定结构

从几何组成分析的角度来说，可以作为建筑结构使用的几何不变体系分为两类，一类没有多余约束，一类有若干多余约束。其中几何不变且无多余约束的体系称为静定结构，几何不变且有多余约束的体系称为超静定结构。

静定结构在静力学范围之内，可以求解，即力的平衡方程数目足够，可以只用依靠力的平衡条件求出所有支座反力、约束反力和内力等。而超静定结构的内力计算不能只依靠力的平衡条件求出，方程数目不足够，需要补充位移协调方程才能解决。

4. 多跨静定梁的内力

由基本部分和附属部分组成，基本部分的受力不影响附属部分，所以计算一般从附属部分开始，其内力计算与内力图的绘制方法与单跨静定梁相同。

5. 静定平面刚架内力

静定刚架主要有简支刚架、悬臂刚架和三铰刚架，刚架可以承担水平荷载和竖向荷载；刚架的内力图包括弯矩图、剪力图和轴力图，绘图一般从自由端，或受力明确的支座处开始，每一段杆件都可以当作梁来计算和绘图。

6. 静定平面桁架

桁架中所有杆件都为二力杆件，各杆内力只有轴力，即只有轴向拉压力。桁架内力计算有两种常用方法，结点法和截面法，可以综合进行应用。

(1) 结点法：以任意结点为研究对象，列平衡方程求解未知内力，适用于计算桁架中所有杆件的内力；

(2) 截面法：用假想截面从桁架的任意部位截开，取其中一部分为研究对象，列平衡方程求解未知内力，适用于计算桁架中几根指定杆件的内力。

6. 静定拱

拱结构是指杆件轴线为曲线，且在竖向荷载作用下产生水平反力的结构称为拱式结构。拱的常见形式有：无铰拱、两铰拱、三铰拱、拉杆拱等。与梁的区别不仅在于杆轴线的曲直，拱区别于梁的更重要特点是在竖向荷载作用下会产生水平推力。因此，拱结构的弯矩比同跨度、同荷载的梁结构小得多，且主要为承压结构，弯矩剪力都很小，且压应力沿拱轴分布较为均匀，能充分发挥材料的作用。

思考与习题

1. 从安全性方面分析，几何不变且无多余约束的体系，和几何不变且有多余约束的体系相比，谁更安全？

2. 几何不变体系的组成规则之间有何联系？可否归结为同一规则？

3. 在三刚片规则的讲解中，若图 6－8(b) 中的每对链杆都相互平行，结构几何组成应怎样分析？

4. 请用学过的力学知识分析，为什么瞬变体系会在变形瞬间产生巨大内力？

5. 多跨静定梁中，何谓基础部分？何谓附属部分？当基础部分作用荷载时是否对附属部分产生内力？作用在附属部分的荷载，对基础部分是否产生内力？

6. 何谓刚架，刚结点和铰结点之间有何区别？

7. 桁架计算简图做了哪些假设？它与实际的桁架有哪些差别？

8. 结点法和截面法计算桁架的区别是什么？

9. 零杆是否为多余的杆件，可否在实际结构中把它去掉。

10. 试分析如图 6－42 中所示结构体系的几何组成，并写出分析过程。

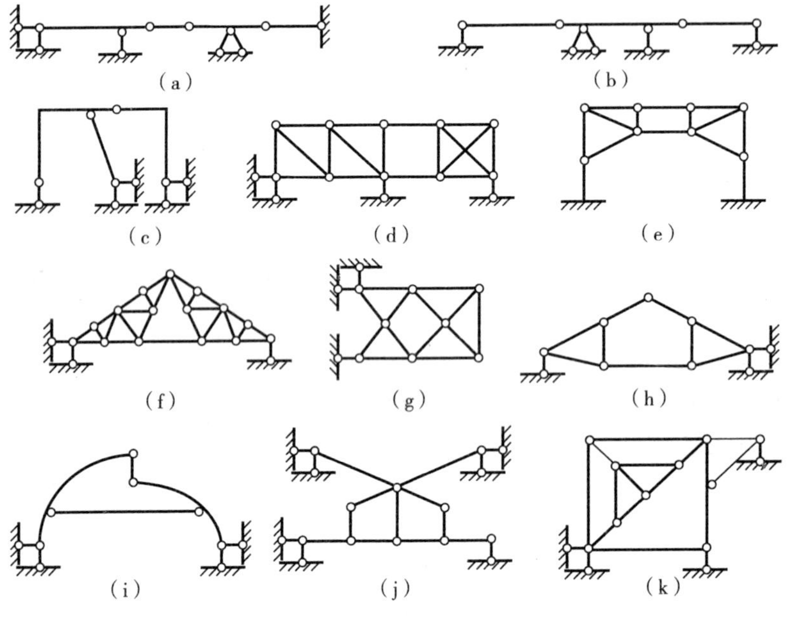

图 6－42　第 10 题

11. 试作图 6－43 中所示多跨静定梁的弯矩图、剪力图。

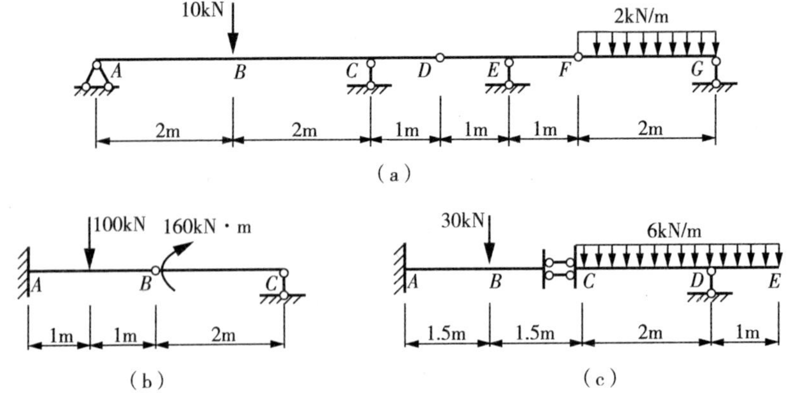

图 6－43　第 11 题

12. 试作图 6－44 中所示静定刚架的内力图。

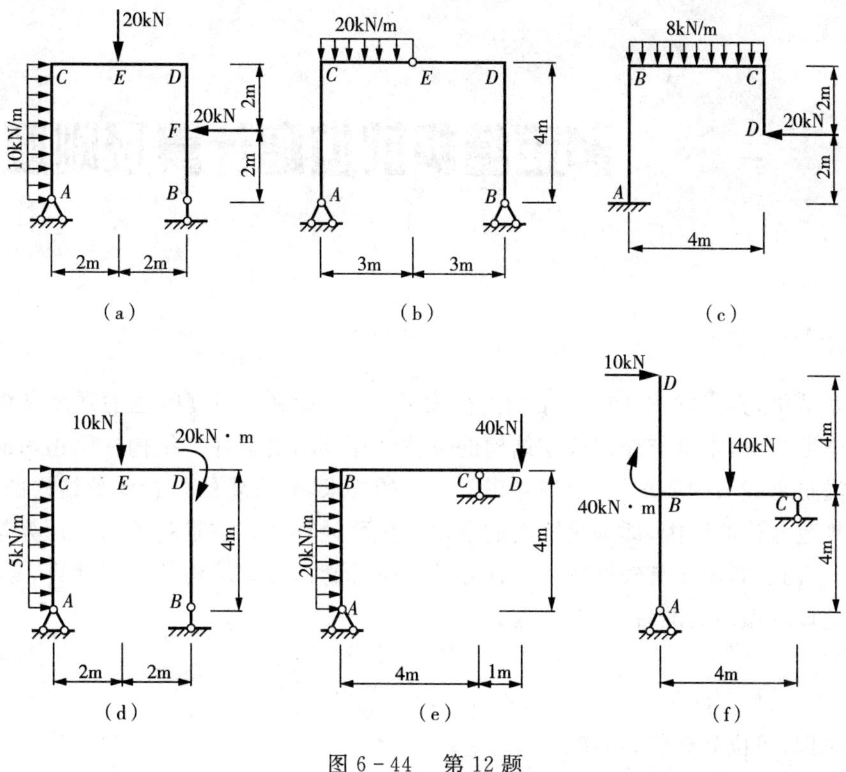

图 6-44　第 12 题

13. 试计算下图 6-45 中所示桁架各杆或指定杆的内力。

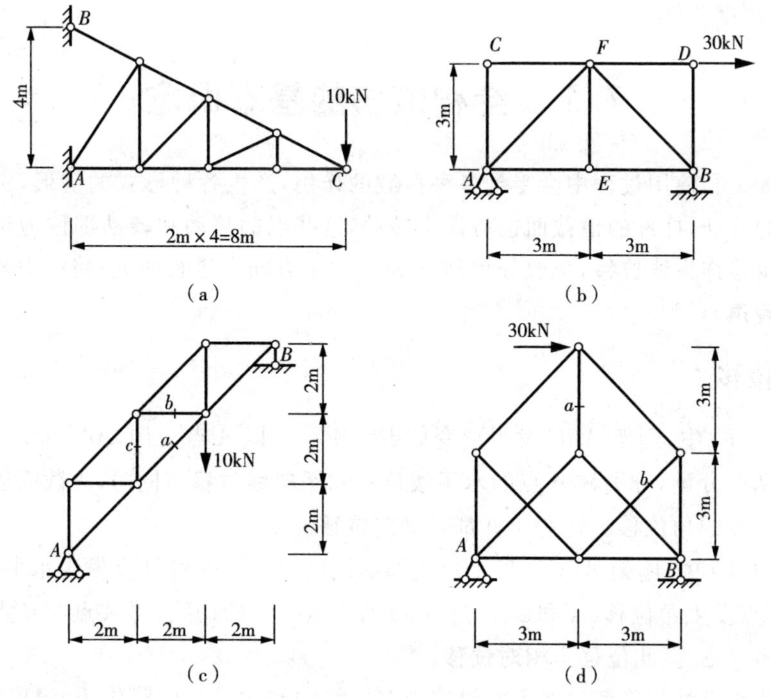

图 6-45　第 13 题

第7章 静定结构的位移计算及刚度条件

【章节介绍】

在前章节中，我们学习了静定结构的内力计算，以及解决强度问题的强度条件，仿照强度问题的学习方法，本章节介绍静定结构的位移计算及刚度条件。结构在承担荷载时，不仅要求其要满足承载力的要求，还要满足正常使用的要求，其重要的内容就是结构的变形或位移不超过规范允许的范围，即满足刚度的条件。位移计算的方法是基于内力计算基础上，运用虚功原理得到的，需要有较好的内力计算的基础；同时，静定结构的位移计算，是为超静定结构的内力计算做出的准备，需要掌握。

【理解】

虚功原理、单位荷载法、叠加法。

【掌握】

图乘法，刚度条件。

7.1 结构位移的基本概念

结构在施工和使用过程中会受到各种荷载的作用，产生各种形式的变形，引起结构上各点发生位置的移动，杆件的横截面也将发生转动，这些点的**移动**和**转动**都称为**位移**。我们将截面移动的位移称为**线位移**，一般分解到 x 和 y 两个方向上进行研究；将截面转动的角度称为**角位移**或**转角**。

一、结构的位移

在图 7-1(a) 中，刚架 ABC 发生形变如虚线所示。以 A 点为例，AA' 为 A 点的线位移，有 x_A 和 y_A 两个分量，分别称 A 点的**水平线位移**和**竖向线位移**。同时，A 截面还转过一个角度 φ_A，称为 A 点的角位移。这些位移都是**绝对位移**。

在图 7-1(b) 中，刚架 $ABCD$ 发生形变如虚线所示。C 点和 D 点发生水平线位移 x_C 和 x_D，A 点和 B 点发生角位移 φ_A 和 φ_B。过 A、B 两点做曲线的切线，得 A 点与 B 点的相对角位移为 $\varphi_{AB}=\varphi_A+\varphi_B$。此位移为**相对位移**。

相对位移和绝对位移都是本章的研究内容。结构和构件在荷载作用、温度变化、支座位移或制造误差等条件下都会产生变形，其计算方法是类似的，但得到的计算公式不同。本章

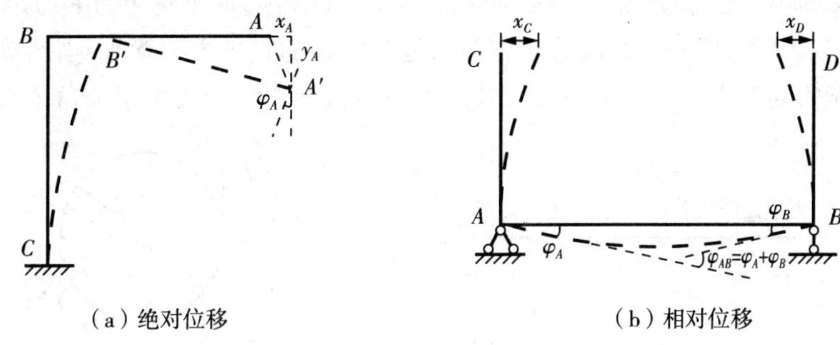

（a）绝对位移　　（b）相对位移

图 7－1　截面的位移

节主要介绍在荷载作用下结构的位移计算方法。

二、结构位移计算的目的

在设计和施工过程中，结构的位移计算是十分重要的。简而言之，有以下三方面的目的：

（1）进行结构的刚度校核。在结构设计中只考虑强度还不能完全满足设计要求，还需保证设计在使用过程中不发生过大位移，即要求计算出结构的位移不可超过允许的限值。例如在设计吊车梁时，为了保障吊车梁能够正常使用，规范中对吊车梁的最大竖向位移限制为梁跨度的 1/500 至 1/600。

（2）同时，在结构的制作、施工和养护的过程中，若事先知道结构的位移，就可以事先采取相应措施保证施工安全和拼装就位。

例如屋架在竖向荷载作用下，下弦各结点会产生图 7－2(a) 虚线所示位移，则在施工中，会将各下弦杆做得比实际长度短一些，拼装后下弦向上起拱。在屋盖自重作用下，下弦各杆才会恢复原设计的水平位置，如 7－2(b) 所示。

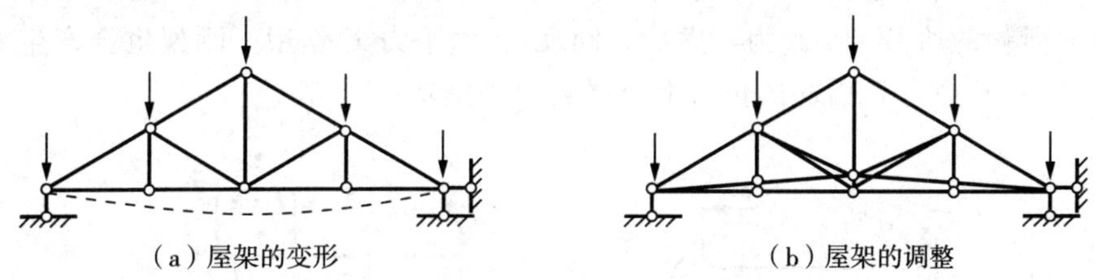

（a）屋架的变形　　（b）屋架的调整

图 7－2　施工过程中对屋架的调整

（3）为分析超静定结构和动力稳定、计算打下基础。超静定结构的内力计算除静力平衡条件外，还需利用结构的位移条件。

7.2　结构位移计算的一般公式

一、功与虚功

我们在中学过的功的定义，一个集中力 $\boldsymbol{F}$ 所做的功等于力的大小与物体在其方向上产生位移的乘积，即$W=F\Delta$，如图 7-3(a) 所示。在 7-3(b) 中，两个集中力$\boldsymbol{F}$和$\boldsymbol{F}'$作用在圆盘上形成一个力偶$M(F,F')=2FR$，力的方向始终与圆盘的直径方向垂直；当圆盘转过一个角度θ时，力所做得功为$W=2FR\theta=M\theta$。即，力偶所做的功等于力偶矩和角位移的乘积。

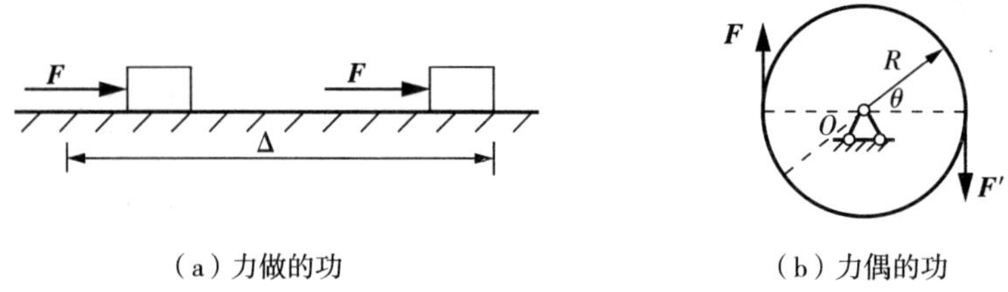

(a) 力做的功　　(b) 力偶的功

图 7-3　功的示意图

由此可知，功包含两个要素，力和位移。做功的可以是力，也可以是力偶，有时也可以是一个力系。功是一个矢量，在平常计算中将其标量化，统一表示为：

$$W=F\Delta$$

其中可知：①F称为广义力，Δ称为广义位移；② 广义力和广义位移是相对应的，当广义力F为集中力时，广义位移Δ为线位移，当广义力F为力偶时，广义位移Δ为角位移。③ 当广义力F和广义位移Δ方向一致时，做功为正，当广义力F和广义位移Δ方向相反时，做功为负。

1. 虚功

上述这些力所做功中，力和位移是相关的，都为**实功**。但若做功的力与相应位移彼此独立无关，则称此功为**虚功**。

在图 7-4(a) 中，悬臂刚架上作用有水平力$\boldsymbol{F}$并达到平衡。而在(b) 图中，刚架因为竖向力$\boldsymbol{F}$的作用产生变形，A点移动到A'点的位置，在水平方向上，即力$\boldsymbol{F}$的作用线方向上发生向右的位移Δ。Δ的是竖向力$\boldsymbol{F}$引起的，而不是因为水平力$\boldsymbol{F}$的原因，Δ与水平力$\boldsymbol{F}$无关。则水平力$\boldsymbol{F}$所做的功$W=F\Delta$为一虚功。同理，在水平力$\boldsymbol{F}$作用下刚架也会产生变形和位移，竖向力$\boldsymbol{F}$在水平力$\boldsymbol{F}$引起的位移上所做功也为虚功。

(a) 力状态　　(b) 位移状态

图 7-4　虚功示意图

虚功的“虚”并不是虚无或不存在的意思，而是指力和位移是无关的。在虚功中可将做功的力和位移看成是分别属于同一体系的两种彼此无关的状态，其中力系所属于的状态称为**力状态**或**第一状态**，位移所属于的状态称为**位移状态**或**第二状态**。例如图 7-4 中，若求水平力在竖向力作用产生位移上所做的虚功，则(a) 图为力状态，(b) 图为位移状态。

与实功相同，力和位移的方向一致时虚功为正，力和位移的方向相反时虚功为负；虚功的单位和功的单位相同，国际制单位用 N · m。

2. **变形体的虚应变能**

我们借外力 $\boldsymbol{F}$ 在位移 Δ 上做功的力学模型说明了**外力虚功**的概念，但事实上，不仅是力状态中的外力可在位移状态上做虚功，力状态的内力，在位移状态的变形上也可做虚功。**内力虚功**又称为**虚应变能**，用 V 表示。

内力虚功的计算，应取某微段，微段上力状态的内力为 $\boldsymbol{F}_N$、$\boldsymbol{F}_Q$ 和 $\boldsymbol{M}$，其对应的位移状态变形分别为 $\mathrm{d}u$、$\mathrm{d}v$ 和 φ，为沿 $\boldsymbol{F}_N$、$\boldsymbol{F}_Q$ 和 $\boldsymbol{M}$ 方向上的位移。如图 7－5 所示。

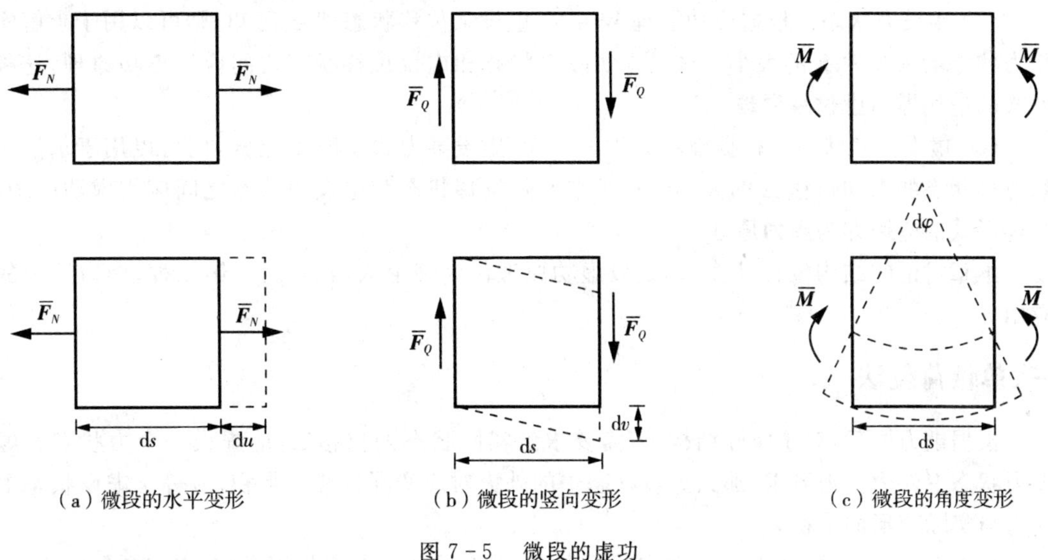

(a) 微段的水平变形　　(b) 微段的竖向变形　　(c) 微段的角度变形

图 7－5　微段的虚功

内力虚功的计算，应取某微段，微段上力状态的内力为 $\boldsymbol{F}_N$、$\boldsymbol{F}_Q$ 和 $\boldsymbol{M}$，其对应的位移状态变形分别为 $\mathrm{d}u$、$\mathrm{d}v$ 和 φ，为沿 $\boldsymbol{F}_N$、$\boldsymbol{F}_Q$ 和 $\boldsymbol{M}$ 方向上的位移。如图 7－5 所示。则微段 $\mathrm{d}s$ 上的内力虚功表示为：

$$\mathrm{d}V=\overline{F}_N\mathrm{d}u+\overline{F}_Q\mathrm{d}v+\overline{M}\mathrm{d}\varphi$$

则结构整体的内力虚功为：

$$V=\sum\int\overline{F}_N\mathrm{d}u+\sum\int\overline{F}_Q\mathrm{d}v+\sum\int\overline{M}\mathrm{d}\varphi \qquad \text{式(7－1)}$$

值得注意的是，若杆件为刚体，则在荷载作用下不会产生任何变形，则虚应变能必定为零。

二、变形体的虚功原理

由于结构达到平衡状态，所以在结构中总有 $\boldsymbol{F}_{外力}=\boldsymbol{F}_{内力}$，即外力与内力相等。当结构因为其他原因发生位移时，就有 $W_{外力}=W_{内力}$，即外力虚功 W＝虚应变能 V。所以，在力系作用下处于平衡状态，而该变形体在其他原因下产生符合约束条件的微小连续变形，则力状态中的外力在位移状态的位移上所做虚功 W，恒等于力状态中的内力在位移状态的变形上所做的虚功 V。

虚功原理可简单表示为：第一状态的外力在第二状态引起的位移上所做的外力虚功，等于第一状态内力在第二状态引起的变形上所做的内力虚功，即**外力虚功等于内力虚功**。写成等式为：外力虚功 W_{12} = 内力虚功 V_{12}。

所以可得外力虚功 W 的计算式为：

$$W=\sum\int\overline{F}_N\mathrm{d}u+\sum\int\overline{F}_Q\mathrm{d}v+\sum\int\overline{M}\mathrm{d}\varphi \qquad \text{式(7-2)}$$

变形体的虚功原理有两种用法：

(1) 虚设力状态。根据虚功原理 $W=V$，虚设某位移状态即 Δ 已知，则可以用于求解实际力状态的未知力 $\boldsymbol{F}$ 的大小。这是在实际力状态和虚设位移状态之间应用虚功原理，这种形式的应用即为**虚位移原理**。

(2) 虚设位移状态。根据虚功原理 $W=V$，虚设某力状态即 $\boldsymbol{F}$ 已知，则可以用于求解实际位移状态的未知位移 Δ 的大小。这是在实际位移状态和虚设力状态之间应用虚功原理，这种形式的应用即为**虚力原理**。

本章讨论的结构位移计算，即是以虚功原理作为理论依据的，属于第二种，虚力原理的应用。

三、单位荷载法

根据虚力原理，对于实际结构，若需要求解实际状态的位移 Δ，应虚设一个力状态。虚设力状态中外力内力可求，那么虚设状态中的外力对应实际位移的乘积，应等于虚设状态中内力与实际变形的乘积。

如图 7-6 所示刚架 ABC。在实际状态中，刚架受到外力 $\boldsymbol{F}$ 作用，同时支座产生位移 c_1、c_2 和 c_3，分别为固定铰支座 A 的水平线位移、竖向线位移和链杆支座 B 的竖向线位移。由于实际力 $\boldsymbol{F}$ 和支座位移的共同作用，刚架发生形变和位移，如图 7-6(a) 所示。变形后，CB 杆上某点 K 移动到 K' 的位置，产生线位移 Δ_K 和角位移 φ_K。若欲求 K 点的线位移 Δ_K，应利用虚力原理来进行计算。

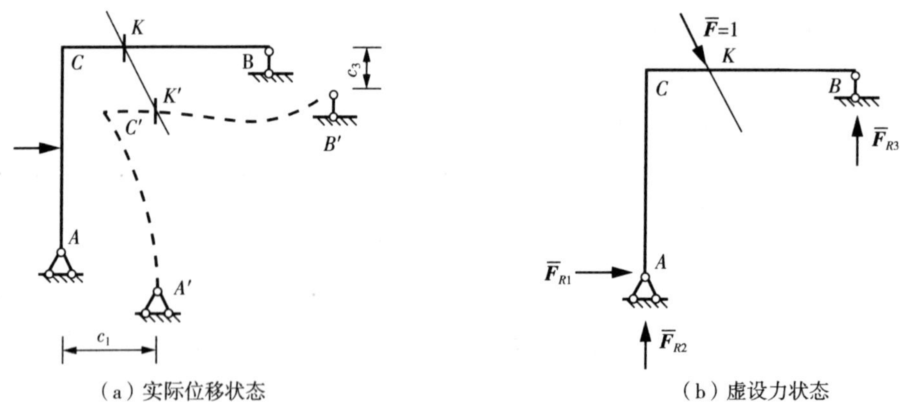

图 7-6 单位荷载法示意图

应虚设一个力状态如图 7-6(b)，因欲求 K 点线位移 Δ_K，所以需虚设与 K 点实际线位移相对应的力，即为作用于 K 点的集中力 $\overline{F}$。为了计算方便，通常虚设力的大小为 1，即设 $\overline{F}=$

1，在此虚设的力状态下，可以计算出各支座的支座反力为：A 点固定铰支座的水平反力 $\boldsymbol{F}_{Ax}$，记为$\overline{F}_{R1}$，竖直反力 $\boldsymbol{F}_{Ay}$，记为$\overline{F}_{R2}$；B 点链杆支座的竖向反力 $\boldsymbol{F}_B$，记为$\overline{F}_{R3}$。同时，可以依据第5、6章静定结构内力计算的方法，可计算其微段 $\mathrm{d}x$ 上的内力 $\boldsymbol{F}_N$、$\boldsymbol{F}_Q$ 和 $\boldsymbol{M}$。

由此，外力虚功包含虚设力状态中的外荷载和相应位移的乘积，即荷载所做虚功，以及支座反力与相应支座位移的乘积，即支座反力所做虚功。虚设力状态中，各荷载和支座反力，与实际位移状态是相对应的，有：$\overline{F}=1$ 所对应的位移为 Δ，同理$\overline{F}_{R1}$ 对应 c_1，$\overline{F}_{R2}$ 对应 c_2，$\overline{F}_{R3}$ 对应 c_3。所以，外力虚功为：

$$W=\overline{F}\Delta_K+\overline{F}_{R1}c_1+\overline{F}_{R2}c_2+\overline{F}_{R3}c_3$$

整理为：

$$W=\Delta_K+\sum\overline{F}_Rc \qquad \text{式(7-3)}$$

又由式(7－2)，外力虚功等于内力虚功，可将式(7－3)写为：

$$\Delta_K+\sum_{i=1}^{n}\overline{F}_{Ri}c_i=\sum\int\overline{F}_N\mathrm{d}u+\sum\int\overline{F}_Q\mathrm{d}v+\sum\int\overline{M}\mathrm{d}\varphi$$

即有 Δ_K 的计算公式：

$$\Delta_K=\sum\int\overline{F}_N\mathrm{d}u+\sum\int\overline{F}_Q\mathrm{d}v+\sum\int\overline{M}\mathrm{d}\varphi-\sum\overline{F}_Rc \qquad \text{式(7-4)}$$

称为**结构位移计算的一般公式**。式中前三项都为虚设力状态微段的内力与其相应实际位移状态中微段变形乘积的积分求和，是荷载作用引起的结构位移；最后一项为支座反力和支座位移的乘积，是支座位移引起的结构位移，当$\overline{F}_R$ 与 c 的方向相同则乘积为正，当$\overline{F}_R$ 与 c 的方向相反则乘积为负。

这种利用虚力原理，在所求位移处，沿着所求位移方向虚设单位荷载，以计算结构位移的方法，称为**单位荷载法**。应用此法可以计算任意广义位移，但是一次只能计算出一个位移。若计算结果为正，表示实际位移与虚设力的方向相同；若计算结果为负，表示实际位移与虚设力的方向相反。

在实际应用中有，实际位移状态中的微段变形为：

$$\begin{cases}\mathrm{d}u=\varepsilon\mathrm{d}x=\dfrac{F_{NP}}{EA}\mathrm{d}x\\[2ex]\mathrm{d}v=\gamma\mathrm{d}x=\dfrac{kF_{QP}}{GA}\mathrm{d}x\\[2ex]\mathrm{d}\varphi=\kappa\mathrm{d}x=\dfrac{M_P}{EI}\mathrm{d}x\end{cases} \qquad \text{式(7-5)}$$

式中，用 $\boldsymbol{F}_{NP}$、$\boldsymbol{F}_{QP}$ 和 $\boldsymbol{M}_P$ 表示实际位移状态中结构的内力；k 为与截面形状有关的系数，当截面为矩形时取 1.2。则结构位移计算的一般公式(7－4)可以写为：

$$\Delta_K=\sum\int\frac{\overline{F}_NF_{NP}}{EA}\mathrm{d}x+\sum\int\frac{k\overline{F}_QF_{QP}}{GA}\mathrm{d}x+\sum\int\frac{\overline{M}M_P}{EI}\mathrm{d}x-\sum_{i=1}^{n}\overline{F}_{Ri}c_i \qquad \text{式(7-6)}$$

可以总结，计算静定结构上某点的实际广义位移 Δ 的单位荷载法基本步骤及注意事项为：

(1) 根据题目中要求计算的位移，虚设相应力状态。即此虚设的力状态为与位移 Δ 相对应的广义力，并通常设为单位荷载，大小为 1。大致有几种情况：① 若计算 A 点 x 方向的线位移，则在 A 点虚设水平力 $\overline{F}=1$；② 若计算 A 点 y 方向的线位移，则在 A 点虚设竖向力 $\overline{F}=1$；③ 若计算 A 点的角位移，则在 A 点虚设力偶 $\overline{M}=1$；④ 若求 AB 两点的相对线位移，假设沿 AB 方向的一对力 $\overline{F}=1$；⑤ 若求 AB 两点的相对角位移，假设作用在 A、B 两点的力偶 $\overline{M}=1$。如图 7 - 7 所示。

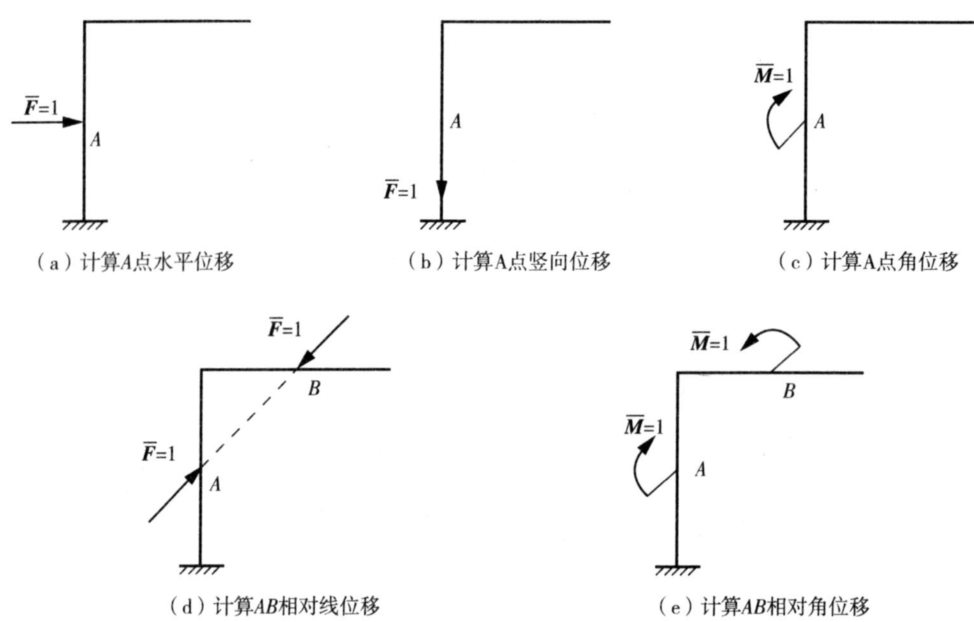

图 7 - 7　虚设相应力状态

(2) 在虚设力状态中，明确计算出各杆件的内力 $\overline{F}_N$、$\overline{F}_Q$ 和 $\overline{M}$。在实际位移状态中，明确计算出各杆件的内力 $\boldsymbol{F}_N$、$\boldsymbol{F}_Q$ 和 $\boldsymbol{M}$。

(3) 根据公式(7 - 6)，及题目的要求，列出位移计算的公式：

① 若结构只有外荷载作用产生位移，没有支座位移作用，则式(7 - 6) 可简写为：

$$\Delta_K = \sum\int \frac{\overline{F}_N F_{NP}}{EA}\mathrm{d}x + \sum\int \frac{k\,\overline{F}_Q F_{QP}}{GA}\mathrm{d}x + \sum\int \frac{\overline{M}M_P}{EI}\mathrm{d}x \qquad \text{式(7 - 7)}$$

② 若结构只有支座位移的作用，没有外荷载的作用，则式(7 - 6) 可简写为：

$$\Delta_K = -\sum_{i=1}^{n} \overline{F}_{Ri} c_i \qquad \text{式(7 - 8)}$$

即为虚设力状态下支座反力与位移乘积之和的相反数。反力与位移乘积同向为正，反向为负。

③ 在梁和刚架中，由于轴向变形和剪切变形的影响很小，可以忽略，其位移的计算只考虑弯曲变形就已足够，所以将式(7 - 6) 简写为：

$$\Delta_K = \sum\int \frac{\overline{M}M_P}{EI}\mathrm{d}x \qquad \text{式(7-9)}$$

④ 在拱结构中，由于轴向变形和剪切变形的影响很小，可以忽略，其位移的计算只考虑弯曲变形就已足够。但是对于扁平拱，仍需考虑轴向变形的作用，所以将式(7-6)简写为：

$$\Delta_K = \sum\int \frac{\overline{F}_N F_{NP}}{EA}\mathrm{d}x + \sum\int \frac{\overline{M}M_P}{EI}\mathrm{d}x \qquad \text{式(7-10)}$$

⑤ 在桁架结构中，由于只有轴向力的作用，各杆只发生轴向变形，且考虑到每一杆件的内力及截面都沿杆长 l 不变，故将式(7-6)简写为：

$$\Delta_K = \sum\int \frac{\overline{F}_N F_{NP}}{EA}\mathrm{d}x = \sum \frac{\overline{F}_N F_{NP} l}{EA} \qquad \text{式(7-11)}$$

⑥ 对于组合结构，可根据其具体形式选用公式。例如由梁式杆和桁架组成的组合结构，其位移主要受梁式杆的弯曲变形和桁架杆的轴向变形的影响，不考虑剪切变形。

(4) 应该指出，在计算由于内力引起的变形时，未考虑杆件的曲率对变形的影响，因此公式只有对直杆才是准确的，对曲杆计算应用只是近似结果。但是在常用结构的计算中，通常曲率对变形的影响都很微小，可以忽略不计。因此，拱结构或具有曲杆的刚架等，都可以应用此公式计算。

例题 7-1 简支梁的位移计算

如图 7-8(a) 所示简支梁 AB，A 端为固定铰支座，B 端为链杆支座，梁长为 l，跨中为点 C。试利用结构位移计算公式计算 C 点的竖向位移 Δ_{Cy} 和 A 点的转角 φ_A。$EI=$常数。

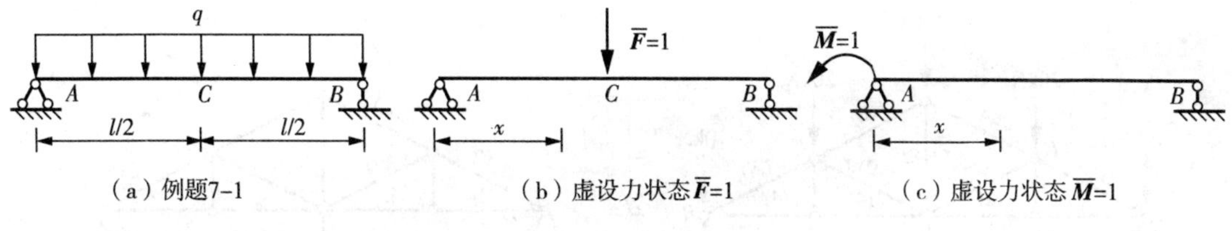

(a) 例题7-1　(b) 虚设力状态 $\overline{F}=1$　(c) 虚设力状态 $\overline{M}=1$

图 7-8 例题 7-1 及解答

解：(1) 虚设力状态。在跨中 C 点虚设一竖向单位力 $\overline{F}=1$，方向向下，如图 7-8(b) 所示。在 A 点虚设一竖向单位力偶 $\overline{M}=1$，方向逆时针，如图 7-8(c) 所示。在虚设力状态中，采用方程法可得：

$$\overline{M}_1 = \frac{x}{2}, \overline{M}_2 = \frac{x}{l} - 1$$

(2) 在实际位移状态中，采用方程法可得：

$$M_P = -\frac{1}{2}qx^2 + \frac{ql}{2}x,$$

(3) 因为结构左右对称，所以根据式(7-9) 列出位移计算式为：

$$\Delta_{Cy}=\sum\int\frac{\overline{M}M_P}{EI}\mathrm{d}x=\int_0^l\frac{\overline{M}M_P}{EI}\mathrm{d}x=2\int_0^{l/2}\frac{\overline{M}M_P}{EI}\mathrm{d}x$$

$$=\frac{2}{EI}\int_0^{l/2}\frac{x}{2}(-\frac{q}{2}x^2+\frac{ql}{2}x)\mathrm{d}x=\frac{2}{EI}\int_0^{l/2}(-\frac{q}{4}x^3+\frac{ql}{4}x^2)\mathrm{d}x$$

$$=\frac{2}{EI}(-\frac{q}{16}x^4+\frac{ql}{12}x^3)\mid_0^{l/2}=\frac{2}{EI}(\frac{-ql^4}{256}+\frac{ql^4}{96})=\frac{5ql^4}{384EI}$$

$$\varphi_A=\sum\int\frac{\overline{M}M_P}{EI}\mathrm{d}x=\int_0^l\frac{\overline{M}M_P}{EI}\mathrm{d}x=\frac{1}{EI}\int_0^l(\frac{x}{l}-1)(-\frac{q}{2}x^2+\frac{ql}{2}x)\mathrm{d}x$$

$$=\frac{1}{EI}\int_0^l(-\frac{q}{2l}x^3+qx^2-\frac{ql}{2}x)\mathrm{d}x=\frac{1}{EI}(-\frac{q}{8l}x^4+\frac{q}{3}x^3-\frac{ql}{4}x^2)\mid_0^l=-\frac{ql^3}{24EI}$$

计算结果为正，说明实际位移的方向与虚设单位力的方向相同，即 C 点的竖向位移大小为$\frac{5ql^4}{384EI}$，方向向下。计算结果为负，说明实际位移的方向与虚设单位力的方向相反．即 A 点的转角大小为$\frac{ql^3}{24EI}$，方向顺时针。

例题 7-2 桁架的位移计算

试计算图 7-9(a) 中所示对称桁架，下弦跨中结点 D 的竖向位移 Δ_D。图中右半部各括号内数值为杆件的截面面积 A，单位为($\times 10^{-4}\mathrm{m}^2$)。桁架杆件的弹性模量都为 $E=210\mathrm{GPa}$。

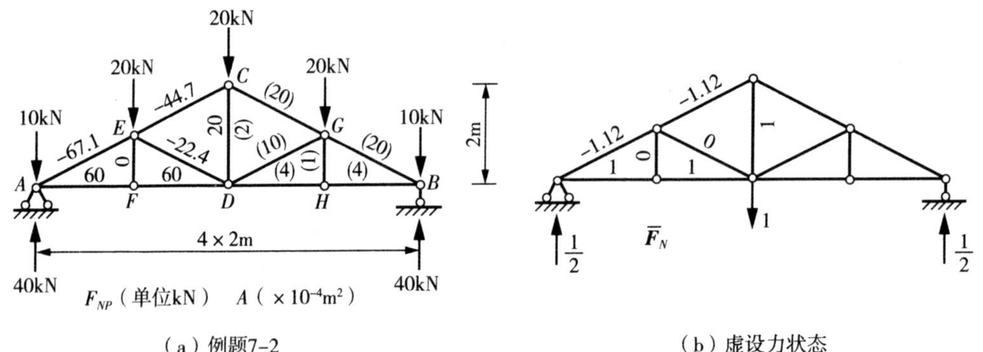

图 7-9 例题 7-2 及解答

解：(1) 虚设力状态。在跨中 D 点虚设一竖向单位力 $\overline{F}=1$，方向向下。在此虚设力状态中，运用截面法和结点法可得桁架左半部分各杆件的轴力 $\overline{F}_N$，如图 7-9(b) 所示。

(2) 在实际位移状态中，运用截面法和结点法可得桁架左半部分各杆件的轴力 $\boldsymbol{F}_N$，如图 7-9(a) 所示。

(3) 因为结构左右对称，所以根据式(7-11) 列出位移计算式为：

$$\Delta_{Dy}=\sum\int\frac{\overline{F}_N F_{NP}}{EA}\mathrm{d}x=\sum\frac{\overline{F}_N F_{NP}l}{EA}$$

$$=\frac{2}{210\times10^6}\{2[\frac{60\times1\times2}{4}+\frac{(-67.1)\times(-1.12)\times\sqrt{5}}{20}+\frac{(-44.7)\times(-1.12)\times\sqrt{5}}{20}]$$

$$+\frac{20\times1\times2}{2}\}$$

$$=0.0080(\mathrm{m})=8.0(\mathrm{mm})$$

可以看出，桁架的计算不需列方程和计算积分，较为简单，但需注意杆件的截面面积、长度、轴力的拉压以及单位。杆件在位移状态和力状态中只要有一个为零杆则不需计算，可得到简化。

例题 7-3 刚架的位移计算

若同时考虑弯曲变形、轴向变形和剪切变形的影响，试计算图 7-10(a) 所示刚架 A 点的竖向位移 Δ_{Ay}。各杆的材料相同，截面的惯性矩 I 和截面积 A 均为常数。

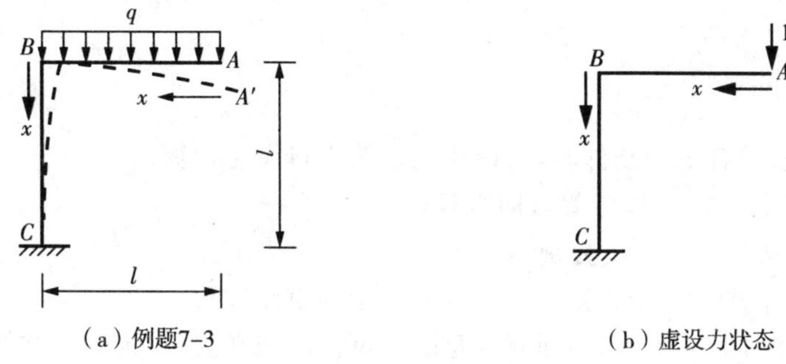

（a）例题7-3　　（b）虚设力状态

图 7-10　例题 7-3 及解答

解：(1) 虚设力状态。在 A 点虚设一竖向单位力 $\overline{F}=1$，方向向下，如图 7-10(b) 所示。在此虚设力状态中，采用方程法可得 AB 段和 BC 段内力分别为：

$$\overline{M}=-x,\overline{F}_N=0,\overline{F}_S=1$$

$$\overline{M}=-l,\overline{F}_N=-1,\overline{F}_S=0$$

(2) 在实际位移状态中，采用方程法可得 AB 段和 BC 段内力分别为：

$$M_P=-\frac{qx^2}{2},F_{NP}=0,F_{SP}=qx$$

$$M_P=-\frac{ql^2}{2},F_{NP}=-ql,F_{SP}=0$$

(3) 同时考虑各种影响，将两段杆段的变形叠加，根据式(7-7) 列出位移计算

$$\Delta_{Ay}=\sum\int\frac{\overline{M}M_P}{EI}\mathrm{d}x+\sum\int\frac{\overline{F}_N F_{NP}}{EA}\mathrm{d}x+\sum\int\frac{k\overline{F}_Q F_{QP}}{GA}\mathrm{d}x$$

$$=\frac{1}{EI}(\int_0^l \frac{q}{2}x^3\mathrm{d}x+\int_0^l \frac{ql^3}{2}\mathrm{d}x)+\frac{1}{EA}\int_0^l ql\,\mathrm{d}x+\frac{k}{GA}\int_0^l qx\,\mathrm{d}x=\frac{5ql^4}{8EI}+\frac{ql^2}{EA}+\frac{kql^2}{2GA}$$

$$=ql^2(\frac{5l^2}{8EI}+\frac{1}{EA}+\frac{k}{2GA})$$

由此题可以看出，应注意当结构有多段杆件时，各段杆件应分别计算，然后相加求和。

7.3　梁和刚架位移计算的图乘法

由结构位移计算的一般公式可知，在计算梁和刚架在荷载作用下的位移时，先要依据方程法写出 M_P 和 $\overline{M}$ 的方程式，然后代入公式(7－7)，并进行积分运算。当荷载比较复杂，杆件个数较多，或是需同时考虑各种变形因素的影响时，此乘积的积分计算将会十分繁琐，难于计算。

图乘法是关于结构位移的简化计算方法，是 Vereshagin 于 1925 年提出的，他当时是莫斯科铁路运输学院的一名学生。简单来说，图乘法将内力方程乘积的积分化为内力图面积和竖标的乘积来计算，较为简单。但在一定的应用条件下，图乘法可给出该积分的数值解，而且是精确解。

一、应用图乘法的前提条件

结构的各杆段符合下列条件时，可以用图乘法进行简化计算：

(1) 结构各杆件可以分段为等截面直杆；

(2) 各杆段的抗弯刚度 EI 分别为常数；

(3) $\overline{M}$ 图和 M_P 图这两个弯矩图中至少有一个为直线图形。

这三个前提条件缺一不可，不同时满足时不可使用图乘法，需按平面结构位移计算的一般公式进行积分计算。本章研究的等截面直杆所构成的梁和刚架，一般都能同时满足以上三个条件，因而均可采用弯矩图图乘的方法。

二、图乘法基本原理

如图 7－11 所示，杆段 AB 段为等截面直杆，EI 为常数。M_P 图为任意形状，$\overline{M}$ 图为直线图形，符合使用图乘法的三个前提条件。以杆轴为 x 轴，以 $\overline{M}$ 图的延长线与 x 轴的交点为原点 O，建立直角坐标系 xOy，用 $\mathrm{d}x$ 代替 $\mathrm{d}s$，且由于 $\overline{M}$ 图为直线图形，其任意一点的纵坐标 $\overline{M}=x\tan\alpha$。则梁和刚架位移计算的积分式(7－9) 可以写为：

$$\int\frac{\overline{M}M_P\mathrm{d}s}{EI}=\frac{\tan\alpha}{EI}\int xM_P\mathrm{d}x=\frac{\tan\alpha}{EI}\int x\,\mathrm{d}\omega$$

可以看出，式中 $\mathrm{d}\omega=M_P\mathrm{d}x$ 为 M_P 图中所示阴影部分的微面积，则 $x\mathrm{d}\omega$ 为该微面积乘以其到 y 轴的距离，即为微面积对 y 轴的静矩。

进一步可得，积分式 $\int x\mathrm{d}\omega$ 为整个 M_P 图对 y 轴的静矩。

根据静矩的定义式(4－2)，$\int x\mathrm{d}\omega$ 应等于 M_P 图的面积 ω 与其形心坐标 x_C 的乘积，即为：

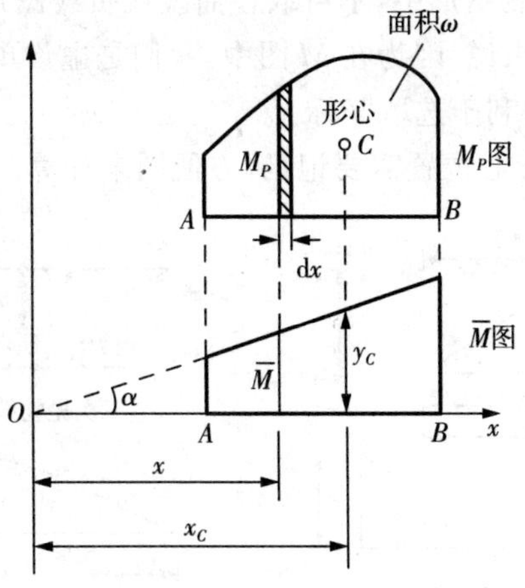

图 7-11 图乘公式的推导

$$\int x\mathrm{d}\omega = \omega x_C$$

综合以上两式，且根据 $\overline{M}$ 图中的比例关系 $y_C = x_C\tan\alpha$ 有：

$$\int \frac{\overline{M}M_P\mathrm{d}s}{EI} = \frac{\tan\alpha}{EI}\omega x_C = \frac{\omega y_C}{EI}$$

所以式(7-9)可以改写为：

$$\Delta_K = \sum\int \frac{\overline{M}M_P\mathrm{d}s}{EI} = \sum \frac{\omega y_C}{EI} \qquad 式(7-12)$$

为运用图乘法时结构的位移计算公式，此式表明计算位移的积分式，等于一个弯矩图的面积 ω 与其形心对应在另一个弯矩图形中的竖标 y_C 的乘积，再除以刚度 EI。其中 $\sum$ 表示对各杆和各杆段分别图乘再相加。使用该图乘公式时应注意：

(1) 需先满足三个前提条件：刚度 EI 为常数的直杆，且 M_P 与 $\overline{M}$ 图中至少有一个为直线图形。

(2) 杆件的弯矩图可以分段计算。遇到弯矩图为折线时，或杆件为变截面杆件时，一般将杆件按照转折处和截面变化处分为几段来计算，最后再将各段相叠加得图乘结果，如图 7-12(a)和(b)中将图像分段计算。若为曲杆，或者杆件刚度 EI 连续变化，只可用积分式进行计算。

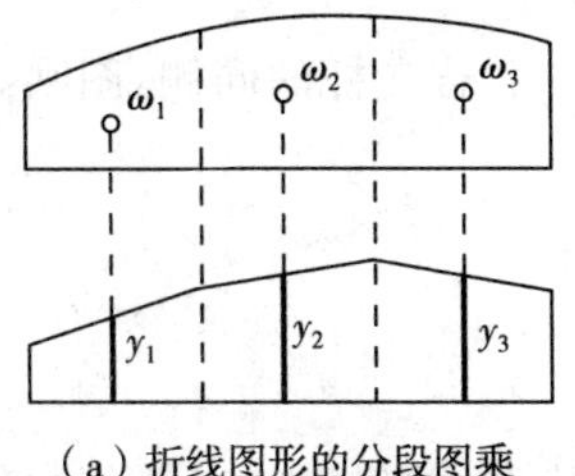

(a) 折线图形的分段图乘

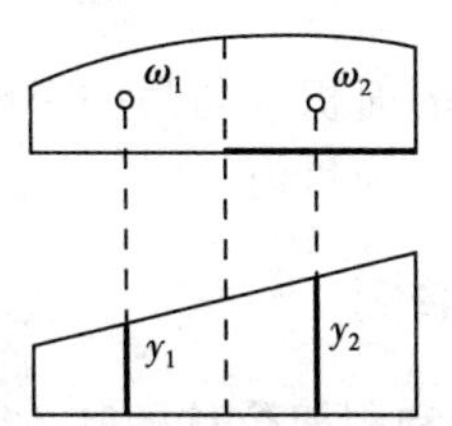

(b) 变截面杆的分段图乘

图 7-12 分段图乘

(3) 竖标 y_C 必须取在直线图形中，不可取在曲线或折线图形中，在图 7－12 的图形中，竖标都取于直线图形中。一般来说，因为在 $\overline{M}$ 图中，我们是虚设单位力作图，无 q 作用，所以一般都为直线图形或折线图形，利于选取竖标 y_C。

(4) 典型图形的面积和形心位置需要记忆，方便图乘计算。如图 7－13 所示。

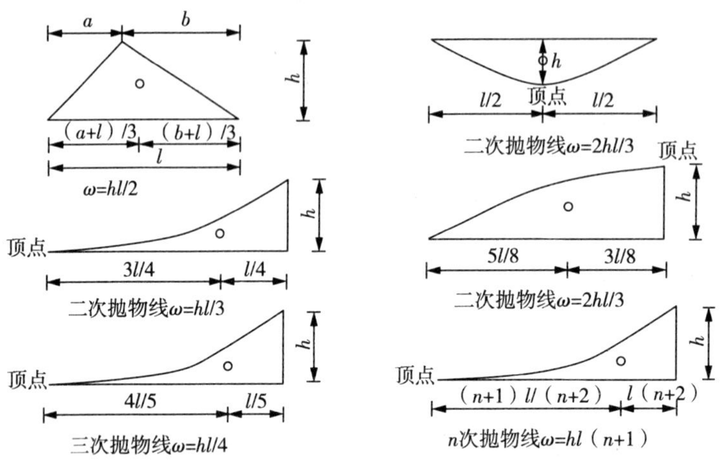

图 7－13　典型图形的面积及形心

(5) 非典型图形可以化为典型图形的叠加来计算，例如图 7－14(a) 中两个梯形相乘，可以将 M_P 图分解为两个三角形，或一个矩形和一个三角形来计算；又如图 7－14(b) 中两个图的竖标 a、b 或 c、d 不在基线同一侧时，可分解为位于基线两侧的两个三角形来计算；图(c) 中的非标准抛物线，可以分解为直线形状和标准抛物线图形来计算。

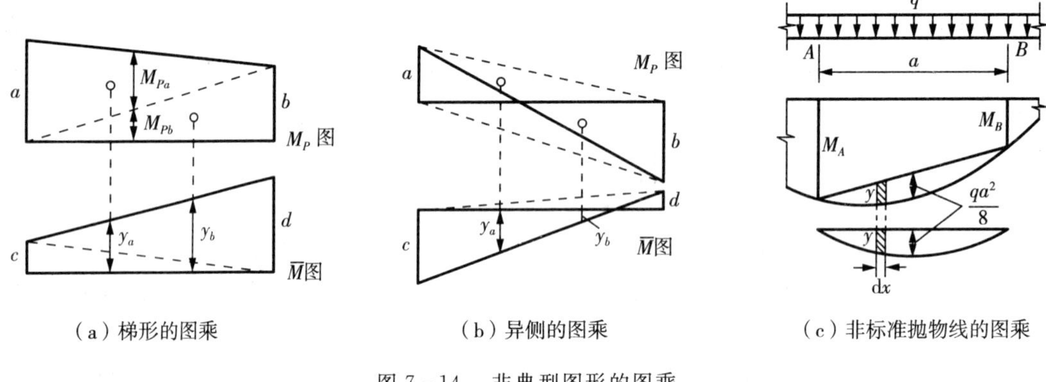

(a) 梯形的图乘　　(b) 异侧的图乘　　(c) 非标准抛物线的图乘

图 7－14　非典型图形的图乘

(6) 一个图形的面积 ω 与另一个图形中的竖标 y_C 若在杆的同侧，图乘 ωy_C 为正值；若在杆的异侧，图乘 ωy_C 为负值。

三、图乘法应用举例

图乘法求解梁和刚架位移的**基本步骤**为：

(1) 根据所需求解的结构位移，虚设相应的力状态，并作力状态单位力作用下的 $\overline{M}$ 图；

(2) 作实际荷载作用下的弯矩图 M_P 图。

(3) 采用图乘法,分段计算 M_P 图(或 $\overline{M}$ 图)面积 ω 及其形心位置,将其形心对应到 $\overline{M}$ 图(或 M_P 图)中去取竖标 y_C;

(4) 将面积 ω 及竖标 y_C 代入式(7-12)中进行计算,得所求位移。

(5) 在计算过程中,要时刻牢记图乘法的注意事项,特别是分段图乘,竖标的取值,非典型图形的拆分等知识点,还要综合位移计算公式,对不同结构使用不同计算方法,解决简单的组合结构问题。

例题 7-4 简支梁位移计算的图乘法

如图 7-15(a) 所示简支梁 AB,A 端为固定铰支座,B 端为链杆支座,梁长为 l,跨中为点 C。试利用图乘法计算 C 点的竖向位移 Δ_{Cy},以及 A 点的转角 φ_A。$EI=$常数。

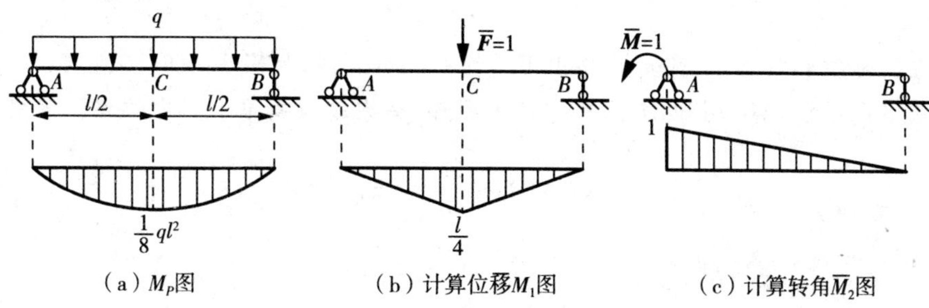

(a) M_P图 (b) 计算位移$\overline{M}_1$图 (c) 计算转角$\overline{M}_2$图

图 7-15 例题 7-4 及解答

解:(1) 为计算 C 点竖向位移 Δ_{Cy},虚设力状态 $\overline{F}=1$,如图 7-15(b) 所示,方向向下,并作 $\overline{M}_1$ 图;为计算 A 点转角 φ_A,虚设力状态 $\overline{M}=1$,如图 7-15(b) 所示,方向逆时针,并作 $\overline{M}_2$ 图;

(2) 在实际位移状态中,作荷载作用下的弯矩图 M_P 图,如图 7-15(a) 所示。

(3) 采用图乘法,M_P 图为二次标准抛物线,可以根据图 7-13 计算其面积和形心位置;$\overline{M}_1$ 图为折线图形,应从中点分段图乘,并且左右对称;$\overline{M}_2$ 图为一段直线图形,可以直接图乘。列出位移计算式为:

$$\Delta_{Cy}=\sum\frac{\omega y_C}{EI}=\frac{2}{EI}[(\frac{2}{3}\times\frac{l}{2}\times\frac{ql^2}{8})\times(\frac{5}{8}\times\frac{l}{4})]=\frac{5ql^4}{384EI}$$

$$\varphi_A=\sum\frac{\omega y_C}{EI}=-\frac{1}{EI}[(\frac{2}{3}\times l\times\frac{ql^2}{8})\times(\frac{1}{2}\times 1)]=-\frac{ql^3}{24EI}$$

Δ_{Cy} 的方向与假设方向相同,即竖直向下。φ_A 的方向与假设方形相反,即为顺时针。

此题得到的结果与例 7-1 相同,但过程明显较为简单,略去了积分方程求解,改用面积计算等简单的算法。所以对于符合条件的结构,使用图乘法计算位移是简单可行的。

例题 7-5 刚架位移计算的图乘法

如图7-16(a)所示悬臂刚架 $ABCD$,D 端为固定端,A 端自由,各杆件长度和刚度如图所示。试利用图乘法计算 A 点的竖向位移 Δ_{Ay}。$EI=$常数。

解:(1) 为计算 A 点竖向位移 Δ_{Ay},虚设力状态 $\overline{F}=1$ 如图 7-16(c) 所示,方向向下,并作

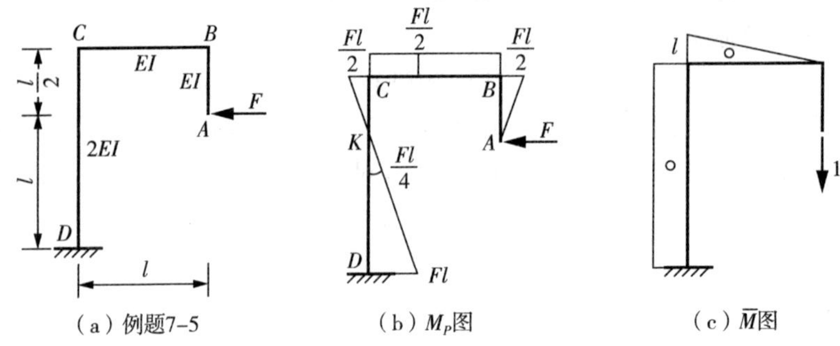

图 7－16　例题 7－5 及解答

$\overline{M}$ 图；

(2) 在实际位移状态中，作荷载作用下的弯矩图 M_P 图，如图 7－16(b) 所示。

(3) 采用图乘法，M_P 图和 $\overline{M}$ 图都为直线图形，图乘较为简单。列出位移计算式为：

$$\Delta_{Ay}=\sum\frac{A_\omega y_C}{EI}=\frac{1}{EI}[0+(\frac{1}{2}\times l\times l)\times\frac{Fl}{2}]-\frac{1}{2EI}(l\times\frac{3}{2}l)\times(\frac{1}{4}\times Fl)=\frac{Fl^3}{16EI}$$

方向与假设方向相同，即竖直向下。

例题 7－6　相对位移计算的图乘法

如图 7－17(a) 所示简支刚架 $ABCD$，A 端为固定铰支座，B 端为链杆支座，各杆件长度如图所示，刚度 $EI=$常数。试利用图乘法计算 C 点和 D 点的水平相对位移 Δ_{CDx}。

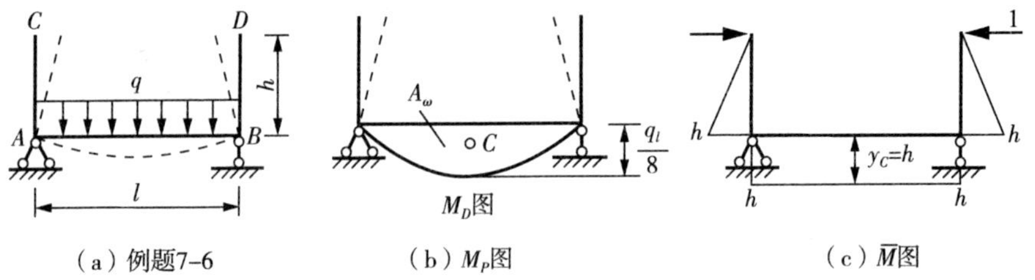

图 7－17　例题 7－6 及解答

解：(1) 为计算 C 点和 D 点的相对水平位移 Δ_{CDx}，虚设一对力单位力如图 7－17(c) 所示，方向沿 CD 连线向内，并作 $\overline{M}$ 图；

(2) 在实际位移状态中，作荷载作用下的弯矩图 M_P 图，如图 7－17(b) 所示。

(3) 采用图乘法，M_P 图中三段图形分别为二次标准抛物线和零，$\overline{M}$ 图中三段图形都为直线图形；因此只需考虑 AB 段的图乘，计算 M_P 图的面积，对应到 $\overline{M}$ 图中取竖标。列出位移计算式为：

$$\Delta_{CD}=\sum\frac{A_\omega y_C}{EI}=\frac{1}{EI}(\frac{2}{3}\times l\times\frac{ql^2}{8})\times h=\frac{qhl^3}{12EI}$$

方向与假设方向相同，即两点是靠近的。

例题 7-7 简单组合结构位移计算的图乘法

如图 7-18(a) 所示组合结构 $ABCD$，A 端为固定端，与杆 CD、BD 组成铰接的三铰架，B 点为组合结点。各杆件长度和刚度如图所示。试利用图乘法计算 D 点的竖向位移 Δ_{Dy}。

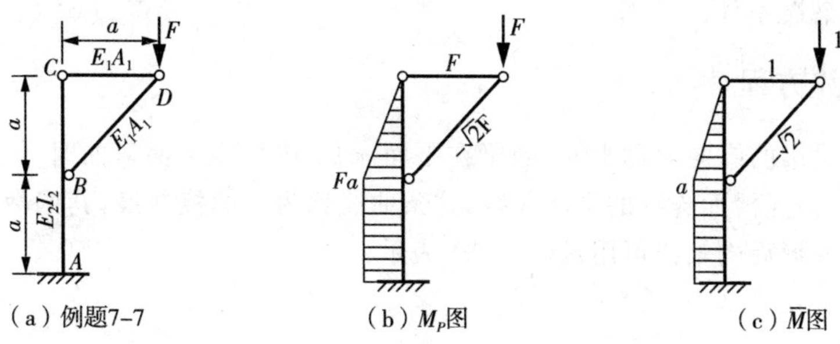

图 7-18 例题 7-7 及解答

解：(1) 此题为组合结构，杆件 AC 为梁式杆，主要考虑弯曲变形的作用，而杆件 CD 和 BD 为桁架杆，主要考虑轴向变形的作用。因此为计算 D 点竖向位移 Δ_{Dy}，虚设单位力如图 7-18(b) 所示，方向向下，并作 $\overline{M}$ 图，计算杆件 CD 和 BD 的轴力；

(2) 在实际位移状态中，作荷载作用下杆件 AC 的弯矩图 M_P 图，计算杆件 CD 和 BD 的轴力 $\boldsymbol{F}_N$，如图 7-18(a) 所示。

(3) 采用图乘法。杆件 AC 用 M_P 图与 $\overline{M}$ 图图乘，两图都为折线，应分 AC 和 BC 两段进行；CD 杆和 BD 杆用轴力图图乘，或运用式(7-11) 进行计算。列出位移计算式为：

$$\Delta_{Dy}=\sum\frac{A_{\omega}y_C}{E_2I_2}+\sum\frac{\overline{F}_NF_{NP}l}{E_1A_1}$$

$$=\frac{1}{E_2I_2}\times\left(\frac{1}{2}\times a\times Fa\right)\times\left(\frac{2}{3}\times a\right)+\frac{1}{E_1A_1}[(F\times1\times a)+(-\sqrt{2}F)\times(-\sqrt{2})\times\sqrt{2}a]$$

$$=\frac{4Fa^3}{3E_2I_2}+\frac{(1+2\sqrt{2})Fa}{E_1A_1}$$

方向与假设方向相同，即竖直向下。

7.4 梁位移计算的叠加法

积分法和图乘法都是求解弯曲变形的基本方法，都可以计算各类不同结构类型的位移。但只针对梁而言，利用叠加法进行位移计算，是十分方便的。

一、梁的挠度与转角

如图 7-19 所示简支梁，在 A 点建立直角坐标系 xAy，x 轴向右为正，y 轴向下为正。任意横截面的形心即轴线上的点在垂直于 x 轴方向的线位移，称为**挠度**，用 y 表示；横截面绕中性轴转动的角度，称为该截面的**转角**，用 θ 表示，如图中 C 截面的

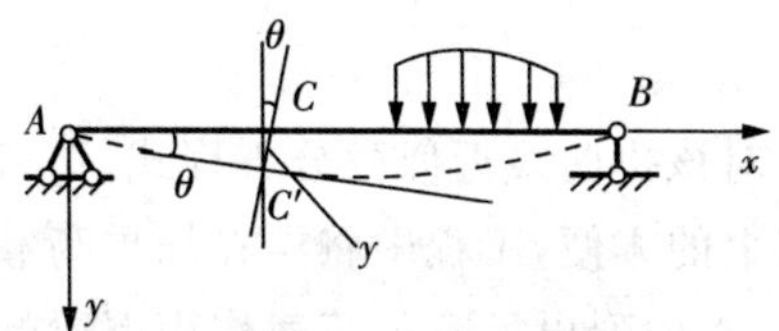

图 7-19 梁的挠度和转角

竖向位移 y 即为 C 截面的挠度，其转过的角度 θ 即为 C 截面的转角。挠度向上为正，向下为负，单位通常用 mm；转角逆时针转动为正，顺时针转动为负，单位通常用 rad。

梁轴线上各点在梁变形后沿轴线方向的位移，即水平位移可以证明是竖向位移的高阶小量，因而可以忽略不计。

二、梁的挠曲线方程

平面 xAy 是梁的纵向对称平面，当梁在平面 xAy 内发生平面弯曲时，梁的轴线由直线变为该平面内一条光滑而连续的平面曲线，这条曲线称为梁的**挠曲线**，其函数表达式称为**挠曲线方程**，即梁变形后的轴线可用式(7－13) 表示：

$$y=f(x) \qquad \text{式(7－13)}$$

挠曲线方程对坐标的一阶导数，称为**转角方程**：

$$\theta \approx \tan\theta=\frac{dy}{dx}=f'(x) \qquad \text{式(7－14)}$$

在小变形情况下，梁的挠曲线为一段平滑的曲线，其近似微分方程为：

$$\frac{d^2y}{dx^2}=\pm\frac{M(x)}{EI} \qquad \text{式(7－15)}$$

式中的正负号取决于$\frac{d^2y}{dx^2}$与 $M(x)$ 的正负号的规定，如图 7－20 所示。

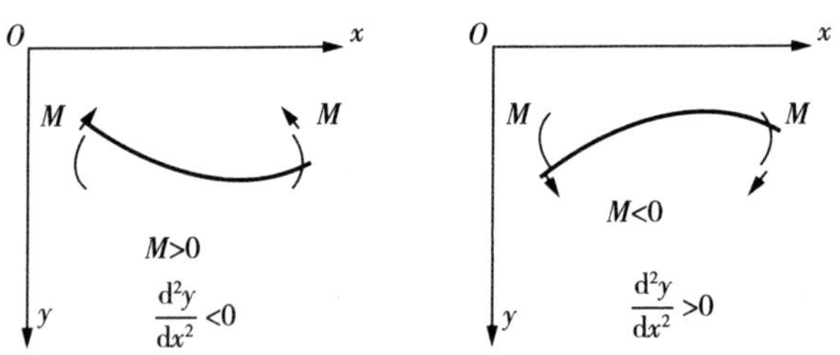

图 7－20　挠曲线微分方程的正负规定

可以看出，当 $M(x)>0$ 时，梁的挠曲线下凸，此时$\frac{d^2y}{dx^2}<0$；当 $M(x)<0$ 时，梁的挠曲线上凸，此时$\frac{d^2y}{dx^2}>0$。$M(x)$ 与$\frac{d^2y}{dx^2}$的符号关系在图示坐标系中，总是相反的，所以式(7－15) 中应取负号，即改写为：

$$\frac{d^2y}{dx^2}=-\frac{M(x)}{EI} \qquad \text{式(7－16)}$$

对该挠曲线近似微分方程式(7－16) 进行积分，可求得任一截面的挠度及转角。但为了使用上的方便，工程中将梁在简单荷载作用下的转角和挠度列于设计手册，以便直接查用。表 7－1 中列出了简单荷载作用下梁的转角和挠度，利用这些结果，根据叠加原理，可以较方便地解决一些弯曲变形问题。

表 7-1　简单荷载作用下梁的挠度和转角

梁支承和荷载情况	挠度	转角	挠曲线方程
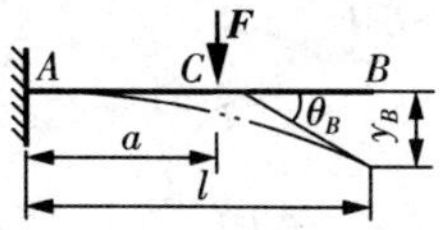	$y_{\max}=\dfrac{Fa^2}{6EI}(3l-a)$	$\theta=\dfrac{Fa^2}{2EI}$	$\begin{cases}y=\dfrac{Fx^2}{6EI}(3a-x)\\(0\leqslant x\leqslant a)\\y=\dfrac{Fa^2}{6EI}(3x-a)\\(a<x\leqslant l)\end{cases}$
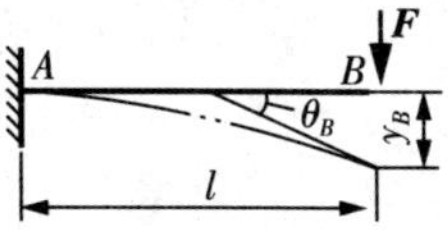	$y_{\max}=\dfrac{Fl^3}{3EI}$	$\theta=\dfrac{Fl^2}{2EI}$	$y=\dfrac{Fx^2}{6EI}(3l-x)$
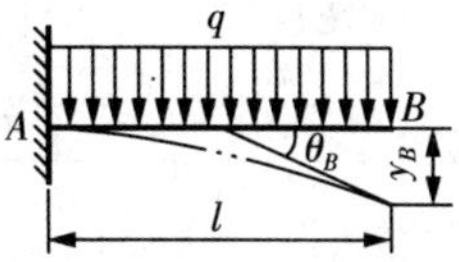	$y_{\max}=\dfrac{ql^4}{8EI}$	$\theta=\dfrac{ql^3}{6EI}$	$y=\dfrac{qx^2}{24EI}(x^2-4lx+6l^2)$
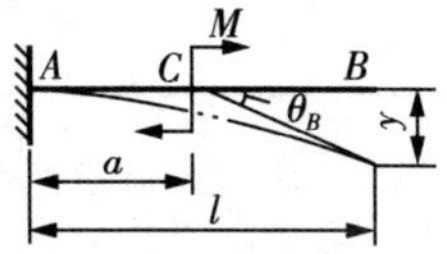	$y_{\max}=\dfrac{Ma}{EI}(l-\dfrac{a}{2})$	$\theta=\dfrac{Ma}{EI}$	$\begin{cases}y=\dfrac{Mx^2}{2EI}\\(0\leqslant x\leqslant a)\\y=\dfrac{Ma}{EI}(x-\dfrac{a}{2})\\(a<x\leqslant l)\end{cases}$
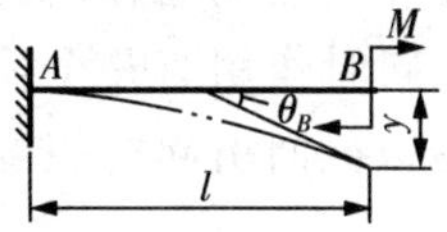	$y_{\max}=\dfrac{Ml^2}{2EI}$	$\theta=\dfrac{Ml}{EI}$	$y=\dfrac{Mx^2}{2EI}$
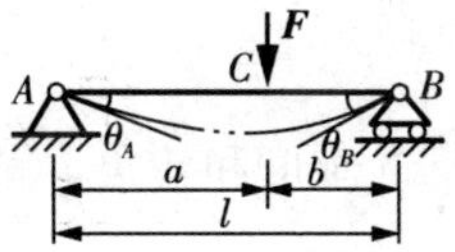	$y_{\max}=\dfrac{Fb}{9\sqrt{3}lEI}(l^2-b^2)^{\frac{3}{2}}$ 在 $x=-\dfrac{\sqrt{l^2-b^2}}{3}$ 处	$\theta_A=\dfrac{Fab(l+b)}{6lEI}$ $\theta_B=-\dfrac{Fab(l+a)}{6lEI}$	$\begin{cases}y=\dfrac{Fbx}{6lEI}(l^2-b^2-x^2)\\(0\leqslant x\leqslant a)\\y=\dfrac{F}{6lEI}[bx(l^2-b^2-x^2)\\+l(x-a)3]\\(a<x\leqslant l)\end{cases}$
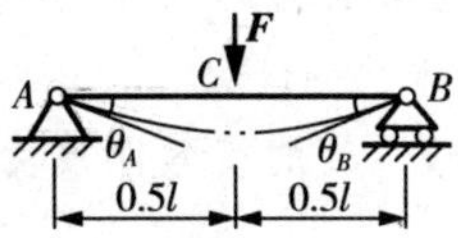	$y_{\max}=\dfrac{Fl^3}{48EI}$	$\theta_A=-\theta_B$ $=\dfrac{Fl^2}{16EI}$	$y=\dfrac{Fx}{48EI}(3l^2-4x^2)$ $(0\leqslant x\leqslant \dfrac{l}{2})$
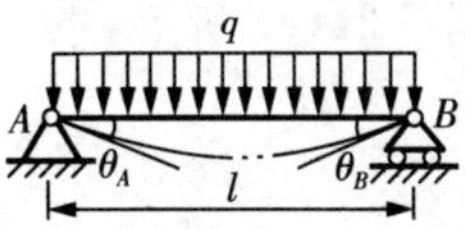	$y_{\max}=\dfrac{5ql^4}{384EI}$	$\theta_A=-\theta_B$ $=\dfrac{ql^3}{24EI}$	$y=\dfrac{qx}{24EI}(x^3-2lx^2+l^2)$

(续表)

梁支承和荷载情况	挠度	转角	挠曲线方程
(图)	$y_{max}=\dfrac{-M}{9\sqrt{3}lEI}(l^2-3b^2)^{\frac{3}{2}}$ 在 $x=\dfrac{\sqrt{l^2-3b^2}}{\sqrt{3}}$ 处 $y_{max}=\dfrac{M}{9\sqrt{3}lEI}(l^2-3b^2)^{\frac{3}{2}}$ 在 $x=l-\dfrac{\sqrt{l^2-3a^2}}{\sqrt{3}}$ 处	$\theta_A=-\dfrac{M}{6lEI}(l^2-3b^2)$ $\theta_B=-\dfrac{M}{6lEI}(l^2-3a^2)$ $\theta_C=\dfrac{M}{6lEI}\times[3(a^2+b^2)-l^2]$	$y=\dfrac{-Mx}{6lEI}(l^2-3b^2-x^2)$ $(0\leqslant x\leqslant a)$ $y=\dfrac{-M(l-x)}{6lEI}\times(2lx-3a^2-x^2)$ $(a<x\leqslant l)$
(图)	$y_{max}=\dfrac{Ml^2}{9\sqrt{3}EI}$ 在 $x=\dfrac{1}{\sqrt{3}}$ 处	$\theta_A=\dfrac{Ml}{6EI}$ $\theta_B=-\dfrac{Ml}{3EI}$	$y=\dfrac{Mx}{6lEI}(l^2-x^2)$
(图)	$y_{max}=\dfrac{Ml^2}{9\sqrt{3}EI}$ 在 $x=1-\dfrac{1}{\sqrt{3}}$ 处	$\theta_A=\dfrac{Ml}{6EI}$ $\theta_B=-\dfrac{Ml}{3EI}$	$y=\dfrac{Mx}{6lEI}(l-x)(2l-x)$

三、叠加法

由于梁的变形很小，且梁的材料在线弹性范围内工作，因而梁的挠度和转角均与作用在梁上的荷载呈线性关系。所以可以用叠加原理计算梁的变形，即当梁上同时作用有几个荷载时，在梁上任意截面处所引起的挠度和转角等于各荷载单独作用时在该截面引起的挠度和转角的代数和。

叠加法求挠度和转角的基本步骤为：

(1) 将作用在梁上的复杂荷载分解为几个简单荷载；

(2) 查表 7－1 得梁在各简单荷载作用下的挠度和转角；

(3) 叠加各简单荷载作用下的挠度和转角，得到梁在复杂荷载作用下的难度和转角。

例题 7－8　叠加法计算梁的位移

如图 7－21(a) 所示简支梁 AB，A 端为固定铰支座，B 端为链杆支座，梁长为 l，跨中为点 C。梁上受均布荷载 q 和集中力偶 M_e 作用。

试用叠加法求该梁跨中点 C 的挠度值 y_C 和 A、B 截面的转角 θ_A 和 θ_B。梁的抗弯刚度为 $EI=$ 常数。

解：(1) 将此梁上的荷载可以分为两项简单荷载，如图 7－21(b) 和 7－21(c) 所示。

(2) 均布荷载单独作用时，查表 7－1 可得：

$$y_{Cq}=\frac{5ql^4}{384EI},\theta_{Aq}=\frac{ql^3}{24EI},\theta_{Bq}=-\frac{ql^3}{24EI}$$

集中力偶单独作用时，查表 7－1 可得：

$$y_{CM}=\frac{M_e l^3}{16EI},\theta_{AM}=\frac{M_e l}{3EI},\theta_{BM}=-\frac{M_e l}{6EI}$$

(3) 将以上两结果叠加得：

$$y_C=y_{C_q}+y_{CM}=\frac{5ql^4}{384EI}+\frac{M_e l^2}{16EI}$$

$$\theta_A=\frac{ql^3}{24EI}+\frac{M_e l}{3EI},\quad \theta_B=-\frac{ql^3}{24EI}-\frac{M_e l}{6EI}$$

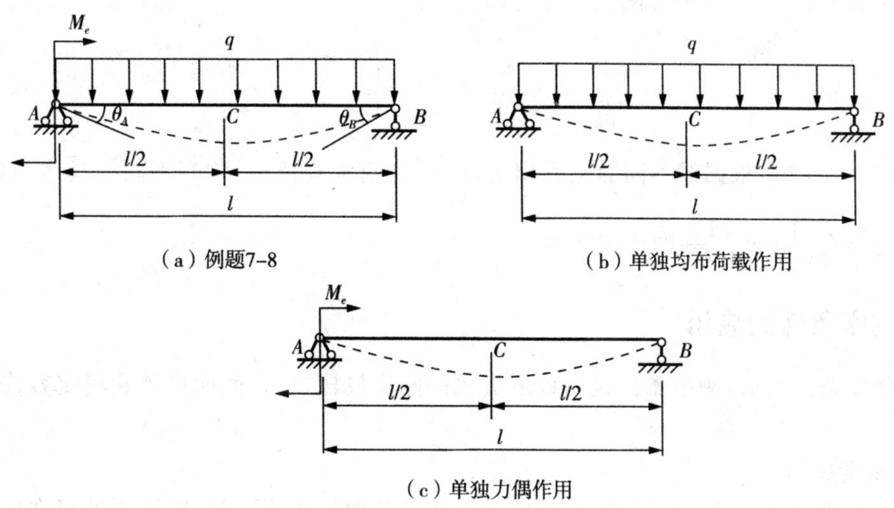

图 7－21　例题 7－8 及解答

由此题看出，利用表 7－1，叠加法计算梁的挠度是比较简单的。但是需要注意：建筑力学中梁的变形通常指梁的挠度和转角，但实际上梁的挠度和转角并不是梁的变形，它们和梁的变形之间有联系也有本质差别，实质上是梁的横向线位移以及梁截面的角位移，也就是说，挠度和转角是梁的位移而不是梁的变形。

7.5　梁的刚度条件

工程结构必须满足强度、刚度和稳定性的要求，梁的**刚度**是指梁抵抗变形的能力。一般情况下在建筑工程领域，强度条件是起控制作用的，满足强度条件的梁，绝大多数也能够满足刚度的要求。但是，通常在设计梁时，先由强度条件选择截面之后，往往还需要进一步按照梁的**刚度条件**校核梁的变形是否在设计条件所允许的范围之内。因为当梁的变形超过一定限度时，其正常工作条件就得不到保证。为此还应重新选择截面以满足刚度条件的要求。

一、梁的刚度条件

工程中梁的刚度主要由梁的最大挠度和最大转角来限定，因此，梁的刚度条件可写为：

$$\begin{cases} y_{max} \leqslant [y] \\ \theta_{max} \leqslant [\theta] \end{cases} \qquad 式(7-17)$$

其中，y_{max} 和 θ_{max} 分别是梁中的最大挠度和最大转角的绝对值，$[y]$ 和 $[\theta]$ 分别是结构的**容许挠度**和**容许转角**，它们由工程实际情况确定。工程中 $[\theta]$ 通常以度表示，而容许挠度通常表示为是以挠度的容许值与跨长的比值 $\left[\frac{f}{l}\right]$ 作为校核的标准。

上述两个刚度条件中，挠度的刚度条件是主要的刚度条件，而转角的刚度条件是次要的刚度条件。所以规定梁的刚度条件为：梁在荷载作用下产生的最大挠度 y_{max} 与梁跨度 l 的比值不能超过 $\left[\frac{f}{l}\right]$。所以梁的刚度条件可以记为：

$$\frac{y_{max}}{l} \leqslant \left[\frac{f}{l}\right] \qquad 式(7-18)$$

式(7-18)中，根据梁不同的工程用途，$\left[\frac{f}{l}\right]$ 在有关规范中，均有不同的具体的规定值，但其值通常在 $\frac{1}{200}$ 至 $\frac{1}{1000}$ 的范围之内。

二、梁刚度条件的应用

与强度条件类似，刚度条件也可以解决梁的刚度校核、设计截面尺寸和确定容许荷载三类问题。

1. 刚度校核

给定了梁的载荷、约束、材料、长度以及截面的几何尺寸等，还给定了梁的容许挠度和容许转角。计算梁的最大挠度和最大转角，判断其是否满足梁的刚度条件式(7-18)，满足则梁在刚度方面是安全的，不满足则不安全。梁的最大转角由于很小，一般情况下不需要校核。

2. 设计截面尺寸

给定了梁的载荷、约束、材料以及长度等，根据梁的挠度刚度条件式(7-18)的变形来确定梁的截面尺寸的下限值。如果还要求转角刚度条件满足的话，两个截面尺寸下限值中最大的那个就是梁的容许截面尺寸。

3. 确定容许荷载

给定了梁的约束、材料、长度以及截面的几何尺寸等，根据梁的挠度刚度条件式(7-18)的变形来确定梁的载荷的上限值。如果还要求转角刚度条件满足的话，两个载荷上限值中最小的一个就是梁的容许荷载。

本章节中，计算梁的变形的主要目的是为了判别梁的刚度是否足够以及进行梁的设计，即判断梁的刚度是否满足要求。其基本步骤为：

(1) 明确最大挠度 y_{max} 所在位置，通过查表或计算求得其挠度或竖向位移。

(2) 明确规范中 $\left[\frac{f}{l}\right]$ 的值，将 $\frac{y_{max}}{l}$ 与 $\left[\frac{f}{l}\right]$ 进行比较，若未超过，则满足刚度要求；若超过，则不满足刚度要求。

例题 7－9 梁的刚度校核

如图 7－22(a) 所示悬臂梁 AB，A 端为固定端，B 端自由。梁长 $l=6\text{m}$，采用 32a 工字型钢，弹性模量 $E=200\text{GPa}$；在跨中 C 点作用有集中力 $\boldsymbol{F}=6\text{kN}$。已知容许挠度 $\left[\frac{f}{l}\right]=\frac{1}{400}$，试校核该梁的刚度是否满足要求。

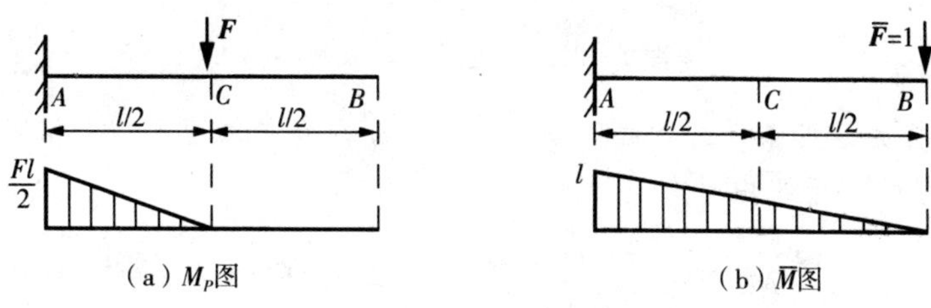

图 7－22 例题 7－9 及解答

解：(1) 可以判断，最大挠度发生在 B 点，即度 $y_{\max}=\Delta_{By}$。为计算 B 点竖向位移 Δ_{By}，虚设力状态 $\overline{F}=1$，并作 $\overline{M}$ 图如图 7-22(b) 所示；同时在实际位移状态中，作荷载作用下的弯矩图 M_P 图，如图 7－22(a) 所示。采用图乘法，列出位移计算式为：

$$y_{\max}=\Delta_{By}=\sum\frac{\omega y_C}{EI}=\frac{1}{EI}\left[0+\left(\frac{1}{2}\times\frac{l}{2}\times\frac{l}{2}\right)\times\left(\frac{5}{6}\times Fl\right)\right]=\frac{5Fl^3}{48EI}$$

或查表 7－1 第一项得：

$$y_{\max}=\frac{Fa^2}{6EI}(3l-a)=\frac{F\,(l/2)^2}{6EI}\left(3l-\frac{l}{2}\right)=\frac{5Fl^3}{48EI}$$

(2) 查附录得，32a 工字型钢的惯性矩为：

$$I_z=11100\text{cm}^4=111\times10^6\,\text{mm}^4$$

将各参数带入得：

$$\frac{y_{\max}}{l}=\frac{5Fl^2}{48EI}=\frac{5\times(6\times10^3)\times(6\times10^3)^2}{48\times(200\times10^3)\times(111\times10^6)}=\frac{1}{987}<\left[\frac{f}{l}\right]=\frac{1}{400}$$

所以该梁刚度满足要求。

例题 7－10 梁截面尺寸设计

与例题 5-31 条件相同，如图 7-23(a) 所示某吊车梁，梁的跨度 $l=10\text{m}$，最大起重量 $\boldsymbol{F}=30\text{kN}$。该梁采用工字型钢截面，容许应力 $[\sigma]=140\text{MPa}$，容许挠度 $\left[\frac{f}{l}\right]=\frac{1}{400}$，弹性模量 $E=200\text{GPa}$。试选择工字钢型号。

解：先将吊车梁简化为力学模型，简支梁 AB 如图 7－23(b) 所示，A 端为固定铰支座，B 端为链杆支座。根据题目要求，思路是应先按强度条件选择截面，再进行刚度校核，若不满足刚度要求，应重新设计。

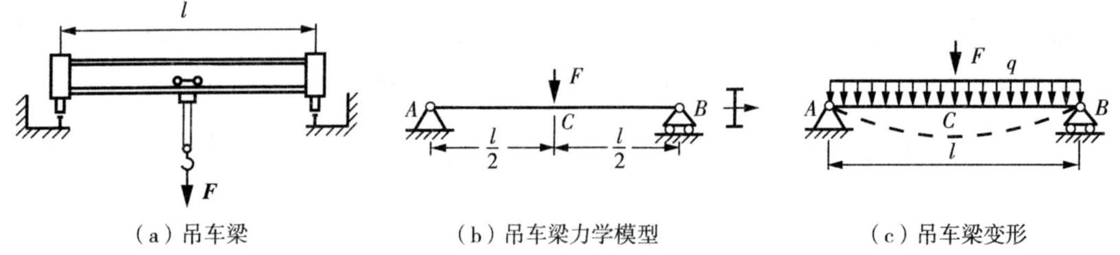

（a）吊车梁　（b）吊车梁力学模型　（c）吊车梁变形

图 7－23　例题 7－10 及解答

(1) 先按正应力强度条件进行截面设计。此部分内容与例题 5－31 相同，暂时忽略自重影响，最大起重量作用于跨中时有：

$$M(F)_{max}=\frac{Fl}{4}=\frac{30\times 10}{4}=75(\text{kN}\cdot\text{m})$$

$$W_z\geqslant\frac{M_{max}}{[\sigma]}=\frac{75\times 10^6}{140}=535714\ (\text{mm})^3\approx 536\ (\text{cm})^3$$

查附录型钢表，初选 32a 号工字钢，$W_z=692\text{cm}^3$，$I_z=11100\text{cm}^4$。

(2) 根据选取的工字型钢截面，进行吊车梁的刚度校核。

查表 7－1 得：

$$y_{F\max}=\frac{Fl^3}{48EI}$$

将各参数带入得：

$$\frac{y_{max}}{l}=\frac{Fl^2}{48EI}=\frac{(30\times 10^3)\times(10\times 10^3)^2}{48\times(200\times 10^3)\times(111\times 10^6)}=\frac{1}{355}<\left[\frac{f}{l}\right]=\frac{1}{400}$$

所以该梁刚度不满足要求，需要重新选择截面。

(3) 根据刚度条件重新选择型号。

由 $y_{max}=\dfrac{Fl^3}{48EI}$ 可知，若刚度符合要求，则惯性矩需满足：

$$I_z\geqslant\frac{Fl^2}{48E[\frac{f}{l}]}=\frac{(30\times 10^3)\times(10\times 10^3)^2}{48\times(200\times 10^3)\times\frac{1}{400}}=1.25\times 10^8\ (\text{mm})^4=12500\ (\text{cm})^4$$

查附录型钢表，选择 36a 号工字钢，$W_z=875\text{cm}^3$，$I_z=15800\text{cm}^4$。单位长度自重 $q=60.037\text{kg/m}\times 9.8\text{N/kg}=588.36\text{N/m}=0.588\text{kN/m}$。

(4) 按选得的工字钢考虑自重影响，对梁的强度进行校核。

$$M(q)_{max}=\frac{ql^2}{8}=\frac{588.36\times 10^2}{8}=7355(\text{N}\cdot\text{m})=7.36(\text{kN}\cdot\text{m})$$

载荷和自重共同引起梁的最大弯矩和最大正应力为：

$$M_{max}=M(F)_{max}+M(q)_{max}=75+7.36=82.36(\text{kN}\cdot\text{m})$$

$$\sigma_{\max}=\frac{M_{\max}}{W_z}=\frac{82.4}{875\times10^{-6}}(\text{Pa})=94.2\times10^{6}(\text{Pa})=94.2(\text{MPa})<[\sigma]$$

$$\sigma_{\max}=\frac{M_{\max}}{W_z}=\frac{82.36\times10^{6}}{875\times10^{3}}=94.13(\text{MPa})<[\sigma]=140(\text{MPa})$$

所以该梁的正应力强度满足要求。

(5) 按选得的工字钢考虑自重影响，对梁的刚度进行校核。

查表 7－1 得：

$$y_{q\max}=\frac{5ql^4}{384EI}$$

叠加法得梁的最大挠度为：

$$y_{\max}=y_{F\max}+y_{q\max}=\frac{Fl^3}{48EI}+\frac{5ql^4}{384EI}=\frac{l^3}{48EI}(F+\frac{5ql}{8})$$

将各参数带入得：

$$\frac{y_{\max}}{l}=\frac{l^3}{48EI}(F+\frac{5ql}{8})=\frac{(10\times10^{3})^{3}}{48\times(200\times10^{3})\times(158\times10^{6})}[30\times10^{3}+\frac{5\times588.36\times10}{8}]$$

$$=\frac{1}{450}<\left[\frac{f}{l}\right]=\frac{1}{400}$$

所以该梁刚度满足要求。

(6) 综上可知，该吊车梁可以选用 36a 号工字钢。

对比例题 5－31 可知，满足强度条件的梁不一定满足刚度条件，对梁的刚度进行校核是十分必要和重要的。

三、提高梁刚度的措施

从表 7－1 中可以看出，梁的最大挠度不仅与梁的支承情况和受荷载情况有关，还与梁所使用的材料、梁的截面形状和跨度等因素有关。因此，要提高梁的刚度以满足刚度条件，可以从以下几个方面入手。

1. 提高梁抗弯刚度 EI

梁的挠度与抗弯刚度 EI 成反比，所以提高梁的抗弯刚度 EI 可以减小梁的挠度。但是，各类钢材的弹性模量 E 的数值非常接近，故采用高强度优质钢材来提高梁的刚度是不经济的。所以增大梁截面的惯性矩 I 是提高梁抗弯刚度的主要途径。

与梁的强度问题一样，增大截面的惯性矩 I 主要依靠选择合理的截面形状来实现。选择合理的截面形状可提高梁的刚度，如采用工字形、箱形或空心截面等，增加截面对中性轴的惯性矩，既提高梁的强度也增加梁的刚度。但必须指出：小范围内改变梁截面的惯性矩，对全梁的刚度影响很小，因为梁的变形是梁的各段变形累积而成，但此种情况对梁的强度影响很大。

2. 调整约束，减小梁跨度

梁的变形通常与梁的跨度的高次方成正比，因此，减小梁的跨度是降低变形的有效途径。工程中常采用调整梁的约束位置或增加约束来减小梁的跨度，达到加强梁的约束，通过减小梁的弯矩来降低梁的最大挠度的目的。例如简支梁受均布载荷，若将两端的支座均向内移动 $0.2l$，则最大弯矩只有原来最大弯矩的五分之一。其目的是减小梁的弯矩，这与提高梁的强度措施相同。如图 7 - 24 所示为调整支座减小梁的跨度。

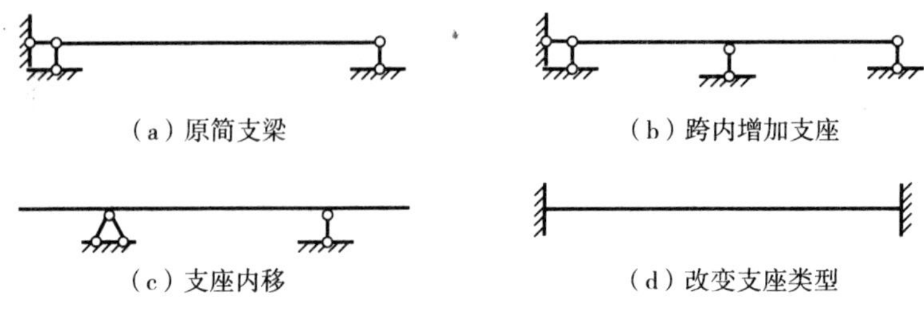

图 7 - 24　调整支座减小梁的跨度

3. 改变荷载作用形式

由挠曲线微分方程可知，弯曲变形与弯矩有关，减小弯矩就会减小弯曲变形。因此，提高弯曲强度的措施同样有利于弯曲刚度的提高。例如，将简支梁中点的集中力 $F=ql$ 改为对称作用的两个集中力 $\frac{F}{2}=\frac{ql}{2}$，或者均布载荷 $q=\frac{F}{l}$，则梁中点的最大挠度由原来的 $\frac{8ql^4}{384EI}$ 分别减少至 $\frac{5.5ql^4}{384EI}$ 和 $\frac{5ql^4}{384EI}$。改变载荷的作用形式，其目也是减小梁的弯矩，这与提高梁的强度措施相同。

本章小结

1. 结构的位移

截面的移动和转动都称为位移。我们将截面移动的位移称为线位移，一般分解到 x 和 y 两个方向上进行研究；将截面转动的角度称为角位移或转角。广义的位移包括截面的线位移和角位移。

2. 虚功原理

第一状态的外力在第二状态引起的位移上所做的外力虚功，等于第一状态内力在第二状态引起的变形上所做的内力虚功，即外力虚功等于内力虚功。写成等式为：外力虚功 W_{12} = 内力虚功 V_{12}。所以可得外力虚功 W 的计算式为：

$$W=\sum\int\overline{F}_N\mathrm{d}u+\sum\int\overline{F}_Q\mathrm{d}v+\sum\int\overline{M}\mathrm{d}\varphi$$

变形体的虚功原理有两种用法，虚位移原理和虚力原理。

3. 结构的位移计算公式

(1) 一般公式 $\Delta_K=\sum\int\frac{\overline{F}_NF_{NP}}{EA}\mathrm{d}x+\sum\int\frac{k\overline{F}_QF_{QP}}{GA}\mathrm{d}x+\sum\int\frac{\overline{M}M_P}{EI}\mathrm{d}x$

(2) 梁和刚架 $\Delta_K = \sum\int \frac{\overline{M}M_P}{EI}\mathrm{d}x$

(3) 拱结构 $\Delta_K = \sum\int \frac{\overline{F}_N F_{NP}}{EA}\mathrm{d}x + \sum\int \frac{\overline{M}M_P}{EI}\mathrm{d}x$

(4) 桁架结构 $\Delta_K = \sum\int \frac{\overline{F}_N F_{NP}}{EA}\mathrm{d}x = \sum \frac{\overline{F}_N F_{NP} l}{EA}$

4. 图乘法

若应用图乘法进行位移计算,必须先满足三个前提条件:杆轴为直线,杆件刚度 EI 为常数,且 M_P 与 $\overline{M}$ 图中至少有一个为直线图形。图乘法必须分段进行,竖标必须取于直线图形中,同时必须熟记典型图形的形心坐标位置。

5. 叠加法及梁的刚度条件

运用叠加法的关键是正确判断梁在各种简单荷载作用下的变形,查表可得简单荷载作用下的挠度和转角,然后进行叠加得到梁的最终挠度。

挠度的刚度条件是主要的刚度条件,梁在荷载作用下产生的最大挠度 $y_{\max}$ 与梁跨度 l 的比值不能超过 $\left[\frac{f}{l}\right]$。所以梁的刚度条件为:

$$\frac{y_{\max}}{l} \leqslant \left[\frac{f}{l}\right]$$

限值通常在 $\frac{1}{200}$ 至 $\frac{1}{1000}$ 的范围之内。与强度条件类似,刚度条件也可以解决梁的刚度校核、设计截面尺寸和确定容许荷载三类问题。

思考与习题

1. 请举几个绝对位移和相对位移的例子。

2. 位移和变形是否是形同的概念?其联系和区别是什么?

3. 变形体的虚功描述为外力虚功等于内力虚功,那刚体呢?其虚功原理有何不同?为什么?

4. 结构各点产生位移时,结构内部是否也同时产生应变?

5. 根据结构位移计算的一般公式,刚架和拱形成的组合结构应该具有怎样的计算公式?拱和桁架的组合结构呢?

6. 应用图乘法为时满足三个前提条件的原因是什么?拱结构是否可以用图乘法进行计算?

7. 试举出一些工程中用于提高结构刚度的措施。

8. 如图 7-25 所示刚架结构,B 支座发生沉降,水平和竖向的支座位移分别为 a 和 b,试计算 A 的转角位移和 C 点水平位移。

9. 计算图 7-26 所示桁架结构 H 点、I 点的竖向位移。各杆 EI = 常数。

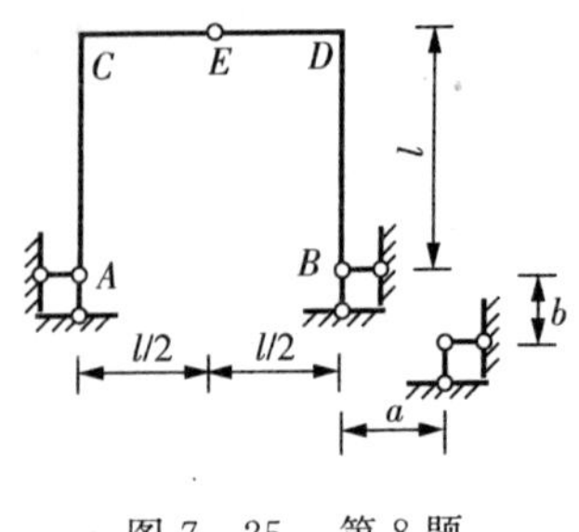

图 7-25　第 8 题

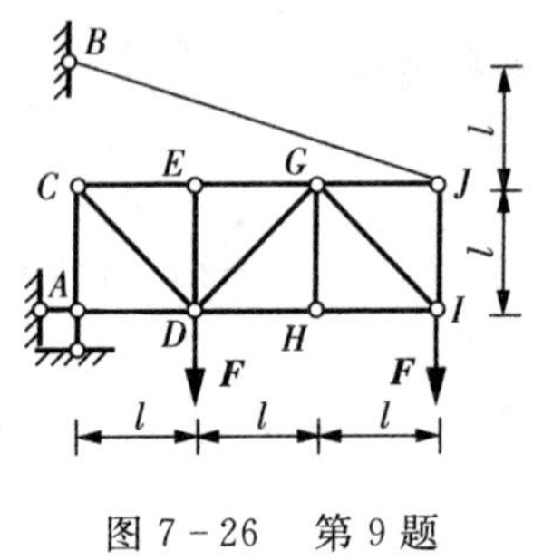

图 7-26　第 9 题

10. 试利用结构位移计算的一般公式，计算图 7-27 中所示梁上 C 点的竖向位移及 B 端的转角。

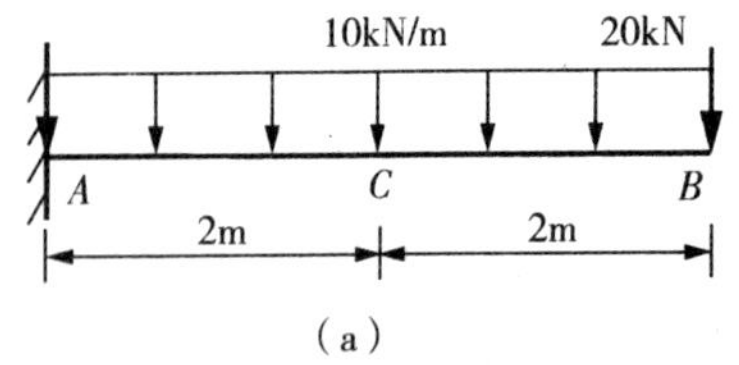

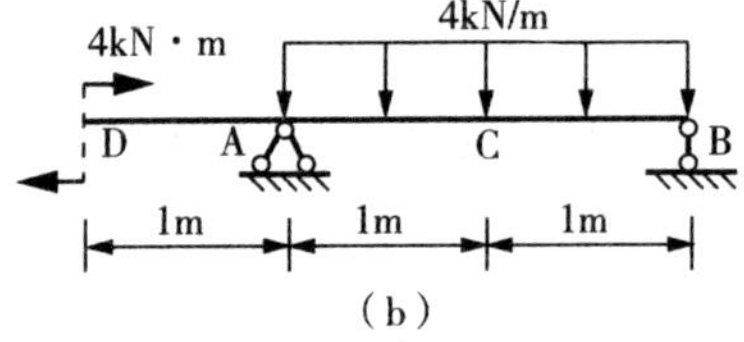

图 7-27　第 10 题

11. 试用图乘法计算图 7-28 中所示各梁中点 C 的竖向位移和 A 端的转角。

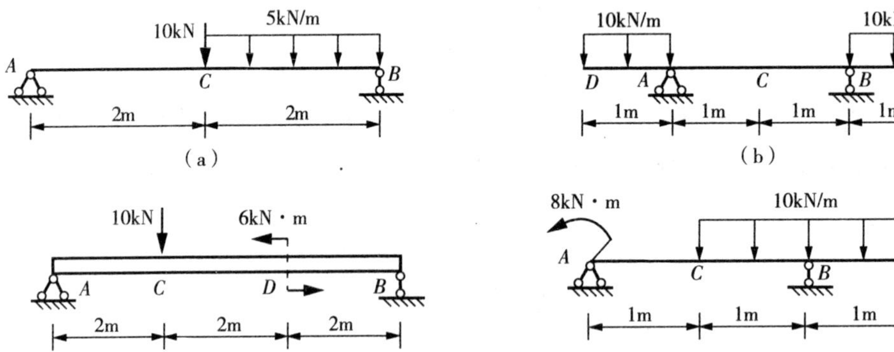

图 7-28　第 11 题

12. 试用图乘法计算图 7-29 中所示各刚架 A 点的转角，和 C 点的竖向位移。

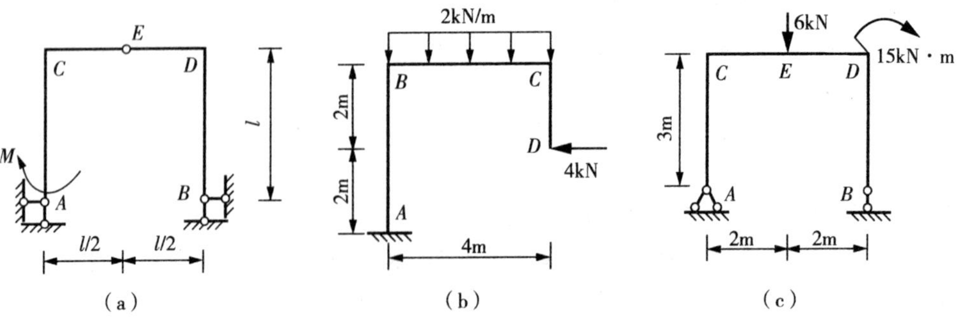

图 7-29　第 12 题

13. 试用叠加法计算图 7－30 中所示各梁的最大挠度。

图 7－30　第 13 题

14. 试用计算图 7－31 所示组合结构 C 点和 E 点的竖向位移。EI＝常数，EA＝常数。

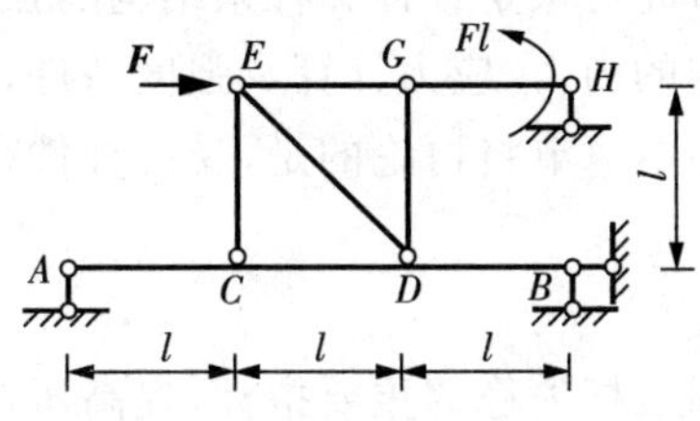

图 7－31　第 14 题

15. 如图 7－32 所示外伸梁，采用 32a 号工字钢，E＝200GPa。梁上满跨布置均布荷载 q＝4kN/m，梁长 l＝4m。已知容许挠度 $\left[\dfrac{f}{l}\right]=\dfrac{1}{400}$，试校核该梁的刚度是否满足要求。若不满足，请重新选择钢材。

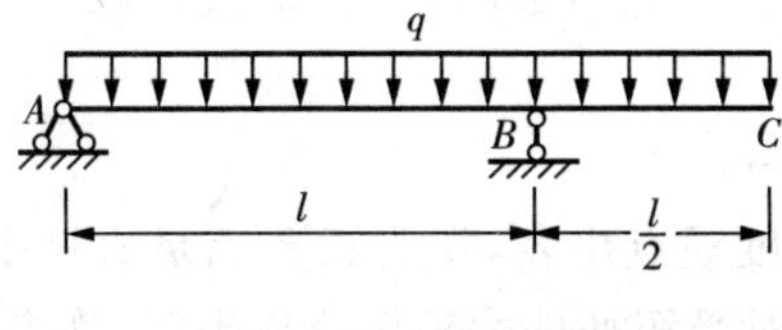

图 7－32　第 15 题

第8章 压杆稳定

【章节介绍】

绪论中阐述,建筑力学的研究对象是杆件和杆系结构的强度、刚度和稳定性的问题。在前面章节中,已阐述过静定结构的内力、应力计算及强度条件,即强度问题;静定结构的位移计算及刚度条件,即刚度条件。本章节将讨论的是,受压杆件在外界扰动下的稳定性问题。

【理解】

压杆稳定的概念,明确判别压杆失稳的重要指标,提高压杆稳定性的措施。

【掌握】

压杆的临界力、临界应力的计算,压杆的稳定性验算。

8.1 压杆稳定的概念

一、构件失稳的提出

在前面章节中,本书从强度观点出发,认为只要满足直杆受压时的强度条件,就能保证压杆的正常工作。但是,通过对受压杆件的破坏分析表明,许多压杆的破坏却是在满足强度条件的情况下发生的。例如,取截面为 30mm × 10mm 的矩形截面杆,其抗压强度为 20MPa,按照抗压强度计算,其抗压承载力为 kN。

如图 8－1 所示,杆件很短时,将杆压坏的压力为其抗压强度对应的抗压承载力 6000N;如图 8－1 所示,杆长为 1m 时,当其承受不到 40N 的轴向压力时,直杆就发生了明显的弯曲变形,从而导致破坏失去工作能力。所以细长杆的破坏是由于其不能继续维持原有直杆的平衡状态所致,这种现象即称为**失稳**。

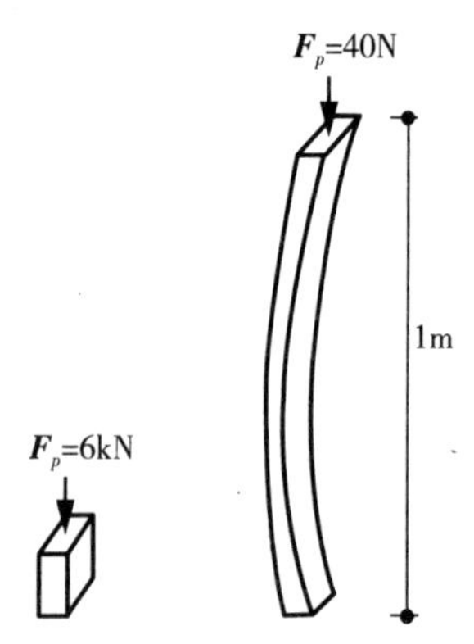

图 8－1　细长杆件失稳现象

从上例可以看出,材料及截面均相同的压杆,由于长度不同,其破坏形式将发生根本改变:短粗杆的破坏为强度失效,而细长杆的破坏为压杆失稳。因此,对于细长杆还需要对其稳定性进行研究。

构件的失稳往往是在远低于强度容许承载能力的情况下发生的,因此在实际工程中由于构建失稳而发生结构破坏的危害性也较大。例如1907年8月29日，位于加拿大的圣劳伦斯河上，跨度548m的魁北克大桥(Quebec Bridge)，在即将竣工之际突然倒塌，19000吨钢材和86名建桥工人落入水中，只有11人生还(图8-2)。事后对桥梁结构的破坏分析显示，事故原因是桥梁桁架中的受压杆件出现了失稳现象。此次事件之后，工程界也不断发现由于构件稳定性不足造成的事故。因此，稳定问题在工程设计中占有重要地位。

(a) 大桥失稳倒塌　　(b) 倒塌后现场

图8-2　魁北克大桥失稳倒塌

二、压杆稳定的定义

所谓稳定性，是指平衡状态的稳定性。为研究压杆稳定性，我们将实际压杆抽象为图8-3的力学模型(以一端固定一端自由的压杆为例)。压杆为均质等截面直杆，且压力作用线与杆件轴线重合，即为中心受压直杆的理想情况。在杆端施加轴向压力 $\boldsymbol{F}_P$，使其在直线状态下处于平衡状态。此时，给杆以微小的侧向干扰 $\boldsymbol{F}$，使杆发生微小弯曲，然后撤去干扰力，因为承受的轴向压力 $\boldsymbol{F}$ 大小不同，压杆的表现截然不同。

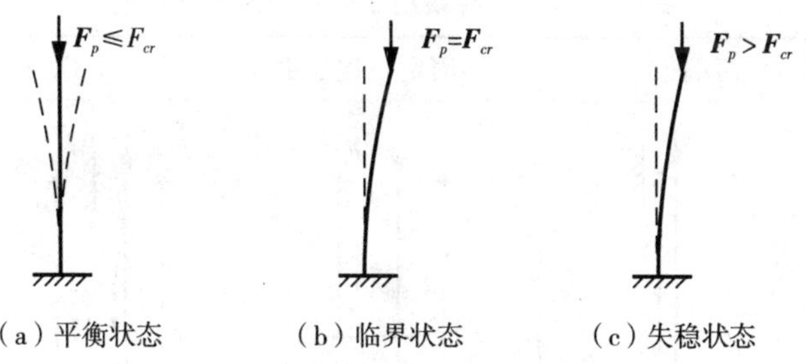

(a) 平衡状态　　(b) 临界状态　　(c) 失稳状态

图8-3　受压杆件力学模型

当压杆所承受的压力 $\boldsymbol{F}_P$ 不大时，如图8-3(a)所示，干扰撤去后，杆件经过若干次振动后仍然回到原来的直线状态，称为稳定的平衡状态。此时，杆件稳定性满足要求。

2. 但是，当增大压力 $\boldsymbol{F}_P$ 至某一极限值 $\boldsymbol{F}_{cr}$ 时，如图8-3(b)所示，干扰力撤去后，压杆不再恢复到原来的平衡状态，而是处于微弯状态的平衡状态，受干扰前杆的直线状态的平衡状态即为临界平衡状态，压力 $\boldsymbol{F}_{cr}$ 成为临界力。临界平衡状态实质上是一种不稳定的平衡状态，因为此时杆一经干扰后就不能维持其原有直线形状的平衡状态了。

直至压力 F_P 超过极限值 F_{cr}，如图 8－3(c) 所示，杆的弯曲变形将急剧增大，甚至造成弯折破坏。随着轴向压力 F 的不断增大，压杆由稳定的平衡状态转为不稳定的平衡状态，这种现象称为**压杆失稳**。

8.2 临界力与临界应力

一、临界力

章节 8.1 所述现象表明，压杆是否稳定取决于轴向压力的数值，压杆由直线形状的稳定平衡过渡到不稳定的平衡所对应的轴向压力，称为压杆的**临界压力**或**临界力**，用 F_{cr} 表示。

临界力是判断压杆是否失稳的重要指标。当 $F_P < F_{cr}$ 时，平衡是稳定的；当 $F_P > F_{cr}$ 时，平衡则是不稳定的，因此计算压杆的临界力 F_{cr} 是压杆稳定性分析的重要内容。

假定压杆处于临界状态，当轴向力 F_P 达到临界力 F_{cr} 时，压杆既可以保持直线状态的平衡，又可以保持微弯状态的平衡。并具有微弯的平衡形式，根据弯曲变形理论可以推出，不同约束下的细长压杆的临界力计算公式为：

$$F_{cr} = \frac{\pi^2 EI}{(\mu l)^2} \qquad \text{式(8－1)}$$

式中，I 为截面对形心轴的**惯性矩**，取压杆横截面最小的形心惯性矩 $I_{\min}$；

l 为压杆的自然长度；

μ 为**长度系数**，反映杆端支承情况对压杆临界力的影响。不同杆端支承条件下，压杆的计算长度不同；此项系数是将压杆的自然长度 l 按照两端铰支压杆的情况进行折算。μl 为**计算长度**或折算长度。

几种不同杆端约束形式下的长度系数 μ 值见表 8－1。

表 8－1 不同杆端约束形式下的长度系数

杆端支承情况	两端铰支	一端固定一端自由	一端固定一端铰支	两端固定
受压杆件挠曲线形状	F_{cr}, l	F_{cr}, l, $2l$	F_{cr}, l, $0.7l$	F_{cr}, l, $0.5l$
长度系数 μ	1.0	2.0	0.7	0.5
计算长度 μl	l	$2l$	$0.7l$	$0.5l$
临界力公式	$F_{cr} = \frac{\pi^2 EI}{l^2}$	$F_{cr} = \frac{\pi^2 EI}{(2l)^2}$	$F_{cr} = \frac{\pi^2 EI}{(0.7l)^2}$	$F_{cr} = \frac{\pi^2 EI}{(0.5l)^2}$

例题 8-1 临界荷载计算

两端铰支细长压杆如图 8-4 所示。已知材料为 Q235 钢，长度 $l=800\text{mm}$，直径 $d=20\text{mm}$，弹性模量 $E=200\text{GPa}$。计算此受压杆件的临界载荷 $\boldsymbol{F}_{cr}$。

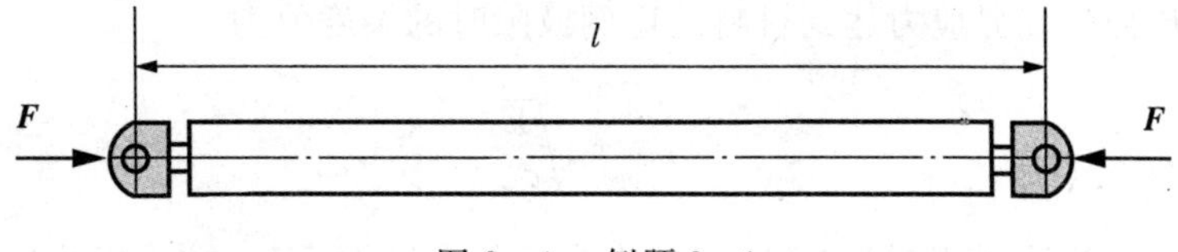

图 8-4 例题 8-1

解：按照式(8-1)进行计算

$$F_{cr}=\frac{\pi^2EI}{l^2}=\frac{\pi^2\times200\times10^3\text{N/mm}^2}{(800\text{mm})^2}\times\frac{\pi\times20\text{mm}^4}{64}=2.42\times10^4\text{N}=24.2\text{kN}$$

由此可知，若轴向力达到 24.2kN 时，此杆件会失稳。

二、临界应力

压杆在临界力作用下横截面上的压力称为压杆的**临界应力**，用 σ_{cr} 表示。设压杆横截面积为 A，则

$$\sigma_{cr}=\frac{F_{cr}}{A}=\frac{\pi^2E}{(\mu l)^2}\frac{I}{A} \qquad \text{式(8-2)}$$

令 $i=\sqrt{\frac{I}{A}}$，i 称为**截面回转半径**或者**惯性半径**。则式(8-2)可改写为

$$\sigma_{cr}=\frac{\pi^2Ei^2}{(\mu l)^2}=\frac{\pi^2E}{\left(\frac{\mu l}{i}\right)^2} \qquad \text{式(8-3)}$$

又令 $\lambda=\frac{\mu l}{i}$，λ 称为**柔度或长细比**。则式(8-3)又可写为

$$\sigma_{cr}=\frac{\pi^2E}{\lambda^2} \qquad \text{式(8-4)}$$

式(8-3)称为欧拉临界应力公式，式中 λ 为压杆的柔度(或长细比)，其大小与压杆的长度系数 μ、压杆长度 l 以及回转半径 i 有关，i 取决于压杆的截面形状与尺寸，μ 取决于压杆的支撑情况，因此从物理意义上来看，λ 综合地反映了压杆的长度、截面形状与尺寸以及支撑情况对临界应力的影响。从式(8-4)可以看出，对一定材料制成的压杆，其 E 值一定，临界应力 σ_{cr} 的大小仅取决于柔度 λ，λ 越大，临界应力 σ_{cr} 就越小，压杆就越容易失稳。

三、欧拉公式的适用范围

欧拉公式是基于材料服从胡克定律推导而来，因此欧拉公式的适用范围应是压杆的临界应力不超过材料的比例极限，即

$$\sigma_{cr}=\frac{\pi^2 E}{\lambda^2}\leqslant\sigma_p \tag{式(8-5)}$$

则
$$\lambda_p\geqslant\pi\sqrt{\frac{E}{\sigma_p}} \tag{式(8-6)}$$

由此可得压杆的临界应力达到材料的比例极限时的柔度值为

$$\lambda_p=\pi\sqrt{\frac{E}{\sigma_p}} \tag{式(8-7)}$$

因此欧拉公式的适用范围为$\lambda\geqslant\lambda_p$，只有当杆的柔度大于$\lambda_p$，才可以采用欧拉公式计算临界力或者临界应力。我们将此类柔度大于λ_p的压杆称为**大柔度杆或细长杆**。由式(8-6)可知，λ_p取决于材料性质，不同的材料对应不同的E和σ_{cr}，所以不同材料制成的压杆其λ_p值不同。

四、超出比例极限时压杆的临界力、临界力总图

当压杆的柔度$\lambda<\lambda_p$时，压杆称为**中柔度杆或中长杆**。这类压杆的临界应力超过了材料的比例极限，不能用欧拉公式。此类压杆的临界力各国多采用以试验为基础的经验公式。我国根据自己的试验建立的抛物线公式为：

$$\sigma_{cr}=a-b\lambda^2 \tag{式(8-8)}$$

式(8-8)中，λ为压杆柔度，a、b为与材料相关的常数。例如，对于Q235钢16MN钢分别有：

$$\sigma_{cr}=(235-0.00668\lambda^2)\text{ MPa}$$

$$\sigma_{cr}=(345-0.0142\lambda^2)\text{ MPa}$$

由临界应力公式(8-4)和(8—8)可知，不论是大柔度杆还是中柔度杆，其临界应力均为其柔度的函数。临界应力σ_{cr}与柔度λ的函数曲线称为临界应力总图。

如图8-5所示，为Q235钢的临界应力总图。图中曲线ACB是按欧拉公式为双曲线，DC是按经验公式为抛物线，两曲线交点C的横坐标为$\lambda_C=123$，纵坐标$\sigma_C=134$MPa。这里以$\lambda=123$而不是以λ_p作为二曲线的分界点，是因为欧拉公式是以理想的中心受压杆导出，与实际存在差异，因而将分界点做了修正。所以，在实际应用中，对Q235钢制成的压杆，当$\lambda\geqslant\lambda_C$时，按欧拉公式计算临界力或临界应力，$\lambda<\lambda_C$时用抛物线公式计算。

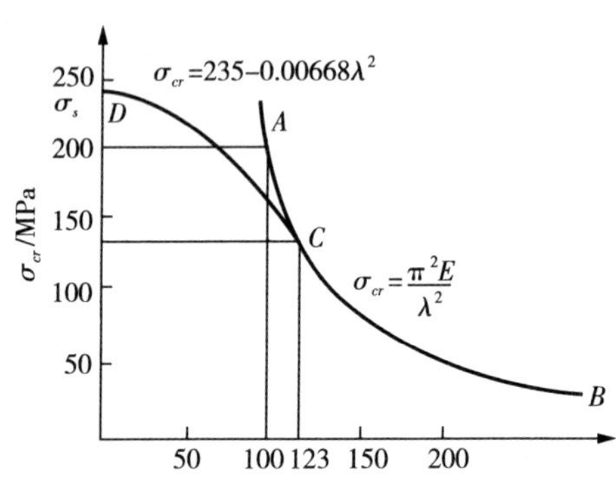

图8-5 Q235钢临界应力总图

例题8-2 临界荷载计算

如图8-6所示，压杆的材料为Q235钢，横截面有两种，面积均为$3.2\times10^3\text{ mm}^2$，试计算

他们的临界应力，并进行比较。已知 $E=200\text{GPa},\lambda_C=123$。

解：(1) 矩形截面面积

$$A=3.2\times10^3\,\text{mm}^2=b\times2b=2b^2,b=40\,\text{mm}$$

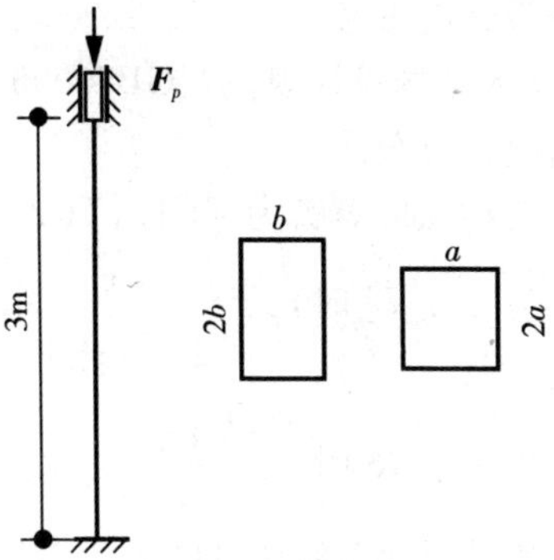

截面回转半径为：$i=\sqrt{\dfrac{I_{\min}}{A}}=\sqrt{\dfrac{\dfrac{2b\times b^3}{12}}{2b\times b}}=\dfrac{b}{2\sqrt{3}}=11.55(\text{mm})$

压杆柔度：$\lambda=\dfrac{\mu l}{i}=\dfrac{0.5\times3000}{11.55}=129.9>\lambda_C=123$

用欧拉公式计算临界应力：$\sigma_{cr}=\dfrac{\pi^2E}{\lambda^2}=\dfrac{\pi^2\times200\times10^3}{129.9}=117\text{MPa}$

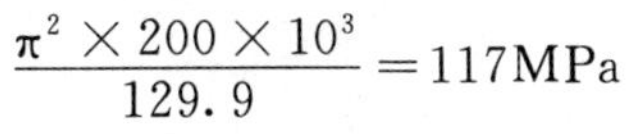

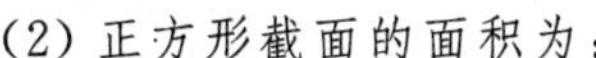

图 8-6　例题 8-2

(2) 正方形截面的面积为：

$A=3.2\times10^3\,\text{mm}^2=a^2,a=56.5\,\text{mm}$

截面回转半径为：$i=\sqrt{\dfrac{I}{A}}=\dfrac{a}{2\sqrt{3}}=\dfrac{56.6}{2\sqrt{3}}=16.3(\text{mm})$

压杆柔度为：$\lambda=\dfrac{\mu l}{i}=\dfrac{0.5\times3000}{16.3}=92<\lambda_C=123$

用抛物线计算得临界应力：$\sigma_{cr}=235-0.00668\lambda^2=235-0.00668\times92^2=178.46(\text{MPa})$

由此可知，以上两种截面形状在相同的条件下，正方形截面压杆临界应力大，承载力强。

8.3　压杆稳定的计算

当压杆中的应力达到其临界应力时，压杆即将要失稳。因此，为保证压杆的正常工作，并确保其具有足够的稳定性，其横截面上的应力应小于其临界应力。在工程中，从安全角度出发，在设计上通常考虑富余情况进行设计，这就要求压应力不能超过压杆临界应力的许用价值，即

$$\sigma=\frac{F_N}{A}\leqslant[\sigma_{cr}]\qquad\text{式(8-9)}$$

式(8-9)即为压杆需满足的稳定条件。因为临界应力 σ_{cr} 总是随柔度 λ 的改变而改变，所以在对压杆进行稳定性计算时，通常将稳定容许应力表达为强度计算时的容许应力乘以一个随柔度而变化的系数 φ，φ 为稳定系数，其值仅取决于 λ 且小于 1。所以，压杆的稳定条件可以写为

$$\sigma=\frac{F_N}{A}\leqslant\varphi[\sigma]\qquad\text{式(8-10)}$$

或

$$\frac{F_N}{A}\leqslant\varphi[\sigma]\qquad\text{式(8-11)}$$

式中 A 为横截面毛面积，因为压杆的稳定性取决于整个杆抗弯刚度，界面的局部削弱对整体刚度的影响很小，因而不考虑面积的局部削弱，但需要对削弱处进行强度验算。

《钢结构设计规范》(GB50017－2012)根据工程中常用构建的截面形式、尺寸和加工条件等因素，把截面归并为 a、b、c、d 四类，根据材料分别给出个截面在不同柔度下的 φ 值，以供压杆设计时参考。

《木结构设计规范》(GB50005－2012)按照树种的强度等级分别对木质压杆的 φ 值给出了两组计算公式。

树种强度等级为 TC17、TC25、TB20：

当 $\lambda \leqslant 75$ 时，$\varphi = \dfrac{1}{1+\left(\dfrac{\lambda}{80}\right)^2}$；

当 $\lambda > 75$ 时，$\varphi = \dfrac{3000}{\lambda^2}$。

树种强度等级为 TC13、TC11 及 TB17、TB15、TB13、TB11：

当 $\lambda \leqslant 91$ 时，$\varphi = \dfrac{1}{1+\left(\dfrac{\lambda}{65}\right)^2}$；

当 $\lambda > 91$ 时，$\varphi = \dfrac{2800}{\lambda^2}$。

表 8-2 还给出铸铁材料和部分木材的各种 φ 值。介于表列相邻 λ 值之间的压杆，其稳定系数可按内插法求得。

表 8-2　部分材料稳定系数 φ 值

柔度 λ	φ 值					
	Q_{235} 钢		Q_{345} 钢		铸铁	木材
	a 类截面	b 类截面	a 类截面	b 类截面		
0	1.000	1.000	1.000	1.000	1.00	1.000
10	0.995	0.992	0.993	0.989	0.97	0.985
20	0.981	0.970	0.973	0.956	0.91	0.941
30	0.963	0.936	0.950	0.913	0.81	0.877
40	0.941	0.899	0.920	0.863	0.69	0.800
50	0.916	0.856	0.881	0.804	0.57	0.719
60	0.883	0.807	0.825	0.734	0.44	0.640
70	0.839	0.751	0.751	0.656	0.34	0.566
80	0.783	0.688	0.661	0.575	0.26	0.469
90	0.714	0.621	0.570	0.499	0.20	0.370
100	0.638	0.555	0.487	0.431	0.16	0.300
110	0.563	0.493	0.416	0.373	—	0.248
120	0.494	0.437	0.358	0.324	—	0.208
130	0.434	0.387	0.310	0.283	—	0.178
140	0.383	0.345	0.271	0.249	—	0.153
150	0.339	0.303	0.239	0.221	—	0.133
160	0.302	0.276	0.212	0.197	—	0.177
170	0.270	0.249	0.189	0.176	—	0.104
180	0.243	0.225	0.169	0.159	—	0.093
190	0.220	0.204	0.153	0.144	—	0.083
200	0.199	0.186	0.138	0.131	—	0.075

利用压杆的稳定条件式(8-9),可以进行3个方面的问题计算:

(1) 计算或校核压杆的稳定性:已知压杆的几何尺寸、所用材料、支撑条件以及承受的压力,验算是否满足稳定条件,具有足够的稳定性。

(2) 计算稳定时的容许压力:已知压杆的几何尺寸、所用材料、支撑条件,按稳定条件计算其能够承受的容许压力。

(3) 进行界面设计:已知压杆的长度、所用材料、支撑条件以及承受的压力,按照稳定条件计算压杆所需的截面尺寸。

例题 8-3 压杆稳定性校核

如图 8-7 所示,两端铰支的矩形截面木杆,杆端作用轴向压力 $\boldsymbol{F}_p$。已知 $l=3.6\text{m}$,$F_p=40\text{kN}$,木材的强度等级为 TC13,容许应力 $[\sigma]=10\text{MPa}$,试校该压杆的稳定性。

解: 矩形截面的截面回转半径

$$i=\sqrt{\frac{I_y}{A}}=\sqrt{\frac{\frac{hb^3}{12}}{bh}}=\frac{b}{\sqrt{12}}=\frac{120}{\sqrt{12}}=34.64(\text{mm})$$

两端铰支时长度系数 $\mu=1$,所以

$$\lambda=\frac{\mu l}{i}=\frac{1\times 3.6}{34.64\times 10^{-3}}=104$$

因为 $\lambda>91$,所以:$\varphi=\frac{2800}{\lambda^2}=\frac{2800}{104^2}=0.259$ 则 $\frac{F_N}{\varphi A}=\frac{F_P}{\varphi A}=\frac{40\times 10^3}{0.259\times 120\times 160}=8(\text{MPa})<[\sigma]$,所以该压杆满足稳定条件。

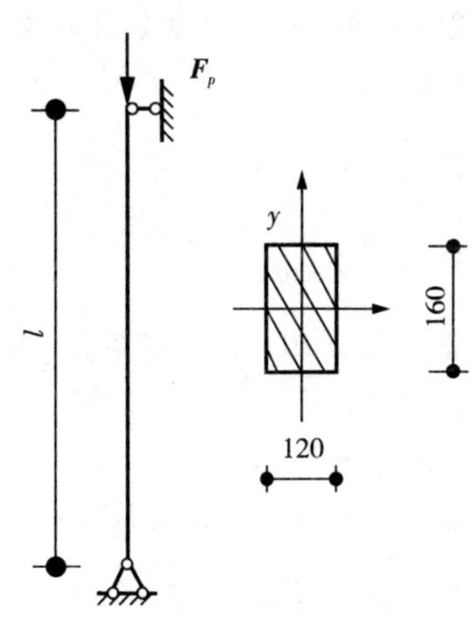

图 8-7 例题 8-3

例题 8-4 如图 8-8 所示桁架中,上弦杆 AB 由 Q235 工字钢制成,截面类型为 b 类,工字钢的型号 28a,材料的许用应力 $[\sigma]=170\text{MPa}$,已知该杆受到的轴向压力 $F=250\text{kN}$,试校核该杆的稳定性。

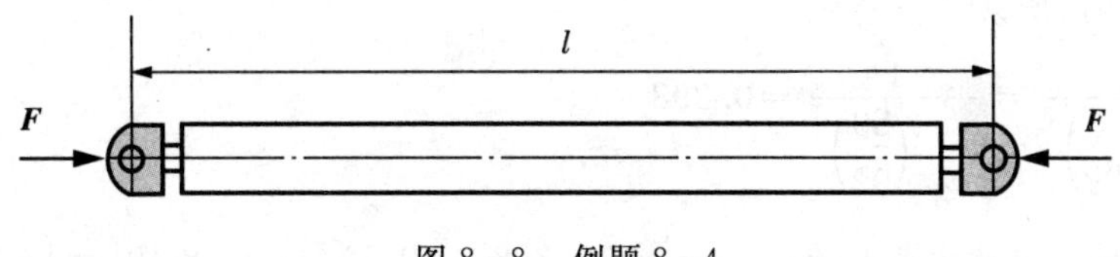

图 8-8 例题 8-4

解:(1) 计算柔度 λ。

杆件两端为铰链约束,长度因数 $\mu=1$,由型钢表查得杆的横截面面积 $A=55.45\times 10^{-4}\text{m}^2$,最小惯性半径为 $i_y=24.95\text{mm}$,其柔度为

$$\lambda=\frac{\mu l}{i}=\frac{1\times 4000}{24.95}=160.3$$

(2) 确定折减因数 φ。

由表 8-2，并用内插法求得杆的折减因数为

$$\varphi=0.276-\frac{0.276-0.249}{170-160}(160.3-160)=0.275$$

(3) 校核稳定性。

$$\sigma=\frac{F}{A}=\frac{250\times10^3}{55.45\times10^{-4}}=45.09(\text{MPa})<\varphi[\sigma]=46.75(\text{MPa})$$

所以，压杆稳定性满足要求。

例题 8-5 压杆容许荷载

如图 8-9 所示，BD 杆为正方形截面的木杆，已知 $l=2\text{m}$，$a=0.1\text{m}$，木材的强度等级为 TC13，容许应力 $[\sigma]=10\text{MPa}$，试从 BD 杆的稳定考虑，计算该结构所能承受的最大 $F_{P\max}$。

解：取 AC 杆为受力分析对象，由 $\sum M_A=0$ 可得：

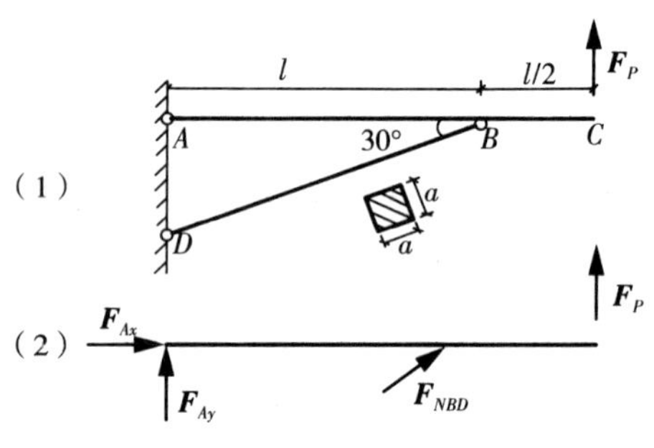

图 8-9 例题 8-5

$$F_{NBD}\times\frac{l}{2}-F_P\times\frac{3l}{2}=0$$

$$F_P=\frac{1}{3}F_{NBD}$$

根据压杆 BD 的稳定条件，其能承受的最大压力为：

$$F_{NBD}=\varphi A(\sigma)$$

结构能承受的最大荷载为：

$$F_{P\max}=\frac{1}{3}F_{NBD}=\frac{1}{3}\varphi A[\sigma]$$

$l_{BD}=2.31\text{m}$，$\mu=1$，BD 杆的柔度为：

$$\lambda=\frac{\mu l_{BD}}{i}=\frac{\mu l_{BD}}{\frac{a}{\sqrt{12}}}=\frac{1\times2.31}{\frac{0.1}{\sqrt{12}}}=80$$

因为 $\lambda<91$，所以

$$\varphi=\frac{1}{1+\left(\frac{\lambda}{65}\right)^2}=\frac{1}{1+\left(\frac{80}{65}\right)^2}=0.398$$

结构所能承受的最大荷载 $F_{P\max}=\frac{1}{3}\times0.398\times(0.1)^2\times10\times10^6=13.27(\text{kN})$

8.4 提高压杆稳定性的措施

提高压杆稳定性的关键在于提高压杆的临界力或者临界应力，由临界力和临界应力公式可知，影响临界力或者临界应力的主要因素是柔度，减小柔度可大幅度提高临界力。所以，提高压杆稳定的措施一般有：

一、减小压杆的长度

由 $\lambda=\frac{\mu l}{i}$ 可知，杆长与柔度成正比，l 越小，则 λ 越小。减小压杆的长度可降低压杆的柔度，是提高压杆稳定性的有效方法之一。在实际应用中，应在条件允许情况下可能减小压杆的长度，或者在压杆中间加支撑。

二、改善支撑情况

从表 8-1 可知，改善支撑情况可以减小长度系数 μ，从而降低压杆柔度，提高压杆稳定性。因此，在结构允许情况下，应尽可能使杆端约束牢固些，从而提高压杆稳定性。

三、选择合理的截面形状

在压杆截面积相同的情况下，应设法增大其惯性矩，从而达到增大其截面回转半径 i，减小了压杆柔度提高其稳定性，例如空心的环形截面比实心的圆截面合理。

当压杆在各弯曲平面内的支撑条件相同时，压杆的稳定性是由 I_{min} 方向的临界应力控制，所以，应尽量使截面对任一形心主轴的惯性矩相同，这样可使压杆在各弯曲平面内具有相同的稳定性。例如由两根槽钢组合而成的压杆，采用图 8-10(a) 所示的形式就比图 8-10(b) 的形式好。

(a) 空心矩形截面

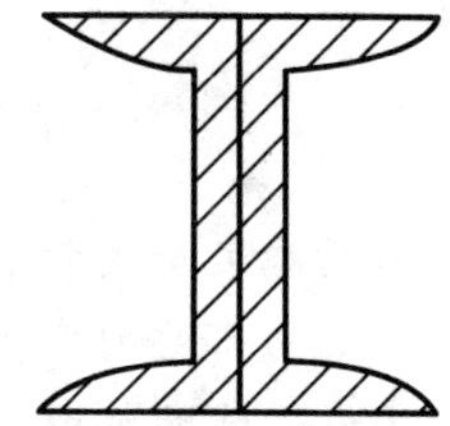

(b) 工字型截面

图 8-10　截面形式的比较

四、合理选择材料

对于大柔度杆，临界应力与材料的弹性模量 E 有关，由于各种钢才的弹性模量相差不大，所以对于大柔度杆，选用优质钢材对提高临界应力意义不大；对于中柔度杆，其临界应力与材料强度有关，强度越高的材料，临界应力越高，所以对中柔度杆而言，选用优质钢材有助于提高压杆的稳定性。

本章小结

1. 平衡状态的稳定性

稳定平衡：当压杆受力小于临界力时，压杆能保持原来的平衡状态。

不稳定平衡：当压杆受力大于等于临界力时，压杆不能保持原来的平衡状态。

2. 临界力和临界应力的计算

当 $\lambda \geqslant \lambda_p$ 时，压杆为大柔度杆即细长杆，可用欧拉公式计算其临界力和临界应力，计算公式为：

$$F_{cr} = \frac{\pi^2 EI}{(\mu l)^2}, \sigma_{cr} = \frac{\pi^2 E}{\lambda^2}$$

当 $\lambda \geqslant \lambda_p$ 时，压杆为中粗杆，可用经验公式计算其临界力和临界应力，其计算公式为：

$$\sigma_{cr} = a - b\lambda^2 (a、b \text{为与材料相关的常数})$$

对 Q235 钢：$\sigma_{cr} = (235 - 0.00668\lambda^2)\text{MPa}$

对 16MN 钢：$\sigma_{cr} = (345 - 0.0142\lambda^2)\text{MPa}$

3. 压杆稳定的实用计算

用 φ 系数法的压杆稳定条件为：

$$\sigma = \frac{F_N}{A} \leqslant \varphi[\sigma]$$

根据压杆稳定条件有三个方面的计算，它们分别为计算或校核压杆的稳定性，计算稳定时的容许压力以及进行杆的截面设计。

思考与习题

1. 如何区别压杆的稳定平衡和不稳定平衡？什么是临界力、临界应力？

2. 什么是柔度？它与哪些因素有关？

3. 实心截面改为空心截面可增大截面的惯性矩，从而提高压杆的稳定性，是否可以把材料无限制地加工使其远离截面形心，以提高压杆的稳定性？

4. 请以日常生活中碰到的实例来说明压杆问题的存在。

5. 一端固定一端铰支的 $22a$ 号工字钢细长压杆，如图 8-11 所示，已知杆长 $l=4\text{m}$，其弹性模量为 $E=200\text{GPa}$，试求该压杆的临界力。

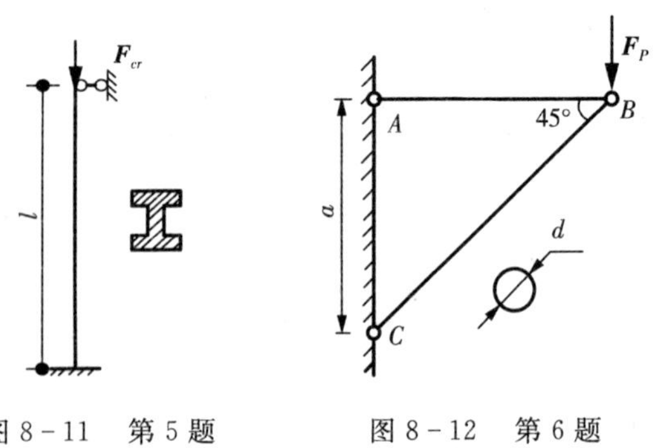

图 8-11　第 5 题　　图 8-12　第 6 题

6. 如图 8-12 所示，BC 为圆形截面杆，材料为 Q235 钢，已知 $F_p=12\text{kN}$，$a=1\text{m}$，$d=$

40mm，材料的容许应力$[\sigma]=170\text{MPa}$。(1) 校核 BC 杆的稳定性；(2) 从 BC 杆的稳定考虑，求此结构能承受的最大 $F_{p\max}$。

7. 结构及受力如图 8-13 所示，试做梁 ABC 的强度校核以及 BD 杆的稳定校核。梁 ABC 为 22 号工字钢，$[\sigma]=170\text{MPa}$；BD 杆为圆形截面木杆，木杆直径 $d=160\text{mm}$，木杆的强度等级为 TC13，容许应力$[\sigma]=10\text{MPa}$。

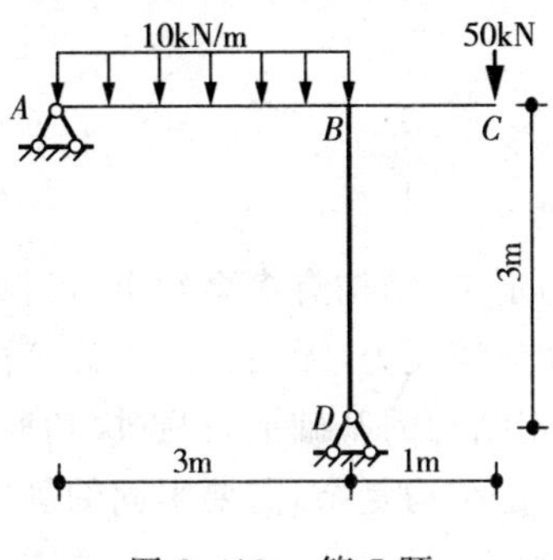

图 8-13　第 7 题

第9章 超静定结构的内力计算

【章节介绍】

根据第6章的超静定结构的定义，结构有多余约束，仅仅使用静力学中结构受力平衡的方程不能求解其所有约束反力和支座反力，无法进一步计算内力和作图。在本章中，介绍超静定结构内力的求解方法，在静定结构的基础上，根据虚功原理，补充变形协调方程，帮助求解。超静定结构的内力计算比静定结构复杂，需要牢固的静定结构内力和位移计算的基础，综合性较高。力法、位移法是超静定结构计算的两种基本方法，以及由此得出的近似计算方法——力矩分配法都需要掌握，用于求解一些简单的超静定问题。

【理解】

超静定次数的确定、对称性的利用。

【掌握】

力法、位移法、力矩分配法求解简单超静定问题。

9.1 超静定结构概述

超静定结构是工程实际中常用的一类结构。在第6章中已阐述过，超静定结构是具有多余约束的几何不变体系，其反力和内力等仅使用静力平衡条件不能全部求出，也称**静不定结构**。

一、超静定结构的概念

如图9-1所示，从几何构造来看，(a)图中所示梁、支座链杆共三根，用杆件平衡的三个平衡方程可以求解；若在杆段中间增加一根支座链杆，则平衡方程数目少于支座链杆数，无法仅凭静力学方程求解，需要补充一个变形协调的方程，以满足求解要求。

(a) 静定结构　　(b) 超静定结构

图9-1　静定结构与超静定结构

常见的超静定结构有超静定梁、超静定刚架、超静定桁架、超静定拱、超静定组合结构和铰接排架等,如图 9-2 所示。

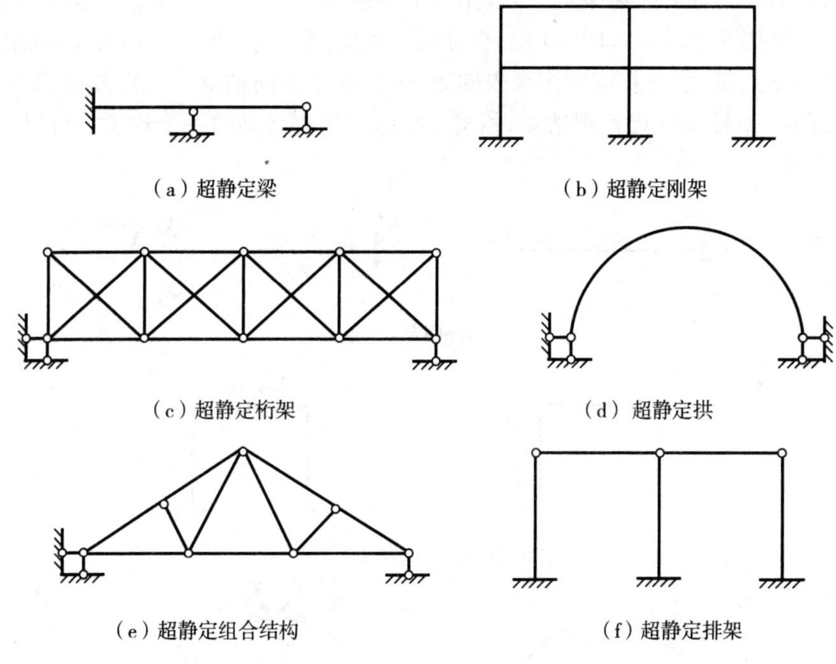

(a) 超静定梁 (b) 超静定刚架

(c) 超静定桁架 (d) 超静定拱

(e) 超静定组合结构 (f) 超静定排架

图 9-2 常见超静定结构

与静定结构相比,① 超静定结构有多余约束的几何不变体系,拆除多余约束后仍可以继续承载;② 仅用静力平衡方程不能求出所有内力和反力;③ 其内力分布更均匀,抵抗破坏的能力较强。简言之,反力或内力是超静定的,约束有多余的,这就是超静定结构区别于静定结构的两大特征 —— 静力平衡特征和几何构造特征。

二、超静定次数的确定

超静定结构中多余约束的个数,称为超静定次数。确定超静定次数最直接的方法为**拆除多余约束法**,解除结构中的多余约束使原超静定结构变成一个几何不变且无多余约束的体系,此时,解除的多余约束的个数即为原结构的超静定次数。即如果原结构在去掉 N 个约束后,就成为静定的,则原结构的超静定次数就是 N 次。

解除多余约束的方法以几何组成分析的基本规则为基础,有以下几种:

(1) 去掉一根链杆,等于拆除 1 个约束;

(2) 去掉一个铰支座或一个单铰,等于拆除 2 个约束;

(3) 去掉一个固定端支座或切断一个梁式杆,等于拆除 3 个约束;

(4) 在梁式杆上加上一个单铰,等于拆除 1 个约束;

(5) 去掉一个连接 N 个杆件的铰结点,等于拆除 $2(N-1)$ 个约束;

(6) 去掉一个连接 N 个杆件的刚结点,等于拆除 $3(N-1)$ 个约束;

(7) 将一个固定端支座换为一个固定铰支座,等于拆除 1 个约束;

(8) 将一个固定端支座换为一个链杆支座,等于拆除 2 个约束。

据此,在保证结构几何不变的前提下,可将超静定结构转化为静定结构,即根据拆除多余约束的法则，将超静定结构的多余约束去掉或切断，代之以相应的约束反力，用 $\boldsymbol{X}_i$ 表示，称为**多余未知力**。拆除几个多余约束，就用几个多余未知力代替，其形式与拆除的约束的反力形式相同。如图 9-3 所示，图(a) 中，拆除梁右端的固定端支座；图(c) 中，切断拱轴，或说打断了拱的刚结点，代之以相应的多余未知力，包括水平方向的 $\boldsymbol{X}_1$，竖直方向的 $\boldsymbol{X}_2$，以及力偶 $\boldsymbol{X}_3$；图(b) 中，用铰结点代替刚结点，相当于拆除了限制转动的一个约束，所以代之以多余未知力，力偶 $\boldsymbol{X}_1$。

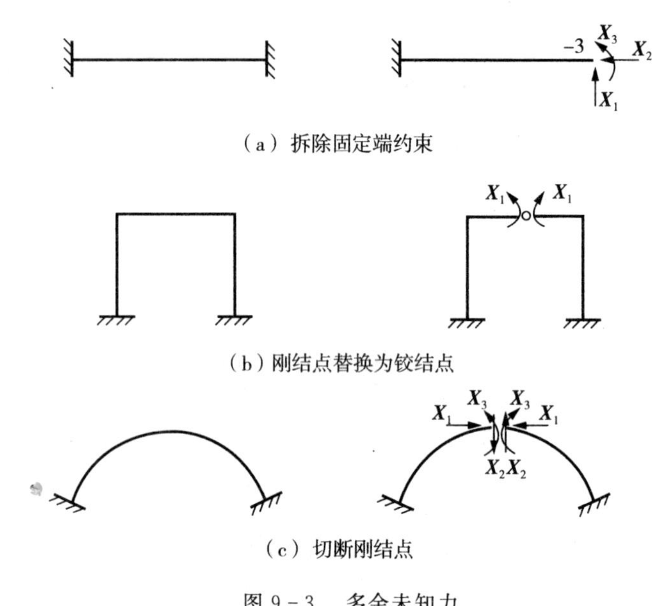

（a）拆除固定端约束

（b）刚结点替换为铰结点

（c）切断刚结点

图 9-3　多余未知力

例题 9-1　判断结构的超静定次数

应用拆除约束法，判断图 9-4 中结构的超静定次数。

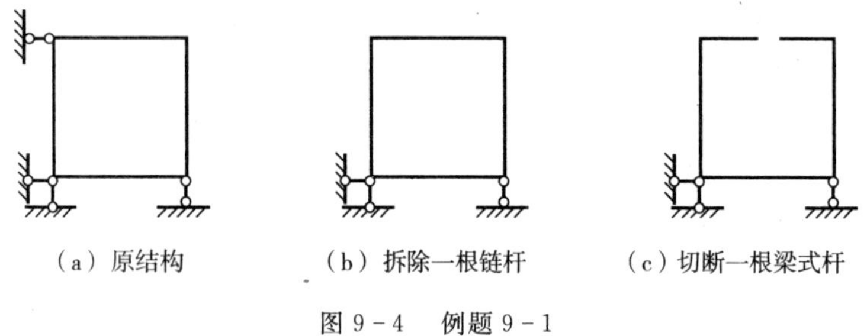

（a）原结构　（b）拆除一根链杆　（c）切断一根梁式杆

图 9-4　例题 9-1

解：(1) 在图 9-4(a) 所示原结构中，拆除一根水平链杆，可以得到如图(b) 所示的结构，此结构包含一个闭合框架，仍具有三个多余约束；

(2) 将闭合框从某截面切断，如图(c) 所示，成为静定结构；

(3) 所以原结构共有 4 个多余约束，为四次超静定结构。

但应当注意：① 只能拆除原结构的多余约束，不能拆除结构维持几何不变的必要的约束，解除约束后的体系必须是几何不变的；② 只能在原结构中减少约束，不能增加新的约束；

③ 同一超静定结构可有不同的解除多余约束的方式，但解除约束的个数是相同的。

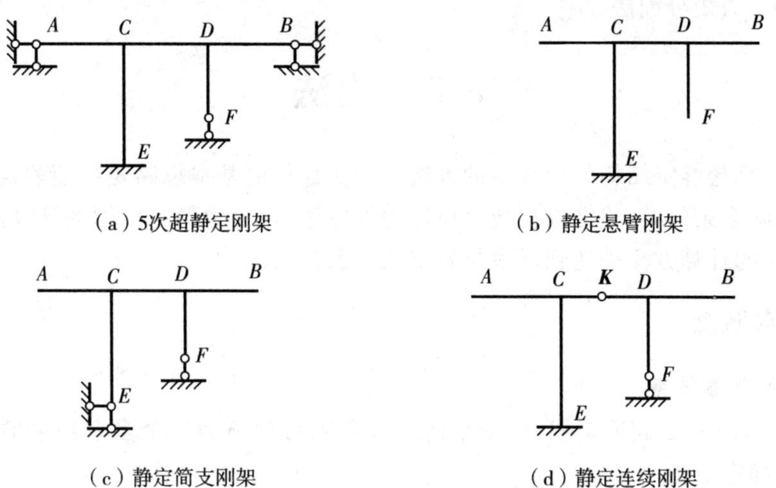

（a）5次超静定刚架　　（b）静定悬臂刚架

（c）静定简支刚架　　（d）静定连续刚架

图 9-5　拆除多余约束的方法

如图 9-5(a) 所示一个五次超静定刚架，即有 5 个多余约束。若采用拆除多余约束法，可以通过去除不同的多余约束。例如，拆除 A、B 和 F 处的 5 根支座链杆，结构变为静定悬臂刚架；拆除 A 和 B 处的 4 根支座链杆，将 E 点的固定端支座替换为固定铰支座，结构变为静定简支刚架；拆除 A 和 B 处的 4 根支座链杆，在杆件 CD 上的 K 点增加一个单铰，结构变为静定连续刚架。在保证几何不变的前提下，结构可以变换为不同形式的静定结构，用于后续计算，但计算过程的难度有可能是不同的。

三、超静定结构的计算方法

超静定结构计算的总体思想是同时考虑变形、本构和平衡，如图 9-6 所示。

基本方程
- 平衡方程——力（或应力）的表达式
- 本构（物理）方程——力与位移（或应力与应变）关系
- 几何方程——位移（或应变）的表达式

图 9-6　超静定结构计算基本方程

基本方程中的未知量既有力（或应力）也有位移（或应变），选择不同类型的物理量作为基本未知量，对应产生了三种不同的求解方法。

以力作为基本未知量，在自动满足平衡条件的基础上，将本构关系写成用力表示位移的形式，代入几何方程求解，这时最终方程是以力的形式表示的几何方程，这种分析方法称为**力法**。

以位移作为基本未知量，在自动满足几何方程的基础上，将本构关系写成用位移表示力的形式，代入平衡方程，当然这时最终方程是用位移表示的平衡方程，这种分析方法称为**位移法**。

如果一个问题中既有力的未知量，也有位移的未知量，力的部分考虑位移约束（外力）和变形协调（内力），位移的部分考虑力的平衡，这样一种分析方案称为**混合法**。

本章中介绍超静定结构计算的力法和位移法，以及在工程实际计算中广泛采用的渐进计算方法 —— 力矩分配法。

9.2 力法

力法是计算超静定结构的最基本的方法。力法计算的基本思路是把超静定结构的计算问题，通过拆除多余约束，代之以相应约束反力的方法，转化为静定结构的计算问题，利用熟悉的静定结构的计算方法来达到求解超静定结构的目的。

一、力法基本概念

1. 力法的基本体系

如图 9-7(a) 所示超静定梁，根据几何组成规则可判断为有个多余约束的几何不变体系，为一次超静定结构。

若将 B 端的链杆支座视为多余约束，拆除多约束得到图 9-7(b) 所示静定结构，称为力法的**基本结构**。

在原结构中，保持所受荷载不变拆除多余约束链杆 B，代之以相应的约束反力 $\boldsymbol{X}_1$，形成如图 9-7(c) 所示的受力简图，称为力法的**基本体系**。应注意，由于超静定结构拆除多余约束的方式有多种，因此力法的基本体系并不是唯一的。

2. 力法的基本未知量

在原结构 9-7(a) 中，支座反力是以约束的形式出现的，在受力分析中才表现出来；而在基本体系 9-7(c) 中，多余未知力 $\boldsymbol{X}_1$ 是以主动力形式出现的。基本体系是可以代表原超静定结构的静定结构，可以通过调节 $\boldsymbol{X}_1$ 的大小，使它的受力与变形状态与原结构完全相同。可见，若能够设法计算出多余未知力 $\boldsymbol{X}_1$，则可将 9-7(a) 图的超静定问题等效为图 9-7(c) 的静定问题，因此**多余未知力**是最基本的未知力，称为力法的**基本未知量**。

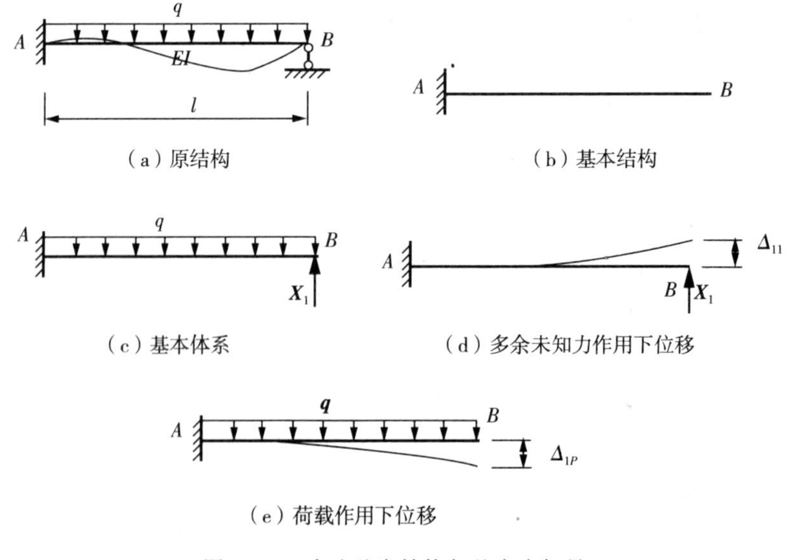

图 9-7　力法基本结构与基本未知量

3. 力法的基本方程

对图 9－7(c) 中的基本体系，若只考虑静力平衡条件，无法解出基本未知力 $\boldsymbol{X}_1$ 的值，需要进一步考虑基本体系的位移条件，即基本体系与原结构的各点位移应相同。

在体系 B 点处，原结构由于有支座链杆的约束，B 点的位移 $\Delta_1=0$。而基本体系中由于拆除了链杆支座并用 $\boldsymbol{X}_1$ 代替，B 点会产生竖向位移；此竖向位移分为两部分，一部分是由 $\boldsymbol{X}_1$ 单独作用时，引起 B 结点沿 $\boldsymbol{X}_1$ 方向上的位移 Δ_{11}，如图 9－7(d)，一部分是由原荷载 $\boldsymbol{q}$ 单独作用时，引起的 B 结点沿 $\boldsymbol{X}_1$ 方向上的位移 Δ_{1P}，如图 9－7(e)。

先规定位移与基本未知量同向为正，反向为负；再对比原结构与基本体系的位移状况，若基本体系与原结构等效，则其 B 点位移也必须与原结构相同，即为零。所以根据位移的叠加原理，应满足 $\Delta_1=\Delta_{11}+\Delta_{1P}=0$，即表示为：

$$\Delta_{11}+\Delta_{1P}=0$$

再令 δ_{11} 为 $\boldsymbol{X}_1=1$ 作用时，结构 B 点沿 $\boldsymbol{X}_1$ 方向上产生的位移，即单位基本未知量引起的位移，则有：$\Delta_{11}=\delta_{11}\boldsymbol{X}_1$，上式可改写为：

$$\delta_{11}\boldsymbol{X}_1+\Delta_{1P}=0 \qquad \text{式(9－1)}$$

式(9－1) 称为一次超静定结构的**力法基本方程**。式中，δ_{11} 为静定结构在单位力作用下沿 $\boldsymbol{X}_1$ 方向的位移，Δ_{1P} 为静定结构在外荷载作用下沿 $\boldsymbol{X}_1$ 方向的位移，此两项数值均可根据第七章静定结构位移计算的方法计算出；$\boldsymbol{X}_1$ 为未知的力法基本量，可由本式计算解得，步骤如下：

① 如图 9－8 所示，作基本体系在 $\boldsymbol{X}_1=1$ 单独作用下的弯矩图，如图(a) 所示；在原荷载 $\boldsymbol{q}$ 作用下的弯矩图 $\boldsymbol{M}_P$ 图，如图(b) 所示。

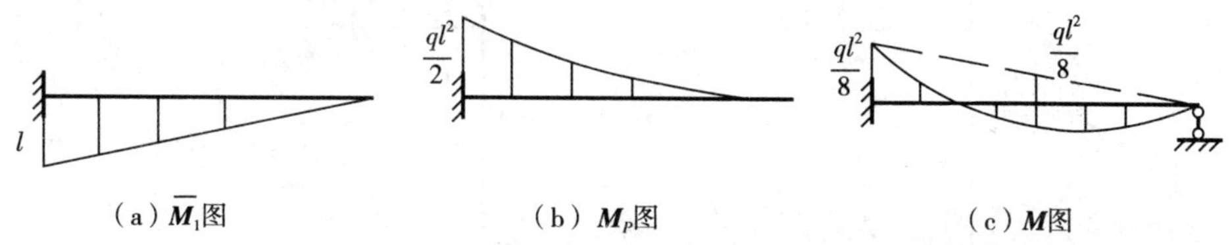

(a) $\overline{\boldsymbol{M}}_1$图　　(b) $\boldsymbol{M}_P$图　　(c) $\boldsymbol{M}$图

图 9－8　基本体系弯矩图

② 根据静定结构位移计算方法，将$\overline{M_1}$ 图看作求基本体系 B 点在 $\boldsymbol{X}_1=1$ 作用下沿 $\boldsymbol{X}_1$ 方向位移的实际位移状态和虚设力状态，可得：

$$\delta_{11}=\sum\int\frac{\overline{M_1M_1}}{EI}\mathrm{d}x=\sum\frac{A_\omega y_C}{EI}=\frac{1}{EI}(\frac{1}{2}\times l\times l)\times(\frac{2}{3}\times l)=\frac{l^3}{3EI}$$

③ 根据静定结构位移计算方法，将$\overline{M_1}$ 和 M_P 图分别看作求基本体系 B 点在去作用下沿 $\boldsymbol{X}_1$ 方向位移的实际位移状态和虚设力状态，可得：

$$\Delta_{1P}=\sum\int\frac{\overline{M_1}\,\overline{M_1}}{EI}\mathrm{d}x=\sum\frac{A_\omega y_C}{EI}=-\frac{1}{EI}(\frac{1}{3}\times l\times\frac{ql^2}{2})\times(\frac{3}{4}\times l)=-\frac{ql^4}{8EI}$$

④ 根据式(9－1)，计算基本未知量 $\boldsymbol{X}_1$：

$X_1=\frac{-\Delta_{1P}}{\delta_{11}}=\frac{ql^4}{8EI}/\frac{l^3}{3EI}=\frac{3ql}{8}$，为正值，与假设方向相同，向上。

计算出多余未知力 $\boldsymbol{X}_1$ 后，就可以按静力平衡方程计算出基本体系，即原结构其余支座的支座反力，进而求得内力和内力图像；也可以利用叠加原理，按照下式：

$$\overline{M}=\overline{M}_1 X_1+M_P$$

将图 9－8(a) 和(b) 进行叠加，式中$\overline{M}_1$ 是基本体系在 $\boldsymbol{X}_1$ 作用下产生的弯矩，M_P 是基本体系在荷载作用下产生的弯矩。

据此 $M_A=l\times\frac{3ql}{8}-\frac{ql^2}{2}=-\frac{ql^2}{8EI}$，$M_B=0+0=0$，直线与曲线叠加为曲线，可得最终弯矩图如 9－8(c) 所示。

综上所述，可知力法的实质是**把超静定结构的计算问题转化为静定结构的位移和内力计算问题。**其包含三个要素：① 基本未知量，即多余未知力 X_i；② 基本体系，即解除多余约束代之以约束反力而建立的静定结构；③ 基本方程，即在解除多余约束处由变形协调条件建立的位移方程。

简言之，力法是以多余未知力作为基本未知量，去掉其多余约束代之以约束反力之后形成的基本体系，根据基本体系拆除多与约束处的已知位移条件建立变形协调方程，计算多余未知力。之后的计算与静定结构方法相同。任何形式的超静定结构都可以用力法来解决。

二、力法典型方程

力法基本方程可以解决一次超静定结构的问题，对于多次超静定问题，则需重新建立力法基本方程，以图 9－9(a) 中的二次超静定刚架为例，进行说明并推广结论。

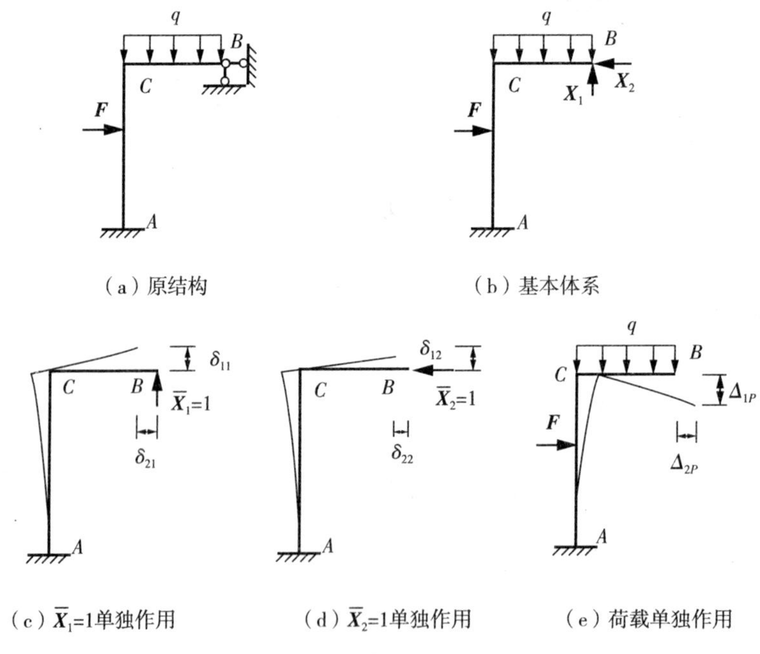

图 9－9　二次超静定结构

去掉支座 B 的两根支座链杆，代之以相应的多余未知力 $\boldsymbol{X}_1$ 和 $\boldsymbol{X}_2$，则基本体系如图 9－

9(b) 所示。由于对比图 9-9(a) 与图 9-9(b) 的位移情况，原结构中 B 点沿 $\boldsymbol{X}_1$ 方向的位移 $\Delta_1=0$，沿 $\boldsymbol{X}_2$ 方向的位移 $\Delta_2=0$。

当各单位荷载 $\overline{X}_1=1$ 单独作用于基本体系时，B 点沿 $\boldsymbol{X}_1$ 方向的位移为 δ_{11}，沿 $\boldsymbol{X}_2$ 方向的位移为 δ_{21}；当各单位荷载 $\overline{X}_2=1$ 单独作用于基本体系时，B 点沿 $\boldsymbol{X}_1$ 方向的位移为 δ_{12}，沿 $\boldsymbol{X}_2$ 方向的位移为 δ_{22}；根据叠加原理，应有：

$$\begin{cases}\Delta_1=\delta_{11}X_1+\delta_{12}X_2+\Delta_{1P}=0\\ \Delta_2=\delta_{21}X_1+\delta_{22}X_2+\Delta_{2P}=0\end{cases}，即$$

$$\begin{cases}\delta_{11}X_1+\delta_{12}X_2+\Delta_{1P}=0\\ \delta_{21}X_1+\delta_{22}X_2+\Delta_{2P}=0\end{cases}$$

为二次超静定结构的力法基本方程。

同理可推得，对于三次超静定结构，如图 9-10(a) 所示原结构，拆除 B 端的固定端支座，代之以相应的约束反力 $\boldsymbol{X}_1$、$\boldsymbol{X}_2$ 和 $\boldsymbol{X}_3$，则基本体系如图 9-10(b) 所示。由于对比 9-10(a) 与 9-10(b) 的位移情况，原结构中 B 点沿 $\boldsymbol{X}_1$ 方向的位移 $\Delta_1=0$，沿 $\boldsymbol{X}_2$ 方向的位移 $\Delta_2=0$，和转动的位移 $\Delta_3=0$。

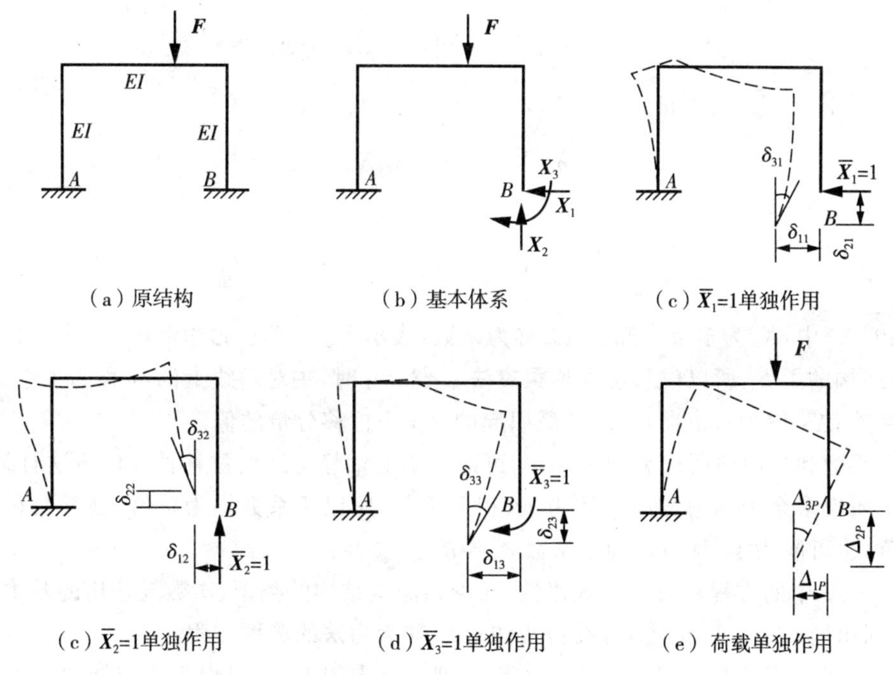

图 9-10　三次超静定结构

当单位荷载 $\overline{X}_1=1$ 单独作用于基本体系时，B 点沿 $\boldsymbol{X}_1$ 方向的位移为 δ_{11}，沿 $\boldsymbol{X}_2$ 方向的位移为 δ_{21}，沿 $\boldsymbol{X}_3$ 方向的位移为 δ_{31}；当单位荷载 $\overline{X}_2=1$ 单独作用于基本体系时，B 点沿 $\boldsymbol{X}_1$ 方向的位移为 δ_{12}，沿 $\boldsymbol{X}_2$ 方向的位移为 δ_{22}；沿 $\boldsymbol{X}_3$ 方向的位移为 δ_{32}；当单位荷载 $\overline{X}_3=1$ 单独作用于基本体系时，B 点沿 $\boldsymbol{X}_1$ 方向的位移为 δ_{13}，沿 $\boldsymbol{X}_2$ 方向的位移为 δ_{23}；沿 $\boldsymbol{X}_3$ 方向的位移为 δ_{33}；根据叠加原理，应有：

$$\begin{cases}\Delta_1=\delta_{11}X_1+\delta_{12}X_2+\delta_{13}X_3+\Delta_{1P}=0\\\Delta_2=\delta_{21}X_1+\delta_{22}X_2+\delta_{23}X_3+\Delta_{2P}=0\\\Delta_2=\delta_{31}X_1+\delta_{32}X_2+\delta_{33}X_3+\Delta_{3P}=0\end{cases}\text{，即}$$

$$\begin{cases}\delta_{11}X_1+\delta_{12}X_2+\delta_{13}X_3+\Delta_{1P}=0\\\delta_{21}X_1+\delta_{22}X_2+\delta_{23}X_3+\Delta_{2P}=0\\\delta_{31}X_1+\delta_{32}X_2+\delta_{33}X_3+\Delta_{3P}=0\end{cases}$$

为三次超静定结构的力法基本方程。

将其推广到 N 次超静定结构，运用力法，从原结构中去掉 N 个多余约束，代之以相应的 N 个约束反力 $\boldsymbol{X}_1$、$\boldsymbol{X}_2$、$\cdots\boldsymbol{X}_N$，且若原结构在去掉多余约束处的位移为零时，有 n 个已知的位移条件，可建立 n 个力法方程：

$$\begin{cases}\Delta_1=\delta_{11}X_1+\delta_{12}X_2+\cdots+\delta_{1N}X_N+\Delta_{1P}=0\\\Delta_2=\delta_{21}X_1+\delta_{22}X_2+\cdots+\delta_{2N}X_N+\Delta_{2P}=0\\\cdots\cdots\\\Delta_N=\delta_{n1}X_1+\delta_{n2}X_2+\cdots+\delta_{nn}X_n+\Delta_{nP}=0\end{cases}\text{，即}$$

$$\begin{cases}\delta_{11}X_1+\delta_{12}X_2+\cdots+\delta_{1n}X_n+\Delta_{1P}=0\\\delta_{21}X_1+\delta_{22}X_2+\cdots+\delta_{2n}X_n+\Delta_{2P}=0\\\cdots\cdots\\\delta_{n1}X_1+\delta_{n2}X_2+\cdots+\delta_{nn}X_n+\Delta_{nP}=0\end{cases}\qquad\text{式}(9-2)$$

式(9-2)中，X_i 为多余未知力，δ_{ij} 称为系数，表示第 j 个单位力引起的第 i 个位移分量的值，即为结构的柔度，所以位移法也称**柔度法**。当 $i=j$ 时，主对角线上的 δ_{ii} 称为主系数，其余称为副系数；Δ_{iP} 称为自由项，表示荷载引起的第 i 个位移分量的值。

所有系数和自由项所代表的位移，均可通过第七章静定结构位移计算的方法计算出来，并规定与所设多余未知力方向一致为正，相反为负，所以主系数恒为正值，副系数和自由项可正可负，也可能为零，且对称的副系数 $\delta_{ij}=\delta_{ji}$。

式(9-2)中的方程具有一定规律性，无论超静定结构的类型、次数及选用的基本结构形式，均可列出同式(9-2)的方程，故将式(9-2)称为**力法的典型方程**。

求解 N 次超静定结构的力法典型方程得到多余未知力后，可根据静定结构的内力计算方法得出反力与内力，或者应用叠加原理，计算弯矩：

$$\overline{M}=\overline{M}_1X_1+\overline{M}_2X_2+\cdots+\overline{M}_nX_n+M_P$$

三、力法应用举例

可见，力法是以多余力作为基本未知量，根据所去掉的多余约束处相应的位移条件，建立关于多余力的方程或方程组，所以力法基本方程是位移协调方程。力法的计算步骤可以归纳为：

(1) 确定原结构的超静定次数，拆除多余约束并代之以相应的约束反力(多余未知力)$\boldsymbol{X}_i$，形成基本体系；拆除不同的多余约束会形成不同的基本体系；

(2) 基本结构在多余未知力和荷载的共同作用下，其拆除多余约束处的位移应与原结构相同，由此根据位移条件，建立力法的典型方程；

(3) 绘制基本体系原荷载作用下的 $\boldsymbol{M}_P$ 图，和分别在$\overline{X}_i=1$作用下的$\overline{M}$图；采用图乘法计算力法典型方程中各项系数 δ_{ij} 和自由项 Δ_{iP} 的值；

(4) 解方程得各多余未知力 $\boldsymbol{X}_i$ 的值，并采用叠加法作最终内力图。

例题 9-2 用力法求解超静定梁

如图 9-11 所示超静定梁，用力法求解，并绘制其剪力图和弯矩图。

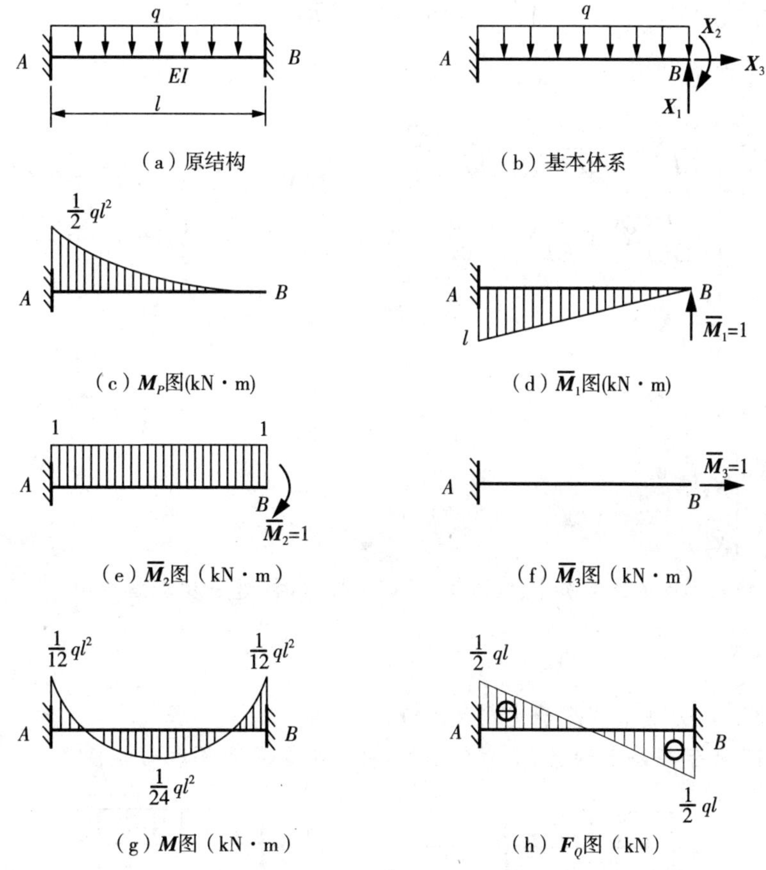

图 9-11　例题 9-2 及解答

解：(1) 容易判断，该梁 AB 为三次超静定结构，拆除 B 端固定支座，代之以相应的约束反力(多余未知力)$\boldsymbol{X}_1$、$\boldsymbol{X}_2$ 和 $\boldsymbol{X}_3$，形成基本体系如图 9-11(b) 所示。

(2) 基本结构在多余未知力和荷载的共同作用下，B 点处的位移应与原结构相同，由此根据位移条件，建立力法的典型方程有：

$$\begin{cases}\delta_{11}X_1+\delta_{12}X_2+\delta_{13}X_3+\Delta_{1P}=0\\ \delta_{21}X_1+\delta_{22}X_2+\delta_{23}X_3+\Delta_{2P}=0\\ \delta_{31}X_1+\delta_{32}X_2+\delta_{33}X_3+\Delta_{3P}=0\end{cases}$$

(3) 绘制基本体系原荷载作用下的 $\boldsymbol{M}_P$ 图如图 9-11(c) 所示，绘制基本体系分别在 $\overline{X}_i=1$ 作用下的 $\overline{M}$ 图如图(d)、(e)、(f) 所示；采用图乘法计算力法典型方程中各项系数和自由项的值为：

$$\delta_{11}=\frac{1}{EI}(\frac{1}{2}\times l\times l)\times\frac{2}{3}l=\frac{l^3}{3EI},\delta_{22}=\frac{1}{EI}(1\times l)\times 1=\frac{l}{EI},\delta_{33}=\frac{l}{EA};$$

$$\delta_{12}=\delta_{21}=-\frac{1}{EI}(\frac{1}{2}\times l\times l)\times 1=-\frac{l^2}{2EI},\delta_{13}=\delta_{31}=\delta_{23}=\delta_{32}=0;$$

$$\Delta_{1P}=-\frac{1}{EI}(\frac{1}{3}\times l\times\frac{ql^2}{2})\times\frac{3}{4}l=\frac{-ql^4}{8EI},\Delta_{2P}=\frac{1}{EI}(\frac{1}{3}\times l\times\frac{ql^2}{2})\times 1=\frac{ql^3}{6EI},\Delta_{3P}=0$$

(4) 方程整理为：

$$\begin{cases}\frac{l^3}{3EI}X_1-\frac{l^3}{2EI}X_2-\frac{ql^4}{8EI}=0\\ -\frac{l^3}{2EI}X_1+\frac{l}{EI}X_2+\frac{ql^3}{6EI}=0\\ \frac{l}{EA}X_3=0\end{cases},即\begin{cases}8lX_1-12X_2-3ql^2=0\\ -3lX_1+6X_2+ql^2=0\\ X_3=0\end{cases}$$

解方程得：$\begin{cases}X_1=\frac{ql}{2}\\ X_2=\frac{ql^2}{12}\\ X_3=0\end{cases}$

用叠加法作梁 AB 的终弯矩图如图 9-11(g) 所示，再进一步求解内力，作剪力图如图 9-11(h) 所示。

例题 9-3 用力法求解超静定刚架

如图 9-12 所示超静定刚架，用力法求解，并绘制其剪力图和弯矩图。

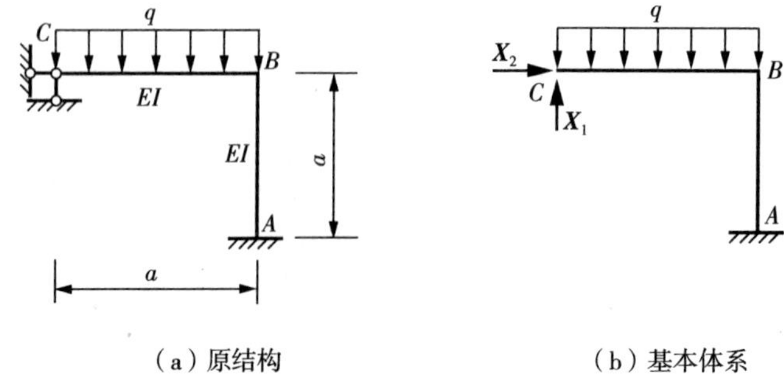

(a) 原结构　　(b) 基本体系

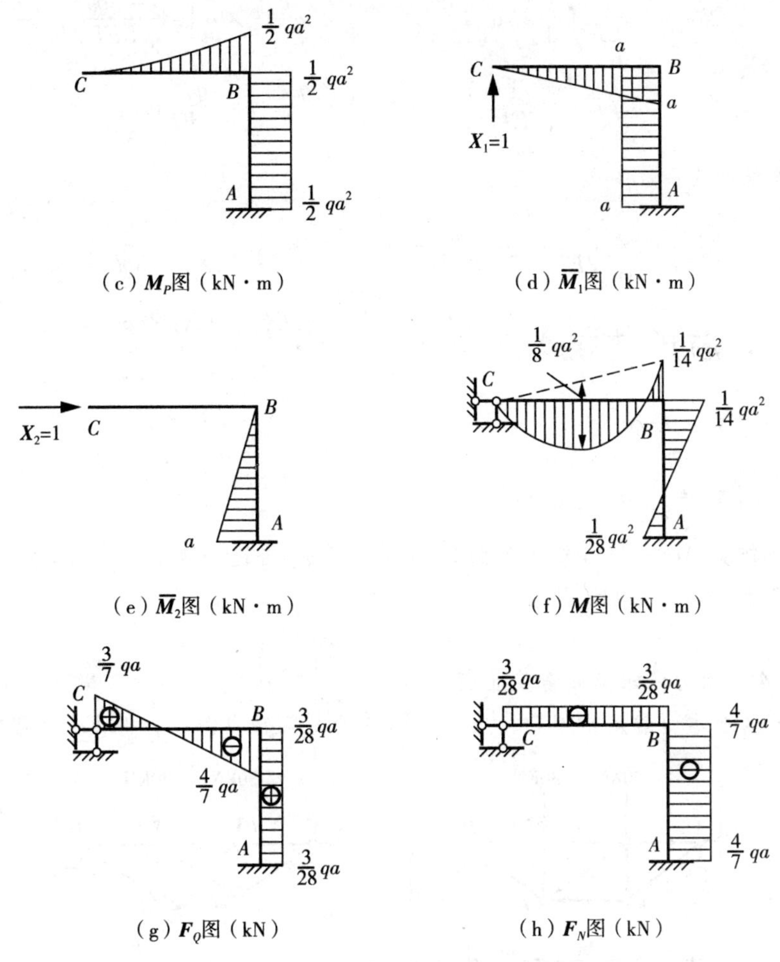

图 9－12　例题 9－3 及解答

解:(1) 容易判断,该刚架 ABC 为二次超静定结构,拆除 C 端固定铰支座,代之以相应的约束反力(多余未知力)$\boldsymbol{X}_1$ 和 $\boldsymbol{X}_2$,形成基本体系如图 9－12(b) 所示。

(2) 基本结构在多余未知力和荷载的共同作用下,C 点处的位移应与原结构相同,由此根据位移条件,建立力法的典型方程有:

$$\begin{cases}\delta_{11}X_1+\delta_{12}X_2+\Delta_{1P}=0\\ \delta_{21}X_1+\delta_{22}X_2+\Delta_{2P}=0\end{cases}$$

(3) 绘制基本体系原荷载作用下的 $\boldsymbol{M}_P$ 图如图 9－12(c) 所示,绘制基本体系分别在$\overline{X}_i=1$ 作用下的 $\overline{M}$ 图如图(d)、(e) 所示;采用图乘法计算力法典型方程中各项系数和自由项的值为:

$$\delta_{11}=\frac{1}{EI}\left[\left(\frac{1}{2}\times a\times a\right)\times\frac{2}{3}a+(a\times a)\times a\right]=\frac{4a^3}{3EI};$$

$$\delta_{22}=\frac{1}{EI}\left(\frac{1}{2}\times a\times a\right)\times\frac{2}{3}a=\frac{a^3}{3EI},\delta_{12}=\delta_{21}=\frac{1}{EI}(a\times a)\times\frac{a}{2}=\frac{a^3}{2EI};$$

$$\Delta_{1P}=-\frac{1}{EI}[(\frac{1}{3}\times a\times\frac{qa^2}{2})\times\frac{3}{4}a+\frac{qa^2}{2}\times a]=\frac{-5qa^4}{8EI};$$

$$\Delta_{2P}=-\frac{1}{EI}(\frac{1}{2}\times a\times a)\times\frac{qa^2}{2}=-\frac{qa^4}{4EI};$$

(4) 方程整理为：

$$\begin{cases}\frac{4a^3}{3EI}X_1+\frac{a^3}{2EI}X_2-\frac{5qa^4}{8EI}=0\\\frac{a^3}{2EI}X_1+\frac{a^3}{3EI}X_2-\frac{qa^4}{4EI}=0\end{cases},\text{即}\begin{cases}8lX_1-12X_2-3ql^2=0\\-3lX_1+6X_2+ql^2=0\end{cases}$$

解方程得：$\begin{cases}X_1=\frac{3}{7}qa\\X_2=\frac{3}{28}qa\end{cases}$

用叠加法作梁 AB 的终弯矩图如图 9－12(f) 所示，再进一步求解内力，作剪力图和弯矩图如图 9－12(g) 和 9－12(h) 所示。

例题 9－4 用力法求解超静定桁架

如图 9－13 所示超静定桁架，用力法求解，并绘制其轴力图。杆件 EA＝常数。

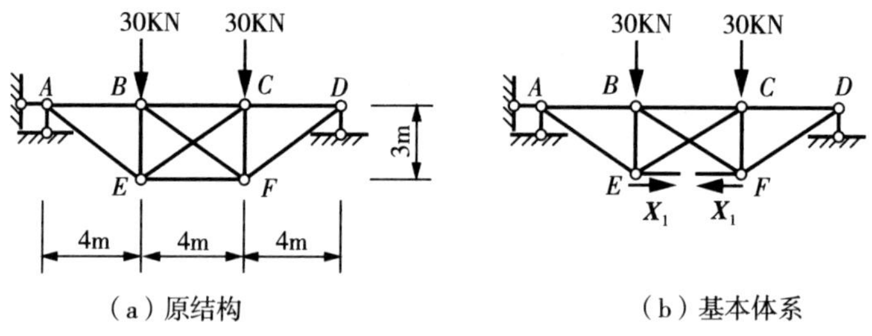

(a) 原结构 (b) 基本体系

图 9－13 例题 9－4 及解答

解：(1) 容易判断桁架为一次超静定结构。切断二力杆件 EF，代之以多余未知力 $\boldsymbol{X}_1$，得到基本体系如图 9－13(b) 所示。

(2) 基本结构在多余未知力和荷载的共同作用下，即切口两侧截面沿杆轴方向的相对位移应为零，故力法方程为：

$$\delta_{11}X_1+\Delta_{1P}=0$$

(3) 计算基本体系的桁架轴力，根据桁架位移计算公式(7—11)，计算系数和自由项。基本结构分别受单位力 $\boldsymbol{X}_1=1$ 和荷载作用引起的各杆内力及系数计算列入表中。

$$\delta_{11}=\frac{1}{EA}\sum\overline{N}_1^2l=\frac{27}{EA}$$

$$\Delta_{1P}=\frac{1}{EA}\sum\overline{N}_1N_Pl=-\frac{1215}{EA}$$

(4) 方程整理为：

$$\frac{27}{EA}X_1-\frac{1215}{EA}=0,\text{解方程得}:X_1=45\text{kN}$$

根据叠加原理 $N=N_1X_1+N_P$，得各杆轴力，列入表中。计算过程如下。

杆件	$\overline{N}_1$(kN)	$\boldsymbol{N}_P$(kN)	l(m)	$\overline{N}_1{}^2 l$	$\overline{N}_1 N_P l$	$\boldsymbol{N}$(kN)
AE	0	50	5	0	0	50
AB	0	−40	4	0	0	−40
BE	7.5	−60	3	1.6875	−135	−26.25
BC	1	−80	4	4	−320	−35
BF	−1.25	50	5	7.8125	−312.5	−6.25
EF	1	0	4	4	0	45
CF	0.75	−60	3	1.6875	−135	−26.25
CD	0	−40	4	0	0	−40
DF	0	50	5	0	0	50
CE	−1.25	50	5	7.8125	−312.5	−6.25
$\sum$				27	−1215	

四、对称性的利用

建筑工程中，很多结构是**对称**的。所谓对称必须满足：

(1) 结构的几何形状和支承情况对称于某一几何轴线；

(2) 杆件截面形状、尺寸和材料的物理性质，如弹性模量等也关于此轴对称。

例如图 9－14 中所示结构都为对称结构，若将结构沿这个轴对折后，结构在轴线的两边部分将完全重合，该轴线称为结构的**对称轴**。

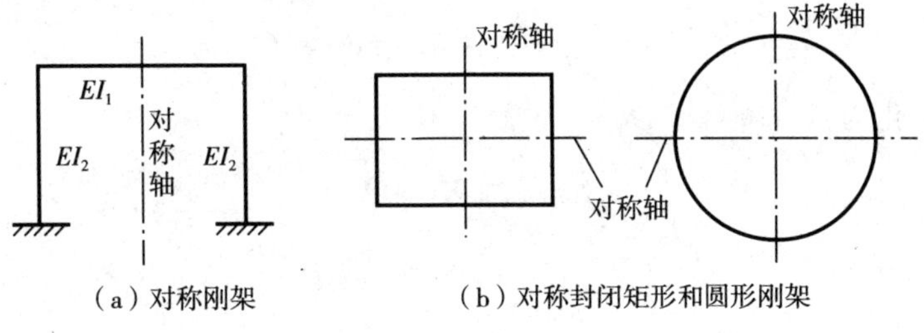

(a) 对称刚架　(b) 对称封闭矩形和圆形刚架

图 9－14　对称结构

1. 对称基本体系

利用结构对称性，可以将超静定结构的计算过程进行简化。以图 9－15(a) 中的三次超静定刚架为例，刚架左右对称，对称轴在其横梁的中点 E 处，如图所示。现将其沿 E 截面截断，相当于拆除三个约束，代之以相应的未知约束力 $\boldsymbol{X}_1$、$\boldsymbol{X}_2$ 和 $\boldsymbol{X}_3$，形成如图 9－14(b) 所示的基本体系。

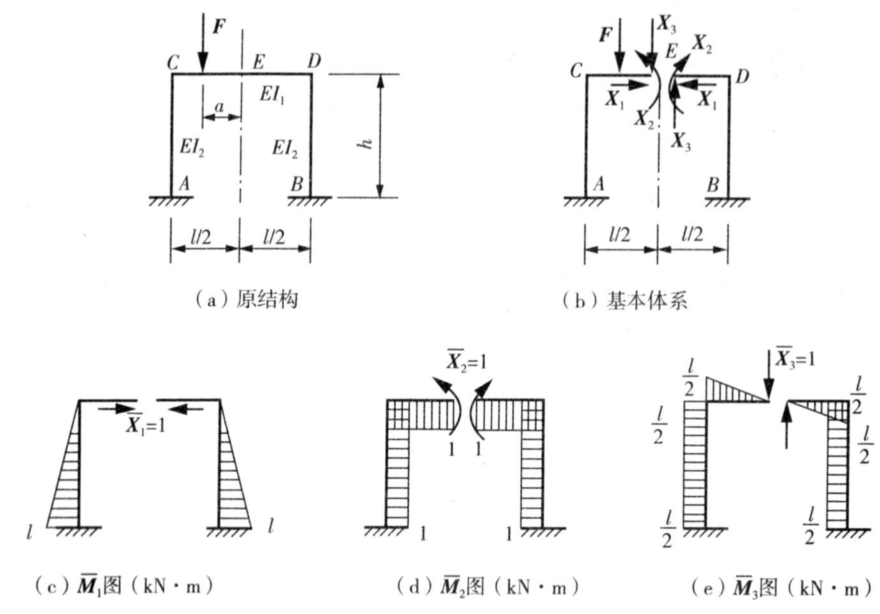

(a) 原结构　　(b) 基本体系

(c) $\overline{\boldsymbol{M}}_1$图 (kN·m)　　(d) $\overline{\boldsymbol{M}}_2$图 (kN·m)　　(e) $\overline{\boldsymbol{M}}_3$图 (kN·m)

图 9－15　对称结构内力研究

根据位移条件建立力法方程为：

$$\begin{cases}\delta_{11}X_1+\delta_{12}X_2+\delta_{13}X_3+\Delta_{1P}=0\\ \delta_{21}X_1+\delta_{22}X_2+\delta_{23}X_3+\Delta_{2P}=0\\ \delta_{31}X_1+\delta_{32}X_2+\delta_{33}X_3+\Delta_{3P}=0\end{cases}$$

基本体系分别在 $\overline{X}_i=1$ 作用下的 $\overline{M}$ 图如图 9－14(c)、9－14(d)、9－14(e) 所示，可以看出，$\boldsymbol{X}_1$ 和 $\boldsymbol{X}_2$ 为正对称的多余未知力，$\overline{M}_1$ 图和 $\overline{M}_2$ 图为正对称图形；$\boldsymbol{X}_3$ 为反对称的多余未知力，$\overline{M}_3$ 图为反对称图形。因此计算各项系数时，根据图乘法可知：

$$\delta_{13}=\delta_{31}=0 \text{ 且 } \delta_{23}=\delta_{32}=0,$$

力法方程简化为：

$$\begin{cases}\delta_{11}X_1+\delta_{12}X_2+\Delta_{1P}=0\\ \delta_{21}X_1+\delta_{22}X_2+\Delta_{2P}=0\\ \delta_{33}X_3+\Delta_{3P}=0\end{cases}$$

方程中的第 1、2 式只含正对称的 $\boldsymbol{X}_1$ 和 $\boldsymbol{X}_2$，第 3 式只含反对称的 $\boldsymbol{X}_3$，则方程求解的过程可以得到简化。此结果具有普遍性。对于对称结构，如果选取对称的基本结构，且多余未知力都没正对称力或反对称力，则力法典型方程必然分解成独立的两组，一组只包含对称未知力，另一组只包含反对称未知力。在此研究的基础上，若荷载也有对称性，方程可进一步简化。

作用在结构上的**荷载**,根据**对称性**分为三种:正对称荷载、反对称荷载和一般荷载。正对称荷载作用在对称结构对称轴两侧,大小相等,作用点对称,方向相同;反对称荷载作用在对称结构对称轴两侧,大小相等,作用点对称,方向相反;一般荷载不具有对称性,但可以拆分为对称荷载和反对称荷载分别计算,然后叠加两种情况的结果,例如可将图 9-15 中的结构的荷载拆分为如图 9-16(b) 和(c) 所示两种对称情况的叠加。

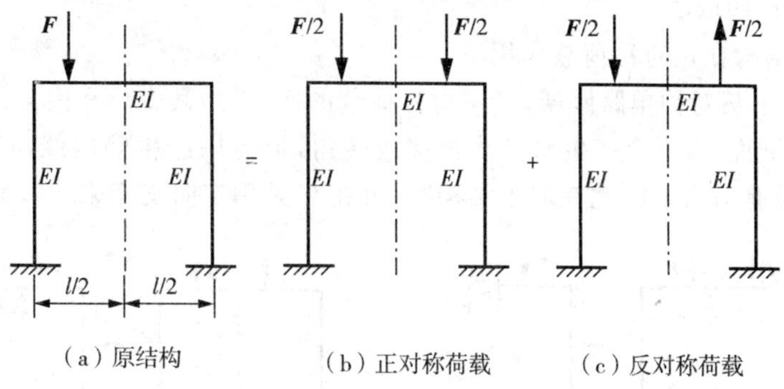

(a) 原结构　(b) 正对称荷载　(c) 反对称荷载

图 9-16　一般荷载的拆分

(1) 荷载正对称

在图 9-16(b) 中,荷载关于对称轴为正对称时,可绘制其荷载作用下的 $\boldsymbol{M}_P$ 图如图 9-17(a) 所示,为正对称图形。结合图 9-15(e) 中 $\overline{M}_3$ 图为反对称图形,在计算各自由项时,根据图乘法可知 $\Delta_{3P}=0$。结合典型方程第 3 式,必有:

$$\boldsymbol{X}_3=0$$

所以可总结:对称结构受正对称荷载的作用时,其基本体系上多余未知力、内力和变形都是正对称的,没有反对称的内力和位移;在对称轴的截面上,只有正对称的多余未知力,反对称的多余未知力必为零。

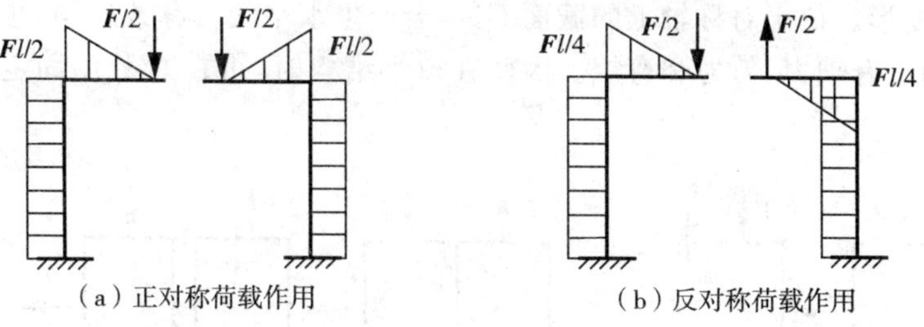

(a) 正对称荷载作用　(b) 反对称荷载作用

图 9-17　$\boldsymbol{M}_P$ 图(kN·m)

(2) 荷载反对称

在图 9-16(c) 中,荷载关于对称轴为反对称时,可绘制其荷载作用下的 $\boldsymbol{M}_P$ 图如图 9-17(b) 所示,为反对称图形。结合图 9-15 中 $\overline{M}_1$ 图和 $\overline{M}_2$ 图为正对称图形,在计算各自由项时,根据图乘法可知 $\Delta_{1P}=0$,$\Delta_{2P}=0$。结合典型方程第 1、2 式,必有:

$$\boldsymbol{X}_1=0,\boldsymbol{X}_2=0$$

所以可总结：对称结构受反对称荷载的作用时，其基本体系上多余未知力、内力和变形都是正反对称的，没有正对称的内力和位移；在对称轴的截面上，只有反对称的多余未知力，正对称的多余未知力必为零。

2. **半结构**

根据上述结论，对于对称结构，在研究其内力和变形时，可只取其中一半作为基本体系来研究，另一半一定与之对称。将对称结构的一半称为**半结构**，以奇数跨和偶数跨的对称结构来的说明半结构的取法。

(1) 奇数跨结构在正对称荷载作用下

图 9－18(a) 中某对称单跨刚架，受正对称荷载的作用时，其变形和内力都是正对称的。位于对称轴上的截面 C，不会产生水平线位移或转角，但可以产生竖向线位移；该截面上只有轴力和弯矩，没有剪力。因此在取半结构时，可在 C 处用定向支座来代替原有约束。

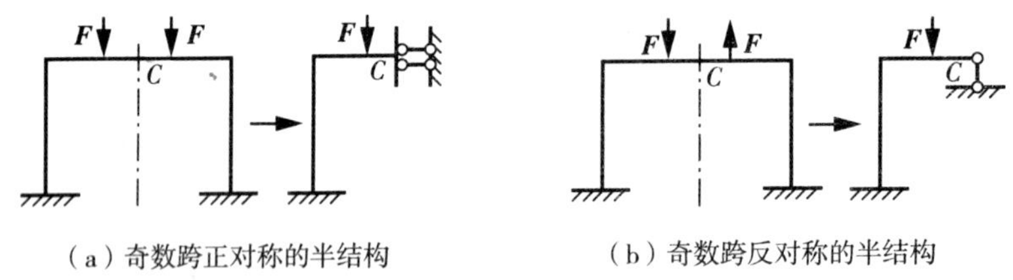

(a) 奇数跨正对称的半结构　　(b) 奇数跨反对称的半结构

图 9－18　奇数跨刚架的半结构

(2) 奇数跨结构在反对称荷载作用下

图 9－18(b) 中同一对称单跨刚架，受反对称荷载的作用时，其变形和内力都是反对称的。位于对称轴上的截面 C，不会产生竖向线位移，但可以产生水平线位移或转角；该截面上只有剪力，没有轴力和弯矩。因此在取半结构时，可在 C 处用竖向的链杆支座来代替原有约束。

(3) 偶数跨结构在正对称荷载作用下

图 9－19(a) 中某对称双跨刚架，受正对称荷载的作用时，其变形和内力都是正对称的，忽略杆件轴向变形。位于对称轴上的截面 C，不会产生水平线位移或转角，也不会产生竖向线位移；该截面上有轴力、剪力和弯矩。因此在取半结构时，可在 C 处用固定端支座来代替原有约束。

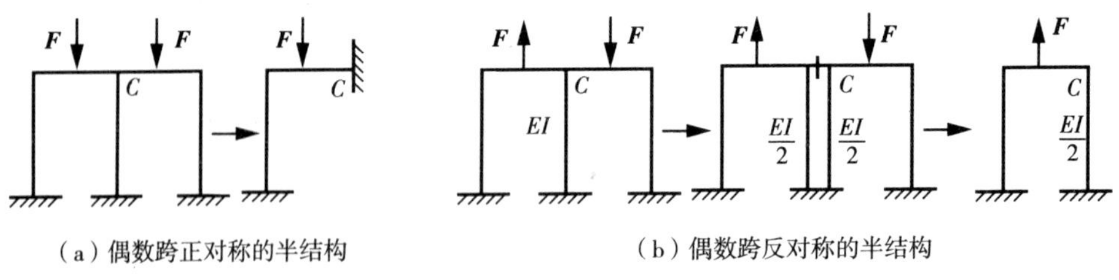

(a) 偶数跨正对称的半结构　　(b) 偶数跨反对称的半结构

图 9－19　偶数跨刚架的半结构

(4) 偶数跨结构在反对称荷载作用下

图 9－19(b) 中同一对称双跨刚架，受反对称荷载的作用时，其变形和内力都是反对称的。在研究时，可想象将中间柱平均分为左右两份，分柱的截面面积、抗弯刚度和内力都变

为原柱一半，相当于在两分柱中间增加一跨且跨度为零。

结构变为奇数跨，位于对称轴上的截面 C，不会产生竖向线位移，但可以产生水平线位移或转角；该截面上只有剪力，没有轴力和弯矩。取半结构时，在 C 处用竖向的链杆支座来代替原有约束；若忽略杆件轴向变形，则可拆除链杆支座。

例题 9-5 利用对称性求解超静定刚架

如图 9-20(a) 所示超静定封闭刚架，用力法求解，并绘制其内力图。各杆件 EI=常数。

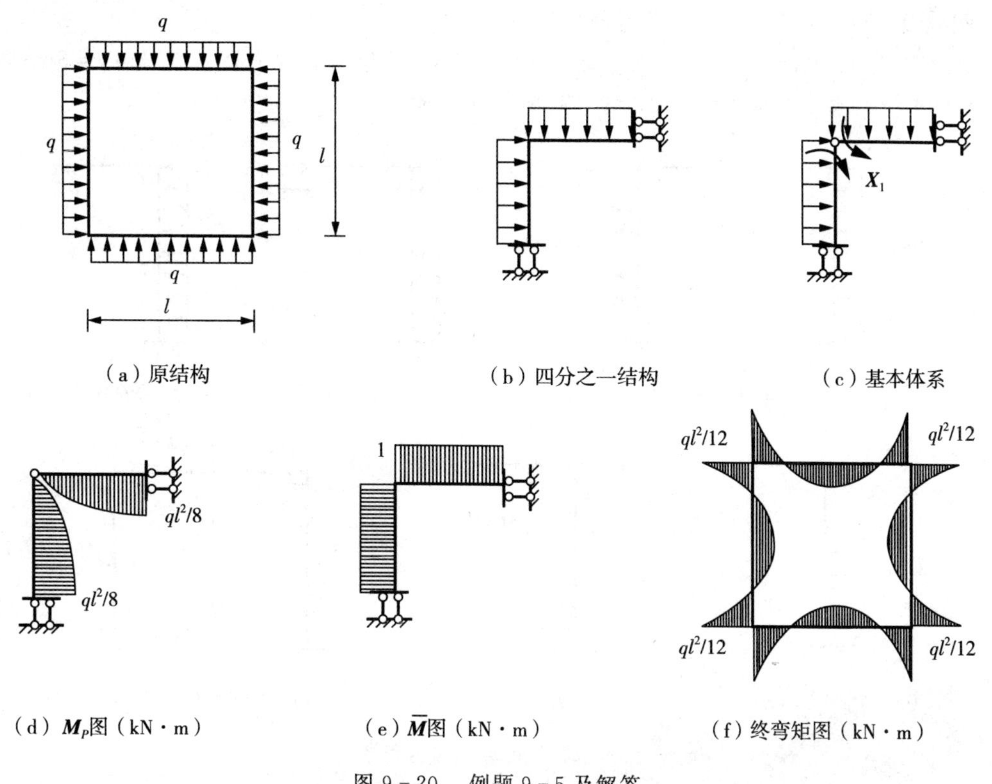

图 9-20 例题 9-5 及解答

解：(1) 此封闭刚架为三次超静定结构。上下左右全对称，受到正对称的荷载作用，可取四分之一结构如图 9-20(b) 所示，为一次超静定结构。

(2) 将结构的刚结点替换为铰结点，代之以多余未知力 $\boldsymbol{X}_1$，得到基本体系如图 9-20(c) 所示。

(3) 基本结构在多余未知力和荷载的共同作用下，刚结点的转角应为零，故力法方程为：

$$\delta_{11}X_1+\Delta_{1P}=0$$

(4) 绘制基本体系原荷载作用下的 $\boldsymbol{M}_P$ 图如图 9-19(d) 所示，绘制基本体系分别在 $\overline{X}_1=1$ 作用下的 $\overline{M}$ 图如图(e) 所示；采用图乘法计算力法典型方程中各项系数和自由项的值为：

$$\delta_{11}=\frac{2}{EI}(\frac{l}{2}\times 1)=\frac{1}{EI};\Delta_{1P}=-\frac{2}{EI}[(\frac{2}{3}\times\frac{l}{2}\times\frac{ql^2}{8})\times 1]=\frac{-ql^3}{12EI};$$

(5) 方程整理为：

$$\frac{1}{EI}X_1-\frac{ql^3}{12EI}=0\text{，即 }12X_1-ql^3=0$$

解方程得：$X_1=\frac{ql^3}{12}$

用叠加法作四分之一结构的弯矩图，再对称为全刚架的终弯矩图如图 9－19(f) 所示。

例题 9－6　利用对称性求解超静定刚架

如图 9－21(a) 所示超静定封闭刚架，用力法求解，并绘制其内力图。各杆件 $l=6\text{m}$；竖杆 AC 和 BD 抗弯刚度 $2EI$，横梁 CD 抗弯刚度 $3EI=$ 常数。

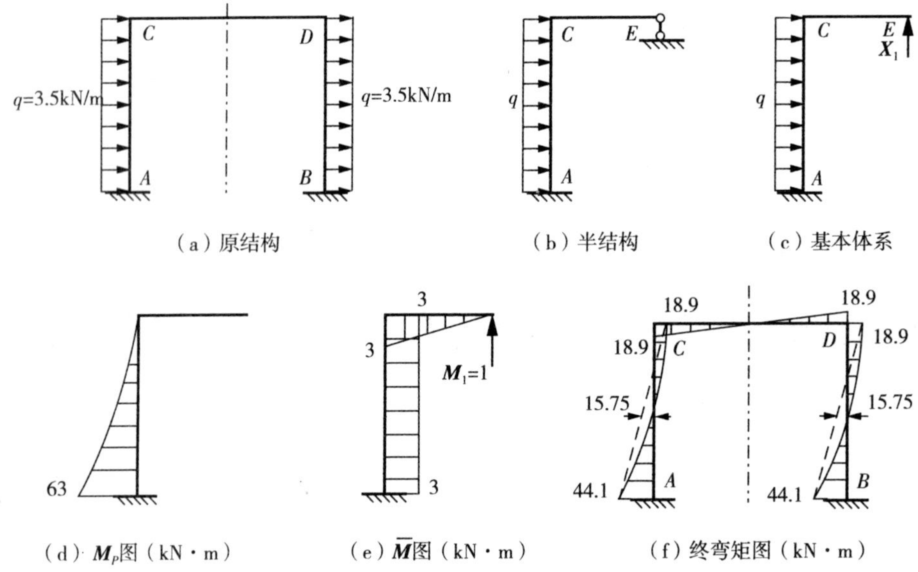

图 9－21　例题 9－6 及解答

解：(1) 此刚架为三次超静定结构。左右对称，受到反对称的荷载作用，可取半结构如图 9－21(b) 所示，为一次超静定结构。

(2) 去除链杆支座代之以相应的约束反力 $\boldsymbol{X}_1$，得到基本体系如图 9－21(c) 所示。

(3) 基本结构在多余未知力和荷载的共同作用下，E 点的竖向位移应为零，故力法方程为：

$$\delta_{11}X_1+\Delta_{1P}=0$$

(4) 绘制基本体系原荷载作用下的 $\boldsymbol{M}_P$ 图如图 9－21(d) 所示，绘制基本体系分别在$\overline{X}_1=1$ 作用下的 $\overline{M}$ 图如图 9－21(e) 所示；采用图乘法计算力法典型方程中各项系数和自由项的值为：

$$\delta_{11}=\frac{1}{3EI}(\frac{l}{2}\times3\times3)\times(\frac{2}{3}\times3)+\frac{1}{2EI}(3\times6\times3)=\frac{30}{EI}$$

$$\Delta_{1P}=-\frac{1}{2EI}[(\frac{1}{3}\times6\times63)\times3]=-\frac{189}{EI}\text{；}$$

(5) 方程整理为：

$$\frac{30}{EI}X_1-\frac{189}{EI}=0，即\ 10X_1-63=0$$

解方程得：$X_1=6.3\text{kN}$

用叠加法作半结构的弯矩图，再对称为全刚架的终弯矩图如图 9-20(f) 所示。

由此两题可以看出，原结构都为三次超静定，利用对称性化为四分之一结构或半结构后，超静定次数降为一次。可见，正确利用对称性可以降低解算内力的难度。

9.3 位移法

力法的基本思路是：以多余约束力为基本未知量，通过位移协调来建立典型方程求解基本未知量，再用静力平衡的方法计算结构所有内力及反力等。位移法的思路则相反。

对于线弹性结构，其内力与位移之间存在着一一对应的关系，确定的内力只与确定的位移相对应。因此，在分析超静定结构时，既可以先设法求出内力，然后再计算相应的位移这便是力法；也可以反过来，先确定某些结点位移，再据此推求内力，这便是**位移法**。

以图 9-22 中的刚架 $ABCD$ 来说明位移法的基本原理。刚架由杆件 AB、AC 和 AD 组成，在外荷载 $\boldsymbol{q}$ 作用下，发生变形如图 9-22(a) 所示。由于结点 A 为刚结点，杆件 AB、AC、AD 在结点 A 处无相对转角，所以三杆有相同的转角 φ_A。

若忽略受弯直杆的轴向变形和弯曲而引起杆段长度的变化，则认为三杆长度不变，因而结点 A 没有线位移，而只有角位移 φ_A。位移法在计算时，就以这样的结点位移作为基本未知量。只要计算出 φ_A 的值，即可通过力与位移的关系解出刚架内力。

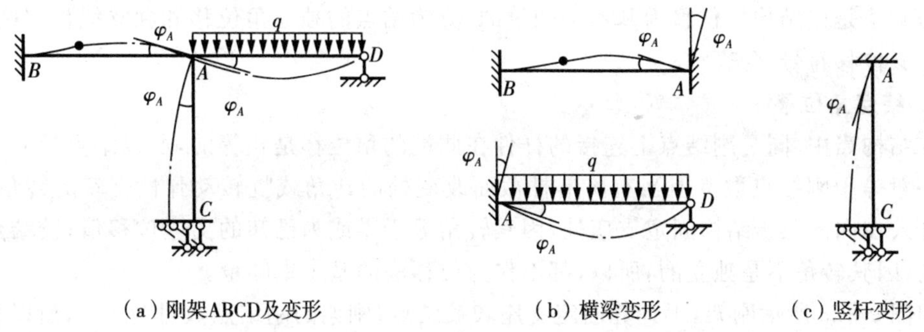

(a) 刚架ABCD及变形　　(b) 横梁变形　　(c) 竖杆变形

图 9-22　位移法基本原理

将刚架拆分为单跨超静定梁如图 9-22(b) 和 9-22(c) 所示，分别研究杆件 AB、AD 和 AC。由于 A 点是刚结点，对于单根杆件来说可以看作固定约束，所以杆件 AB 相当于两端固定的单跨超静定梁，右端支座 A 顺时针转动角度 φ_A；杆件 AC 相当于一端固定，另一端定向支座的单跨超静定梁，上端支座 A 顺时针转动角度 φ_A；杆件 AD 相当于一端固定，另一端链杆支座的单跨超静定梁，满跨布置均布荷载 $\boldsymbol{q}$，左端支座 A 顺时针转动角度 φ_A。

记 $i=\frac{EI}{l}$，称为**线刚度**，即杆件刚度与长度的比值，根据力法可以分别计算三根杆件的杆端弯矩为：

$$M_{AB}=4i\varphi_A,\quad M_{BA}=2i\varphi_A;$$

$$M_{AC}=i\varphi_A,\quad M_{CA}=-i\varphi_A;$$

$$M_{AD}=3i\varphi_A-ql^2/8,M_{CA}=0;$$

为了计算转角 φ_A，应考虑刚架受力的平衡条件，刚结点 A 应满足 $\sum M_A=0$，即有：

$$\sum M_A=M_{AB}+M_{AC}+M_{AD}=0$$

$$4i\varphi_A+i\varphi+3i\varphi_A-ql^2/8=0$$

$\varphi_A=\dfrac{ql^2}{64i}$，方向顺时针。

得出 φ_A 值之后，回代进杆端弯矩的方程，即可得刚架各杆端的弯矩值，进一步得出弯矩图；并可以根据弯矩计算剪力和轴力，得到剪力图和弯矩图。

此为位移法的基本思路，由此可以看出，若用位移法的思路求解超静定结构，必须解决三个问题，应分别进行讨论。

(1) 在计算之前，需要明确选取结构上哪些结点位移作为**基本未知量**；

(2) 在进行单跨杆件的分析时，需要方便确定杆件的**杆端内力与杆端位移及杆上荷载之间的函数关系**。

(3) 需明确根据结构怎样受力的平衡条件，建立求解基本未知量的**位移法方程**。

一、位移法的基本未知量

位移法是以结构的位移为基本未知量的，分为结点的独立角位移和独立线位移两种，一般用广义位移符号 Z_i 表示。

1. 结点角位移

在结构当中，同一刚结点上连接的杆件在此端的角位移是相等的，所以结点独立的角位移数一般等于刚结点数。但当有阶形杆截面改变处的转角或抗转动弹性支座的转角时，应一并计入在内。至于结构固定支座处，因其转角等于零或为已知的支座位移值；铰结点或铰支座处，因其转角不是独立的，所以，都不作为位移法的基本未知量。

如图 9－23 所示刚架，不计算固定支座和铰结点，刚架的刚结点数目为 2 个，所以该刚架有两个独立的角位移。

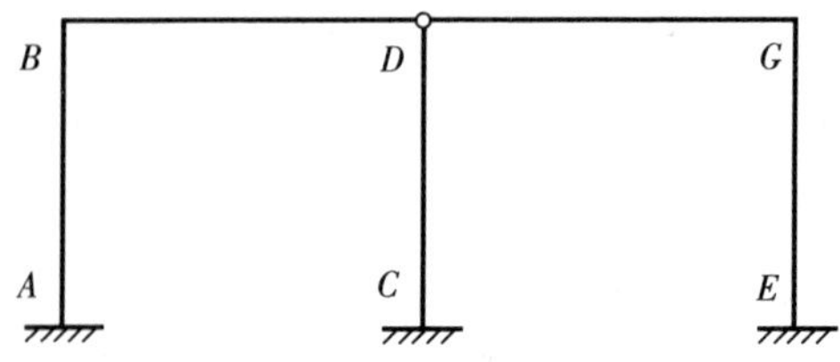

图 9－23　刚架的角位移示意

2. 结点线位移

为简化计算，不考虑由于轴向变形引起的杆件的伸缩和弯曲变形而引起的杆件的长度变化，因此，可认为这样的受弯直杆两端之间的距离在变形后仍保持不变，且结点线位移的弧线可用垂直于杆件的切线来代替。

据此假设来分析刚架的独立线位移，例如图 9-24 中，刚架收到水平向右的集中力 **F** 作用，由于忽略杆件 AB、CD 和 EG 弯曲变形的影响，结点 B、D 和 G 均无竖向线位移，只有水平线位移；又忽略杆件 BD 和 DG 的轴向变形，则结点 B、D 和 G 的水平线位移均相等，用符号 Δ 表示，结构只有一个独立线位移。

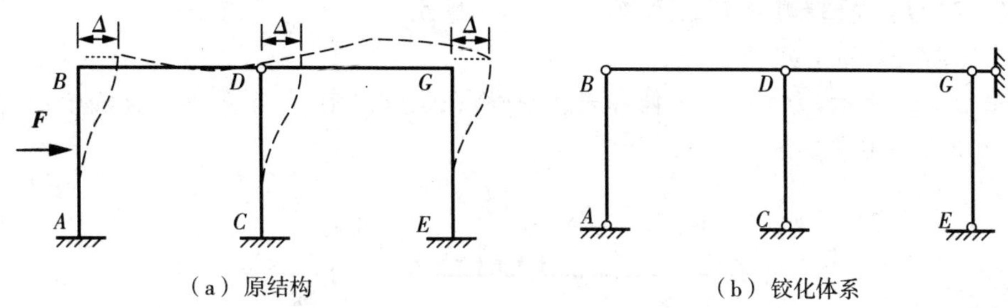

（a）原结构　　（b）铰化体系

图 9-24　结点线位移的判断

有时，直接分析线位移不太容易看出，可以采用铰化体系法来帮助判断。① 首先将结构所有的刚结点和组合结点都换为铰结点，固定端支座换为固定铰支座，使结构变为一个铰结体系；② 分析铰结体系的几何组成，凡是可动的结点，用增设附加链杆的方法使其不动，最后当铰结体系变为几何不变体系时，增加的附加链杆的数目，即为结构的独立线位移的个数。例如图 9-24 中的刚架，采用铰化体系法进行分析如图 9-24(b) 所示，将刚结点和固定端化为铰结点，经几何组成分析，缺少一个约束，在 G 点增加一个附加链杆就可保证几何不变。因此结构的独立线位移个数为 1 个。与直接分析的结果相同。

再例如图 9-25 中，刚架铰化体系后，根据几何组成分析缺少两个约束，增加两个附加链杆就可保证几何不变。因此结构的独立线位移个数为 2 个，独立角位移易分析为 4 个。

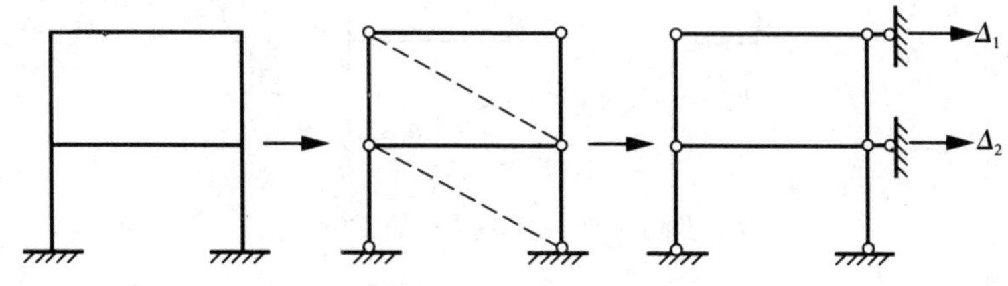

图 9-25　铰化体系法示意

简单来说：① 结构独立角位移数等于刚结点（包含组合节点）数目；独立线位移数等于结构铰化以后，要达到几何不变所需添加的最少的链杆数目；③$EI=\infty$ 的杆件所连接的各结点，角位移相同；④ 若结构中存在静定部分，则静定部分的结点位移不作基本未知量；⑤ 基本未知量个数与超静定次数无关。

二、等截面直杆的转角位移方程

杆件的杆端内力与杆端位移及杆上荷载之间的函数关系，为习惯上称为杆件的**转角位移方程**，这是学习位移法的重要基础知识。

1. 杆端内力与位移的正负规定

我们将单跨超静定梁由于荷载、支座位移等所在杆端引起的内力，称为**杆端内力**，简称**杆端力**。通常，我们将荷载作用下单跨超静定梁所产生的杆端内力，称为固端内力，即**固端弯矩** $\boldsymbol{M}_{AB}^{F}$ 和 $\boldsymbol{M}_{BA}^{F}$，**固端剪力** $\boldsymbol{F}_{QAB}^{F}$ 和 $\boldsymbol{F}_{QBA}^{F}$；而将支座位移下单跨静定梁的杆端内力计为**杆端弯矩** $\boldsymbol{M}_{AB}$ 和 $\boldsymbol{M}_{BA}$，**杆端剪力** $\boldsymbol{F}_{QAB}$ 和 $\boldsymbol{F}_{QBA}$，来以示区别。

(1) 杆端内力的正负

如图 9－26 所示，为了计算方便和表述明确，在位移法中，乃至矩阵位移法中，对杆端力的正负做出统一规定。

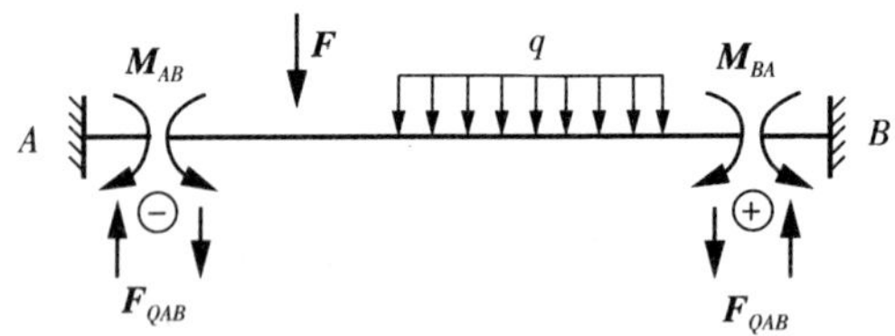

图 9－26　杆端内力的正负

① 杆件 AB 中，记 A 端的剪力和弯矩为 $\boldsymbol{M}_{AB}$ 和 $\boldsymbol{F}_{QAB}$，记 B 端的剪力和弯矩为 $\boldsymbol{M}_{BA}$ 和 $\boldsymbol{F}_{QBA}$；

② 对结点而言，弯矩以绕结点逆时针为正，顺时针为负，剪力以绕结点顺时针为正，逆时针为负，这与梁截面的剪力和弯矩正负规定类似；

③ 对杆端而言，弯矩以绕杆端顺时针为正，逆时针为负，与结点相反；剪力以绕杆端顺时针为正，逆时针为负，与结点相同。

(2) 杆端位移的正负

杆端位移有角位移和线位移两种，其正负也做出统一规定，如图 9－27 所示。

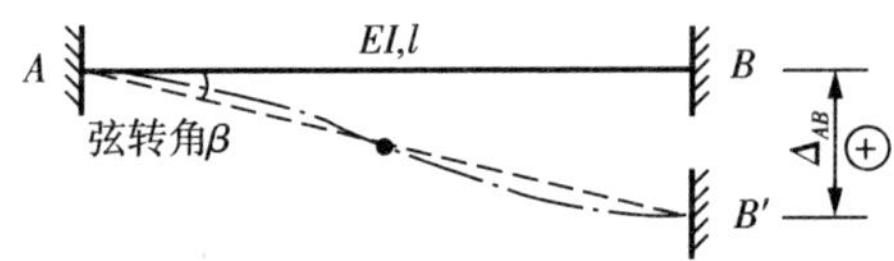

图 9－27　杆端位移的正负

① 杆端的角位移以顺时针转动为正，逆时针转动为负；

② 杆端线位移以杆的一端相对于另一端产生顺时针方向转动的线位移为正，反之为负。

2. 等截面单跨超静定梁的形常数和载常数

位移法中，常用到图 9－28 所示三种基本的等截面单跨超静定梁，它们在荷载、支座位移或温度变化作用下的内力可通过力法求得。

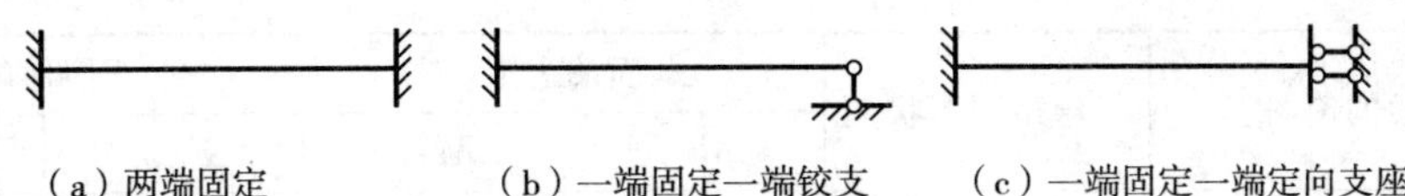

(a) 两端固定　　(b) 一端固定一端铰支　　(c) 一端固定一端定向支座

图 9-28　常用等截面单跨超静定梁

习惯上，将由杆端单位位移引起的杆端内力称为**形常数**，将由荷载引起的杆端内力称为**载常数**。为了计算的方便，三种常用的等截面单跨超静定梁（如图 9-28 所示）的载常数和形常数分别列入表 9-1 和表 9-2 中。

表 9-1　常用等截面单跨超静定梁的形常数

编号	梁的简图	弯矩图形状	杆端弯矩		杆端剪力	
			M_{AB}	M_{BA}	F_{QAB}	F_{QBA}
1	A, B, $\phi=1$, $\phi=1$, l		$4i$	$2i$	$-\frac{6i}{l}$	$-\frac{6i}{l}$
2	A, B, $\phi=1$, $\phi=1$, l		$3i$	0	$-\frac{3i}{l}$	$-\frac{3i}{l}$
3	A, B, $\phi=1$, $\phi=1$, l		i	$-i$	0	0
4	A, B, l		$-\frac{6i}{l}$	$-\frac{6i}{l}$	$\frac{12i}{l^2}$	$\frac{12i}{l^2}$
5	A, B, l		$-\frac{3i}{l}$	0	$\frac{3i}{l^2}$	$\frac{3i}{l^2}$

表 9-2　常用等截面单跨超静定梁的载常数

编号	梁的简图	弯矩图形状	固端弯矩		固端剪力	
			M_{AB}^F	M_{BA}^F	F_{QAB}^F	F_{QBA}^F
1	F_P, A, B, a, b, l		$-\frac{F_P ab^2}{l^2}$	$-\frac{F_P ab^2}{l^2}$	$\frac{F_P b^2}{l^2}(1+\frac{2a}{l})$	$-\frac{F_P b^2}{l^2}(1+\frac{2a}{l})$
	当 $a=b$ 时		$-\frac{F_P l}{8}$	$\frac{F_P l}{8}$	$\frac{F_P}{2}$	$-\frac{F_P}{2}$

（续表）

编号	梁的简图	弯矩图形状	固端弯矩		固端剪力	
			M_{AB}^F	M_{BA}^F	F_{QAB}^F	F_{QBA}^F
2			$-\dfrac{ql^2}{12}$	$\dfrac{ql^2}{12}$	$\dfrac{ql}{2}$	$-\dfrac{ql}{2}$
3			$-\dfrac{F_Pab}{2l^2}(l+b)$	0	$\dfrac{F_Pb}{3l^3}(3l^2+b^2)$	$-\dfrac{F_Pa^2}{2l^3}(2l+b)$
	当 $a=b$ 时		$-\dfrac{3F_Pl}{16}$	0	$\dfrac{11F_P}{16}$	$-\dfrac{5F_P}{16}$
4			$-\dfrac{ql^2}{8}$	0	$\dfrac{5ql}{8}$	$-\dfrac{3ql}{8}$
5			$-\dfrac{ql^2}{3}$	$-\dfrac{ql^2}{6}$	ql	0
6			$-\dfrac{F_Pa}{2l}(l+b)$	$-\dfrac{F_Pa^2}{2l}$	F_P	0
	当 $a=b$ 时		$-\dfrac{3F_Pl}{8}$	$-\dfrac{F_Pl}{8}$	F_P	0

表中的形常数与载常数的值，是根据力法计算所得的结果，在书写转角位移方程时可直接取用。

3. 等截面单跨超静定梁的转角位移方程

图 9-29 中两端固定的等截面单跨超静定梁为例，梁上作用有任意荷载 $\boldsymbol{q}$ 和 $\boldsymbol{F}$，同时作用有杆端顺时针的角位移 φ_A 和 φ_B，以及 B 端向下的线位移 Δ。

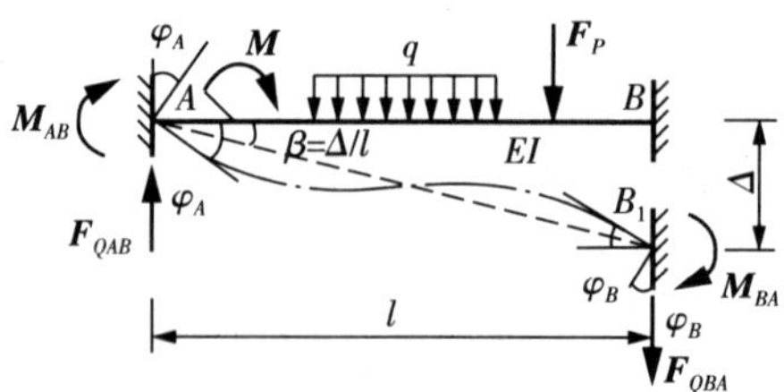

图 9-29　单跨超静定梁的转角位移方程

查表 9-1 可得两端固定梁在 φ_A、φ_B 和 Δ 单独作用下弯矩和剪力的形常数，查表 9-2 可得在任意荷载作用下的载常数，即**固端弯矩** $\boldsymbol{M}_{AB}^F$ 和 $\boldsymbol{M}_{BA}^F$，**固端剪力** $\boldsymbol{F}_{QAB}^F$ 和 $\boldsymbol{F}_{QBA}^F$。根据叠加原理，可得到杆端内力的值：

$$M_{AB}=4i\varphi_A+2i\varphi_B-6i\frac{\Delta}{l}+M_{AB}^F$$

$$M_{BA}=2i\varphi_A+4i\varphi_B-6i\frac{\Delta}{l}+M_{BA}^F$$

$$F_{QAB}=-\frac{6i\varphi_A}{l}-\frac{6i\varphi_B}{l}+\frac{12i\Delta}{l^2}+F_{QAB}^F$$

$$F_{QBA}=-\frac{6i\varphi_A}{l}-\frac{6i\varphi_B}{l}+\frac{12i\Delta}{l^2}+F_{QBA}^F$$

即为此等截面单跨超静定梁的转角位移方程。

依据本章开始时所举实例，超静定结构可以拆分为几个单跨超静定梁，每个单跨超静定梁都可以根据表 9-1 和表 9-2，运用叠加法写出其转角位移方程，即得到了杆件的杆端内力与杆端位移及杆上荷载之间的函数关系。

三、位移法的直接平衡计算

位移法的基本思路是，先确定变形位移状态，通过杆端位移计算杆端弯矩以确定受力状态。对于梁和刚架来说，首先要应用结点平衡方程计算结点位移，再应用杆端位移（结点位移）与杆端弯矩的关系即可确定杆端弯矩，最后绘制梁和刚架的弯矩图。所以位移法的基本计算步骤可以总结为：

(1) 确定超静定结构的基本未知量，包括独立的结点角位移和线位移；

(2) 将超静定结构拆分为几个单跨超静定梁，根据形常数和载常数，列出用基本未知量表示的杆端弯矩和剪力的表达式，即转角位移方程；

(3) 利用结点的受力平衡条件，包括发生独立角位移的刚结点的弯矩平衡条件，和发生独立线位移的杆件在线位移方向上受力的平衡条件，建立求解基本未知量的静力平衡方程，并求解得基本未知量；

(4) 将基本未知量回代入转角位移方程，得各杆端弯矩和剪力，并绘弯矩图和剪力图。

例题 9-7 用位移法求解超静定梁

如图 9-30(a) 所示超静定梁 AC，A 端为固定端，B、C 端用链杆支座和地面相连。AB 重点作用有竖直向下的力 $\boldsymbol{F}=20\text{kN}$ 作用，BC 段上满跨布置向下的均布荷载 $\boldsymbol{q}=2\text{kN/m}$，各杆线刚度 $i=$ 常数。试采用位移法计算，并绘制梁的弯矩图。

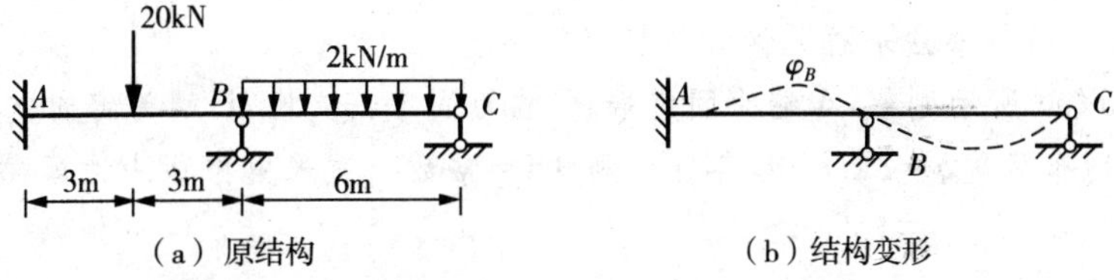

(a) 原结构　　(b) 结构变形

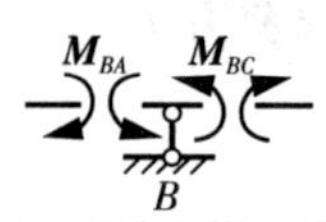

（c）结点平衡

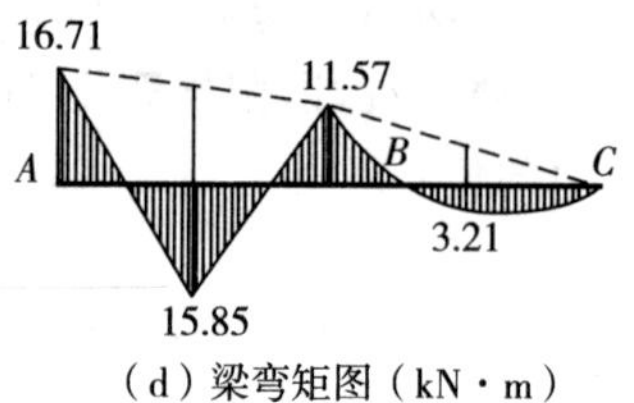

（d）梁弯矩图（kN·m）

图 9-30　例题 9-7 及解答

解:(1) 根据原结构进行分析,在荷载作用下梁的变形如图 9-30(b) 所示,结构只有一个独立的角位移 φ_A 为基本未知量;

(2) 将结构拆分成等截面的单跨静定梁 AB 和 AC,根据受荷和杆端位移的情况,写出转角位移方程为:

$$M_{AB}=2i\varphi_B-\frac{Fl}{8},\quad M_{BA}=4i\varphi_B+\frac{Fl}{8};$$

$$M_{BC}=3i\varphi_B-\frac{ql^2}{8},\quad M_{CA}=0;$$

(3) 考虑梁 B 结点的受力的平衡条件,刚结点 B 应满足 $\sum M_B=0$,如图 9-30(c) 所示,即有:

$$\sum M_B=M_{BA}+M_{BC}=0$$

$$4i\varphi_B+\frac{Fl}{8}+3i\varphi_B-\frac{ql^2}{8}=0$$

$\varphi_B=\dfrac{ql^2-Fl}{56i}\doteq-\dfrac{6}{7i}$,方向逆时针。

(4) 将 $\varphi_B=-\dfrac{6}{7i}$ 回代至转角位移方程,得各杆端弯矩为:

$$M_{AB}=-16.71\text{kN}\cdot\text{m},\quad M_{BA}=11.57\text{kN}\cdot\text{m}$$

$$M_{BC}=-11.57\text{kN}\cdot\text{m},\quad M_{CB}=0\text{kN}\cdot\text{m}$$

根据杆端弯矩,绘制梁的弯矩图如图 9-30(d) 所示。

(5) 在解题中应避免出错:① 应按照支承类型、荷载和变形情况对应表格查找形常数和载常数;② 注意平衡的结点,列出包含正确的杆端内力的平衡方程;③ 回代至各转角位移方程得各端弯矩后,应根据弯矩值正负判断杆件哪一侧受拉,再绘制弯矩图;④ 绘制弯矩图时应考虑杆段上的荷载作用,应用叠加法正确绘制杆段上的图形。

例题 9-8　用位移法求解无侧移超静定刚架

如图 9-31(a) 所示刚架,A 端为固定端,C 端为固定铰支座,E 端为定向支座。杆段 BE 上满跨布置有均布荷载 $\boldsymbol{q}=8\text{kN/m}$,各杆线刚度 $i=$常数。试采用位移法计算,并绘制梁的弯矩图。

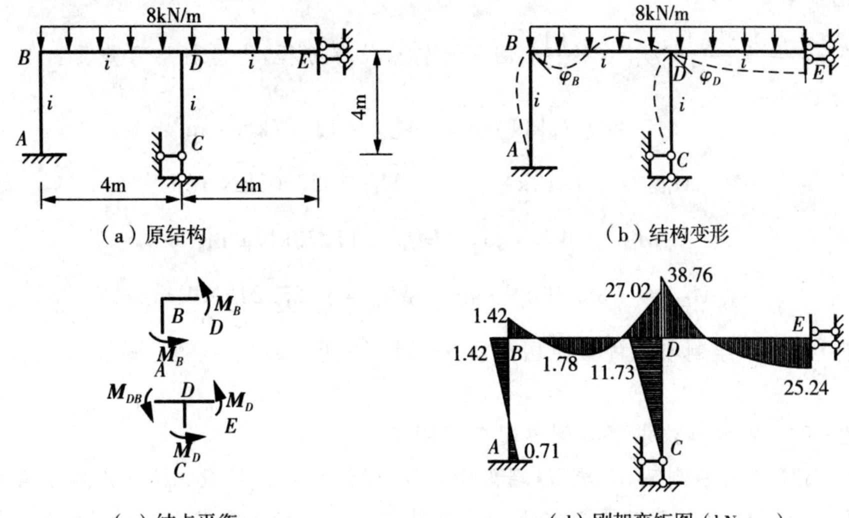

（c）结点平衡

（d）刚架弯矩图（kN·m）

图 9-31　例题 9-8 及解答

解:(1) 根据原结构进行分析,在荷载作用下刚架的变形如图9-31(b) 所示,结构只有两个独立的角位移 φ_B 和 φ_D 为基本未知量;

(2) 将结构拆分成等截面的单跨静定梁 AB、BD、DC 和 DE,根据受荷和杆端位移的情况,写出转角位移方程为:

$$M_{AB}=2i\varphi_B,\quad M_{BA}=4i\varphi_B;$$

$$M_{BD}=4i\varphi_B+2i\varphi_D-\frac{ql^2}{12},\quad M_{DB}=2i\varphi_B+4i\varphi_D+\frac{ql^2}{12};$$

$$M_{CD}=0,\quad M_{DC}=3i\varphi_D;$$

$$M_{DE}=i\varphi_D-\frac{ql^2}{3},\quad M_{ED}=-i\varphi_D-\frac{ql^2}{6};$$

(3) 考虑梁 B 结点和 D 结点的受力的平衡条件,刚结点 B 和 D 应满足 $\sum M_B=0$, $\sum M_D=0$,如图 9-30(c) 所示,即有:

$$\sum M_B=M_{BA}+M_{BD}=0,\sum M_D=M_{DB}+M_{DC}+M_{DE}=0$$

$$\begin{cases}8i\varphi_B+2i\varphi_D=\dfrac{ql^2}{12}\\[2ex]2i\varphi_B+8i\varphi_D=\dfrac{ql^2}{4}\end{cases}$$

$$\begin{cases}\varphi_B=\dfrac{0.356}{i}\\[2ex]\varphi_D=\dfrac{3.911}{i}\end{cases}$$

方向顺时针。

(4) 将 $\varphi_B=\frac{0.356}{i}$ 和 $\varphi_D=\frac{3.911}{i}$ 回代至转角位移方程，得各杆端弯矩为：

$$M_{AB}=0.71\text{kN}\cdot\text{m},\quad M_{BA}=11.57\text{kN}\cdot\text{m}$$

$$M_{BD}=-1.42\text{kN}\cdot\text{m},\quad M_{DB}=27.02\text{kN}\cdot\text{m}$$

$$M_{CD}=0\text{kN}\cdot\text{m},\quad M_{DC}=11.73\text{kN}\cdot\text{m}$$

$$M_{DE}=-38.76\text{kN}\cdot\text{m},\quad M_{ED}=-25.24\text{kN}\cdot\text{m}$$

根据杆端弯矩，绘制刚架的弯矩图如图 9－31(d) 所示。

例题 9－9　用位移法求解有侧移超静定刚架

如图 9－32(a) 所示刚架，A 端、D 端为固定端，C 铰结点。杆段 AB 中点作用有水平向右的集中力 $F=ql$，BC 上满跨布置有向下的均布荷载 $\boldsymbol{q}=46\text{kN/m}$，杆件长度 $l=2\text{m}$，各杆线刚度 $i=$ 常数。试采用位移法计算，并绘制梁的弯矩图。

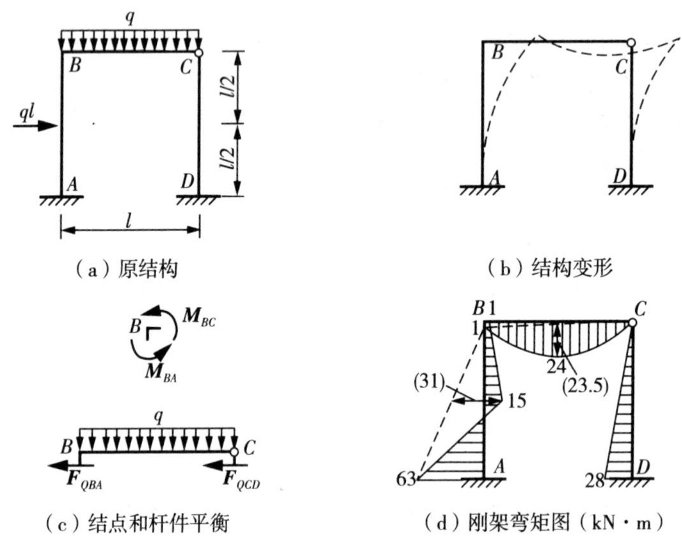

图 9－32　例题 9－9 及解答

解：(1) 根据原结构进行分析，在荷载作用下刚架的变形如图 9－32(b) 所示，结构有一个独立的角位移 φ_B 和一个线位移 Δ，为基本未知量；

(2) 将结构拆分成等截面的单跨静定梁 AB、BC 和 CD，根据受荷和杆端位移的情况，写出转角位移方程为：

$$M_{AB}=2i\varphi_B-\frac{6i}{l}\Delta-\frac{Fl}{8},\quad M_{BA}=4i\varphi_B-\frac{6i}{l}\Delta+\frac{Fl}{8};$$

$$M_{BC}=3i\varphi_B-\frac{ql^2}{8},\quad M_{CB}=0;$$

$$M_{DC}=-\frac{3i}{l}\Delta,\quad M_{CD}=0;$$

$$F_{QBA}=-\frac{6i}{l}\varphi_B+\frac{12i}{l^2}\Delta-\frac{F}{2},\quad F_{QCD}=\frac{3i}{l^2}\Delta$$

(3) 考虑梁 B 结点和横梁 BC 的受力平衡条件，刚结点 B 和 D 应满足 $\sum M_B=0$，$\sum F_{BC}=0$，如图 9-32(c) 所示，即有：

$$\sum M_B=M_{BA}+M_{BC}=0,\quad \sum F_x=F_{QBA}+F_{QCD}=0$$

$$\begin{cases}7i\varphi_B+\dfrac{6i\Delta}{l}=0\\[2ex]\dfrac{-6i}{l}\varphi_B+\dfrac{15i}{l^2}\Delta=\dfrac{F}{2}\end{cases}$$

$$\begin{cases}\varphi_B=\dfrac{ql^2}{23i}\\[2ex]\Delta=\dfrac{7ql^3}{138i}\end{cases}$$

转角方向顺时针，线位移方向水平向右。

(4) 将 $\varphi_B=\dfrac{ql^2}{23i}$ 和 $\Delta=\dfrac{7ql^3}{138i}$ 回代至转角位移方程，得各杆端弯矩为：

$$M_{AB}=-63\text{kN}\cdot\text{m},\quad M_{BA}=-1\text{kN}\cdot\text{m}$$

$$M_{BC}=1\text{kN}\cdot\text{m},\quad M_{CB}=0\text{kN}\cdot\text{m}$$

$$M_{CD}=0\text{kN}\cdot\text{m},\quad M_{DC}=-28\text{kN}\cdot\text{m}$$

根据杆端弯矩，绘制刚架的弯矩图如图 9-32(d) 所示。

9.4 力矩分配法

前两节我们讨论了求解超静定结构的力法和位移法，这两种方法最终都归结于求解一定数目未知量的线性方程组，但是当未知量数目较多时，解方程组的工作将十分繁重。在电子计算机还未普及之前，为了避免组成和联立方程，人们提出了许多实用的计算方法，力矩分配法就是一种在工程中广泛采用的一种手算实用方法。

力矩分配法是哈迪．克罗斯(Hardy Cross) 于 1932 年首先提出来的。其特点是不需建立和联立求解线性方程组，可在计算简图上进行或列表进行计算，并能直接求得各杆的杆端弯矩。工作量大为减少且易于掌握。最初这种方法仅限于分析连续梁和无结点线位移的刚架，后来陆续推出了一些较新的力矩分配法，能够计算有结点线位移的刚架、薄板及薄壁等结构。在目前电子计算机已普及的今天，对于某些比较简单的结构，上述渐进法由于便于手算，仍有一定的实用价值。

力矩分配法是基于位移法发展出来的，所以力矩分配法中对杆端转角、杆端弯矩、固端弯矩的正负号规定，与位移法相同，即都假定以对杆端顺时针转动为正，逆时针为负。先介绍力矩分配法的相关概念，再介绍计算原理并举例。

一、力矩分配法相关概念

1. 转动刚度 S

在建筑力学中，转动刚度指杆端对转动的抵抗能力，通常用 S 表示，其意义是使杆端发生单位转角 $\varphi=1$ 时，需在杆端施加的力矩大小。如图 9－33(a) 所示的单跨超静定梁 AB 中，规定 A 端的**转动刚度**为 S_{AB}，B 端的转动刚度为 S_{BA}，下标的第一个字母表示施力端，也称近端，第二个字母表示远端。

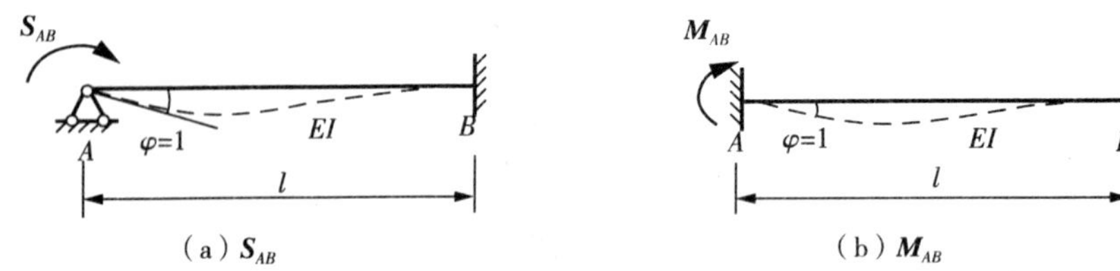

图 9－33　转动刚度

图 9－33(a) 中梁 AB，当 A 端顺时针转过角度 $\varphi=1$ 时，其受力和变形如图所示，与图(b) 中梁 AB 的变形和受力相同，故图(a) 中梁 AB 中 A 端的转动刚度 S_{AB} 与图(b) 中的杆端弯矩 M_{AB} 等值。可以看出：① 转动刚度 S 在数值上等于固定杆端发生单位转角 $\varphi=1$ 时所产生的杆端弯矩；② 转动刚度的大小与梁的近端支承情况无关，与远端支承情况有关，远端支承情况不同时，近端的转动刚度不同；③ 根据表 9－1 可得不同远端支承情况下的杆端弯矩，即转动刚度，例如远端固定时，$S_{AB}=4i$，等截面直杆的各转动刚度，列于表 9－4 中；④ 由表 9－4 可知，杆端的转动刚度也和杆件的线刚度 i 有关，即和材料的性质、横截面的形状和尺寸、杆长有关。

表 9－3　等截面直杆的杆端转动刚度与传递系数

	远端支承	转动刚度	传递系数
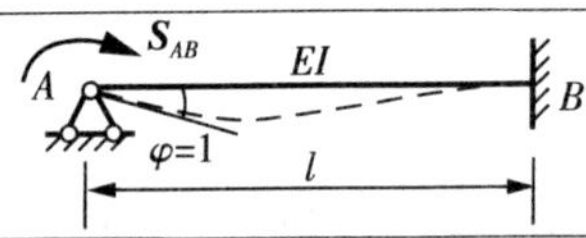	固定端	$S_{AB}=4i$	$C=0.5$
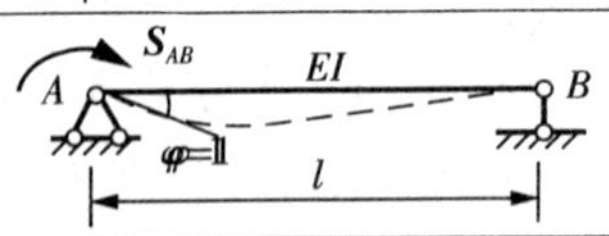	铰支	$S_{AB}=3i$	$C=0$
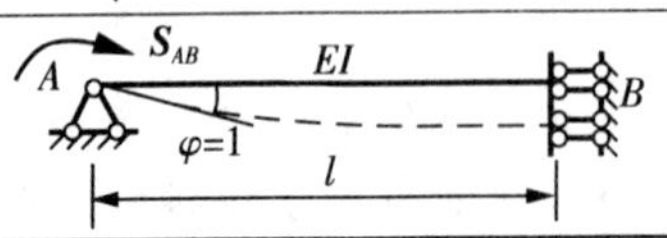	定向支座	$S_{AB}=i$	$C=-1$

2. 分配系数 μ

如图 9-34(a) 中所示刚架，位移法基本未知量只有 A 点的角位移。采用位移法计算时，在单位转角 $Z=1$ 的作用下，产生变形和弯矩 $\overline{M}$ 图如图 9-39(b) 所示，可得位移法的典型方程为：

$$k_{11}Z_1 + F_{1P} = 0$$

系数和自由项为：

$$k_{11} = 4i_{AB} + 3i_{AC} + i_{AD}, \quad F_{1P} = -M$$

方程整理为：

$$(4i_{AB} + 3i_{AC} + i_{AD})Z_1 - M = 0$$

$$Z_1 = \frac{M}{4i_{AB} + 3i_{AC} + i_{AD}}$$

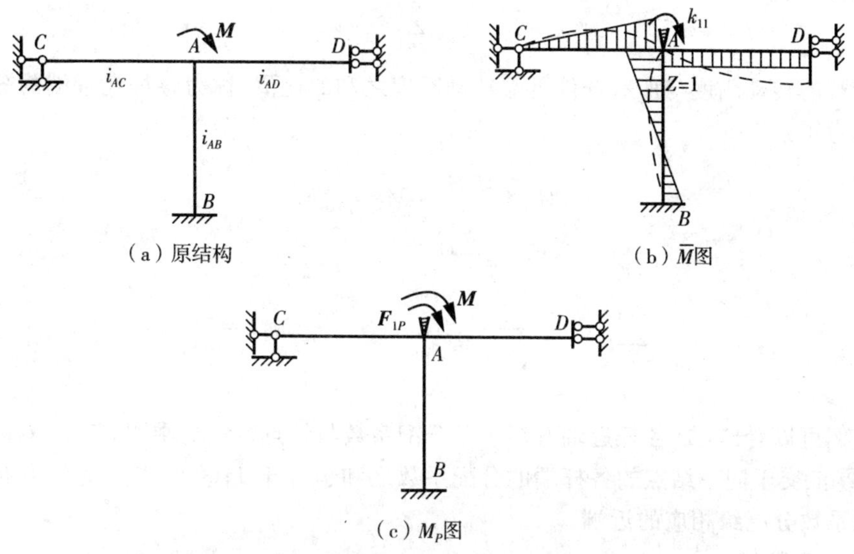

图 9-34　分配系数

回代转角位移方程得：

$$\begin{cases} M_{AB} = \dfrac{4i_{AB}}{4i_{AB} + 3i_{AC} + i_{AD}}M \\ M_{AC} = \dfrac{3i_{AC}}{4i_{AB} + 3i_{AC} + i_{AD}}M \\ M_{AD} = \dfrac{i_{AD}}{4i_{AB} + 3i_{AC} + i_{AD}}M \end{cases}$$

再根据转动刚度的定义及表 9-3，可得：

$$
\begin{cases}
M_{AB} = \dfrac{S_{AB}}{S_{AB} + S_{AC} + S_{AD}} M = \dfrac{S_{AB}}{\sum_{i=1}^{N} S_{Ai}} M \\
M_{AC} = \dfrac{S_{AC}}{S_{AB} + S_{AC} + S_{AD}} M = \dfrac{S_{AC}}{\sum_{i=1}^{N} S_{Ai}} M \\
M_{AD} = \dfrac{S_{AD}}{S_{AB} + S_{AC} + S_{AD}} M = \dfrac{S_{AD}}{\sum_{i=1}^{N} S_{Ai}} M
\end{cases}
$$

可见，结构各杆近端 A 端的弯矩值，等于该杆件近端的转动刚度与所有杆件近端转动刚度之和的比值，再乘以结点弯矩。记：

$$\mu_{Ai} = \frac{S_{Ai}}{\sum_{i=1}^{N} S_{Ai}}$$

即杆件近端的转动刚度与所有杆件近端转动刚度之和的比值，称为各杆在近端的**分配系数**，则有近端弯矩：

$$M_{Ai} = \frac{S_{Ai}}{\sum_{i=1}^{N} S_{Ai}} M = \mu_{Ai} M$$

$$\sum_{i=1}^{N} \mu_{Ai} = \frac{1}{\sum_{i=1}^{N} S_{Ai}} (S_{AB} + S_{AC} + S_{AD}) = 1$$

从此例可以看出：① 各杆近端弯矩等于分配系数与结点弯矩的乘积，其中下标 i 为各杆的远端；② 汇交于同一结点的各杆端的分配系数之和恒等于 1；③ 结点上的外力偶矩，可以按照分配系数分配给相应的近端。

3. 传递系数 C

当近端发生单位转角 $\varphi = 1$ 时，近端和远端都会产生弯矩，我们将远端弯矩与近端弯矩的比值称为弯矩由近端向远端传递的**传递系数**，通常用 C 表示。例如，对图 9-33(a) 中的梁 AB，A 端转动时，近端 $M_{AB} = 4i$，远端 $M_{AB} = 2i$，所以其传递系数 $C_{AB} = M_{AB}/M_{AB} = 2i/4i = 0.5$。同理可得各不同类型等截面直杆的传递系数值，列于表 9-3 中。所以远端弯矩：

$$M_{iA} = C_{Ai} M_{Ai}$$

其中其中下标 i 为各杆的远端。可以看出：① 传递系数与近端的支承情况无关，与远端的支承情况有关；② 传递系数与杆件的线刚度等因素无关；③ 当已知近端弯矩 M_{iA} 和远端支承情况，可用传递系数计算远端弯矩。

二、力矩分配法的基本原理

对于图 9-34 中的单结点干架，刚结点 A 受一集中力偶的作用产生角位移，则其内力求解过程可以分为两个步骤进行：① 按照各杆的分配系数计算出近端的分配弯矩，称为分配过程；② 将近端弯矩乘以传递系数得到远端弯矩，称为传递过程。经过分配过程和传递过程计算出各杆端弯矩，就是力矩分配法的基本过程。

为方便说明力矩分配法的基本过程，以图 9-35(a) 的两跨超静定梁进行说明，在 AB 跨中的集中力 $\boldsymbol{F}$ 作用下，梁的变形如图(a) 所示。

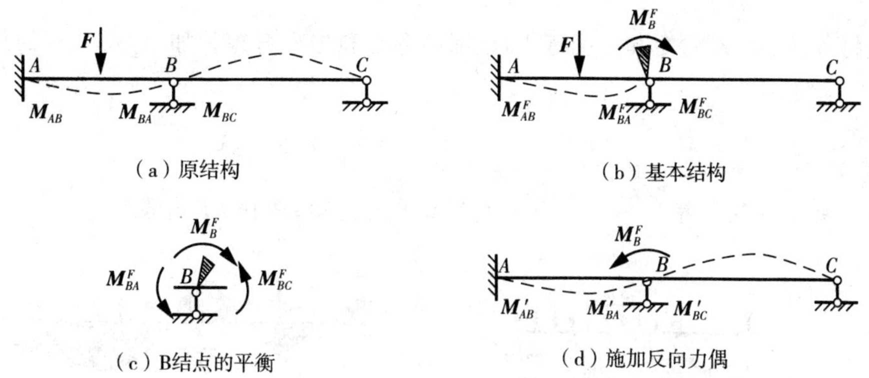

图 9-35　力矩分配法基本原理

① 计算时先在结点 B 处附加刚臂限制其转动，得到一个由单跨静定梁组成的基本结构，BC 跨无荷载作用，因此基本结构在原荷载作用下，产生的固端弯矩为：

$$M_{AB}^F=-\frac{Fl}{8},\quad M_{BA}^F=\frac{Fl}{8},\quad M_{BC}^F=M_{CB}^F=0$$

② 取 B 结点进行研究，如图(c) 所示，$M_{BA}^F+M_{CB}^F\neq 0$，即各杆端的固端弯矩不能平衡，故附加刚臂必产生约束反力偶 M_B^F，称为 B 结点的**不平衡弯矩**，其值等于该结点处各杆端的固端弯矩的代数和，以顺时针方向为正。根据图(c) 计算可得：

$$M_B^F=M_{BA}^F+M_{BC}^F=\frac{Fl}{8}$$

③ 但是，对比原结构，附加刚臂并不真实存在，所以也不会存在约束反力偶 M_B^F，根据图(b) 计算所得的杆端弯矩并不是原结构的杆端弯矩，所以必须对此结果进行修正。将 B 结点处的刚臂放松，以消除约束反力偶 M_B^F 的作用，使梁的内力恢复到原结构的状态。这一过程等同于在 B 结点施加一个与 M_{BA}^F **等值反向**的力偶，如图(d) 所示，可以按照前述分配的方法计算近端弯矩，并乘以传递系数计算远端弯矩。

④ 将图(b) 和图(c) 的情况叠加，可以消去附加刚臂的作用，得到的结构正好与原结构相同，所以两者的杆端弯矩叠加的结果，即为原结构的杆端弯矩。

三、力矩分配法的应用举例

1. 单结点结构的力矩分配法

力矩分配法的计算过程较为机械化，遵循一定步骤即可完成，易于掌握。特别是单结点结构的力矩分配，只需进行一次分配和传递即可。一般荷载作用下单结点力矩分配法的计算步骤可以总结为：

（1）刚结点上增加附加刚臂限制结点转动，连续梁分解为具有固定端的单跨超静定梁，计算出各杆的固端弯矩、分配系数，并得出结点的不平衡弯矩 M；

（2）在刚结点上施加力偶矩 $-M$，相当于去掉附加刚臂；按照分配系数 μ、传递系数 C 进行近端弯矩的分配，并向相应的远端传递，计算各杆在刚结点处的分配弯矩和远端的传递弯矩；

（3）将各杆的固端弯矩和分配弯矩，或固端弯矩和传递弯矩相加，即得各杆的最后杆端弯矩。

例题 9－10　单结点梁的力矩分配法

试用力矩分配法计算图 9－36(a) 中的双跨超静定梁，各杆 EI = 常数。

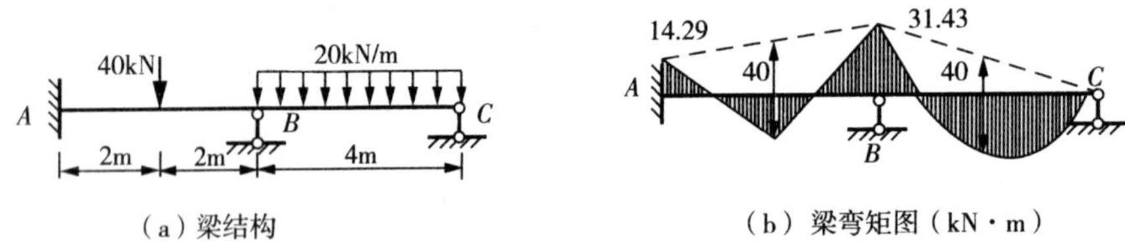

（a）梁结构　　（b）梁弯矩图（kN·m）

图 9－36　例题 9－10 及解答

解：(1) 此刚架为两次超静定结构，位移法的基本未知量只有 B 结点的结点角位移。在 B 点增加一个限制结点转动的附加刚臂，分解为具有固定端的单跨超静定梁 AB 和 BC，并计算其杆端弯矩和分配系数分别为：

$$M_{BA}=-\frac{Fl}{8}=-\frac{40\times4}{8}=-20(\mathrm{kN\cdot m}),\quad M_{BA}=\frac{Fl}{8}=\frac{40\times4}{8}=20(\mathrm{kN\cdot m})$$

$$M_{BC}=-\frac{ql^2}{8}=-\frac{20\times4^2}{8}=-40(\mathrm{kN\cdot m}),\quad M_{CB}=0\mathrm{kN\cdot m}$$

$$\mu_{BA}=\frac{S_{BA}}{S_{BA}+S_{BC}}=\frac{4i}{4i+3i}=\frac{4}{7},\quad \mu_{BC}=\frac{S_{BC}}{S_{BA}+S_{BC}}=\frac{3i}{4i+3i}=\frac{3}{7}$$

(2) 刚结点 B 上的不平衡弯矩为 -20kN·m，方向逆时针，则反向在刚结点 B 上施加力偶矩 20kN，相当于去掉附加刚臂；按分配系数和传递系数进行分配和传递，计算各杆在刚结点处的分配弯矩和远端的传递弯矩，过程列于表中，单位 kN·m。

分配系数	4/7	3/7
	AB　BA	BC　CB
固端弯矩 M^F	－20　20	－40　0
分配与传递	5.71　←　11.43	8.57　→　0
终弯矩	－14.29　31.43	－31.43　0

(3) 将各杆的固端弯矩与分配弯矩、传递弯矩叠加，得各杆的实际杆端弯矩，并作弯矩图

如图 9－41(b) 所示。

(4) 需注意：① 应将结点的不平衡弯矩反号之后再进行分配；② 分配弯矩下一般作横线以示区别；③ 得到杆端终弯矩后，根据正负判断杆件哪一侧受拉，再利用叠加法作弯矩图；④ 采用力矩分配法计算单结点结构，得到的结果可以是精确解。

2. 多结点结构的力矩分配法

采用力矩分配法计算多结点结构的过程与单结点结构类似，但需经历多次分配与传递。一般荷载作用下多结点力矩分配法的计算步骤可以总结为：

(1) 刚结点上增加附加刚臂限制结点转动，连续梁分解为具有固定端的单跨超静定梁，计算出各杆的固端弯矩、分配系数，并得出结点的不平衡弯矩 M；

(2) 逐次循环放松各结点，即逐个去掉附加刚臂并施加力偶矩 $-M$，按照分配系数 μ、传递系数 C 进行近端弯矩的分配，并向相应的远端传递，计算各杆在刚结点处的分配弯矩和远端的传递弯矩，循环直至结点上的传递弯矩小到可以略去不计为止；

(3) 将各杆的固端弯矩和分配弯矩，或固端弯矩和传递弯矩相加，即得各杆的最后杆端弯矩。

例题 9－11　多结点梁的力矩分配法

试用力矩分配法计算图 9－37(a) 中的三跨超静定梁。各杆 EI＝常数。

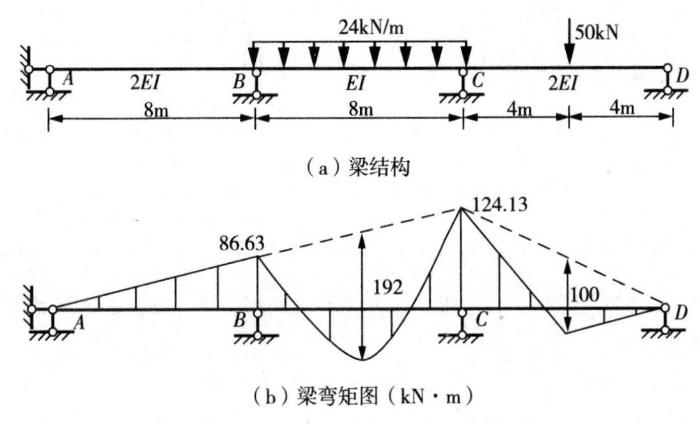

(b) 梁弯矩图 (kN·m)

图 9－37　例题 9－11 及解答

解：(1) 此刚架为两次超静定结构，位移法的基本未知量有 B 结点和 C 结点的结点角位移。在 B 点和 C 点各增加一个限制结点转动的附加刚臂，分解为具有固定端的单跨超静定梁 AB、BC 和 CD，并计算其固端弯矩和分配系数分别为：

$$M_{AB}=0\text{kN}\cdot\text{m},\quad M_{BA}=0\text{kN}\cdot\text{m},$$

$$M_{BC}=-\frac{ql^2}{12}=-\frac{24\times8^2}{12}=-128(\text{kN}\cdot\text{m}),\quad M_{CB}=\frac{ql^2}{12}=\frac{24\times8^2}{12}=128(\text{kN}\cdot\text{m})$$

$$M_{CD}=-\frac{3Fl}{16}=-\frac{3\times50\times8}{16}=-75(\text{kN}\cdot\text{m}),\quad M_{DC}=0\text{kN}\cdot\text{m}$$

$$\mu_{BA}=\frac{S_{BA}}{S_{BA}+S_{BC}}=\frac{6i}{6i+4i}=\frac{3}{5},\quad \mu_{BC}=\frac{S_{BC}}{S_{BA}+S_{BC}}=\frac{4i}{6i+4i}=\frac{2}{5}$$

$$\mu_{CB}=\frac{S_{CB}}{S_{CB}+S_{CD}}=\frac{4i}{4i+6i}=\frac{2}{5},\quad \mu_{CD}=\frac{S_{CD}}{S_{CB}+S_{CD}}=\frac{6i}{4i+6i}=\frac{3}{5}$$

(2) 刚结点 B 上的不平衡弯矩为 -20kN・m，方向逆时针，则反向在刚结点 B 上施加力偶矩 20kN，相当于去掉附加刚臂；按分配系数和传递系数进行分配和传递，计算各杆在刚结点处的分配弯矩和远端的传递弯矩，过程列于表中，单位 kN・m。

分配系数		3/5	2/5　2/5	3/5
		AB　BA	BC　CB	CD　DC
固端弯矩 M^F		0　0	-128　128	-75　→　0
第 1 次分配与传递	B	0 ←　76.80	51.20　→ 25.60	
	C		-15.72 ←— 31.44	-47.16　→　0
第 2 次分配与传递	B	0 ←　9.43	6.29　→　3.15	
	C		-0.63 ←　-1.26	-1.89　→　0
第 3 次分配与传递	B	0 ←　0.38	0.25　→　0.13	
	C		-0.03 ←　-0.05	-0.08　→　0
第 4 次分配与传递	B	0　←　0.02	0.01	
终弯矩		0　86.63	-86.63　124.13	-124.13　0

(3) 将各杆的固端弯矩与分配弯矩、传递弯矩叠加，得各杆的实际杆端弯矩，并作弯矩图如图 9－37(b) 所示。

例题 9－12　多结点刚架的力矩分配法

试用力矩分配法计算图 9－38(a) 中的超静定刚架，并作刚架内力图。各杆 EI＝常数。

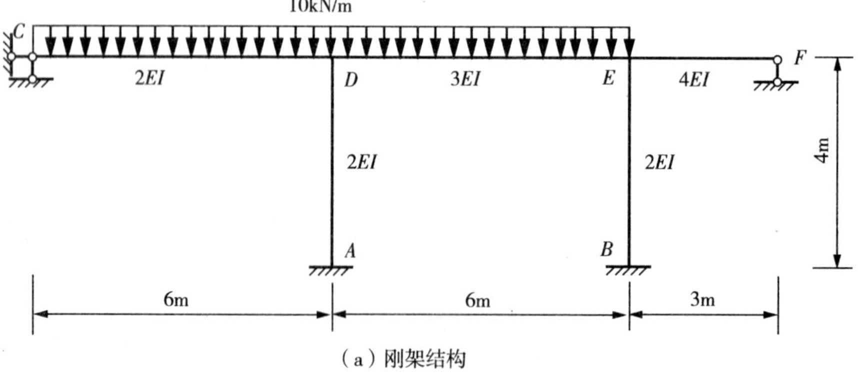

(a) 刚架结构

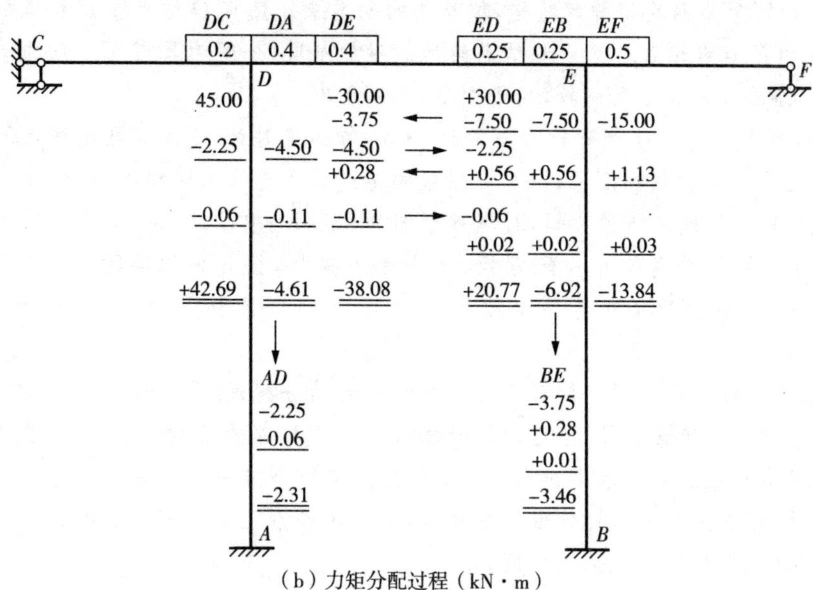

（b）力矩分配过程（kN·m）

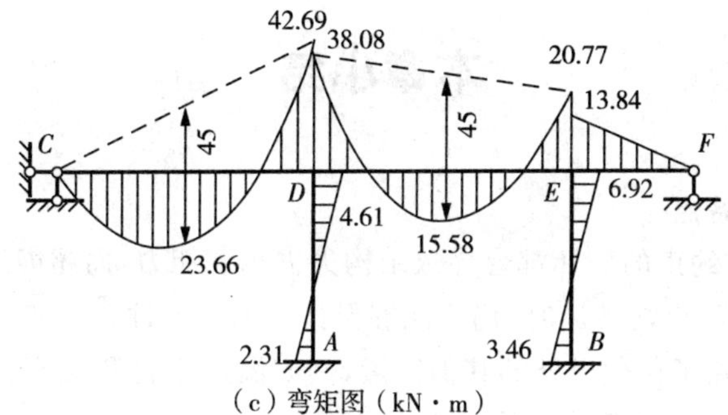

（c）弯矩图（kN·m）

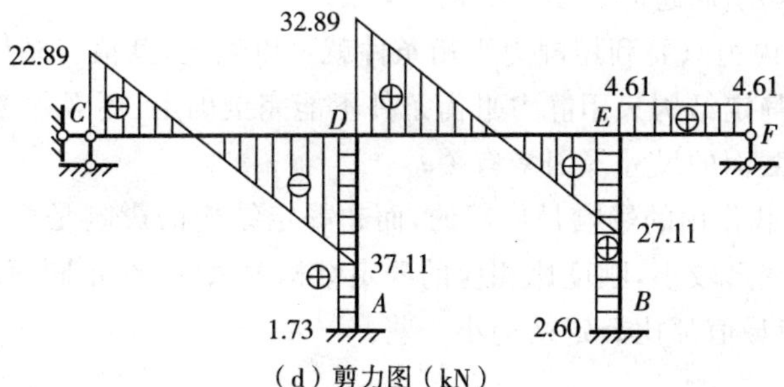

（d）剪力图（kN）

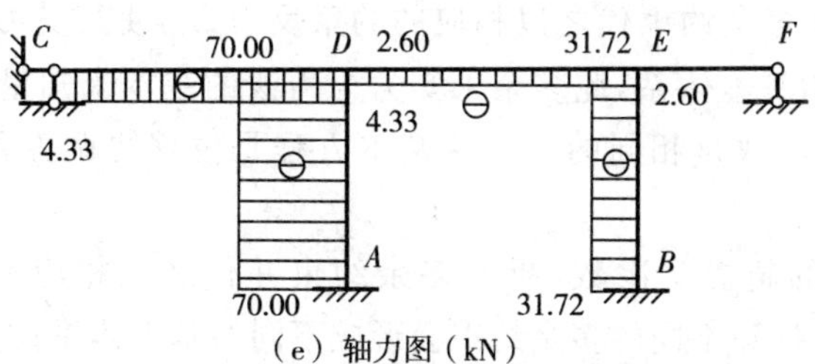

（e）轴力图（kN）

图 9－38　例题 9－12 及解答

解:(1) 此刚架为两次超静定结构,位移法的基本未知量有 D 结点和 E 结点的结点角位移。在 D 点和 E 点各增加一个限制结点转动的附加刚臂,分解为具有固定端的单跨超静定梁,并计算其固端弯矩和分配系数,列于图 9-38(b) 中。

(2) 刚结点 B 上的不平衡弯矩为 $-20\text{kN}\cdot\text{m}$,方向逆时针,则反向在刚结点 B 上施加力偶矩 20kN,相当于去掉附加刚臂;按分配系数和传递系数进行分配和传递,计算各杆在刚结点处的分配弯矩和远端的传递弯矩,过程列于图 9-38(b) 中。

(3) 将各杆的固端弯矩与分配弯矩、传递弯矩叠加,得各杆的实际杆端弯矩,并作弯矩图如图 9-43(c) 所示,再进一步绘制剪力图和轴力图如图 9-38(d) 和 9-38(c) 所示。

(4) 需注意:① 一般从不平衡弯矩较大的结点开始分配;② 不能同时放松相邻结点,因定不出其转动刚度和传递系数,但可以同时放松所有不相邻的结点,以加快收敛速度;③ 应将结点的不平衡弯矩反号之后再进行分配;④ 分配弯矩下方一般作横线以示区别;⑤ 得到杆端终弯矩后,根据正负判断杆件哪一侧受拉,再利用叠加法作弯矩图;⑥ 采用力矩分配法计算多结点结构,得到的结果是近似解。

本章小结

1. 超静定结构的特点

(1) 静定结构任何约束的破坏都会导致结构失去承载能力,而超静定结构是有多余约束的几何不变体系,多余约束被破坏时,仍旧能够保持几何不变性;

(2) 静定结构中,除了荷载以外的其他因素,例如温度变化和支座位移等都不会引起内力,而这些因素都能够引起超静定结构的内力;

(3) 静定结构的内力只要利用静力平衡条件就可以确定,其值与结构的材料和截面的尺寸等因素无关,而超静定结构只用静力平衡条件不能完全确定,还必须考虑位移条件才能得出,与结构的材料和截面的尺寸等因素有关;

(4) 静定结构荷载作用的影响是局部的,而超静定结构的影响是全局的;超静定结构的内力分布比较均匀,变形较小,刚度比相应的静定结构要大些,在相同荷载作用下,超静定结构的最大挠度及弯矩最值都比静定结构小一些。

2. 力法

力法计算时,去除多余约束代之以相应的约束反力 X_i,使其受力与变形状态与原结构完全相同,称为力法的基本体系,此多余未知力为力法的基本未知量。力法基本未知量的数目与结构的超静定次数是相同的。力法基本方程是位移协调方程,其计算步骤可以归纳为:

(1) 确定原结构的超静定次数,拆除多余约束并代之以相应的约束反力(多余未知力)$\boldsymbol{X}_i$,形成基本体系;拆除不同的多余约束会形成不同的基本体系;

(2) 基本结构在多余未知力和荷载的共同作用下,其拆除多余约束处的位移应与原结构相同,由此根据位移条件,建立力法的典型方程;

$$
\begin{cases}
\delta_{11}X_1+\delta_{12}X_2+\cdots+\delta_{1N}X_N+\Delta_{1P}=0\\
\delta_{21}X_1+\delta_{22}X_2+\cdots+\delta_{2N}X_N+\Delta_{2P}=0\\
\cdots\cdots\\
\delta_{N1}X_1+\delta_{N2}X_2+\cdots+\delta_{NN}X_N+\Delta_{NP}=0
\end{cases}
$$

(3) 绘制基本体系原荷载作用下的 $\boldsymbol{M}_P$ 图和分别在 $\overline{X}_i=1$ 作用下的 $\overline{M}$ 图;采用图乘法计算力法典型方程中各项系数 δ_{ij} 和自由项 Δ_{iP} 的值;

(4) 解方程得各多余未知力 $\boldsymbol{X}_i$ 的值,并采用叠加法作最终内力图。

3. 位移法

位移法是在发生结点位移的地方增加相应约束,使结构分解为若干个单跨静定梁的方法,以结构的位移为基本未知量的,分为结点的独立角位移和独立线位移两种,一般用广义位移符号 Zi 表示。位移法基本未知量的数目与结构的超静定次数没有关系。位移法基本方程是力的平衡方程,其计算步骤可以归纳为:

(1) 确定超静定结构的基本未知量,包括独立的结点角位移和线位移;

(2) 将超静定结构拆分为几个单跨超静定梁,根据形常数和载常数,列出用基本未知量表示的杆端弯矩和剪力的表达式,即转角位移方程;

(3) 利用结点的受力平衡条件,包括刚结点的弯矩平衡条件和某一部分,通常是横梁的剪力平衡条件,剪力求解基本未知量的位移法方程,并求解得基本未知量;

(4) 将基本未知量回代入转角位移方程,得各杆端弯矩和剪力,并绘弯矩图和剪力图。

4. 力矩分配法

力矩分配法是建立在位移法基础上的一种渐进计算方法,适用于求解连续梁和无侧移刚架,不需联立方程组求解,收敛速度较快,适合手算。单结点结构的分配和传递只需进行一次,多结点结构需要进行多次,其计算步骤可以归纳为:

(1) 刚结点上增加附加刚臂限制结点转动,连续梁分解为具有固定端的单跨超静定梁,计算出各杆的固端弯矩、分配系数,并得出结点的不平衡弯矩 M;

(2) 逐次循环放松各结点,即逐个去掉附加刚臂并施加力偶矩 $-M$,按照分配系数 μ、传递系数 C 进行近端弯矩的分配,并向相应的远端传递,计算各杆在刚结点处的分配弯矩和远端的传递弯矩,循环直至结点上的传递弯矩小到可以略去不计为止;

(3) 将各杆的固端弯矩和分配弯矩,或固端弯矩和传递弯矩相加,即得各杆的最后杆端弯矩。

思考与习题

1. 试从几何组成分析的角度说明超静定结构和静定结构的区别?
2. 请总结用哪些方法可以确定结构的超静定次数?
3. 力法的基本结构和基本体系有何区别?
4. 力法典型方程的物理意义是什么?其各项系数和自由项代表的意义分别是什么?

5. 什么是角位移？什么是线位移？如何快速确定超静定结构的角位移和线位移个数？

6. 位移法的基本原理是什么？力矩分配法的基本原理是什么？

7. 力法和位移法各有何优缺点？其适用性怎样？在利用对称性时应注意些什么？

8. 什么是分配系数？为什么一个刚结点处各杆端的分配系数之和等于1？

9. 什么是不平衡力矩？为何要反号才能分配？

10. 试写出例题9－7、9－8和9－9中超静定结构的位移法典型方程，并计算各项系数和自由项。

11. 试用力法计算图9－39中所示各超静定梁的内力，并绘制内力图。

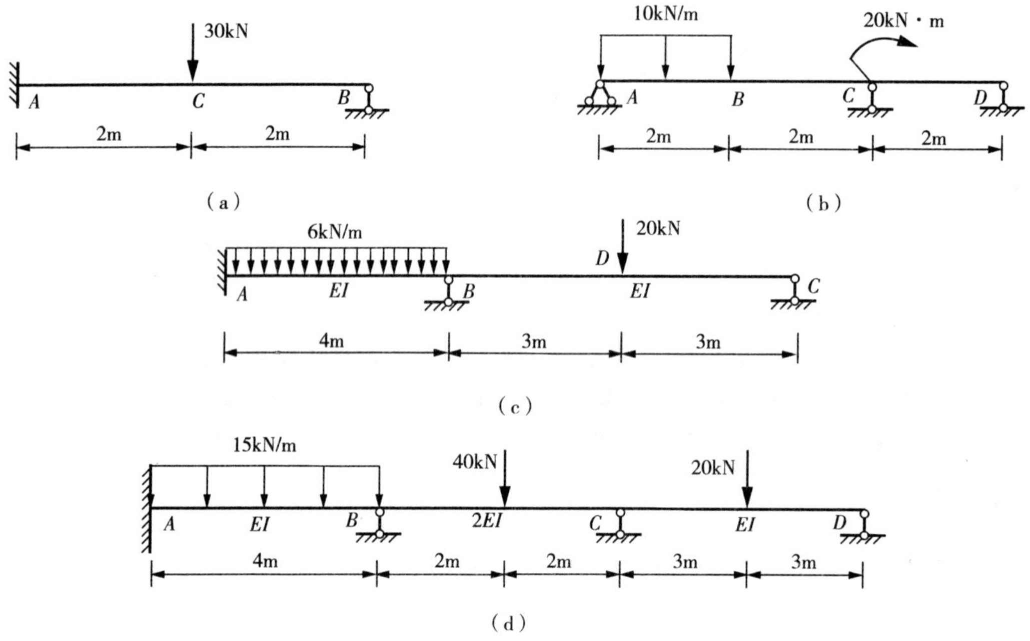

图9－39 第11题

12. 用力法计算图9－40中所示超静定刚架，并绘制结构内力图，各杆EI＝常数。

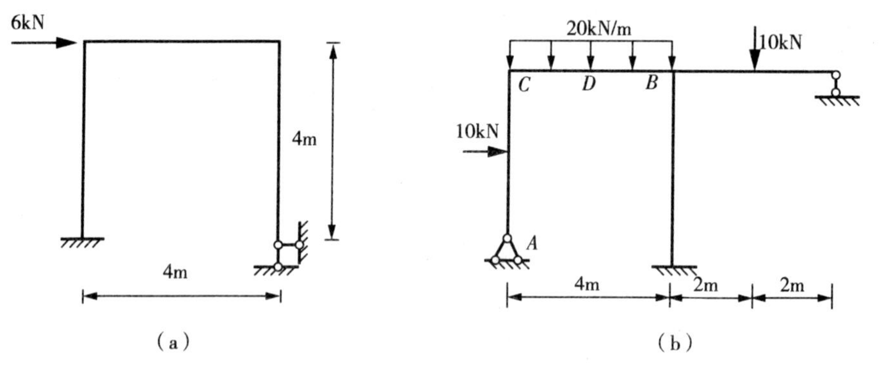

图9－40 第12题

13. 试写出图 9－41 中所示结构的位移法典型方程并求出系数和自由项。

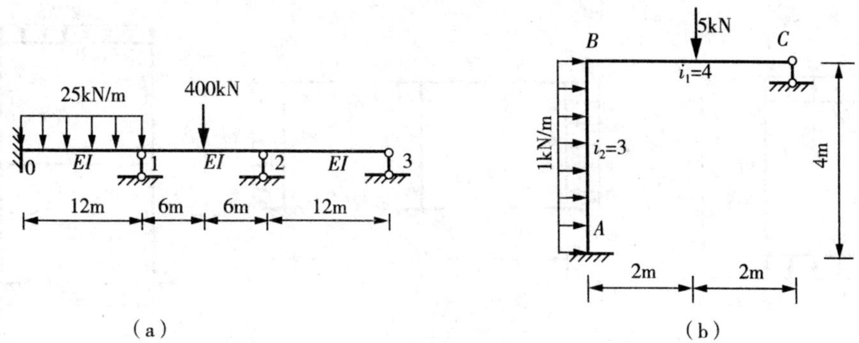

图 9－41　第 13 题

14. 试用位移法计算图 9－42 中所示超静定梁，并绘制结构内力图。

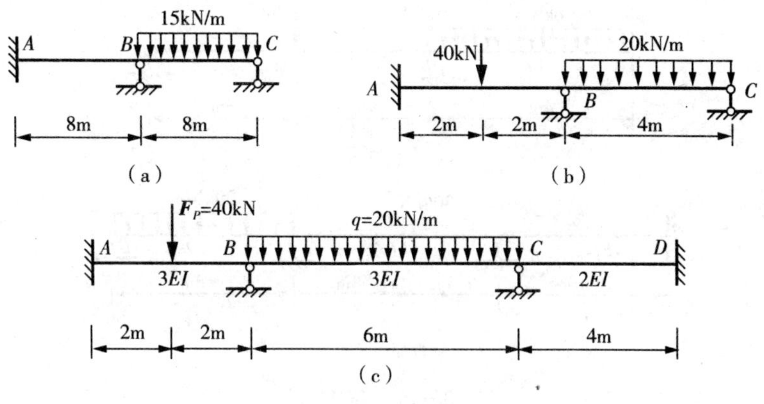

图 9－42　第 14 题

15. 用位移法计算图 9－43 中所示超静定刚架，并绘制结构内力图。

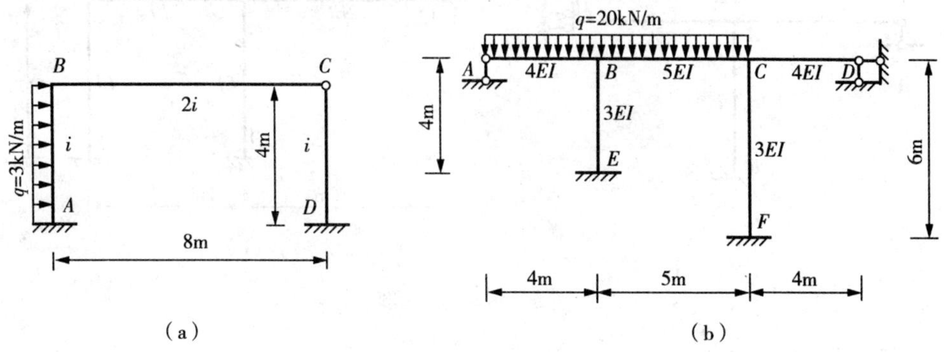

图 9－43　第 15 题

16. 试利用对称性,计算图 9-44 中所示超静定结构,并绘制结构弯矩图。

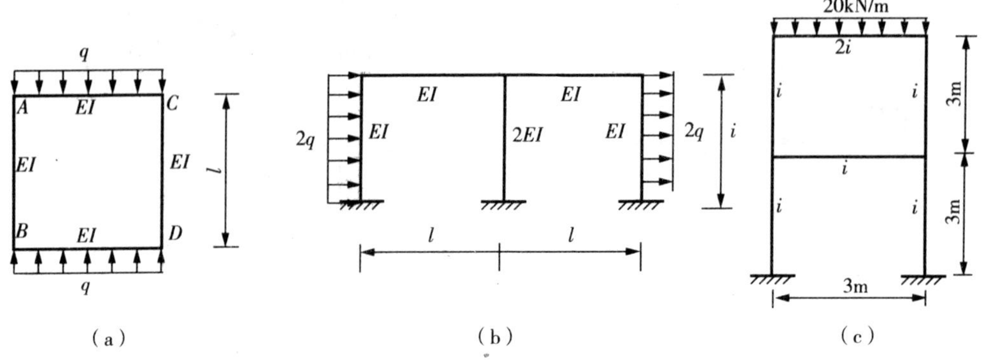

图 9-44 第 16 题

17. 采用力矩分配法计算图 9-45 中所示的超静定梁,并绘制结构内力图。

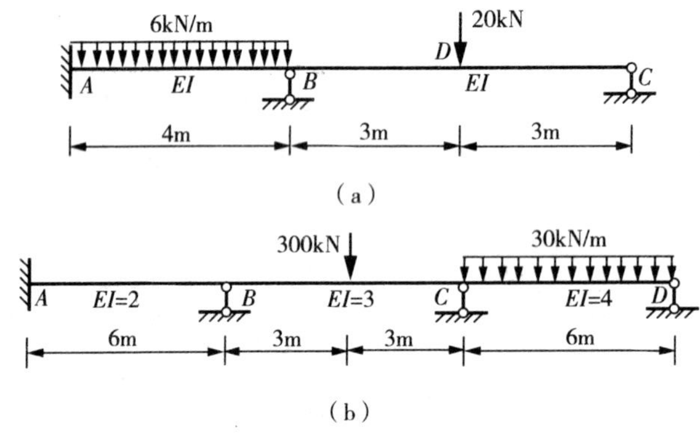

图 9-45 第 17 题

18. 采用力矩分配法计算图 9-46 中所示的超静定刚架,并绘制结构内力图。

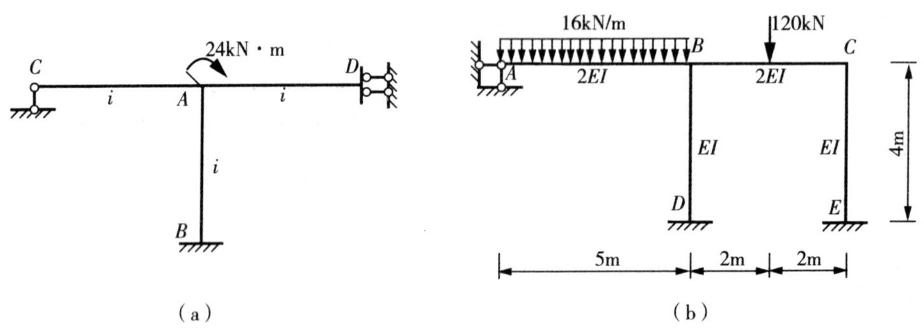

图 9-46 第 18 题

附录 型钢表

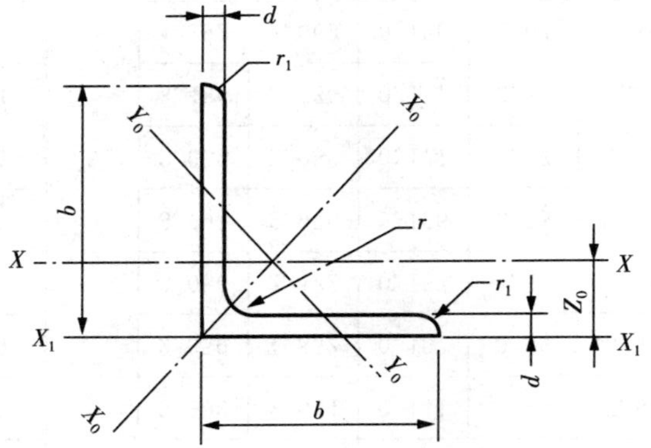

表 1 等边角钢截面尺寸、截面面积、理论重量及截面特性
(GB/T 706－2008)

b—— 边宽度
d—— 边厚度
r—— 内圆弧半径
r_1—— 边端内圆弧半径

型号	截面尺寸 / mm			截面面积 / cm^2	理论重量 / (kg/m)	外表面积 / (m^2/m)	惯性矩 / cm^4				惯性半径 / cm			截面模数 / cm^3			重心距离 / cm
	b	d	r				I_x	I_{x1}	I_{x0}	I_{y0}	i_x	i_{x0}	i_{y0}	W_x	W_{x0}	W_{y0}	Z_0
2	20	3	3.5	1.132	0.889	0.078	0.40	0.81	0.63	0.17	0.59	0.75	0.39	0.29	0.45	0.20	0.60
		4		1.459	1.145	0.077	0.50	1.09	0.78	0.22	0.58	0.73	0.38	0.36	0.55	0.24	0.64
2.5	25	3		1.432	1.124	0.098	0.82	1.57	1.29	0.34	0.76	0.95	0.49	0.46	0.73	0.33	0.73
		4		1.859	1.459	0.097	1.03	2.11	1.62	0.43	0.74	0.93	0.48	0.59	0.92	0.40	0.76

(续表)

型号	截面尺寸 / mm			截面面积 / cm^2	理论重量 / (kg/m)	外表面积 / (m^2/m)	惯性矩 / cm^4				惯性半径 / cm			截面模数 / cm^3			重心距离 / cm
	b	d	r				I_x	I_{x1}	I_{x0}	I_{y0}	i_x	i_{x0}	i_{y0}	W_x	W_{x0}	W_{y0}	Z_0
3.0	30	3	4.5	1.749	1.373	0.117	1.46	2.71	2.31	0.61	0.91	1.15	0.59	0.68	1.09	0.51	0.85
		4		2.276	1.786	0.117	1.84	3.63	2.92	0.77	0.90	1.13	0.58	0.87	1.37	0.62	0.89
3.6	36	3		2.109	1.656	0.141	2.58	4.68	4.09	1.07	1.11	1.39	0.71	0.99	1.61	0.76	1.00
		4		2.756	2.163	0.141	3.29	6.25	5.22	1.37	1.09	1.38	0.70	1.28	2.05	0.93	1.04
		5		3.382	2.654	0.141	3.95	7.84	6.24	1.65	1.08	1.36	0.70	1.56	2.45	1.00	1.07
4.0	40	3	5	2.359	1.852	0.157	3.59	6.41	5.69	1.49	1.23	1.55	0.79	1.23	2.01	0.96	1.09
		4		3.086	2.422	0.157	4.60	8.56	7.29	1.91	1.22	1.54	0.79	1.60	2.58	1.19	1.13
		5		3.791	2.976	0.156	5.53	10.74	8.76	2.30	1.21	1.52	0.78	1.96	3.10	1.39	1.17
4.5	45	3		2.659	2.088	0.177	5.17	9.12	8.20	2.14	1.40	1.76	0.89	1.58	2.58	1.24	1.22
		4		3.486	2.736	0.177	6.65	12.18	10.56	2.75	1.38	1.74	0.89	2.05	3.32	1.54	1.26
		5		4.292	3.369	0.176	8.04	15.20	12.74	3.33	1.37	1.72	0.88	2.51	4.00	1.81	1.30
		6		5.076	3.985	0.176	9.33	18.36	14.76	3.89	1.36	1.70	0.80	2.95	4.64	2.06	1.33
5	50	3	5.5	2.971	2.332	0.197	7.18	12.50	11.37	2.98	1.55	1.96	1.00	1.96	3.22	1.57	1.34
		4		3.897	3.059	0.197	9.26	16.69	14.70	3.82	1.54	1.94	0.99	2.56	4.16	1.96	1.38
		5		4.803	3.770	0.196	11.21	20.90	17.79	4.64	1.53	1.92	0.98	3.13	5.03	2.31	1.42
		6		5.688	4.465	0.196	13.05	25.14	20.68	5.42	1.52	1.91	0.98	3.68	5.85	2.63	1.46

续表 1

型号	截面尺寸 / mm			截面面积 / cm^2	理论重量 / (kg/m)	外表面积 / (m^2/m)	惯性矩 / cm^4				惯性半径 / cm			截面模数 / cm^3			重心距离 / cm
	b	d	r				I_x	I_{x1}	I_{x0}	I_{y0}	i_x	i_{x0}	i_{y0}	W_x	W_{x0}	W_{y0}	Z_0
5.6	56	3	6	3.343	2.624	0.221	10.19	17.56	16.14	4.24	1.75	2.20	1.13	2.48	4.08	2.02	1.48
		4		4.390	3.446	0.220	13.18	23.43	20.92	5.46	1.73	2.18	1.11	3.24	5.28	2.52	1.53
		5		5.415	4.251	0.220	16.02	29.33	25.42	6.61	1.72	2.17	1.10	3.97	6.42	2.98	1.57
		6		6.420	5.040	0.220	18.69	35.26	29.66	7.73	1.71	2.15	1.10	4.68	7.49	3.40	1.61
		7		7.404	5.812	0.219	21.23	41.23	33.63	8.82	1.69	2.13	1.09	5.36	8.49	3.80	1.64
		8		8.367	6.568	0.219	23.63	47.24	37.37	9.89	1.68	2.11	1.09	6.03	9.44	4.16	1.68
6	60	5	6.5	5.829	4.576	0.236	19.89	36.05	31.57	8.21	1.85	2.33	1.19	4.59	7.44	3.48	1.67
		6		6.914	5.427	0.235	23.25	43.33	36.89	9.60	1.83	2.31	1.18	5.41	8.70	3.98	1.70
		7		7.977	6.262	0.235	26.44	50.65	41.92	10.96	1.82	2.29	1.17	6.21	9.88	4.45	1.74
		8		9.020	7.081	0.235	29.47	58.02	46.66	12.28	1.81	2.27	1.17	6.98	11.00	4.88	1.78
6.3	63	4	7	4.978	3.907	0.248	19.03	33.35	30.17	7.89	1.96	2.46	1.26	4.13	6.78	3.29	1.70
		5		6.143	4.882	0.248	23.17	41.73	36.77	9.57	1.94	2.45	1.25	5.08	8.25	3.90	1.74
		6		7.288	5.721	0.247	27.12	50.14	43.03	11.20	1.93	2.43	1.24	6.00	9.66	4.46	1.78
		7		8.412	6.603	0.247	30.87	58.60	48.96	12.79	1.92	2.41	1.23	6.88	10.99	4.98	1.82
		8		9.515	7.469	0.247	34.36	67.11	54.56	14.33	1.90	2.40	1.23	7.75	12.25	5.47	1.85
		10		11.657	9.151	0.246	41.09	84.31	64.85	17.33	1.88	2.36	1.22	9.39	14.56	6.36	1.93
7	70	4	8	5.570	4.372	0.275	26.39	45.74	41.80	10.99	2.18	2.74	1.40	5.14	8.44	4.17	1.86
		5		6.875	5.397	0.275	32.21	57.21	51.08	13.34	2.16	2.73	1.39	6.32	10.32	4.95	1.91
		6		8.160	6.406	0.275	37.77	68.73	59.93	15.61	2.15	2.71	1.38	7.48	12.11	5.67	1.95
		7		9.424	7.398	0.275	43.09	80.29	68.35	17.82	2.14	2.69	1.38	8.59	13.81	6.34	1.99
		8		10.667	8.373	0.274	48.17	91.92	76.37	19.98	2.12	2.68	1.37	9.68	15.43	6.98	2.03

（续表）

型号	截面尺寸/mm			截面面积/cm^2	理论重量/(kg/m)	外表面积/(m^2/m)	惯性矩/cm^4				惯性半径/cm			截面模数/cm^3			重心距离/cm
	b	d	r				I_x	I_{x1}	I_{x0}	I_{y0}	i_x	i_{x0}	i_{y0}	W_x	W_{x0}	W_{y0}	Z_0
7.5	75	5	9	7.412	5.818	0.295	39.97	70.56	63.30	16.63	2.33	2.92	1.50	7.32	11.94	5.77	2.04
		6		8.797	6.905	0.294	46.95	84.55	74.38	19.51	2.31	2.90	1.49	8.64	14.02	6.67	2.07
		7		10.160	7.976	0.294	53.57	98.71	84.96	22.18	2.30	2.89	1.48	9.93	16.02	7.44	2.11
		8		11.503	9.030	0.294	59.96	112.97	95.07	24.86	2.28	2.88	1.47	11.20	17.93	8.19	2.15
		9		12.825	10.068	0.294	66.10	127.30	104.71	27.48	2.27	2.86	1.46	12.43	19.75	8.89	2.18
		10		14.126	11.089	0.293	71.98	141.71	113.92	30.05	2.26	2.84	1.46	13.64	21.48	9.56	2.22
8	80	5		7.912	6.211	0.315	48.79	85.36	77.33	20.25	2.48	3.13	1.60	8.34	13.67	6.66	2.15
		6		9.397	7.376	0.314	57.35	102.50	90.98	23.72	2.47	3.11	1.59	9.87	16.08	7.65	2.19
		7		10.860	8.525	0.314	65.58	119.70	104.07	27.09	2.46	3.10	1.58	11.37	18.40	8.58	2.23
		8		12.303	9.658	0.314	73.49	136.97	116.60	30.39	2.44	3.08	1.57	12.83	20.61	9.46	2.27
		9		13.725	10.774	0.314	81.11	154.31	128.60	33.61	2.43	3.06	1.56	14.25	22.73	10.29	2.31
		10		15.126	11.874	0.313	88.43	171.74	140.09	36.77	2.42	3.04	1.56	15.64	24.76	11.08	2.35
9	90	6	10	10.637	8.350	0.354	82.77	145.87	131.26	34.28	2.79	3.51	1.80	12.61	20.63	9.95	2.44
		7		12.301	9.656	0.354	94.83	170.30	150.47	39.18	2.78	3.50	1.78	14.54	23.64	11.19	2.48
		8		13.944	10.946	0.353	106.47	194.80	168.97	43.97	2.76	3.48	1.78	16.42	26.55	12.35	2.52
		9		15.566	12.219	0.353	117.72	219.39	186.77	48.66	2.75	3.46	1.77	18.27	29.35	13.46	2.56
		10		17.167	13.476	0.353	128.58	244.07	203.90	53.26	2.74	3.45	1.76	20.07	32.04	14.52	2.59
		12		20.306	15.940	0.352	149.22	293.76	236.21	62.22	2.71	3.41	1.75	23.57	37.12	16.49	2.67

续表 1

型号	截面尺寸 / mm			截面面积 / cm^2	理论重量 / (kg/m)	外表面积 / (m^2/m)	惯性矩 / cm^4				惯性半径 / cm			截面模数 / cm^3			重心距离 / cm
	b	d	r				I_x	I_{x1}	I_{x0}	I_{y0}	i_x	i_{x0}	i_{y0}	W_x	W_{x0}	W_{y0}	Z_0
10	100	6	12	11.932	9.366	0.393	114.95	200.07	181.98	47.92	3.10	3.90	2.00	15.68	25.74	12.69	2.67
		7		13.796	10.830	0.393	131.86	233.54	208.97	54.74	3.09	3.89	1.99	18.10	29.55	14.26	2.71
		8		15.638	12.276	0.393	148.24	267.09	235.07	61.41	3.08	3.88	1.98	20.47	33.42	15.75	2.76
		9		17.462	13.708	0.392	164.12	300.73	260.30	67.95	3.07	3.86	1.97	22.79	36.81	17.18	2.80
		10		19.261	15.120	0.392	179.51	334.48	284.68	74.35	3.05	3.84	1.96	25.06	40.26	18.54	2.84
		12		22.800	17.898	0.391	208.90	402.34	330.95	86.84	3.03	3.81	1.95	29.48	46.80	21.08	2.91
		14		26.256	20.611	0.391	236.53	470.75	374.06	99.00	3.00	3.77	1.94	33.73	52.90	23.44	2.99
		16		29.627	23.257	0.390	262.53	539.80	414.16	110.89	2.98	3.74	1.94	37.82	58.57	25.63	3.06
11	110	7		15.196	11.928	0.433	177.16	310.64	280.94	73.38	3.41	4.30	2.20	22.05	36.12	17.51	2.96
		8		17.238	13.535	0.433	199.46	355.20	316.49	82.42	3.40	4.28	2.19	24.95	40.69	19.39	3.01
		10		21.261	16.690	0.432	242.19	444.65	384.39	99.98	3.38	4.25	2.17	30.60	49.42	22.91	3.09
		12		25.200	19.782	0.431	282.55	534.60	448.17	116.93	3.35	4.22	2.15	36.05	57.62	26.15	3.16
		14		29.056	22.809	0.431	320.71	625.16	508.01	133.40	3.32	4.18	2.14	41.31	65.31	29.14	3.24

（续表）

型号	截面尺寸 / mm			截面面积 / cm^2	理论重量 / (kg/m)	外表面积 / (m^2/m)	惯性矩 / cm^4				惯性半径 / cm			截面模数 / cm^3			重心距离 / cm
	b	d	r				I_x	I_{x1}	I_{x0}	I_{y0}	i_x	i_{x0}	i_{y0}	W_x	W_{x0}	W_{y0}	Z_0
12.5	125	8	14	19.750	15.504	0.492	297.03	521.01	470.89	123.16	3.88	4.88	2.50	32.52	53.28	25.86	3.37
		10		24.373	19.133	0.491	361.67	651.93	573.89	149.46	3.85	4.85	2.48	39.97	64.93	30.62	3.45
		12		28.912	22.696	0.491	432.16	783.42	671.44	174.88	3.83	4.82	2.46	41.17	75.96	35.03	3.53
		14		33.367	26.193	0.490	481.65	915.61	763.73	199.57	3.80	4.78	2.45	54.16	86.41	39.13	3.61
		16		37.739	29.625	0.489	537.31	1048.62	850.98	223.65	3.77	4.75	2.43	60.93	96.28	42.96	3.68
14	140	10		27.373	21.488	0.551	514.65	915.11	817.27	212.04	4.34	5.46	2.78	50.58	82.56	39.20	3.82
		12		32.512	25.522	0.551	603.68	1099.28	958.79	248.57	4.31	5.43	2.76	59.80	96.85	45.02	3.90
		14		37.567	29.490	0.550	688.81	1284.22	1093.56	284.06	4.28	5.40	2.75	68.75	110.47	50.45	3.98
		16		42.539	33.393	0.549	770.24	1470.07	1221.81	318.67	4.26	5.36	2.74	77.46	123.42	55.55	4.06
15	150	8		23.750	18.644	0.592	521.37	899.55	827.49	215.25	4.69	5.90	3.01	47.36	78.02	38.14	3.99
		10		29.373	23.058	0.591	637.50	1125.09	1012.79	262.21	4.66	5.87	2.99	58.35	95.49	45.51	4.08
		12		34.912	27.406	0.591	748.85	1351.26	1189.97	307.73	4.63	5.84	2.97	69.04	112.19	52.38	4.15
		14		40.367	31.688	0.590	855.64	1578.25	1359.30	351.98	4.60	5.80	2.95	79.45	128.16	58.83	4.23
		15		43.063	33.804	0.590	907.39	1692.10	1441.09	373.69	4.59	5.78	2.95	84.56	135.87	61.90	4.27
		16		45.739	35.905	0.589	958.08	1806.21	1521.02	395.14	4.58	5.77	2.94	89.59	143.40	64.89	4.31

（续表）

型号	截面尺寸 / mm			截面面积 / cm^2	理论重量 / (kg/m)	外表面积 / (m^2/m)	惯性矩 / cm^4				惯性半径 / cm			截面模数 / cm^3			重心距离 / cm
	b	d	r				I_x	I_{x1}	I_{x0}	I_{y0}	i_x	i_{x0}	i_{y0}	W_x	W_{x0}	W_{y0}	Z_0
16	160	10	16	31.502	24.729	0.630	779.53	1365..33	1237.30	321.76	4.98	6.27	3.20	66.70	109.36	52.76	4.31
		12		37.441	29.391	0.630	916.58	1639.57	1455.68	377.49	4.95	6.24	3.18	78.98	128.67	60.74	4.39
		14		43.296	33.987	0.629	1048.36	1914.68	1665.02	431.70	4.92	6.20	3.16	90.95	147.17	68.24	4.47
		16		49.067	38.518	0.629	1175.08	2190.82	1865.57	484.59	4.89	6.17	3.14	102.63	164.89	75.31	4.55
18	180	12		42.241	33.159	0.710	1321.35	2332.80	2100.10	542.61	5.59	7.05	3.58	100.82	165.00	78.41	4.89
		14		48.896	38.383	0.709	1514.48	2723.48	2407.42	621.53	5.56	7.02	3.56	116.25	189.14	88.38	4.97
		16		55.467	43.542	0.709	1700.99	3115.29	2703.37	698.60	5.54	6.98	3.55	131.13	212.40	97.83	5.05
		18		61.055	48.634	0.708	1875.12	3502.43	2988.24	762.01	5.50	6.94	3.51	145.64	234.78	105.14	5.13
20	200	14	18	54.642	42.894	0.788	2103.55	3734.10	3343.26	863.83	6.20	7.82	3.98	144.70	236.40	111.82	5.46
		16		62.013	48.680	0.788	2366.15	4270.39	3760.89	971.41	6.18	7.79	3.96	163.65	265.93	123.96	5.54
		18		69.301	54.401	0.787	2620.64	4808.13	4164.54	1076.74	6.15	7.75	3.94	182.22	294.48	135.52	5.62
		20		76.505	60.056	0.787	2867.30	5347.51	4554.55	1180.04	6.12	7.72	3.93	200.42	322.06	146.55	5.69
		24		90.661	71.168	0.785	3338.25	6457.16	5294.97	1381.53	6.07	7.64	3.90	236.17	374.41	166.65	5.87
22	220	16	21	68.664	53.901	0.866	3187.36	5681.62	5063.73	1310.99	6.81	8.59	4.37	199.55	325.51	153.81	6.03
		18		76.752	60.250	0.866	3534.30	6395.93	5615.32	1453.27	6.79	8.55	4.35	222.37	360.97	168.29	6.11
		20		84.756	66.533	0.865	3871.49	7112.04	6150.08	1592.90	6.76	8.52	4.34	244.77	395.34	182.16	6.18
		22		92.676	72.751	0.865	4199.23	7830.19	6668.37	1730.10	6.73	8.48	4.32	266.78	428.66	195.45	6.26
		24		100.512	78.902	0.864	4517.83	8550.57	7170.55	1865.11	6.70	8.45	4.31	288.39	460.94	208.21	6.33
		26		108.264	84.987	0.864	4827.58	9273.39	7656.98	1998.17	6.68	8.41	4.30	309.62	492.21	220.49	6.41

（续表）

型号	截面尺寸 / mm			截面面积 / cm^2	理论重量 / (kg/m)	外表面积 / (m^2/m)	惯性矩 / cm^4				惯性半径 / cm			截面模数 / cm^3			重心距离 / cm
	b	d	r				I_x	I_{x1}	I_{x0}	I_{y0}	i_x	i_{x0}	i_{y0}	W_x	W_{x0}	W_{y0}	Z_0
25	250	18	24	87.842	68.956	0.985	5268.22	9379.11	8369.04	2167.41	7.74	9.76	4.97	290.12	473.42	224.03	6.84
		20		97.045	76.180	0.984	5779.34	10426.97	9181.94	2376.74	7.72	9.73	4.95	319.66	519.41	242.85	6.92
		24		115.201	90.433	0.983	6763.93	12529.74	10742.67	2785.19	7.66	9.66	4.92	377.34	607.70	278.38	7.07
		26		124.154	97.461	0.982	7238.08	13585.18	11491.33	2984.84	7.63	9.62	4.90	405.50	650.05	295.19	7.15
		28		133.022	104.422	0.982	7700.60	14643.62	12219.39	3181.81	7.61	9.58	4.89	433.22	691.23	311.42	7.22
		30		141.807	111.318	0.981	8151.80	15705.30	12927.26	3376.34	7.58	9.55	4.88	460.51	731.28	327.12	7.30
		32		150.508	118.149	0.981	8592.01	16770.41	13615.32	3568.71	7.56	9.51	4.87	487.39	770.20	342.33	7.37
		35		163.402	128.271	0.980	9232.44	18374.95	14611.16	3853.72	7.52	9.46	4.86	526.97	826.53	364.30	7.48

注：截面图中的 $r_1 = 1/3d$ 及表中 r 的数据用于孔型设计，不做交货条件。

表 2　槽钢截面尺寸、截面面积、理论重量及截面特性

（GB/T 706－2008）

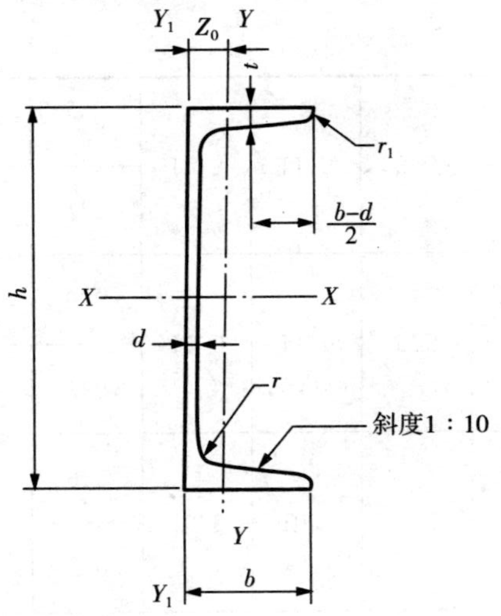

h——高度
b——腿宽度
d——腰厚度
t——平均腿厚度
r——内圆弧半径
r_1——腿端圆弧半径
Z_0——YY 轴与 Y_1Y_1 轴间距

型号	截面尺寸 / mm						截面面积 / cm^2	理论重量 / (kg/m)	惯性矩 / cm^4			惯性半径 / cm		截面模数 / cm^3		重心距离 / cm
	h	b	d	t	r	r_1			I_x	I_y	I_{y1}	i_x	i_y	W_x	W_y	Z_0
5	50	37	4.5	7.0	7.0	3.5	6.928	5.438	26.0	8.30	20.9	1.94	1.10	10.4	3.55	1.35
6.3	63	40	4.8	7.5	7.5	3.8	8.451	6.634	50.8	11.90	28.4	2.45	1.19	16.1	4.50	1.36
6.5	65	40	4.3	7.5	7.5	3.8	8.547	6.709	55.2	12.0	28.3	2.54	1.19	17.0	4.59	1.38
8	80	43	5.0	8.0	8.0	4.0	10.248	8.045	101	16.6	37.4	3.15	1.27	25.3	5.79	1.43
10	100	48	5.3	8.5	8.5	4.2	12.748	10.007	198	25.6	54.9	3.95	1.41	39.7	7.80	1.52
12	120	53	5.5	9.0	9.0	4.5	15.362	12.059	346	37.4	77.7	4.75	1.56	57.7	10.2	1.62
12.6	126	53	5.5	9.0	9.0	4.5	15.692	12.318	391	38.0	77.1	4.95	1.57	62.1	10.2	1.59

（续表）

型号	截面尺寸/mm						截面面积/cm^2	理论重量/(kg/m)	惯性矩/cm^4			惯性半径/cm		截面模数/cm^3		重心距离/cm
	h	b	d	t	r	r_1			I_x	I_y	I_{y1}	i_x	i_y	W_x	W_y	Z_0
14*a*	140	58	6.0	9.5	9.5	4.8	18.516	14.535	564	53.2	107	5.52	1.70	80.5	13.0	1.71
14*b*		60	8.0				21.316	16.733	609	61.1	121	5.35	1.69	87.1	14.1	1.67
16*a*	160	63	6.5	10.0	10.0	5.0	21.962	17.240	866	73.3	144	6.28	1.83	108	16.3	1.80
16*b*		65	8.5				25.162	19.752	935	83.4	161	6.10	1.82	117	17.6	1.75
18*a*	180	68	7.0	10.5	10.5	5.2	25.699	20.174	1270	98.6	190	7.04	1.96	141	20.0	1.88
18*b*		70	9.0				29.299	23.000	1370	111	210	6.84	1.95	152	21.5	1.84
20*a*	200	73	7.0	11.0	11.0	5.5	28.837	22.637	1780	128	244	7.86	2.11	178	24.2	2.01
20*b*		75	9.0				32.837	25.777	1910	144	268	7.64	2.09	191	25.9	1.95
22*a*	220	77	7.0	11.5	11.5	5.8	31.846	24.999	2390	158	298	8.67	2.23	218	28.2	2.10
22*b*		79	9.0				36.246	28.453	2570	176	326	8.42	2.21	234	30.1	2.03

续表 2

型号	截面尺寸 / mm						截面面积 / cm^2	理论重量 / (kg/m)	惯性矩 / cm^4			惯性半径 / cm		截面模数 / cm^3		重心距离 / cm
	h	b	d	t	r	r_1			I_x	I_y	I_{y1}	i_x	i_y	W_x	W_y	Z_0
24*a*	240	78	7.0	12.0	12.0	6.0	34.217	26.860	3050	174	325	9.45	2.25	254	30.5	2.10
24*b*		80	9.0				39.017	30.628	3280	194	355	9.17	2.23	274	32.5	2.03
24*c*		82	11.0				43.817	34.396	3510	213	388	8.96	2.21	293	34.4	2.00
25*a*	250	78	7.0				34.917	27.410	3370	176	322	9.82	2.24	270	30.6	2.07
25*b*		80	9.0				39.917	31.335	3530	196	353	9.41	2.22	282	32.7	1.98
25*c*		82	11.0				44.917	35.260	3690	218	384	9.07	2.21	295	35.9	1.92
27*a*	270	82	7.5	12.5	12.5	6.2	39.284	30.838	4360	216	393	10.5	2.34	323	35.5	2.13
27*b*		84	9.5				44.684	35.077	4690	239	428	10.3	2.31	347	37.7	2.06
27*c*		86	11.5				50.084	39.316	5020	261	467	10.1	2.28	372	39.8	2.03
28*a*	280	82	7.5				40.034	31.427	4760	218	388	10.9	2.33	340	35.7	2.10
28*b*		84	9.5				45.634	35.823	5130	242	428	10.6	2.30	366	37.9	2.02
28*c*		86	11.5				51.234	40.219	5500	268	463	10.4	2.29	393	40.3	1.95
30*a*	300	85	7.5	13.5	13.5	6.8	43.902	34.463	6050	260	467	11.7	2.43	403	41.1	2.17
30*b*		87	9.5				49.902	39.173	6500	289	515	11.4	2.41	433	44.0	2.13
30*c*		89	11.5				55.902	43.883	6950	316	560	11.2	2.38	463	46.4	2.09
32*a*	320	88	8.0	14.0	14.0	7.0	48.512	38.083	7600	305	552	12.5	2.50	475	46.5	2.24
32*b*		90	10.0				54.913	43.107	8140	336	593	12.2	2.47	509	49.2	2.16
32*c*		92	12.0				61.313	48.131	8690	374	643	11.9	2.47	543	52.6	2.09

（续表）

型号	截面尺寸 / mm						截面面积 / cm^2	理论重量 / (kg/m)	惯性矩 / cm^4			惯性半径 / cm		截面模数 / cm^3		重心距离 / cm
	h	b	d	t	r	r_1			I_x	I_y	I_{y1}	i_x	i_y	W_x	W_y	Z_0
36*a*	360	96	9.0	16.0	16.0	16.0	60.910	47.814	11900	455	818	14.0	2.73	660	63.5	2.44
36*b*		98	11.0				68.110	53.466	12700	497	880	13.6	2.70	703	66.9	2.37
36*c*		100	13.0				75.310	59.118	13400	536	948	13.4	2.67	746	70.0	2.34
40*a*	400	100	10.5	18.0	18.0	9.0	75.068	58.928	17600	592	1070	15.3	2.81	879	78.8	2.49
40*b*		102	12.5				83.068	65.208	18600	640	114	15.0	2.78	932	82.5	2.44
40*c*		104	14.5				91.068	71.488	19700	688	1220	14.7	2.75	986	86.2	2.42

注：表中 r、r_1 的数据用于孔型设计，不做交货条件。

表 3　工字型钢截面尺寸、截面面积、理论重量及截面特性

(GB/T 706－2008)

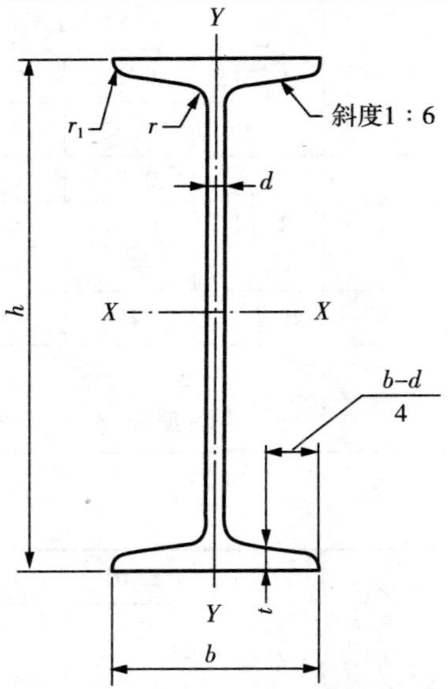

Y, X, h, b, d, t, r, r_1, 斜度1∶6, $\frac{b-d}{4}$

h——高度

b——腿宽度

d——腰厚度

t——平均腿厚度

r——内圆弧半径

r_1——腿端圆弧半径

型号	截面尺寸 / mm						截面面积 / cm^2	理论重量 / (kg/m)	惯性矩 / cm^4		惯性半径 / cm		截面模数 / cm^3	
	h	b	d	t	r	r_1			I_x	I_y	i_x	i_y	W_x	W_y
10	100	68	4.5	7.6	6.5	3.3	14.345	11.261	245	33.0	4.14	1.52	49.0	9.72
12	120	74	5.0	8.4	7.0	3.5	17.818	13.987	436	46.9	4.95	1.62	72.7	12.7
12.6	126	74	5.0	8.4	7.0	3.5	18.118	14.223	488	46.9	5.20	1.61	77.5	12.7
14	140	80	5.5	9.1	7.5	3.8	21.516	16.890	712	64.4	5.76	1.73	102	16.1
16	160	88	6.0	9.9	8.0	4.0	26.131	20.513	1130	93.1	6.58	1.89	141	21.2
18	180	94	6.5	10.7	8.5	4.3	30.756	24.143	1660	122	7.36	2.00	185	26.0
20a	200	100	7.0	11.4	9.0	4.5	35.578	27.929	2370	158	8.15	2.12	237	31.5
20b		102	9.0				39.578	31.069	2500	169	7.96	2.06	250	33.1

（续表）

型号	截面尺寸 / mm						截面面积 / cm^2	理论重量 / (kg/m)	惯性矩 / cm^4		惯性半径 / cm		截面模数 / cm^3	
	h	b	d	t	r	r_1			I_x	I_y	i_x	i_y	W_x	W_y
22a	220	110	7.5	12.3	9.5	4.8	42.128	33.070	3400	225	8.99	2.31	309	40.9
22b		112	9.5				46.528	36.524	3570	239	8.78	2.27	325	42.7
24a	240	116	8.0	13.0	10.0	5.0	47.741	37.477	4570	280	9.77	2.42	381	48.4
24b		118	10.0				52.541	41.245	4800	297	9.57	2.38	400	50.4
25a	250	116	8.0				48.541	38.105	5020	280	10.2	2.40	402	48.3
25b		118	10.0				53.541	42.030	5280	309	9.94	2.40	423	52.4
27a	270	122	8.5	13.7	10.5	5.3	54.554	42.825	6550	345	10.9	2.51	485	56.6
27b		124	10.5				59.954	47.064	6870	366	10.7	2.47	509	58.9
28a	280	122	8.5				55.404	43.492	7110	345	11.3	2.50	508	56.6
28b		124	10.5				61.004	47.888	7480	379	11.1	2.49	534	61.2

续表 3

型号	截面尺寸 / mm						截面面积 / cm^2	理论重量 / (kg/m)	惯性矩 / cm^4		惯性半径 / cm		截面模数 / cm^3	
	h	b	d	t	r	r_1			I_x	I_y	i_x	i_y	W_x	W_y
30a	300	126	9.0	14.4	11.0	5.5	61.254	48.084	8950	400	12.1	2.55	597	63.5
30b		128	11.0				67.254	52.794	9400	422	11.8	2.50	627	65.9
30c		130	13.0				73.254	57.504	9850	445	11.6	2.46	657	68.5
32a	320	130	9.5	15.0	11.5	5	67.156	52.717	11100	460	12.8	2.62	692	70.8
32b		132	11.5				73.556	57.741	11600	502	12.6	2.61	726	76.0
32c		134	13.5				79.956	62.765	12200	544	12.3	2.61	760	81.2

（续表）

型号	截面尺寸 / mm						截面面积 / cm^2	理论重量 / (kg/m)	惯性矩 / cm^4		惯性半径 / cm		截面模数 / cm^3	
	h	b	d	t	r	r_1			I_x	I_y	i_x	i_y	W_x	W_y
36*a*		136	10.0				76.480	60.037	15800	552	14.4	2.69	875	81.2
36*b*	360	138	12.0	15.8	12.0	6.0	83.680	65.689	16500	582	14.1	2.64	919	84.3
36*c*		140	14.0				90.880	71.341	17300	612	13.8	2.60	962	87.4
40*a*		142	10.5				86.112	67.598	21700	660	15.9	2.77	1090	93.2
40*b*	400	144	12.5	16.5	12.5	6.3	94.112	73.878	22800	692	15.6	2.71	1140	96.2
40*c*		146	14.5				102.112	80.158	23900	727	15.2	2.65	1190	99.6
45*a*		150	11.5				102.446	80.420	32200	855	17.7	2.89	1430	114
45*b*	450	152	13.5	18.0	13.5	6.8	111.446	87.485	33800	894	17.4	2.84	1500	118
45*c*		154	15.5				120.446	94.550	35300	938	17.1	2.79	1570	122
50*a*		158	12.0				119.304	93.654	46500	1120	19.7	3.07	1860	142
50*b*	500	160	14.0	20.0	14.0	7.0	129.304	101.504	48600	1170	19.4	3.01	1940	146
50*c*		162	16.0				139.304	109.354	50600	1220	19.0	2.96	2080	151
55*a*		166	12.5				134.185	105.335	62900	1370	21.6	3.19	2290	164
55*b*	550	168	14.5				145.185	113.970	65600	1420	21.2	3.14	2390	170
55*c*		170	16.5	21.0	14.5	7.3	156.185	122.605	68400	1480	20.9	3.08	2490	175
56*a*		166	12.5				135.435	106.316	65600	1370	22.0	3.18	2340	165
56*b*	560	168	14.5				146.635	115.108	68500	1490	21.6	3.16	2450	174
56*c*		170	16.5				157.835	123.900	71400	1560	21.3	3.16	2550	183
63*a*		176	13.0				154.658	121.407	93900	1700	24.5	3.31	2980	193
63*b*	630	178	15.0	22.0	15.0	7.5	167.258	131.298	98100	1810	24.2	3.29	3160	204
63*c*		180	17.0				179.858	141.189	102000	1920	23.8	3.27	3300	214

注：表中 r、r_1 的数据用于孔型设计，不做交货条件。

参考文献

[1] 孙训方，方孝淑．材料力学 I[M]．北京：高等教育出版社，2005.
[2] 孙训方，方孝淑．材料力学 II[M]．北京：高等教育出版社，1991.
[3] JB/T 6396－2006，大型合金钢锻件技术条件．
[4] 李家宝，洪范文．结构力学[M]．北京：高等教育出版社，2017.
[5] 赵萍．建筑力学[M]．北京：北京理工大学出版社，2011.
[6] 龙驭球，包世华．结构力学 I[M]．北京：高等教育出版社，2012.
[7] 徐金华．材料力学[M]．西安：西北工业大学出版社，2015.
[8] 刘俊卿．理论力学[M]．重庆：重庆大学出版社，2014.
[9] 李廉锟．结构力学(上册)[M]．北京：高等教育出版社，2008.
[10] 李廉锟．结构力学(下册)[M]．北京：高等教育出版社，2008.
[11] GB/T706－2008．热轧型钢[S].